KB071676

우리 몸이 말을 할 수 있다면

의학 전문 저널리스트의
유쾌하고 흥미로운
인간 탐구 보고서

우리 몸이 말을 할 수 있다면

제임스 햄블린 지음
허윤정 옮김

일러두기

각주는 모두 옮긴이 주이다. 지은이의 주는 따로 표기했다.

사라 예이거, 존 굴드,
그리고 〈애틀랜틱〉의 나머지 식구들에게
이 책을 바칩니다

나의 의대 룸메이트는 안과의사가 돼 텍사스로 이주했다. 그는 사람들이 자기 직업을 알게 되면 가장 많이 던지는 질문을 이 책에서 다뤄보라고 내게 권했다. 그가 말한 질문은 주로 이런 것들이다.

눈 안에서 잃어버린 콘택트렌즈가 뇌 속으로 들어갈 수도 있나요?

이 질문을 듣고 난 웃었지만, 그는 웃지 않았다. 이제 그에게는 재미로 넘길 수 없는 질문인 것이다.

사람들이 그에게 물어보는 흔한 시력저하 질환들이 있다.[1] 예를 들면 황반변성 macular degeneration•이나 야맹증, 녹내장 등이다. 2040년 즈

• 망막 중심부에 있는 황반이 손상돼 시력장애가 생기는 질환

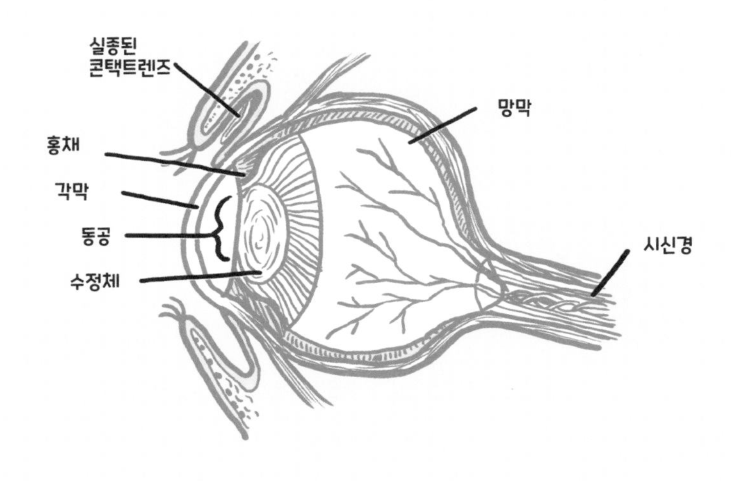

음에는 1억 1,200만 명이 그런 질환에 걸려 실명하는 사람이 늘어날 것으로 보인다.

그런 질환 중에서도 내 지병인 녹내장에 공감이 간다. 나는 안압이 높은 편이다. 내 눈이 터지지는 않겠지만 그런 말도 안 되는 상상이 자꾸만 나를 괴롭힌다. 오히려 녹내장은 대개 자기도 모르는 사이에 악화된다. 내 눈이 '망가지는'데도 내가 미처 알아차리지도 못할 거라는 얘기를 들었다. 자기 몸 어딘가가 망가지기 전까지는 말이다. 보통 의사들은 '망가진다'는 말을 무심코 쓴다. 더 정확히 말하면 내 경우는 안압이 시신경을 점점 손상시켜서 눈 안쪽의 망막에 상이 정확히 맺히지 않게 될 것이다. 그리고 시야가 좁아지면서 서서히 시력을 잃다가 나중에는 완전히 실명하는 날이 온다.

하지만 이런 일이 수년 안에 일어나지는 않을 것이다. 이는 우리 눈을 비롯해 신체 부위에 대해 걱정하는 것이 당연하다는 얘기다. 모든 걱정에는 다 근거가 있다. 때로는 자기 문제를 다른 사람들의 상황에 대입해 그 상황이 얼마나 나쁠 수 있는지 가늠해보면 도움이 된다. 물론 도움이 되지 않을 때도 있다. 그럼, 앞의 질문에 대한 답을 하겠다. 눈꺼풀 아래 공간은 뇌와 연결돼 있지 않다. 눈 중간쯤에서 끝나는 막다른 골목이나 다름없다. 따라서 콘택트렌즈가 뇌에 들어올 수 없으므로 안전하다.

〈인체의 신비전Body Worlds〉은 세계 곳곳을 순회하며 4,000만 명의 관람객을 모은 역대 가장 인기 있는 박물관 전시다. 이 전시에 다녀온 사람이라면 아마 해부된 눈을 봤을 것이다. 섹스 자세를 취한 시신들에게 정신이 너무 팔린 나머지, 사람 머리의 단면들을 전시한 부분을 놓쳤다면 모르겠지만. 많은 관람객이 전시물들을 보고 충격에 빠졌고, 그 시신들이 어떻게 조달됐는지 수상쩍다는 소문도 돌았다. 하지만 인체의 신비 대신 '실제 시신'이라는 제목을 붙일 수도 있는 전시가 엄청난 인기를 계속 끌고 있다는 바로 그 사실 때문에 가장 충격이 컸던 분야는 아마도 예술계일 것이다.

역사를 통틀어 우리가 누린 모든 예술 가운데 왜 하필 미화된 생물학 실험실이 이토록 성공을 거두고 사랑을 받는 걸까? 특히 우리들 대부분은 평소 우리 몸의 기능에 대해 과도하게 논하거나 죽음을 현실적으로 생각해보는 일을 정말 싫어하지 않는가?

〈인체의 신비전〉은 독일의 해부학자 권터 폰 하겐스Gunther von Hagens의 창작품이다. 하겐스는 시신이 부패하지 않고 보존될 수 있는 '플라스티네이션plastination' 처리 방법을 창안한 인물이다. 대부분의 전시가 반짝했다가 사라지는 데 반해, 〈인체의 신비전〉은 지금까지 20년 넘게 꾸준히 세계 곳곳에서 열리고 있다. 심지어 금요일에는 전시를 보면서 데이트하고 싶어 하는 커플들의 편의를 위해 전시 시간을 밤까지 연장하기도 한다.

와이오밍대학교에서 마케팅을 가르치는 켄트 드러먼드Kent Drummond 교수는 〈인체의 신비전〉이 인간의 비참한 모습에서 느끼는 불쾌함을 영생의 욕망과 나란히 놓을 수 있기에 사람들의 관심을 끄는 것이라고 분석한다. 그 전시물들은 언젠가는 죽는 인간 운명의 장엄함을 끌어내지만, 사람들을 압도하지는 않는다. 드러먼드는 시신들뿐만 아니라 전시장을 돌아다니는 살아 있는 사람들도 관찰 연구함으로써 그렇게 이해하게 됐다. 그는 현장에서 이렇게 기록했다. "사람들 사이에서 자주 반복되는 상호작용 양상을 보면 남자가 전시창 안의 신체 부위를 가리키고는 그 부분이 어떻게 작용하는지 여자에게 설명하고 있다.[2] 그것도 자기 몸에서 그 위치를 보여주면서 설명한다."

아마 이런 남성적 과시욕이 시신 자체보다 더 확 깨는 모습일 것이다. 아울러 그런 현상은 자신을 '의학사회주의자medical socialist'라고 밝히는 하겐스의 원대한 비전과도 일치한다. 그는 건강 정보가 사회적 선이 돼야 한다고 믿는 사람이다. 이를테면, 담배 한 개비를 집어 들더라도 괴저성 폐공기증에 걸린 시커먼 폐에 대해 이미 잘 아는 상태에서 그런 행동을 해야 하며, 그렇게 망가진 폐를 교과서나 영안실의 표본으로 내몰아서는 안 된다는 것이다. 〈인체의 신비전〉에서는 하루 저녁 데이트만으로도 우리의 신체 기관과 죽음을 똑똑히 보면서 깊이 생각해볼 수 있다. 전시관 곳곳에 흩어져 있는 현수막의 글귀들, 예를 들면 "몸은 영혼을 켜는 하프다"라는 칼릴 지브란의 명언도 자기 성찰을 촉구한다.

나는 그 전시가 뭘 의미한다고 생각하지는 않지만 하겐스의 철학은 의미가 있다. 건강 정보의 민주화는 전시회장 바깥에서도 거의 규범이 됐다. 과거에는 주로 의사가 모든 의학 지식을 보유하면서 지시를 내리는 역할을 했지만 이제 그런 세상은 갔다. 지금은 오히려 사람들에게 대부분 정보가 넘치다 못해 어떻게 해야 할지 판단하기 어려울 지경이 됐다.

신체에 관한 문제를 인터넷에서 검색하는 일이 항상 도움 되는 것만은 아니다. 온라인 토론장에 모인 익명의 사람들은 콘택트렌즈에 대한 큰 고민을 비롯해 온갖 문제를 놓고 왈가왈부한다. 콘택트렌즈 고민을 예로 들면, '렌즈가 눈 안으로 깊이 들어가 뇌까지 가서 뇌에 손상을 줄 수도 있는가? 렌즈가 척추를 타고 내려가다가 신발 속으로 쏙 들어가면 어떡하나? 그 렌즈를 다시 껴도 계속 안전할까?' 따위를 놓고 논쟁을 벌이는 식이다. 심지어 신뢰할 만한 건강 정보 출처를 발견한다 해도 입증되지 않은 논리로 열정적으로 글을 써서 그 정보 출처를 믿지 말라고 만인에게 경고하는 음모론자가 거의 항상 대기하고 있다. 보통 그 인물은 레딧Reddit● 에서 진Gene이라는 이름으로 활동하는 남자다. 그의 경험담에 따르면 그는 콘택트렌즈 500개를 뇌 속에서 잃어버려 그 렌즈들을 제거하는 수술을 받아야 했다고 한다. 그리고 자신의 책상에 놓여 있는 병에는 못쓰게 된 콘택트렌즈가 한 무더기 담겨 있다고 한다.

● 소셜 커뮤니티 사이트로, 사용자가 글을 등록하면 그 글이 다른 사용자가 투표한 순위에 따라 주제별 부문이나 메인 페이지에 게시됨

콘택트렌즈가 뇌로 들어가지는 못해도 아주 드물게 안구 위나 아래쪽 막다른 곳에 박히는 경우가 있다. 무엇이든 우리 몸 어느 구석에 박혔을 때와 마찬가지로 렌즈가 눈 안쪽 어딘가에 박히면 대부분 감염원이 될 수 있다. 렌즈 주변에 생긴 고름은 부비동 paranasal sinus[●]으로 흘러 나가 인두 pharynx[●●]로 퍼지기도 한다. 이게 바로 내게 일어난 일이었다. 나는 눈에 끼고 있던 렌즈가 밖으로 빠진 줄로만 생각했는데 사실은 그게 아니었다. 엿새 뒤에 렌즈는 눈 밖으로 빠져나왔고 그동안 나는 꽤 아픔을 겪었다.

그러니 눈 속에 박힌 렌즈가 계속 빠져나오지 않을 때는 반드시 치료를 받아야 한다. 무엇보다 모두가 이 답변만 보고서 넘어가지 말고 전체 내용을 다 읽었기를 바란다.

마른 체구에 안경을 쓴 로버트 프록터 Robert Proctor 교수는 스탠퍼드 대학교에서 〈무지의 역사〉라는 과목을 강의한다. 프록터가 무지를 단순히 지식이 없는 상태로 여기고 사실들을 알림으로써 문제를 해결한다면 그 강의는 지루할 것이다. 하지만 프록터는 무지가 '적극적인 배양'의 산물이라고 주장한다. 무지는 마케팅으로도 소문으로도 확산되면서 지혜보다 훨씬 더 쉽게 퍼진다.

프록터는 지식을 연구하는 학문인 인식론 epistemology과 대조되는 개념으로 무지를 연구하는 학문을 '아그노톨로지 agnotology'라고 명명했다. 이 신조어는 아직 옥스퍼드 영어사전에 등재되지 않았다. 옥스퍼

● 두개골에서 코 안으로 이어지는 공기구멍으로, 코곁굴 또는 부비강이라고도 함

●● 구강과 식도 사이에 음식을 전달하는 통로

드 사전이 선정한 2016년 올해의 단어인 탈진실post-truth과 관련이 있는데도 말이다.

1977년, 순진한 청년이었던 프록터는 고향인 인디애나주를 떠나 과학사를 공부하러 하버드대학원에 진학했다. 그곳에서 그는 교수들이 보통 사람들의 생각에 무관심한 모습을 보면서 속으로 당황하고 혼란을 느꼈다. 그런 태도가 다소 엘리트주의로 보였지만 부질없다는 생각이 더 크게 들었다. "그땐 국민의 절반이 지구 나이가 6,000년이라고 생각하고 있었어요"라고 말하며 프록터는 그 시절을 회고한다. 지구의 기원은 약 46억 년 전이다. 하지만 그런 괴리 자체보다 더 당황스러웠던 것은 그런 현실에 무관심한 학계 동료들의 입장이었다. 그래서 프록터는 누군가 사람들이 모르는 사실과 그 이유를 연구해야 한다고 생각하고서는 자신이 그 일을 하겠노라 결심했다고 한다.

고의적 무지의 전형적인 사례로 담배 업계에서 만들어낸 무지가 있다. 담배가 폐암을 일으킨다는 사실이 1960년대에 확실히 입증된 이후로 담배 업계는 과학 자체에 대한 의심을 키우려고 애쓰고 있다. 담배에 대한 사실을 반박할 수는 없으니 여론을 지식에 어긋나는 쪽으로 돌린 것이다. 우리가 '정말로' 알 수 있는 게 있을까?

영리한 전략이었다. 프록터는 그런 전략을 일컬어 대안적 인과관계, 쉽게 말하면 전문가들의 비非동의라고 한다. 담배 회사들은 흡연이 암을 일으킨다는 사실을 반박할 필요가 없었다. 그 주제에 대한 논쟁의 양쪽에 모두 전문가들이 있다는 걸 넌지시 알리기만 하면 됐다. 그러고 나서는 누구나 자기 신념을 가질 권리가 있다는 정당한 논리를 폈다. 그런 작전은 너무나 효과적이어서 합리적인 사람들이 담배가 암을 일으키는지 확신하지 못하는 사이에 담배 업계는 수십 년 동안 이익을 챙겼다.

프록터는 이렇게 설명했다. "담배 업계는 모든 암 가운데 3분의 1이 담배가 원인이라는 사실을 알고 있었기 때문에 이런 캠페인을 벌였어요. 그 캠페인에서는 전문가들이 항상 '뭔가'를 탓합니다. 방울양배추 때문이니, 성별 때문이니, 오염 때문이니, 뭐 이런 식이죠. 그러다가 다음 주에는 또 다른 탓을 할 테고요."

이런 전략 사례를 한번 찾기 시작하면 그냥 지나치기가 힘들다. 그것은 우리 몸과 관련된 정보에서 가장 흔하게 나타난다. 프록터는 백신, 음핵, 음식, 우유 등 무지를 키우는 분야를 줄줄이 대며 우리가 무지의 전성기에 살고 있다고 말한다. 정보가 흐르는 방식 때문에 권력 기관들이 무지를 만들어내어 역사상 그 어느 때보다도 많은 매체를 이용해 거짓을 퍼뜨릴 수 있다는 것이다.

비단 프록터만의 생각이 아니다. 몸과 관련해 과학의 오보와 더불어, 마케팅에 기반을 둔 사실은 과거 세대들의 일생에 당도한 것보다 분명히 더 많이 우리 개인의 일상에 들이닥친다. 게다가 이제는 각자 받은메일함에 뜨는 기사들과 소셜미디어에서 개인 맞춤으로 선별해 보여주는 기사들만 점점 읽다 보니 스스로 무지의 터널로 들어가기가 더욱더 쉬워졌다고 프록터는 말한다.

스스로 문제의식을 느끼려면, 그것도 기꺼이 도전해 문제를 찾아내려면 무지를 의도적으로 키우지 않도록 경계해야 한다. 오늘날 의사doctor의 역할은 어느 때보다도 그 어원인 라틴어 'docere(가르치다)'의 의미에 가깝다. 내가 보기에 그 말은 생각의 습관을 공유한다는 뜻이다. 의사와 환자의 과제는 모두 문제의 맥락을 살피고, 과학에서 마케팅을 분리하고, 아는 것과 모르는 것의 경계를 찾아내서, 건강과 정상을 정의하거나 재정의하려는 사람들의 동기를 파악하는 것이다. 만약 우리 모두 그에 따라 스스로 정립된다면 몸과 관련된 정보의 맹습에 대처하고 자신에 대한 이해를 확고히 유지해 다른 사람들과 서로 생산적인 관계를 맺으면서 설득력 있게 심지어 행복하게 세상을 살아갈 수 있을 것이다.

따라서 이 책은 통찰력을 키우는 게 사실들을 외우는 것보다 중요하다는 인식에 바탕을 두고 우리 몸을 이해하는 실용적인 접근이다. 아울러 내가 개업의가 되는 길에서 벗어나게 해준 구제 방안이기도 하다. 의예과를 거쳐 의대를 다니는 내내 그리고 레지던트로 일한 3년 동안 나는 사실들을 거의 무한대로 암기했다. 모든 아미노산 구조, 팔꿈치에 있는 작은 동맥들의 이름, 지금까지 알려진 모든 약물이 각각 일으킬 수 있는 온갖 사소한 부작용 등 모든 걸 외워야만 하지만 세상의 의사들이 실제로 이 모든 걸 기억하고 있지는 않다는 현실을 선생님들은 보통 인정했다. 사실 내가 외워야만 했던 것들은 언제라도 쉽게 찾아볼 수 있는 내용이다. 하지만 개인이 그 분야에서 성공하기 위해 치러야 하는 시험은 여전히 세부 사항을 두루 포함한다.

암기의 세월을 지낸 결과, 다음 고생으로 넘어갈 명백한 목적을 갖고 고생문 하나를 지난 것에 불과했다. 나의 멘토들은 내가 그 과정을 정말 좋아하지 않으면 아마 최종 결과도 마음에 들지 않을 거라고 조언했다. 그래서 나는 2012년에 UCLA에서의 영상의학과 레지던트 과정을 쉬었다. 그러고는 평소 즐겨 읽던 간행물인 〈애틀랜틱The Atlantic〉

의 디지털 매거진의 건강 부문 편집자로 일할 기회를 잡았다. 그곳에서는 내가 이해할 수 있는 방식으로 배우면서 일에 더 열중하고 더 행복해했다.

결국 나는 UCLA에서의 전공의 과정을 그만뒀다. 과학 저널리스트나 공중 보건 분야에서 일하는 의사가 부족하다는 현실을 명분으로, 매우 안정적이고 돈벌이가 되는 직업을 버리고 아주 불안정한 업계에 발을 들여놓겠다는 결심을 정당화했다. 나는 증상을 넘어서 문제의 근원에 영향을 미치고 싶었다. 교과서를 외우기보다는 그 내용에 의문을 제기하고, 가능한 한 사람들을 웃게 만드는 사람이 되고 싶었다. 그런 면에서 저널리즘은 내가 대중 과학 지식에 어느 정도 관여할 수 있게 해준다. 나는 이 책으로 저널리즘이 건강과 행복 추구에 가장 귀중한 수단이 될 수도 있음을 보여주고자 한다. 그로부터 꽤 오랜 시간이 지난 지금까지도 나는 내 결정을 후회하지 않는다.

이 책의 시작은 몸과 관련된 흔한 궁금증에 대한 간단한 답변 모음집이었다. 대다수 질문들이 직업적으로나 개인적으로 받았던 것들이다. 그런데 점점 그 질문들을 자세히 따져 묻게 됐다. 이를테면 우리가 몸의 작용에 대해 왜 신경을 쓰는지 아니면 신경을 쓰지 않는지, 그리고 몸을 이해하면 자신에게 필요한 것을 믿는 데 어떤 영향을 주는지 말이다. 가장 치명적인 질병과 상호 난폭한 학대의 근원에는 무지가 자리 잡고 있다. 그리고 그런 무지의 많은 부분은 차이에 대한 근본적인 오해에서 비롯된다. 우리 자신과 타인에 대한 이해는 몸에서부터 시작된다. 이 책에 나오는 질문들은 대개 그저 몸에 대한 사소한 호기심에서 시작됐지만, 그 내용을 더 자세히 들여다보면 전혀 사소하지 않다.

질문들에 대한 대답 중 대다수는 오히려 구체적인 해답을 얻지 못하는 이유에 관한 이야기다. 그중 가장 흥미로운 점은 우리가 왜 모르는지에 대해 아는 것이다. 그리고 핵심은 문제를 생각해보는 데 있고 이유를 몰라도 편안해지는 것이다. 건강은 수용과 통제가 균형을 이루는 상태다.

정상이란 무엇인가요?

우리 몸에 무엇을 해줘야 할지, 그러니까 무엇을 어디에 어떻게 해줘야 할지, 그리고 일단 뭔가로 채워졌으면 그 몸으로 무엇을 해야 할지, 일상에서 너무나 많은 결정을 내려야 한다. 그런 결정들은 좋은 것 아니면 나쁜 것, 건강한 것 아니면 건강하지 않은 것, 자연스러운 것 아니면 부자연스러운 것, 나 아니면 타인이라는 막연한 개념으로 귀결된다. 지나치게 복잡한 세상에서 우리가 본능적으로 이런 양극단의 범주에 모든 걸 집어넣으려고 하기 때문이다.

펜실베이니아대학교의 심리학 교수 폴 로진Paul Rozin은 우리가 양극단으로 나누려는 것이 질서 의식을 유지하는 데 도움이 돼서라고 믿는다. 그는 이런 본능을 가리켜 흑백 사고monotonic mind라고 부른다.[3]

우리는 더 잘 알면서도 대부분의 것이 어떤 상황이나 일정 수준일 때는 이롭고 다른 경우에는 해롭다는 생각을 거부하는 경향이 있다. 모든 걸 그저 좋게 아니면 나쁘게 생각하고, 아주 좋아하거나 아니면 회피하는 게 더 쉽기 때문이다.

그렇게 질서와 통제를 추구하는 경향에서 몸과 관련된 의문과 걱정 사이에 변하지 않은 주제는 '정상'이라는 개념이다. 이 단어는 과학자들이 다양한 의미를 부여하기 쉬우며 과학자가 아닌 사람들도 마찬가지다. 과학자들은 통계적 편차를 염두에 두고서 정상이라는 말을 남발하는데, 과학자가 아닌 사람들은 그 말을 판단으로 들을 가능성이 크다.

'손가락을 뒤로 젖혀 손목에 닿을 정도로 구부릴 수 있으면 정상인가?' 통계적으로 보면 정상이 아니다. 그렇더라도 그게 건강에 영향을 준다는 뜻은 아니다.

그렇게 할 수 있는 사람이라면 아마 다른 사람들이 그런 광경을 보고 싶어 하지 않는다는 것도 알고 있으리라는 단순한 사실이 어쩌면 정상으로 보이는 것보다 중요할지도 모른다. 캐나다의 심리학자인 마크 샬러Mark Schaller는 우리가 눈꺼풀을 뒤집는 모습을 보는 걸 싫어하도록 설계돼 있다고 주장한다. 하물며 뼈가 부러졌거나 피를 흘리는 부상 장면을 보는 것은 말할 필요도 없다. 그런 현상이 일어나는 이유는 행동 면역 체계behavioral immune system라는 개념으로 설명된다. 우리 건강에 어느 정도 위협을 감지하기 때문에 기분이 불쾌해지는 것이다.

눈꺼풀 뒤집기나 손가락 뒤로 휘기를 볼 때 나오는 반응이 징후라면, 행동 면역 체계는 확실한 위협에만 완벽히 작용하는 게 분명 아니다. 샬러는 이 불완전한 자기 보존 본능이 온갖 종류의 행동에 내포돼 있다고 했다. 그렇다 보니 우리는 외모와 신체 기능을 근거로 집단이나 공동체 안에서 고립을 자초한다.

더 넓은 범위에서 보면 샬러가 제시하는 행동 면역 체계는 인종 차별, 연령 차별, 외국인 혐오 등 세계적으로 일어나는 수많은 근본적인 분열과 관련된 것으로 보일 수 있다. 행동 면역 체계는 자신을 어떻게 이해하는가에서 비롯된다. 그리고 다시 말하지만 자기 이해는 자기 몸에서 시작된다. 스스로 '비정상'이라고 이해하고 있다면 해방과 질식 사이 어딘가에 놓일 수 있다.

아니면 정상이라는 개념을 아예 거부할 수도 있다. 한 예로, 청각장애자 사회에서 핵심 원칙은 귀가 들리지 않는 것을 치료나 치유가 필요한 질병으로 여기지 않는 것이다. 그 사회에서는 사람들에게 청각장애가 있다고 여기지 않으며 청력 상실이라는 표현을 거부한다. 이는 다른 신체 작용의 문제로 오랫동안 소외된 사람들이 모인 사회에서도 똑같이 적용된다.

하지만 정상 상태라는 게 위험 부담을 안고 있는 개념이라 할지라도 때로는 질병을 이해하고 궁극적으로 고통을 줄이기 위해 반드시 껴야 하는 렌즈가 되기도 한다. 또한 특이한 것을 밝혀내는 일은 건강 연구 및 증진에 중추가 된다. 과학은 정상이라는 개념을 피해갈 수 없고 이 책도 마찬가지다. 하지만 나는 통계상에서 일반적인 상태를, 맞느니 틀리느니 따지면서 뭔가 작용하고 보고 느끼고 존재하는 이상적인 방식이 있다고 암시하는 가치 판단과 구분하기 위해 최선을 다할 것이다.

건강이란 무엇인가요?

1948년 세계보건기구WHO, World Health Organization가 창설됐을 때 이 단체의 헌장에 명시된 '건강'의 정의는 어찌 보면 분명하고도 근본적이었다. "건강이란 단순히 질병이 없거나 허약하지 않은 상태가 아니라 신체적·정신적·사회적으로 완전히 안녕한 상태다." 이렇게 선언하면서 세계보건기구는 의료계가 새로운 시야를 갖도록 격려하겠다는 희망을 내비쳤다.

그러나 그런 희망은 현실로 이루어지지 않았다. 오늘날 전 세계 많은 지역의 보건 의료 제도는 여전히 질병이 없거나 허약하지 않은 상태에만 집중하고 있다. 더 구체적으로 보면 그 제도는 이미 발병한 후에 그 질병을 치료하는 데 중점을 둔다. 하지만 지난 몇 년간 그런 관행에 대변동이 일어나기 시작했다.

2015년 봄, 미국 공중 보건위생국장에 취임한 비벡 머시Vivek Murthy는 가장 논란을 일으킨 미군 의무감 가운데 한 사람으로 금세 떠올랐다. 보수적인 정치인들은 3년 전 그의 트윗을 거론하며 임명을 막으려 했다. 당시 머시는 트위터에 이렇게 썼었다. "미국총기협회가 두려워서 총기로 당리당략을 일삼고 사람들의 목숨을 위험에 빠뜨리는 정치가들에게 신물이 난다. 총기는 보건의 문제다."

우리가 모르는 사실을 특별히 드러낸 트윗도 아니었다. 살인과 자살은 미국 내에서 언제나 주요 사망 원인으로 꼽힌다. 그런 실정이다 보니 최근 미국의사협회American Medical Association를 비롯한 의사단체들에서는 의사가 모든 환자에게 기본적으로 하는 질문에 환자가 집에 총기를 소지하고 있는지도 포함하라고 권고한다. 이를테면 환자가 안전벨트를 매는지, 소화기를 구비했는지 물어봐야 하는 것처럼 말이다. 하지만 전국총기협회National Rifle Association와 그 단체의 지지를 받아 선출된 공직자들이 질병통제예방센터Centers for Disease Control and Prevention

| 건강에 영향을 미치는 요인 |

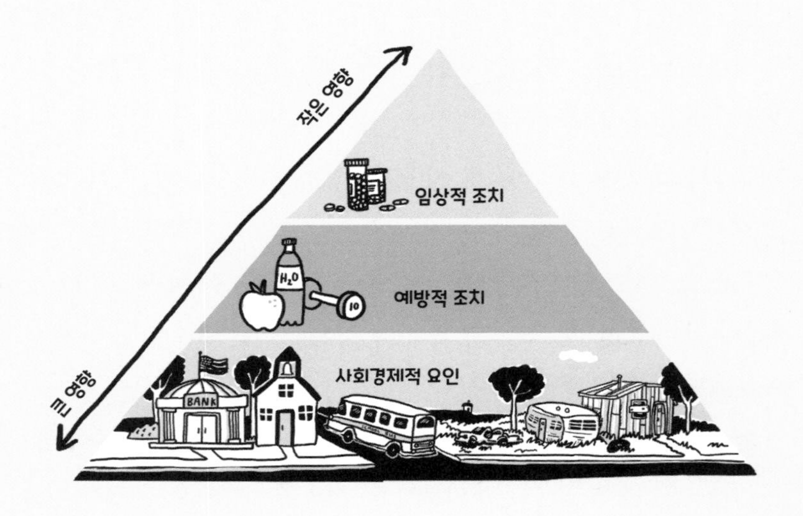

에서 총기 폭력을 연구하는 것조차 금지해온 나라에서 머시가 남긴 트윗은 한 개인을 공직에 나아가지 못하게 할 수도 있는 사항이었다.

자신의 임명을 결사반대하는 정치인들의 혹독한 환영식을 치른 뒤 머시는 결국 공중 보건위생국장 자리에 올랐다. 취임 선서 연단에 선 그는 취임사를 하면서 의학이 전통적으로 추구해온 전형, 예컨대 췌장염 치료나 결장 절제술, 심장의 전극도자 절제술 같은 문제에는 시간을 거의 할애하지 않았다. 실제로 그런 문제를 논할 시간도 없었다. 대신, 그는 질병 예방이 미치는 영향과 더불어, 교육·직장·환경·경제가 질병 예방에 미치는 영향을 강조했다. 그리고 모두 힘을 한데 모아 건강 문제에 접근해가는 훌륭한 미국 사회를 구축하자고 촉구했다.

머시의 발언은 의료계에서 점점 커지는 움직임에 근거를 두고 있다. 미국은 어느 나라보다도 인당 건강 관리비 지출이 많지만, 기대 수명은 43위를 기록한다. 게다가 장수보다 중요한 개인 건강 상태 부문에서는 부유한 국가들 중에서 순위가 바닥권이다. 2007년 〈뉴잉글랜드의학저널New England Journal of Medicine〉에 실린 한 중요한 연구 논문에서 내과 의사 스티븐 슈뢰더Steven Schroeder는 개인이 젊어서 죽을 가능성을 결정하는 요인 가운데 보건 의료 서비스가 차지하는 비중이 10퍼센트 정도밖에 되지 않는다고 주장했다. 유전적 요인이 30퍼센트쯤 되며, 나머지 60퍼센트는 사회적 환경, 환경적 상황, 행동에 좌우된다고 봤다. 이는 대략적인 추정치이긴 하지만, 우리가 건강 증진이라고 하면 병원이나 약, 수술을 떠올리게 되는 사고방식에 역행해 생각해볼 수 있게 해준다. 슈뢰더는 그 논문에서 이렇게 주장한다. "미국의 전 국민이 훌륭한 보건 의료 서비스를 접할 수 있다 해도, 실상은 그렇지도 않지만, 극히 적은 [조기] 사망만을 예방할 수 있을 것이다."

이는 현대 보건 의료 서비스가 질병 치료에서 놀라운 업적을 달성할 수 없다는 말이 아니다. 그중 일부는 이 책에서도 살펴보겠지만, 지금의 제도가 문제를 해결한다는 사고방식에 지나치게 얽매인 나머지, 그런 문제들이 생기지 않는 제도를 만드는 일을 충분히 고민하고 있지 않다는 뜻이다.

수십 년 동안 내과는 전문 분야가 점점 더 늘어났다. 그리고 그 하위 분야, 그 하위 분야의 하위 분야로 계속 나뉘는 방향으로 나아가면서, 예를 들면 피부 종양학dermatologic oncology, 소아 자가면역 소화기학pediatric autoimmune gastroenterology, 신경 종양학neuro-oncology 등 별개의

| 건강수명에 도움이 되는 요인 |

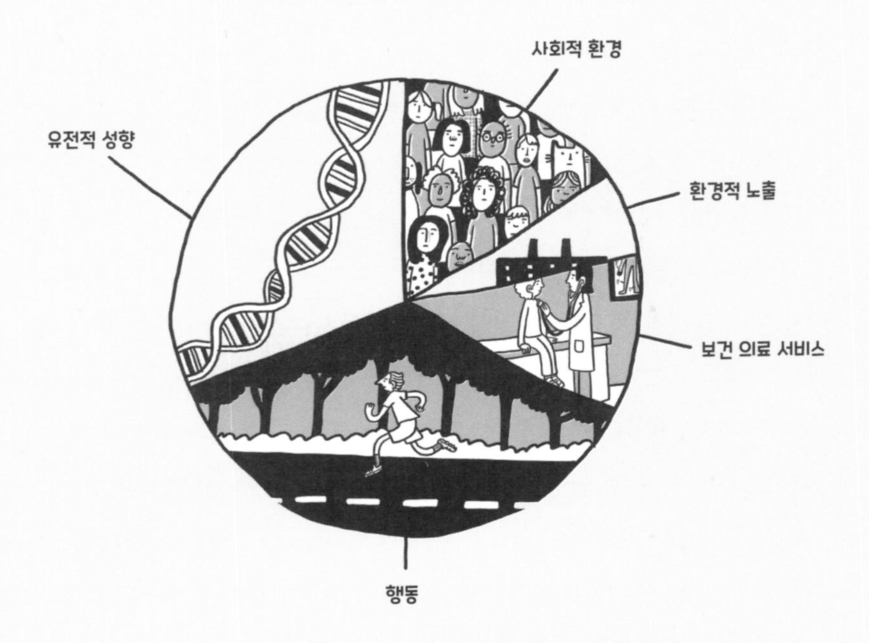

기관계 organan system●를 다루는 전문의들이 생겨났다. 이런 동향은 과학이 발전하면서 풍부해진 정보를 관리하는 데 매우 중요했다. 하지만 동시에 사람들이 대부분 걸리거나 죽게 되는 질병에 대한 종합적인 접근을 잊어버리게 했다. 그런 질병 가운데 첫 번째로 우리가 막연히 대사증후군 metabolic syndrome이라고 부르는 질환이 있다. 이 질환은 비만, 당뇨, 심장사가 복합적으로 나타나며, 본래 사회적 질병이자 생활 습관병이다.

● 기능적으로 상호작용하는 기관들의 집합체로서 피부계, 골격계, 근육계, 신경계, 순환계, 호흡계, 소화계, 림프계, 내분비계, 비뇨·배설계, 생식계 등으로 구분됨

환자 입장에서 보면, 이 병의 개념은 각자 다를 수 있다. 그러니 건강에 대한 우리의 통제력은 대단하다. 그리고 더욱 흥미로운 점은 다른 사람의 건강을 개선하는 능력도 대단하다는 것이다.

해부학과 생리학을 다루는 일반 교과서는 오늘날까지도 물리적 구조에 바탕을 둔 기관계를 기준으로 분류된다. 하지만 건강과 질병을 놓고 보면 기관계는 거의 홀로 작용하지 않는다. 시리얼 상자의 광고 문구부터 정보성 광고, 대학 의료 기관 순위까지 온갖 건강 정보에서 여전히 보이는 심장 건강, 뇌 건강 같은 구분은 이제 시대에 뒤떨어진다. 따라서 이 책에서는 종래의 기관계가 아니라 사용 범주로 항목을 나누었다. 목차에 나오는 항목은 대부분 따로따로 읽어도 되지만 순서대로 읽어나가면 다른 항목들과의 맥락 속에서 가장 잘 이해할 수 있다.

이 책은 전반적으로 1948년 세계보건기구에서 확립한 건강의 정의와 비슷한 관점이 깔려 있다. 아울러 의사이자 저널리스트로서의 내 개인적인 경험, 지금까지 경력을 쌓아오는 과정에서 만난 사람들, 그리고 그들을 알게 되면서 얻은 모든 지혜가 담겨 있다.

차례

2장

인지 : 감각 작용

3장

먹기 : 생명 유지

4장

마시기 : 수분 보충

5장
관계 : 성

6장

지속 : 죽음

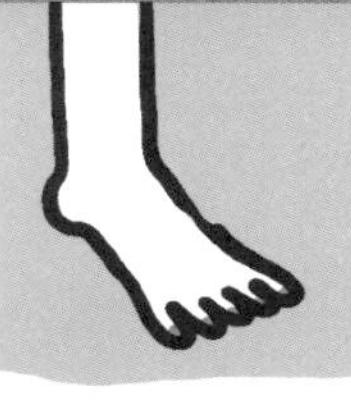
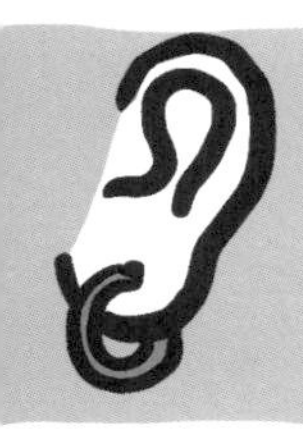

1장

겉모습

신체 표면

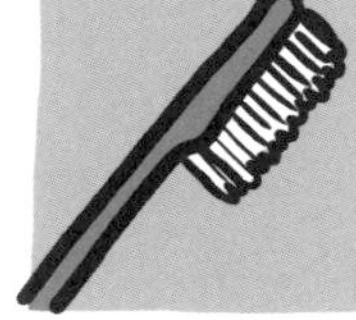

'나비 아이'라고 불리는 이들이 있다. 그런 이름이 붙은 데는 아이들의 피부가 나비의 날개처럼 극도로 취약하다는 의미가 담겨 있다. 하지만 나비 날개처럼 약하다는 말은 우리가 나비보다 한 10만 배쯤 크다는 사실에서 나온 표현일 뿐이다. 생체역학 관점에서 보면 나비의 날개는 실제로 효율적인 모형이다. 말하자면, 날개보다 훨씬 작은 몸집의 벌레가 운용할 수 있을 만큼 가벼우면서도, 마치 우리가 나이아가라 폭포 아래 서 있는 것처럼 강하게 몰아치는 비바람 속에서도 계속 버틸 수 있을 정도로 강하다는 것이다.

반면 나비 아이의 피부는 오히려 생체역학이 절망적으로 작용한다. 바로 한 가지 구체적인 사항 때문이다. 이 질환의 공식 명칭은 이영양성 수포성 표피박리증DEB, Dystrophic Epidermolysis Bullosa이다. 이 질환에 걸리면 피부가 햇빛에 계속 방치된 화장지처럼 변해버리기 때문에 예로부터 피부과 영역의 피부 병변으로 간주됐다. 어딘가에 아주 살짝 닿기만 하더라도 피부는 헐고 벗겨진다. 이 병에는 치료법도 없다. 일반인들은 한 번도 들어보지 못한 최악의 질병이다. 나는 당신이 들어본 적 있는 질병이 어떤 것들인지 추측하지 않은 채 이 글을 쓰고 있다. '당신이 한 번도 들어보지 못한 최악의 질병'이란 말은, 수포성 표피박리증 치료법을 연구하는 국제 비영리 의료단체인 데브라DEBRA, Dystrophic Epidermolysis Bullosa Research Association를 상징하는 수식어 같은 표어다. 데브라의 현 회장인 브렛 코펠런Brett Kopelan이 만든 말로 그의 진심이 담겨 있다.

브렛의 딸 라피는 2007년 11월 19일 맨해튼의 한 병원에서 태어났다. 라피의 엄마인 재키는 갓 태어난 아기의 손발에 살갗이 없는 것을 보고는 적잖이 걱정했다. 예정일보다 2주가 늦은 출산이어서 처음에 의사들은 아기가 엄마 배 속에서 '너무 익어서' 나왔다며 재키와 브렛을 안심시켰다. 하지만 그 후로 몇 시간이 지나 라피에게서 출혈이 생기자 그냥 예사로이 넘길 수 없는 상황으로 판명됐다. 간호사들이 아기를 중환자실로 급히 데려갔다. 아기는 그곳에서 완전히 고립돼 일련의 검사를 받으며 부모의 손길은 전혀 닿지 못한 채로 생후 첫 달을 보냈다. 2주 뒤 의료진은 라피의 상태에 잠정적 진단을 내리고는 코펠런 부부에게 그들의 삶이 되어버릴 어떤 병명을 알려줬다.

당시 어찌할 바를 몰랐던 브렛은 허드슨강 바로 건너편 뉴저지주에 있는 한 병원의 외과 과장인 동생에게 전화를 걸어 물어봤다고 한다. "의사들이 보기에는 그게 수포성 뭐, 표피 박리증인가 뭔가라고 하던데…." 그러자 외과 의사인 동생의 입에서 "오, 맙소사"라는 말이 터져 나왔다. 그 외마디에 브렛은 바로 구글 검색창을 열어 그 질병을 찾아봤다. 그때 설명을 읽으면서 처음 떠오른 생각이 바로 '한 번도 들어보지 못한 최악의 질병'이라는 것이었다.

우리 몸의 23개 염색체 가운데 3번 염색체의 짤막한 부분에는 'COL7A1'이라는 유전자가 자리 잡고 있다. 이 유전자는 Ⅶ형 콜라겐을 만드는 단백질의 생산을 담당한다. 콜라겐 단백질은 신체의 모든 결합 조직을 구성하며 전체 단백질에서 3분의 1을 차지한다. 접착제를 뜻하는 그리스어에서 유래한 콜라겐은 피부부터 인대와 힘줄까지 모든 것을 하나로 뭉쳐서 지탱해준다. 콜라겐에는 몇 유형이 있다고 알려져 있는데 그중 하나가 Ⅶ형 콜라겐이다.

수포성 표피박리증은 여러모로 희귀질환이다. 문제의 상당 부분이

한 개별 유전자에서 비롯된다는 점에서 특히 그렇다. 대부분의 질병은 어느 단일 세포로 설명할 수 있는 것보다 훨씬 더 복잡하다. 하지만 수포성 표피박리증에서는 'COL7A1' 유전자의 돌연변이가 이 질병의 세 가지 주요 형태에 모두 원인이 되는 듯하다. 그 세 유형 가운데서도 라피가 앓는 이영양성 수포성 표피박리증이 가장 심한 질환이다.

Ⅶ형 콜라겐은 피부 바깥층(표피)을 기저층(진피)에 고정시킨다. 이 콜라겐이 없다면 두 층은 분리돼 피부가 쭈글쭈글해지고 물집이 잡히면서 걸핏하면 벗겨지게 된다. 그래서 라피가 가려운 곳을 저도 모르게 긁으면 스스로 상처를 입히는 셈이 된다. 라피가 입은 셔츠의 솔기도 물집을 일으킨다. 아침에 눈을 뜨면 대개 라피의 잠옷은 피가 말라붙은 채 살갗 여기저기에 들러붙어 있다. 그렇게 피부에 들러붙은 잠옷을 떼어내는 일은 진이 다 빠질 만큼 고통스럽다.

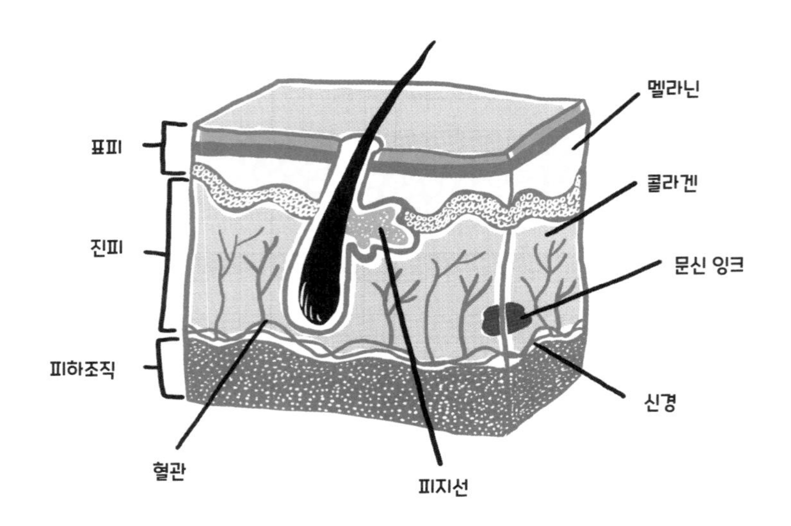

더구나 Ⅶ형 콜라겐은 신체 기관 전체를 구성하는 토대가 되므로 라피의 피부뿐만 아니라 장기에도 영향을 미친다. 라피는 입안과 식도에 물집과 상처가 생기면 음식을 씹거나 삼키기가 힘들어진다. 눈에 난 염증으로 눈이 멀 수도 있다. 어린 나이에 악성 피부암에 걸릴 위험도 매우 크다. 게다가 골다공증, 손발가락이 붙는 합지증, 가벼운 심부전증도 있다.

라피가 앓고 있는 유형의 수포성 표피박리증에 걸린 유아는 100만 명 중 한 명도 되지 않는다. 그런 아이들은 생존한다 해도 대체로 다른 사람들과 어울려 살아가지 못한다. 그러니 우리가 그런 병에 걸린 사람들을 알 턱이 없는 것이다. 우리 대부분이 일상에서 정상이라고 여기는 피부 상태의 범위를 보면 수포성 표피박리증 같은 증세는 아예 배제돼 있고 작은 잡티 정도를 포함하는 수준이다. 그러니 그 범위를 넓혀서 보면 자신의 피부는 물론이고 피부가 몸에 달라붙어 있다는 사실만으로도 더욱 감사한 마음이 들지도 모른다.

보통 사람은 2.7킬로그램 정도의 피부를 갖고 있다. 신체 기관 전부는 아니어도 대부분 그렇듯, 피부도 생명에 필수적이다. 어느 날 잠에서 깨어났는데 피부가 사라져버렸다면 그 사람은 금방 죽을 것이다. 얼마 안 되는 여생에서도 사회생활에 문제가 된다. 피부는 인체에서 가장 광범위하고 역동적인 기관으로 변화와 재생을 거듭한다. 우리가 죽은 세포들을 지니고 다닌다는 점에서 털과 더불어 피부는 우리 몸에서 독특한 부위다. 다른 모든 신체 기관에서는 죽은 세포가 폐기되지만 피부와 털에 있는 세포들은 한동안 우리와 함께 지내면서 중요한 기능을 한다. 그중에서도 아주 중요한 기능인 사회적 정체성은 우리 자신을 이해하는 토대가 된다.

지난해의 피부, 아니 심지어 지난 계절의 피부도 지금의 피부가 아니다. 몸을 구성하는 세포는 대부분 계속 죽어가고 대체된다. 우리 유전자의 약 8퍼센트는 심지어 인간의 것이 아니라 바이러스의 것이다. 우리는 DNA 안에 엮여 있는 바이러스들을 지니고 태어나며 무엇보다도 얼굴 모습과 몸무게, 정신 상태의 원인이 되는 수조 개의 세균을 몸속에 갖고 있다. 몸은 경험으로 형성되는 유전 정보와 더불어, 매 순간 우리의 정체성을 변화시키는 미생물들이 이루는 역동적인 네트워크다. 또한 우리는 여러 신호를 지니고 태어나는데 그 신호들이 전달되면서 머리카락이 있으면 대부분 더 유리한 평가를 받는 시기에 머리가 벗어지고, 불안해하지 않아도 되는 상황에서 불안하고, 어떻게든 피하려 애써도 암에 걸리게 된다. 안타깝게도 세월과 건강과 행복은 공정하게 분배되지 않는다.

겉보기에 피상적인 부분, 그러니까 나와 남의 눈에 비치는 모습은 나 자신을 이해하는 방식으로 쌓이고, 그다음에는 세상을 살아가는 방식과 서로를 대하는 방식으로 축적된다.

제가 아름다운지 어떻게 알 수 있나요?

그러니까 순전히 피상적인 외모를 말하는 거예요. 겉모습은 신경 쓰지 말아야 한다는 걸 알지만, 사람이다 보니 세상을 살아가면서 신경이 쓰이네요.

1909년 로스앤젤레스에서 미용실을 연 막시밀리안 팩토로비츠Maksymilian

Faktorowicz는 자신이 만든 화장품 브랜드인 맥스 팩터Max Factor로 유명해졌다. 주로 여성들을 대상으로 하는 그의 화장품은 얼굴의 이상을 진단하는 유사과학의 과정을 거쳐 판매됐다. 또한 자신이 직접 발명한 뷰티 마이크로미터beauty micrometer라는 장치를 이용해 화장품을 판매했다. 그 장치는 금속 띠들로 이루어진 정교한 기구로, 여성의 머리 위에서 얼굴 아래까지 두건처럼 씌우는 형태로 만들어졌다.[1] 당시 광고를 보면 뷰티 마이크로미터가 보통 사람의 눈에는 거의 보이지 않는 결점을 뚜렷이 드러낼 수 있으며 맥스 팩터의 메이크업 제품을 활용해 얼굴의 결점을 고칠 수 있다고 소개한다. 실제로 메이크업makeup이라는 말도 팩토로비츠가 만들어낸 용어다. 광고 후반에는 이런 설명이 나온다. "예를 들어 코가 비뚤어진 정도가 아주 미미해 평소 눈에 띄지 않아도 뷰티 마이크로미터만 있으면 결점을 금방 발견해 숙련된 조작자에게 수정 메이크업을 받을 수 있다."

아름답지 않은 이유를 정확히 말해주는 금속 기구를 사람들 얼굴에 씌우는 게 엄청난 문제는 아니었던 것 같다 해도, 뷰티 마이크로미터가 미美의 경험적 정의를 따른다는 데 또한 문제가 있었다. 사람들에게 무엇이 잘못됐는지를 알려준다는 의미는 무엇이 올바른지를 규정하고 있다는 말이다. 맥스 팩터의 접근법은 지금도 몸매 관리 제품을 판매할 때 대단히 성공적인 영업 전략을 보여주는 교과서적인 사례다. 말하자면 어떤 구체적인 방식으로 사람들에게 결함이 있다고 확신시키고, 그런 다음에 그 교정 수단을 파는 것이다.

일부 진화생물학자들은 우리가 균형 잡힌 얼굴에 끌린다고 정말 믿는다. 그들은 그런 얼굴이 건강의 징표가 돼 생존·번식 능력을 보여줄 수 있기 때문이라고 설명한다. 예를 들어 눈시울 쪽의 결막에 생긴 조직이 소용돌이치듯 두드러지게 자라는 사람은 진화생물학의 엄격한 관점에서 보면 부적응자, 즉 짝으로 선택하기에 부적합하다고 여겨질 수 있다. 우리의 본능이 이런 사람은 임신과 양육 과정을 거치면서 살아남지 못할뿐더러 심지어 임신도 안 될 거라고 경고한다는 것이다. 글쎄, 이 얘기는 이쯤에서 접고 다음으로 넘어가자.

하지만 대부분의 현대인은 아이를 낳아서 자녀뿐 아니라 손자·손녀와 증손자·증손녀, 심지어 반려 고양이까지 돌볼 만큼 오래 생존한다. 그러니 우리는 누구를 짝으로 삼을지 덜 따져도 된다. 이젠 어떤 정상 기준이 아니라 색다르고 파격적인 모습에 매력을 느껴도 되고 실제로도 그렇게 느낀다.

맥스 팩터가 화장품을 팔려고 만들어낸 정상 기준을 근거로 경험상 누구나 부족하다고 설득했던 반면, 미시간대학교의 사회학자 찰스 호튼 쿨리Charles Horton Cooley는 거울 자아looking glass self라는 좀 더 미묘한 접근법을 제시했다. 이 개념은 자신에 대해 무엇이 맞고 틀리는지 경험적 사고에 기반을 두지 않고 다른 사람들의 반응을 보면서 자신을 이해한다는 것이다. 그래서 세상이 나를 육체적 매력이 있는 사람으로 대해주지 않으면 나 스스로 그런 사람이라고 믿기 어렵다. 반대로 세상이 나를 그런 매력자로 대해주면 나도 내가 그런 사람이라고 믿는다. 1922년에 쿨리는 이렇게 썼다. "자부심이나 수치심을 갖게 하는 동인은 단순히 자신에 대한 기계적 반사가 아니라, 귀속된 감정이자 타인의 마음에 비친 자기 모습을 상상한 결과다."[2]

쿨리는 타인이 내 세계의 일부일 뿐 아니라, 심지어 자기 이해에 아주 중요한 전부라는, 시대를 초월한 관념을 다시 대중화했다. 엄밀히 말하면, 개인들로 이루어진 인간 세상은 수조 개의 아주 작은 고착생물이 모여 있는 산호나 다름없다. 크기가 시침핀 머리만 한 고착생물은 바다에 홀로 있으면 아무것도 아니지만, 함께 있으면 큰 배도 침몰시키는 산호초가 될 수 있다.

거울 자아 이론은 자기 이해가 타인의 인식에 달려 있다는 점에서 자신의 힘을 빼앗긴 것처럼 보일 수도 있다. 내가 보기엔, 거울이 되는 사람들의 세상을 보는 사고방식이 덜 파괴적이어야, 어디를 가든지 거울에 둘러싸여 있을 뿐만 아니라 스스로 거울이 된다는 생각을 할 수 있을 것 같다. 중요한 것은 맥스 팩터의 장치를 쓴 얼굴이 아니라, 얼굴

이 받아들여지는 방식이다. 우리가 언제나 거울을 선택할 수 있는 건 아니지만 우리 미래의 모습을 보여주는 거울의 종류는 선택할 수 있다. 그것은 친절한 거울일 수도 있고, 사악한 거울일 수도 있으며, 그 사이 어디쯤일 수도 있다.

보조개는
왜 생기나요?

미소를 지을 때 입꼬리를 위로, 안으로 당겨주는 근육을 광대근zygomaticus(또는 관골근)이라고 한다. 보조개가 있는 사람은 광대근이 보통 사람보다 짧으며 아마 두 갈래로 갈라져 있을 것이다. 그중 하나가 볼의 진피에 묶여 있어서 미소를 지으면 안으로 움푹 들어가게 되는데, 바로 이렇게 아름다움이 탄생한다.

하지만 이런 보조개가 해부학적으로는 이상 현상이며,[3] 때로는 심지어 결함이라고 여겨지기도 한다. 그런 이해는 생물학에서 자주 언급되는 주제, 즉 형태는 반드시 기능과 상관관계가 있다는 시각에서 비롯된다. 모든 일에는 다 어떤 이유가 있기 마련이다. 그렇지 않은가? 보조개가 확실한 기능이 없는 형태라면, 그런 이유로 보조개는 결함이라고 치부되기 쉽다. 이처럼 신체 부위가 분명한 목적을 지니든가, 아니면 '결함'이나 '질병'을 보여주든가, 둘 중 하나라면 이 책을 쓰는 일이 더 쉬울 것이다. 그러나 우리 인간은 그보다 더 복잡하고 흥미로운 존재다.

생물학적 기능은 건강과 질병의 이해에 기초가 되는 개념으로, 대개 몸 안에 어떤 구조나 과정이 존재하게 된 이유로서 정의된다. 우리에게 다른 네 손가락과 마주볼 수 있는 엄지손가락이 있는 것은 생물학적 기능으로 설명하는 병인론●에 따르면 엄지손가락이 특정 도구를 사용하기에 유리하기 때문이다.

형태가 기능을 이해하는 데 도움이 되는 정보이긴 하지만, 엄지손가락만큼 그렇게 명백한 사례를 찾아보기도 힘들다. 누군가의 수염이 자라고, 누군가의 피부가 벗겨지고, 누군가의 볼에 보조개가 생기는 것은 특정한 조건 아래 특정한 사람들에게서 그렇게 되도록 진화됐기 때문이다. 목적론적으로 보면 수염이 자라거나, 피부가 벗겨지거나, 볼에 보조개가 생기는 것에는 목적이 없다.

이론적으로는 모든 기능이 다 함께 건강에 이바지해 우리가 인간 집단으로서 계속 건강하게 살 수 있게 한다. 하지만 기능들을 각각 떨어뜨려서 보면 그렇지 않을 수도 있다. 개별적으로 보면 가령 수면과 같은 특정한 신체 기능은 한낱 약점인 것 같기도 하다. 잠자는 동안에 새들에게 잡아먹힐지도 모르니 말이다. 하지만 아직도 왜 우리가 잠을 자는지 답을 찾지 못했다. 그리고 그 물음에 대해 주요 이론가들의 견해를 들어보면 잠이 다른 신체 부위의 기능을 강화하기 때문이라고 입을 모은다.

아울러 우리의 형태를 이루는 요소는 오랜 세월 구조적 변화를 거치며 기능을 상실하게 된 유물과도 같은 사랑니나 맹장처럼 흔적으로 남아 있을 수도 있다. 흔적에도 범위가 있어서 어떤 신체 부위는 퇴화로 가는 추세이지만 아직 쓸모가 없지는 않다. 한편, 어떤 신체 부위는

● 병의 원인을 광범위하게 연구하는 기초의학의 한 분야

아마 단 한 번도 기능을 한 적 없으면서 다른 부위의 기능에 단지 부작용으로 나타난다(이런 부위는 스팬드럴spandrel이라고도 알려져 있다. 이 말은 본래 아치 꼭대기와 기둥, 지붕 사이의 삼각형 공간을 일컫는 건축 용어로, 구조를 지탱할 목적이 없는 장식용임을 암시한다).

무엇보다 중요한 개념은 거의 모든 신체 부위가 개별적으로는 설명되지 않는다는 것이다. 각 신체 부위는 한 사람 전체라는 맥락에서만 이해할 수 있다. 개인이 전체 인간 집단이라는 맥락에서만 이해되는 것과 마찬가지다. 평행세계에서는 보조개가 이상으로 여겨져 예방이나 교정의 대상이지만, 우리가 살아가는 현재의 시공간에서는 욕망과 선망의 대상이다. 그래서 때로는 심지어 뺨에 보조개를 억지로 만들기도 한다.

얼굴에 보조개를 만들 수 있을까요?

1936년, 뉴욕주 로체스터의 기업가 이저벨라 길버트Isabella Gilbert는 보조개 장치dimple machine 광고를 냈다.[4] 광고에는 그 장치가 '얼굴선에 맞춰 구부린 철사에 작은 혹처럼 불룩 튀어나온 두 부분이 양쪽 뺨을 누르는' 형태라고 설명돼 있었다. 시간이 지나면 이 압력 때문에 얼굴에 멋진 보조개 한 세트가 생긴다는 것이다. 하지만 그것은 보조개가 생기는 원리가 아니므로 그 장치는 실패했다.

그렇게 끔찍한 고통을 주는 특이한 방식의 대안으로서만 본다면 다행히 오늘날에는 외과 의사가 협근buccinator이라고 알려진 볼 근육을 입안의 점막 아래 조직과 봉합하는 20분간의 수술로 보조개를 만들 수 있다. 얼굴 바깥쪽 피부에 구멍을 내지 않고 볼 안쪽을 뚫어 볼 근육을 약간 잘라낸 다음, 볼 안쪽 피부 밑의 근육과 꿰매어 붙이기만 하면 되는 것이다. 그래서 그 봉합 부분을 팽팽히 당기면 피부에 주름이 생긴다. 이 과정은 모두 수면 마취 없이 이루어진다.

그런데 성형외과 의사들은 바로 이 주름이 생기는 결과를 방지하기 위해 수년에 걸쳐 봉합 기술을 숙련한다. 그러니 이 보조개 수술법은 기존의 사고방식을 거부하는 이단아 같은 사람의 머리에서 탄생했다고 할 수 있다. 베벌리힐스에서 의원을 운영하는 성형외과 의사 갈 아하로노프Gal Aharonov는 자칭 미국에서 보조개 수술을 유행시킨 원조라면서 내게 이런 말을 들려줬다. “제가 보조개 수술을 시작하기 전에는 그게 유행이 아니었습니다.” 그의 말을 거의 믿을 수 없었지만, 그가 약 10년 전에 그 보조개 성형 수술법을 정말로 만들어낸 것 같기는 하다.

“제가 이 수술을 시작했을 때 다른 나라에서도 이런 수술을 하는 분이 두어 명 있긴 했어요. 하지만 결과가 실제로 잘 나오지는 않았죠. 제가 보기엔 보조개가 어색하고 이상한 것 같았어요. 그래서 그 수술법을 생각해내서 제 웹사이트에 정보를 조금 올렸는데 그러고 나니 어느새 여기저기 언론 매체에서 연락이 오더라고요.”

2010년 아하로노프는 CBS의 낮 시간대 TV 토크쇼 프로그램인 〈더 닥터스The Doctors〉에 자신의 환자 펠리시아와 함께 출연했다. 펠리시아는 자신의 미소를 업그레이드하겠다고 결심한 여성이었다. 그 방송분을 보면, 아하로노프는 펠리시아에게 손거울을 건네며 그녀가 보조개를 갖고 싶다고 한 지점들을 얼굴에 표시한다. “이런 분들을 모셔서 그분들이 기본적으로 늘 원했던 걸 제공하는 일은 즐겁습니다." 그러나 그 순간 그가 스스로 정말 좋아한다고 보기는 어려운 마음이 그의 어조에서 무심코 드러난다. 잠시 후 그가 수술을 끝내자 펠리시아는 거울을 보며 이렇게 말한다. "어머나, 보조개가 생겼어요." 그건 사실이다. 그녀는 정말 보조개를 갖게 됐고, 행복해 보인다. 하지만 분명하다고 말하기는 어렵다.

현재 아하로노프는 그 수술이 안전하고 효과적이라고 광고한다. 하지만 "보조개 성형수술을 받고 나면 대개 일정 기간은 심지어 미소를 짓고 있지 않을 때도 보조개가 있다"는 사실을 그도 인정한다. 그런 점 때문에 불안할 수도 있는데도 불구하고 보조개가 있는 사람들을 부러워하는 이들은 그 수술이 점심시간에 잠깐 나가서 받고 와도 될 정도로 간단하다는 것을 알고는 안심하는 눈치다.

그리고 당연히 수술비도 몇천 달러가 든다. 영국에서는 보조개가 있는 케이트 미들턴이 왕세손비로 지위가 상승하면서 보조개 수술이 한때 인기가 있었는데 그 비용이 1,200~2,500달러에 이른다. 아하로노프가 청구하는 비용은 4,000달러다.

물론 이렇게 값비싼 성형수술이 있는가 하면 저렴한 성형수술도 있다. 지구 반대편인 인도 푸네Pune에 있는 레이저 성형수술 센터Cosmetic Laser Surgery Center의 외과 의사 크리슈나 차우드하리Krishna Chaudhari는 보조개 수술에 대안적 시술법을 활용한다. 이 지역은 발리우드 영화 덕에 보조개 성형 수요가 생겨났다. 차우드하리의 유튜브 채널에서는 수술 장면을 영상으로 보여준다. 수술 과정이 여전히 꽤 간단하긴 하지만 그 장면을 보고 있노라면 초현실을 경험하는 것 같아서 나는 누구에게도 추천하지 않는다.

차우드하리의 영상은 수술 과정을 담은 정지 화면들을 몽타주 기법으로 보여준다. 처음에는 한 젊은 남성의 두 뺨을 관통해 8밀리미터의 구멍들이 생기는 장면이 나오고, 그다음에는 진피를 협근에 봉합해 고정시키는 장면이 나온다. 수술실의 조명 때문에 수술은 지하실이나 동굴, 아니 어쩌면 지하 동굴에서 진행되는 것처럼 보인다. 게다가 배경음악은 '다크 사이드 오브 더 문Dark Side of the Moon'•의 깊은 상처로 통할 수 있는 초월적인 느낌의 연주곡이 흐른다(혹시 수술을 받기 전에 그 과정을 영상으로 보고 싶다면, 인터넷 수술 영상으로 접하지 말고 의사에게 영상을 한 편 추천해달라고 부탁하라).

오늘날 보조개 수술을 하는 많은 성형의들은 자신이 직접 창안한 기술을 사용한다. 쿠웨이트에서 개원한 의학박사 압둘-레다 라리Abdul-Reda Lari는 뺨을 완전히 관통하는 시술법을 배척한다. 라리가 창안한 수술 방식은 아주 호평을 받아서 인도의 외과 의사들이 그에게 배우려고 그 먼 곳까지 찾아올 정도다. 그는 내게 이런 얘기를 들려줬다.

"저도 예전엔 환자의 입안에 가위를 넣어 근육을 잘라냈어요. 이젠 그러지 않는 쪽이지만요. 지금은 입안에 메스를 넣어서 볼 안쪽의 진피를 수직으로 긁어내고 [라리가 고안한 성형 기구인] 지지대를 붙여서 최대 2주 동안 보조개 자리를 잡아주게 합니다. 여성분이 불편하다고 호소하면 지지대를 더 일찍 떼어낼 수도 있고요."

라리는 마지막에 여성분이라는 말을 무심코 내뱉었다. 쿠웨이트에

• 영국의 프로그레시브 록 밴드인 핑크 플로이드의 1973년도 앨범 이름이기도 함

서는 보조개 수술 고객이 거의 모두 여성이다. 그건 다른 나라도 마찬가지다.

라리의 수술 방식은 대부분의 방식보다 복잡하다. 한 번이 아니라 여러 번 봉합을 하며 지지대를 볼 안쪽의 속에다가 부착해 2주 동안 그 상태로 둬야 한다. 봉합을 한 번 하면 보조개가 부자연스러운 위치에 있는 것처럼 보일 수 있으므로 그는 자기가 다른 의사들보다 훨씬 더 좋은 결과를 낸다고 믿는다. 그 결과는 수직 방향의 보조개가 미소를 지을 때만 나타나는 것이다. 그런데도 라리의 방식은 그다지 대중적이진 않다. 수술하고 나서도 다시 방문해야 하고 좀 더 불편하기 때문이다. 지금까지 그가 한 수술은 100건도 되지 않는다. 하지만 대체로 사람들은 즉각적인 만족을 선호하다 보니 더 간단한 방식을 택한다. 라리는 웃으면서 이런 말을 덧붙였다. "제 수술은 좀 비싼 편이에요. 양쪽 볼 합쳐서 1,000달러거든요. 수술은 2분이면 끝나는데 말이죠."

그러고는 그가 물었다. "미국에선 수술비가 얼마인가요?"

내가 비용을 알려주자 그는 약간 풀이 죽은 듯 보였다.

버지니아주의 성형외과 의사인 모라드 타발랄리Morad Tavallali는 보조개의 구조를 피부 속에 지방이 침투해 생겨난 셀룰라이트 구조에 비유한다. 우리 몸에는 피부 속을 제외하면 달리 갈 곳이 없는 지방으로 채워질 수 있는 잠재적 공간이 어느 정도 있다. 그러나 진피 안에는 팽창을 막는 섬유질 띠가 있는데, 그 부분이 움푹 들어간 보조개 형상으로 나타난다는 것이다. 타발랄리는 허벅지에는 이런 울퉁불퉁한 보조개 같은 부분을 제거하는 수술을 할 수 있고, 얼굴에는 보조개를 만드는 수술을 할 수 있다고 한다.

아름다움은 언제나 상황에 따라 달라질 뿐이다.

이런 보조개가 타발랄리에게는 만들어낼 정도로 쉬운 대상이지만 그는 보조개 성형에 의구심을 품고 있다. 그는 자신의 블로그에 "어떤 경우에는 성형외과 전문의가 새로운 수술법을 창안할 수도 있다"[5]라고 쓰고는 보조개 수술이 어떻게 이루어지는지 자세히 기술해놓았다. 그러나 정작 그 자신은 그 수술을 할 수 있어도 거부하겠다고 썼다. "보조개 수술은 많은 성형의가 하지 않는 수술이다. 그런 보조개는 귀엽지만, 문제가 될 수 있다! 내 경험상 분명하다! 나는 그 수술을 더는 하지 않겠다!"

순전히 미의 사회적 기준에 부합할 목적으로 환자들에게 비용과 위험을 감수하게 하는 수술은 모두 문제의 소지가 있다. 그래서 타발랄리는 보조개 수술의 엄청난 문화적 함의는 덜 언급하는 대신, 수술 결과가 항상 아주 좋은 것만은 아니라는 사실을 더 강조하는 것 같다. 적어도 시간이 지나면 보조개 모양이 잘 유지되지 않는다는 사실을 언급한다. 인공 보조개는 흉터 조직의 상태에 달려 있으므로 장기간 보이게 될는지 예측할 수 없다. 사람마다 흉터가 다르니 말이다. 영국의 한 성형외과 단체 대변인은 "유명 디자이너가 만든 보조개가 몇 년 안에 유명 디자이너가 만든 재앙이 될 수도 있다"라고 말했다.[6]

보조개 성형을 더 명확히 반대하는 사람은 베벌리힐스의 성형외과 의사 아하로노프다. 이 보조개 성형 수술법의 창시자는 그 유행을 선도하고서 10년이 지나자 회한을 느꼈다.

"'정말 좋다. 이게 내 전공이지'라고 생각하던 시기가 있었어요." 아하로노프는 내게 말했다. 실제로 지금도 그에게 그 수술법을 배우고 싫어서 연락하는 의사들이 있다고 한다. 저위험 고수익에 수요도 많으니까. 그가 어림잡기론 아직도 보조개 수술 요청이 하루에 20~30건씩 들어온다고 한다. 하지만 타발랄리와 마찬가지로 그도 보조개 수술은 거의 완전히 손을 놓았다. 그 결과가 만족스럽지 않기 때문이다. 그가 예상하기론 수술한 환자 중 90퍼센트는 결과가 잘 나왔다. 그런데 10퍼센트는 보조개 한쪽이 다른 한쪽보다 깊은 비대칭이거나 양쪽 보조개가 너무 깊은 나머지, 미소를 짓고 있지 않을 때 주름이 제대로 펴지지 않았다. "제겐 말이죠. 얼굴에 손을 대는 일에 관해서라면 90퍼센트의 성공률은 아주 높은 게 아닙니다."

한편 아하로노프는 성형수술에 관한 실존적 의문을 파고든다. 사람들은 왜 정상이 아닌 이상을 원할까? 왜 문신과 피어싱을 할까? "그건 다르고 싶은 욕망이에요. 독특하고 싶은 욕망이죠." 아니면 정반대로, 그들이 모방하고 싶은 사람처럼 되고 싶다는 욕망이다.

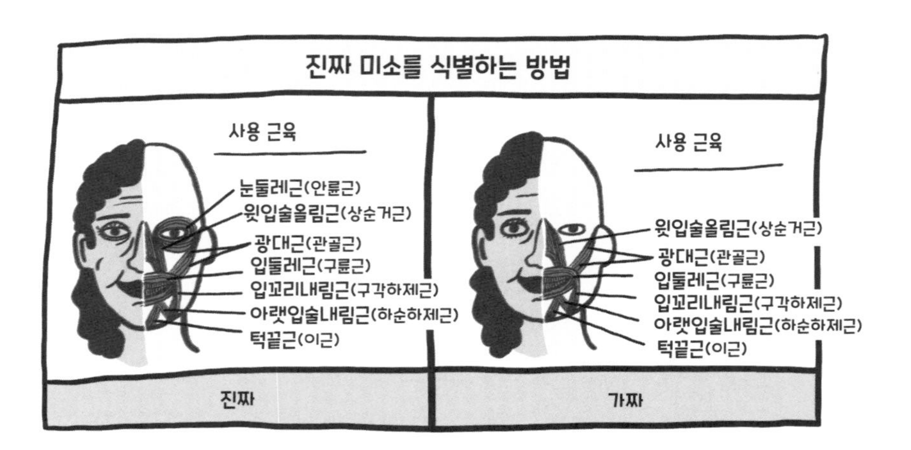

그런 면에서 이런 유행은 전혀 우스꽝스럽지 않고, 이런 수술은 바보 같지 않다. 그것은 사회적 정체성의 문제다. 하지만 스파이더맨의 삼촌 말대로, 큰 힘에는 큰 책임이 따른다. 성형외과 의사는 동기의 중재자다. 아하로노프는 이렇게 말했다. "저는 생각해야 합니다. 제가 이 사람에게 옳은 일을 하고 있는가, 이 사람은 옳은 이유로 이 수술을 원하는가 말이죠."

옳은 이유는 말로 표현하기가 어렵다. 어쩌면 그런 경험으로 완전히 자기 삶에서 얻게 될 순수한 기쁨을 위해 그 수술을 하게 되는지도 모른다. 그러나 분명히 그릇된 이유도 있다. 성형수술의 제1 원칙은 완벽을 갈망하지 않는 것이다. 이는 수술 과정을 소상히 알려주는 차우드하리의 묵시론적인 영상을 본 유튜브 댓글 작성자들조차 공감하는 것 같다. 그들은 지구상에서 그리고 아마 다른 곳에서도 가장 비판적이고 야만적인 사람들인데 말이다. 어떤 이는 이런 소감을 댓글로 남겼다. "수술이 고통스럽고 얼굴에 손상을 줄 수도 있지만 그게 당신이 원하는 전부라면 결국 그건 당신 몸이니까 나는 혐오하지 않겠다."

문신은 왜 시간이 지나도 없어지지 않나요?

어느 햇살 좋은 날 아침, 나는 브루클린의 포트그린Fort Greene에 있는 내가 좋아하는 커피숍에서 몸에 여기저기 문신을 한 여성을 만나 이야기를 나눴다. 그녀는 사람들이 문신하는 이유를 알려주는 어린이책을 작업하고 있었다. 그녀는 눈꺼풀에도 문신이 있었다. 그녀가 눈을 깜빡일 때나 햇빛에 눈이 부셔서 실눈을 뜰 때마다 '두려움은 없다NO FEAR'라는 글자가 보였다. 그러자 나는 그 문신 이면의 사고 작용만 계속 생각하게 됐다. 그 문신은 그녀가 거울을 보면서 한쪽 눈을 감아야만 볼 수 있는 형태였다. 눈꺼풀은 문신을 새기기에 가장 고통스러운 곳이다. 그런데도 그런 아픔과 돈을 치를 가치가 있을까? 아무래도 그녀의 책을 한번 읽어봐야겠다.

성형외과 의사들과 마찬가지로 진지한 문신 아티스트들은 문신하러 온 사람이 경솔하거나 성급하게 하는 것 같다는 생각이 들면 문신을 하지 말라고 말리거나 아예 작업을 거절한다. 목이나 얼굴처럼 눈에 잘 띄는 곳에 문신을 하려는 사람에게는 특히 더 그런다. 문신에 담긴 철학은 남들에게 어떤 인상을 주거나 뭘 주장하려고 하면 안 된다는 것이다. 문신은 오로지 자신을 위한 것이어야 한다. 눈꺼풀 문신은 그 경계선에 있다. 이 여성은 만나는 사람마다 자신에 대해 알려주는 셈이다. 내가 느끼기엔 그런 허세를 통해 '두려움'이 아주 많지는 않으나 적어도 어느 정도는 있다는 걸 말해주는 것 같다. 그게 아니라면 왜 그렇게까지 하면서 두려움이 없다고 광고하겠는가?

아울러 문신은 그 사람에게 간염hepatitis이 있을지도 모른다는 것을 나타낸다. 바이러스학에서 가장 흥미로운 통계 중 하나는 문신한 사람들이 C형 간염에 걸릴 가능성이 여섯 배나 높다는 것이다.[7] 그렇다고 해서 문신이 C형 간염의 '원인'이라는 말은 아니다(그러나 때로는 문신이 C형 간염의 원인이 되기도 한다). 피부를 찌르는 바늘이라면 어떤 것이든 감염을 일으킬 수 있다. 문신 바늘은 피부에서 각질이 일어나는 바깥 부분인 표피를 뚫고서, 혈관과 신경이 많이 분포된 진피로 들어간다.

따라서 문신 아티스트가 작업을 마치고 나면 염료가 진피에 남게 된다.

백혈구는 문신 염료를 침입자이자 잠재적 위협으로 인식하고는 그것을 공격한다. 하지만 염료 덩어리들이 너무 커서 제거되지 않는다. 아무리 시도해도 소용없는 탓에 염증이 두드러지게 생기면서 갓 문신한 자리가 며칠 동안 벌게진다. 이성적인 사람들이라면 그 며칠을 기다렸다가 문신 사진을 인스타그램에 올린다. 만약 문신한 자리가 며칠이 지나도 계속 벌겋다면 아마도 아주 구시대적인 문신 감염에 걸렸을 수 있다.

미국에서는 몇 년에 한 번 정도 문신 감염이 발생한다. 그 원인은 바로 오염된 잉크다. 문신 잉크는 피부 속으로 매우 깊이 주입되기 때문에 병원에서 정맥에 주사하는 생리식염수처럼 무균 제품이어야 한다. 그런 까닭에 질병통제예방센터에서는 "유해 미생물의 오염원 제거 절차를 거친 잉크라고 확인해줄 수 있는" 문신 시술소에 가라고 권고한다. 그 기준에 관한 규정은 없으므로 기준을 어떻게 정할지는 당사자에게 달려 있다. 어떤 시술소는 돈을 아끼려고 잉크를 수돗물로 희석하기도 하니 사전에 그러지 않겠다는 약속을 받아두면 된다. '두려워하지 말라!'

문신 염료에 균이 있든 없든 간에 백혈구는 염료를 공격한다. 하지만 그것을 물리치지 못한다. 백혈구는 염료 덩어리를 보면서 이렇게 말할 것이다. "제기랄, 더럽게 크네." 결국, 우리 면역계는 그냥 싸움을 포기하고서 이 피부 침입자들과 같이 살아야 할 팔자구나 하면서 체념하고 만다. 문신은 반항과 개성뿐 아니라 체념의 문제이기도 하다.

문신을 어떻게 제거할 수 있을까요?

미국의 많은 주에서는 취중에 문신 시술을 받는 게 엄밀히 따져서 불법이다. 현재 미국 성인 다섯 명 중 한 명은 문신을 했다. 문신하는 과정에서 맨 정신이었던 사람이 몇 퍼센트인지를 정확히 조사한 자료는 없다. 하지만 내 경험상 100퍼센트라고 볼 수 없다. 문제는 맨 정신으로 문신을 한 사람조차 때때로 그 일을 후회한다는 점이다. 예컨대 충성심이 변했거나 사랑이 뜨거웠다가 식은 경우다. 미네소타주의 한 문신 제거 업체에 따르면, 문신할 때의 기본 원칙은 애인이나 배우자의 이름 또는 "그런 상대에 대한 사랑을 상징하기 위한 것"은 뭐든 절대 새기지 않는다는 것이다.[8] 내가 생각하기에, 그것은 인생을 살아가는 하나의 방법이다.

| 문신을 제거하기 위해 면역계에 레이저가 필요한 이유 |

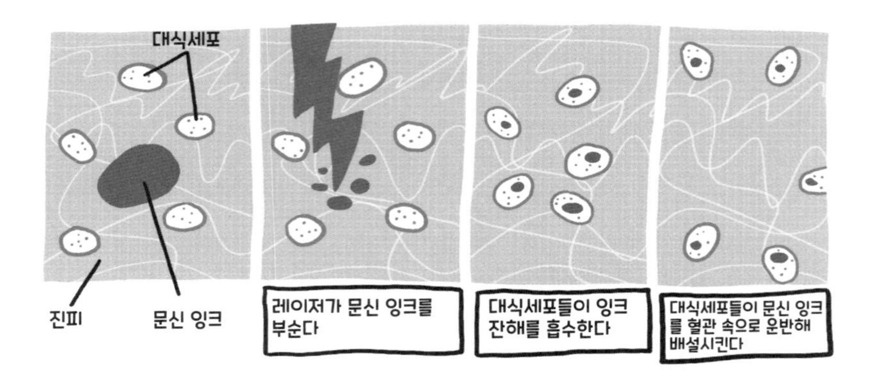

미국의 문신 제거 업계는 지난 10년 동안 440퍼센트 성장했다. 문신 제거 지출액도 2018년쯤에는 8,320만 달러(한화 약 985억 원)를 찍을 것으로 예상된다.[9] 문신 제거는 진입하기에 괜찮은 업종이다. 웬만한 침팬지도 주말 집중 강습을 받으면 필수 기술은 숙달할 수 있는 수준이다. 레이저로 문신을 겨냥해 버튼을 누르기만 하면 된다. 레이저가 염료 덩어리를 잘게 부수고 나면 그 덩어리는 피부 속에서 대식세포macrophage라고 불리는 백혈구에게 먹혀 소화되고 금세 저세상으로 간다(다시 말하면, 당사자의 대변으로 배설된다). 보통 문신 제거 시술은 여러 번 받아야 하며 비용도 몇백 달러가 든다. 그러니 문신을 새기는 행위는 여전히 뭔가 대단한 헌신처럼 느껴진다.

껌을 씹어서 턱선을 더 뚜렷하게 만들 수 있을까요?

이는 실제로 보디빌딩을 하는 사람들 사이에서 좀 많이 나오는 질문이다. 예를 들어 보디빌딩닷컴bodybuilding.com이라는 사이트에서는 익명의 25세 이용자가 이런 질문을 올렸다. "턱선이 강한 형님들, 껌을 씹으면 턱선과 턱근육을 키울 수 있나요?"

그 온라인 커뮤니티의 한 근육남은 "가죽을 씹으면 도움이 된다는 얘기를 들은 적이 있어요" 따위의 의심스러운 이야기를 계속 쏟아낸다. 하지만 결국 보디빌딩 동료들은 청년의 턱 질문에 참으로 간결하고도 유식한 답을 내놓는다. "현실에서는 당신 턱선이 얼마나 뚜렷한지 아무도 신경 쓰지 않습니다."

하버드대학교 인간진화생물학과의 캐서린 징크Katherine Zink와 대니얼 리버먼Daniel Lieberman의 연구는 '턱선이 강한 형님'들의 논리에 일리가 있음을 시사한다. 2016년에 과학 학술지 〈네이처Nature〉에 실린 두 연구자의 논문을 보면, 우리 얼굴은 오랜 세월 동안 씹는 습관 때문에 윤곽이 뚜렷해졌다고 한다.[10] 현생 인류 이전 '인간' 종들의 턱선과 치아는 우리와 비교하면 무척 컸다. 그러다가 '호모 에렉투스'가 도구를 사용해 동물을 잡아먹을 수 있게 되면서부터 그 크기가 점차 줄어들었다. 열량이 높은 고기는 덜 씹어도 됐기 때문이다. 일단 고기가 그들이 섭취하는 열량의 3분의 1을 차지하게 됐다는 것은 매년 200만 번씩 씹지 않아도 됨을 의미했다. 그리고 석기를 이용해 음식을 대충 자르고 빻는 처리 과정이 더해지면서, 씹는 기능을 하는 신체 기관의 필수적인 힘과 지구력은 감소했다.

그러니까 우리가 사용하지 않는 기능이 있으면 그것은 언젠가는 우리에게서 사라진다. 많은 인류학자들은 우리가 옛날 사람들에 비해 거의 씹지 않기 때문에 치아교정기가 필요한 사람들이 그렇게 많다고 생각한다.[11] 인간은 여러 세대를 거치며 경작하고 요리할 수 있게 되면서 음식을 씹는 일에 시간을 덜 쓰게 됐다. 그 과정에서 우리의 턱은 서서히 약해지고 줄어들었으며 입안은 치아들로 혼잡해졌다. 우리 가운데, 세 번째 어금니인 사랑니가 자리 잡을 공간이 있는 사람은 거의 없다. 그래서 사랑니가 비스듬히 비집고 올라오면 다른 치아들을 밀어내서 치열이 망가진다. 사랑니를 뽑아버려 이런 불상사를 방지할 필요가 생긴 것은 꽤 근래의 현상이다.

징크와 리버먼은 더 작은 얼굴 모양이 생겨나면서 실제로 그런 특성이 선택되기도 했을 거라고 주장한다. 즉, 우리의 먼 조상들은 작은 턱을 선호했을 수도 있다는 말이다. 따라서 사람들이 브래드 피트의 얼굴을 완벽한 턱선 때문에 높이 평가하는 것은 어쩌면 기능과 관련된 논리보다는 오히려 정말 오늘날의 상대적 희귀성 때문인 것 같다. 팝 밴드 마룬파이브Maroon 5의 보컬인 애덤 리바인이 〈피플People〉 매거진에서 '현존하는 가장 섹시한 남자'로 뽑힌 이유는 분명히 그의 음악적 역량과는 거의 무관했다. 어떤 이들은 서양인들이 각진 턱에 끌리는 게 아마도 남성호르몬이 많다는 것을 연상시키기 때문인 것 같다고 주장했다. 그런 상태가 남성성의 표시로서 생존·번식 능력을 나타낸다는 것이다.

성인이 되어서도 하악골mandible●이 '정말로' 현저히 계속 자란다면 말단비대증acromegaly이라고 하는 심각한 호르몬 불균형 문제가 있다고 할 수 있다. 프랑스 배우이자 1988년 세계레슬링연맹WWF 챔피언으로 '거인the Giant'이라는 별명이 붙은 앙드레 루시모프Andre Roussimoff가 바로 그런 상태였다. 그의 뇌하수체pituitary gland●●는 어린 시절부터 비정상적인 양의 성장호르몬을 만들어냈고, 성인이 된 후에도 아이 때만 나오는 그 호르몬을 계속 생산했다. 그 바람에 그의 키는 220센티미터가 넘었고 몸무게는 227킬로그램에 달할 정도로 자랐다. 심지어 팔다리의 성장판이 닫힌 후에도 얼굴뼈가 계속 자라서 그는 동화책에 나오는 거인처럼 거대한 모습을 갖게 됐다. 어쩌면 그런 동화 속 인물들은 말단비대증이 있는 사람들을 모델로 탄생하지 않았나 싶다. 무섭

● 아래턱을 이루는 말발굽 모양의 뼈로 아래턱뼈라고 함

●● 뇌 속에 있는 콩알만 한 기관으로 체내에 중요한 호르몬을 분비함

게 생긴 '괴물'인 슈렉도 체내에서 자연 분비되는 필수 호르몬이 과잉 상태인 사람에게서 전형적으로 보이는 신체를 갖고 있다.

그러나 말단비대증이 있다고 해서 누구나 거인이 되진 않는다. 증세가 경미한 경우에는 큰 손과 큰 코, 돌출된 턱으로 나타난다. 이런 결과는 신체 기능 향상을 위해 성장호르몬제를 복용한 운동선수들에게서 볼 수 있다. 그런데 그런 호르몬제는 잠재적으로 그 선수의 존속에 심각한 위험이 된다. 앙드레 더 자이언트는 심장이 더는 몸을 지탱할 수 없을 때까지 자랐다. 결국, 심실 벽이 너무 두껍고 근육이 발달해 혈액이 잘 공급되지 않는 바람에 그는 46세의 나이에 세상을 떴다.

따라서 성장호르몬제 복용에 비하면 껌 씹기는 해가 없다. 그리고 턱선이 강한 형님으로 인식되는 것을 중시하는 이들에게는 심지어 도움이 될 수도 있다. 우리의 하악골은 평생에 걸쳐 정말로 줄어드는 경향이 있어서 껌을 씹으면 그런 축소를 예방할 수 있다. 골다공증을 신체 운동으로 막을 수 있는 것과 마찬가지로 턱뼈의 퇴화는 껌을 자주 씹음으로써 예방할 수 있다(그리고 양쪽 볼 구석의 하악골을 감싸고 있는 깨물근masseter muscle●은 여느 근육처럼 운동을 하면 아주 조금이나마 커진다).

이는 우리가 섬유질이 많은 음식을 먹게끔 적응했다는 사실을 가장 연관성 있게 상기시킨다. 껌이나 가죽, 잎을 자주 씹으려고 노력하는 동시에 자녀에게도 그렇게 하도록 가르치고 이렇게 세대를 거쳐 그 과정이 반복되면 언젠가는 마침내 결과를 볼 수도 있겠다.

● 음식을 씹을 때 사용하는 근육

턱을 더 매력적으로 만들 수 있을까요?

우리는 유일하게 진짜 턱이 있는 인류다. 언어를 창조하거나 음식을 씹는 과정에서 턱이 진화한다면 남녀 간의 턱 크기와 모양은 크게 다르지 않으리라 예상된다. 그러나 턱은 실제로 남녀 간에 차이가 있다. 성적 이형sexual dimorphism이라는 진화 개념은 턱이 그렇게 진화한 게 짝짓기 선호도 때문임을 설명해준다. 그러니 오늘날의 얄팍한 겉모습 때문에 괴로워하지 말자. 우리는 수천 년 동안 그렇게 얄팍한 존재였다.

턱 모양을 논하거나 턱이 없다고 말하는 경우, 의사들은 '턱밑 지방submental fullness'이라는 용어를 쓴다('sub'는 '아래'를 뜻하고 'mental'은 '턱'을 뜻하는 라틴어 'mentum'에서 나왔으며 'fullness'는 '지방'을 의미한다). '턱밑 부분은 수많은 남녀의 골칫거리'라는 얘기가 나오자, 하버드 의대에서 전공의 과정을 마친 피부과 전문의 오마르 이브라히미Omar Ibrahimi는 그 용어의 의미를 상세히 알려줬다.

그는 턱밑 지방이 누구에게나 똑같이 찾아오는 고민이라고 설명했다. "턱밑 지방은 과체중인 사람들에게서만 발생하는 게 아닙니다. 나이가 들면서 골질량이 감소하고 지방이 쌓여 지방주머니가 계속 볼록 나올 수 있어요."

턱밑 지방을 개선하는 첫 단계는 모든 체지방을 제거하려 할 때와 마찬가지로 잘 먹고 움직이기다. 하지만 미국피부외과학회American Society for Dermatologic Surgery의 조사 결과에 따르면 68퍼센트의 사람들이 턱밑 지방 때문에 괴로워한다. 과체중이나 비만인 미국인 수보다 약간 많은 편이다. 이 얘기는 2015년 봄, 키테라 바이오파마슈티컬스Kythera

Biopharmaceuticals라는 제약회사의 보도자료에서 미국피부외과학회장 조지 흐루자George Hruza가 언급한 내용이다. 그는 이런 낙관적인 홍보도 덧붙였다. "키벨라Kybella는 이처럼 충족되지 않은 환자의 욕구를 만족시키는 최초의 비수술 치료법을 의사들에게 제공한다."

당시 미국식품의약국FDA, Food and Drug Administration은 키벨라를 인체의 턱밑 지방 '치료제'로 승인했다. 키벨라는 목에다 주사하는 약물로, 지방세포adipocyte를 분해해 파괴한다. 그런데 그 약물이 효과가 있다는 사실은 놀랍지 않다. 키벨라의 단일한 성분인 디옥시콜산deoxycholic acid은 쓸개에서 만들어져 식사 후에 분비돼 소장에서 지방 분해를 돕는 산과 정확히 똑같은 담즙산염이기 때문이다.

이브라히미는 2015년에 키벨라를 처음 사용하기 시작한 의사들 중 하나다. 그의 병원 웹사이트에는 "이중턱이 셀카 사진을 망치고 있나요?"라는 홍보 문구가 나온다. 이 페이지의 아래쪽 귀퉁이에는 의학의 아버지인 히포크라테스가 무덤 속에서 탄식하는 짧은 동영상이 있다(실제로 그렇지는 않다). 그 문구는 이렇게 이어진다. "운동도 하고 건강하게 먹는데도 도무지 이중턱이 없어지지 않는다고요? 그럼 아주 놀라운 소식을 하나 전해드릴게요. 몇 차례 빠른 주사로 이중턱을 없앨 수 있는 키벨라라는 주사제가 이제 막 FDA 승인을 받았습니다."

키테라 바이오파마슈티컬스에서 이 소식을 발표했을 때 이브라히미는 곧바로 샌디에이고로 날아가 회사에서 진행하는 제품 사용법 교육을 처음 받은 의사 150명 가운데 하나였다. 그가 보기에 키벨라는 성형수술 분야의 더 큰 동향에 속한다. 사람들은 외과수술에서 주사 쪽으로 옮겨가고 있다. 그는 이런 추세가 성형수술 후 합병증이 나타난 몇몇 유명인과 관련돼 있다고 믿는다. 그러니 이런 수술과 비교했을 때 사람들 턱에 담즙을 주사하는 방식은 합리적인 조치에 가깝다고 할 수 있다.

그런 개념은 사람들에게 인체 구성 물질을 주입하는 전통에 기반을 둔다. 메조테라피 mesotherapy는 1950년대에 시작돼 1990년대에 한창 유행한 시술이다. 이는 비타민을 이것저것 막 섞어서 몸의 아무 데나 주사하는 요법으로, 실제로 아무 근거가 없는 주장을 바탕으로 이루어졌다. 미국 캘리포니아 남부와 브라질은 '비침습 몸매 성형 noninvasive body contouring' 실험의 온상으로서 명성을 얻은 지역이다. 하지만 그 시술은 합병증이 있었고 특별히 좋은 효과도 없었다.

그러나 피부과 전문의 애덤 로툰다 Adam Rotunda와 UCLA의 생화학자 마이클 콜로드니 Michael Kolodney는 그 개념에서 뭔가를 봤다. 그들은 실질적인 과학적 근거가 있고 안전성이 증명될 수 있는 일종의 메조테라피를 만들어내는 데 흥미를 느꼈다. 2005년 무렵 그들은 디옥시콜산 사용 특허를 출원했다.

그 생산물은 그것의 전구물질 precursor● 들과 달리 '자연적'이어서 상업적 관심을 끌었다. 담즙산염이 인체에서 자연적으로 생성되는 물질이라는 점에서 디옥시콜산도 자연적이라고 보는 것이다. 이 경우도 그렇고 수많은 건강 메시지와 제품에서 그런 관점의 중요성은 마케팅 차원에서는 아무리 강조해도 모자라다(담즙산염을 턱에 주사하는 것은 실제로 전혀 자연스럽지 않은데 말이다).

● 일련의 생화학 반응에서 최종 산물이 나오기 전 단계의 물질

10년 뒤, 그 기법은 3단계 임상 시험을 거쳐 FDA 승인을 받았다. 그렇게 탄생한 키벨라에서 보이는 가장 일반적인 합병증은 부종, 멍, 통증과 더불어 '근육 경직'이다. FDA의 경고에 따르면 디옥시콜산이 내부에 상흔을 남길 때 그런 증상이 나타난다고 한다. 게다가 디옥시콜산은 지방을 파괴하기 때문에 그 주사는 신경을 손상시킬 수도 있다(신경은 지방 함유 물질인 미엘린myelin에 싸여 있다). 그래서 이런 신경 손상 때문에 "미소가 균형이 안 맞거나 얼굴 근육이 약해지고 삼키는 게 힘들어질" 수 있다. 주사 한 대당 비용은 1,500달러 정도이며, 대부분 주사를 두 대에서 넉 대 맞아야 결과를 볼 수 있다.

그런데도 디옥시콜산은 자연적이라고 한다.

어떤 사람은 눈이 왜 파랄까요?

누군가의 파란 눈을 분해해봐도 파란 것은 아무것도 찾지 못할 것이다. 갈색 눈이나 회색 눈도 마찬가지다. 우리 눈은 전부 멜라닌melanin이라고 하는 짙은 갈색 물질인 동일 색소를 함유한다. 멜라닌은 피부색과 머리색에도 똑같이 영향을 주는 색소다. 이 색소 하나가 어디에 어떻게 집중되느냐에 따라 다양한 색깔이 나타나는 것이다.

홍채는 두 개의 층으로 이루어져 있는데, 앞은 실질stroma, 뒤는 상피epithelium로 돼 있다. 이 두 층의 상호작용으로 인해 눈으로 들어오는 빛이 흡수와 산란을 거치고 다시 반사될 때 눈 색깔이 만들어진다. 이

것이 바로 구조색structural coloration•이라는 개념이다. 최종 결과는 눈 전체가 존재하는 환경에 전적으로 달려 있다.

사진을 찍었는데 왜 눈이 빨갛게 나올까요?

빛은 눈 안쪽에 있는 망막에서 반사되는데 그곳은 혈관들로 가득하다. 그리고 망막은 시신경을 거쳐 뇌와 직접 연결돼 있다. 어떤 이들은 그런 시신경을 뇌의 연장이라고 여긴다. 그래서 그런 사진은 대부분의 사람들이 친구의 중추신경계를 찍은 것에 가장 가깝다.

비중격 만곡증이란 무엇인가요?

2015년 버즈피드BuzzFeed••에 "코가 없이 태어난 아주 귀여운 아기를 만나보세요"라는 제목의 기사가 게시된 후로 엘리 톰슨Eli Thompson의 사진들이 인터넷에서 널리 퍼졌다.[12]

엘리의 출생을 축하하는 그 기사는 해당 웹페이지에 100만이 넘는 조회수가 크고 빨갛게 표시돼 있다. 가장 인기 있는 댓글을 보면, 엘리가 "이미 너무나 훌륭해서 우리 의견 따위는 신경도 쓰지 않는다"고 단정하고 있다. 기사에 실린 한 사진에는 엄마 브랜디가 아기를 안고서

• 자연색과 달리 순전히 물리적 원리나 구조로 인한 빛의 간섭 현상으로 발생하는 색

•• 허핑턴포스트의 공동창업자이기도 한 요나 페레티가 2006년에 설립한 온라인 뉴스 및 엔터테인먼트 매체

볼에 입을 맞추고 있고, 그 사진 위로 "엘리는 지금 모습 그대로 완전하다"라는 소제목이 큰 글씨로 적혀 있다.

엘리는 우리 모두 완전하다는 것과 똑같은 의미에서 완전하지만, 숨이 막히지 않은 채 먹을 수 있다는 점에서는 그렇지 않다. 엘리는 생애 첫 5일을 중환자실에서 보냈다. 그때 의사들은 엘리의 목 앞쪽 기관氣管을 절개해 아기가 남은 생애에 숨 쉴 통로가 될 관을 삽입했다. 공기가 성대 아래의 기관으로 드나들었기 때문에 엘리는 울 때 소리가 나지 않았다. 만약 하루라도 말을 해보는 게 소원이라면 엘리는 소리를 내기 위해 목에 난 구멍을 손가락으로 막아야 할 것이다.

혹시 어느 시점에서 이비인후과 의사들과 두개안면 성형외과 의사들이 팀을 이뤄 엘리의 코를 만들어줄 수 있다면 엘리는 기관에 구멍을 내는 기관 절개가 필요 없게 될 가능성이 있다. 하지만 그 일은 그리 간단치 않다. 코 없이 태어나는 선천성 무비증congenital arhinia은 배아가 형성되는 동안 '한 단계가 빠지면서' 발생한다. 원래 코가 만들어지면 콧구멍을 기관과 연결해주는 콧속의 공기 통로가 같이 생겨난다. 그런데 엘리는 코가 형성되지 않은 바람에 뇌가 보통 사람들보다 머리 아래쪽에 자리 잡고 있다. 그렇다 보니 엘리의 얼굴에서 우리가 보통 알고 있는 위치에 코를 만들어주려고 했다가는 엘리의 뇌가 노출되는 결과를 초래할 수도 있다.

그렇지만 엘리가 귀여운 건 사실이다. 커다란 눈망울을 가진 엘리는 늘 미소를 짓고 있는 것 같다. 엘리의 사진들은 개인 블로그들을 중심으로 계속 퍼져나갔다. 심지어 연예계 가십을 올리는 유명 블로거 페레즈 힐턴Perez Hilton도 엘리가 태어난 후로 1년 가까이 그 사진들을 자신의 블로그에 올렸다. 블로그마다 엘리가 갓 태어난 것인 양 공표하면서 이 귀여운 아기의 상태가 얼마나 괜찮은지를 축하했다. 많은 이들이 소셜미디어에서 이 소식을 널리 공유했다. 선천성 얼굴 기형이 있는 사람들은 대부분 이런 대우를 받지 못할 것이다. 하지만 아기 엘리는 사람들의 마음을 불편하게 하지 않으면서 호기심을 채워준 것 같다.

이런 상황은 그 증상만큼이나 거의 드물다. 완전한 선천성 무비증은 지금까지 알려진 사례가 40건도 채 되지 않는다. 코가 형성되는 과정이 얼마나 복잡한지 보면 이런 무비증은 정말 놀랍다. 코는 실제로 처음에는 두 관으로서 분리돼 있지만, 그 두 관이 중간선에서 만나야 콧구멍이 두 개 있는 코 하나를 형성한다.[13] 임신한 지 5주째가 되면 '코판nasal placode(또는 비판鼻板)'이라고 하는 부위가 두 개의 등성이처럼 장차 얼굴이 될 부위에서 나타난다. 이 두 코판은 각각 내외측이 팽창하면서 훗날 코가 될 부분으로 재빨리 성장해야 한다. 이때 각 코판의 중간쯤에는 '콧구멍이 될 구멍nasal pit'이 생겨난다. 5주가 다 됐을 무렵에는 각 코판에서 팽창한 내측이 융합되어, 코 안을 나누고 있는 칸막이 같은 것을 알아볼 수 있을 정도의 '비중격nasal septum'이 형성된다. 이 비중격은 콧구멍을 영구적으로 분리시킨다(사회적 정체성을 드러낼 목적으로 대바늘로 비중격을 뚫는 피어싱을 하겠다고 결심하지 않는 한, 그렇다). 그런데 이때 비중격이 대칭적으로 생기지 않으면, 심각한 호흡 장애나 코골이의 원인이 될 수 있는 '비중격 만곡증deviated septum'을 갖고 태어난다. 그래서 그 증상이 다른 이들에게 불쾌감을 줄 수 있다.

임신 7주 차에는 나중에 콧구멍이 될 구멍이 깊어지면서 '구개palate'●와 '비강nasal cavity'●●이 생겨난다. 엘리 같은 경우에는 콧구멍이 될 구멍이 없기에 구개와 비강이 없다. 우리가 한 살쯤일 때의 코는 훗날 완성될 코 너비의 80퍼센트인 상태다. 코는 한 살부터 열여덟 살까지 바깥쪽으로 평균 2.1센티미터 자란다.

엘리의 경우와 같은 무비증의 원인은 아직 밝혀지지 않았다. 중국의 외과 의사 팀이 지금까지 알려진 모든 사례 보고서를 검토한 바로는, 아마도 어떤 유전적 소인이 있겠지만 배아가 형성되는 동안 나타나는 어떤 이상 징후의 결과일 가능성이 가장 크다고 한다. 의사들은 코가 만들어지는 과정이 엄청나게 복잡하더라도, 이를테면 상악골max-illa●●●을 통해 코와 입이 분리되고, 몇 단계에 걸쳐 강제로 확장되고 장기간 유지돼야 할 연골(물렁뼈)과 콧구멍 속 통로를 만드는 등의 과정을 거치더라도 코의 형성은 생리적 목적으로든 심리적 목적으로든 언제든지 의미와 가치가 있다고 말한다.

몸털과 속눈썹은 계속 자라지 않는데 머리카락은 왜 계속 자랄까요?

유명 배우인 엘리자베스 테일러의 눈에는 속눈썹이 적어도 한 줄은 더 있었다.[14] 이는 대개 'FOXc2'라는 유전자에 돌연변이가 나타난 결과로서 두줄속눈썹distichiasis(또는 첩모중생)이라고 알려져 있다. 사람들은

● 코와 입을 나누는 입천장 부분
●● 콧구멍에서 목젖 윗부분에 이르는 빈 공간
●●● 위턱을 형성하는 좌우 한 쌍의 뼈로, 위턱뼈라고도 하며 아래쪽 가장자리에 윗니가 있음

테일러를 보면서 일반적으로 두줄속눈썹이 매혹적이라고 생각했다. 하지만 대부분의 유전자와 마찬가지로 'FOXc2'도 단 하나의 신체 특징에만 영향을 주진 않는다. 'FOXc2'는 폐, 심장, 신장, 림프계의 발달과도 관계가 있다. 림프계는 림프샘과 더불어, 그 사이로 림프액과 백혈구를 운반하는 림프관으로 구성된다. 속눈썹이 한 줄 더 있는 사람은 림프부종-두줄속눈썹 lymphedema-distichiasis이라고 하는 증후군이 있을 수 있다.[15] 그럴 경우, 림프계가 제대로 작동하지 않아 림프액이 순환되지 않으므로 심부전증 heart failure이 오기도 한다. 이와 관련이 있는지 없는지는 모르겠지만 테일러는 2011년에 심부전으로 사망했다. 남의 속눈썹을 부러워하기 쉽지만, 그래봤자 내 시간만 아깝다.

속눈썹은 정말로 자라며 어느 정도 길이가 되면 그냥 빠진다. 이 주제는 의사인 베스 앤 디트코프 Beth Ann Ditkoff가 쓴 책《속눈썹은 왜 자라지 않을까? Why Don't Your Eyelashes Grow?》에서 간단히 다루어졌다. 그 책에 나오는 100개 이상의 유사한 질문은 대부분 디트코프의 어린 자녀들에게서 나왔다. 그녀의 아이들은 많은 사람이 당연하게 여기는 인체의 이상한 점들을 잊지 않고 엄마에게 물어봤다고 한다. 속눈썹의 경우, 몇 년 동안이나 빠지지 않고 자랄 수 있는 머리카락과 달리 석 달쯤 지나면 그냥 빠진다고 디트코프는 설명한다.

모든 털과 마찬가지로 속눈썹도 가장 작은 신체 기관인 모낭(털주머니)에서 나온다. 우리 몸에 난 털은 세 단계를 거치는데 성장기 anagen인 1단계의 길이에 따라 털 길이가 저마다 다르다. 성장기가 끝나면 퇴행기 catagen로 넘어간다. 이 단계에서는 모근(털뿌리)의 바깥 부분에 혈액 공급이 차단돼 털이 성장을 멈춘다.

2~3주의 퇴행기가 지나면 휴지기telogen가 찾아온다. 이때 모낭은 휴식 상태로 전환한다. 그 후로 석 달 동안의 털은 '곤봉털club hair'이라고 불린다. 나이트클럽 안에 있는 수많은 사람처럼 겉모습은 근사해 보이지만 실제로 뿌리는 죽어 있는 털이다. 곤봉털은 툭 끊어지거나, 아니면 아래에서 치고 올라오는 새 털에게 자리를 뺏겨 아예 떨어져 나가게 된다. 좋든 나쁘든 간에 모근마다 자기만의 생애 주기가 있어서 모든 털이 한꺼번에 빠지는 일은 없다.

머리카락, 팔의 털, 속눈썹 간의 진짜 차이는 성장기의 길이다. 머리에 난 털은 몇 년이고 성장이 지속된다. 반면 그 밖의 부위에 난 털은 한 달 정도 간다. 만약 그렇지 않다면 팔에 난 털과 속눈썹은 건잡을 수 없을 만큼 길게 자랄 것이다.

아주 드물게 특이한 경우, 머리카락의 성장기가 몹시 길어서 머리칼이 땅바닥에 닿을 정도로 자랄 수도 있다. 반면 어떤 이들은 머리카락의 성장기가 몹시 짧아서 대머리가 될 정도는 아니지만 실제로 머리를 자르지 않아도 된다. 스트레스는 성장기를 조기에 종료하라는 신호를 보낼 수 있으며, 스트레스가 극에 달하면 거의 완전한 단기 탈모로 이어지기도 한다. 그러나 일반적으로 머리카락은 다시 자란다.

속눈썹 성장을 촉진한다는 에센스나 세럼 형태의 '속눈썹 영양제'를 약국과 대형마트의 화장품 코너에서 종종 볼 수 있다. 속눈썹 영양제란 게 보통 펩타이드peptide(단백질의 일부)의 혼합물일 뿐이지만 가격은 아주 비쌀 수 있다. 한 예로 리바이탈래쉬RevitaLash는 '천연 식물 성분'들을 혼합한 전매품인데 〈인스타일InStyle〉 매거진에서는 이 제품을 '롤스로이스급 속눈썹 영양제'라고 소개했다. 그게 무슨 의미인지는

| 털이 자라는 과정 |

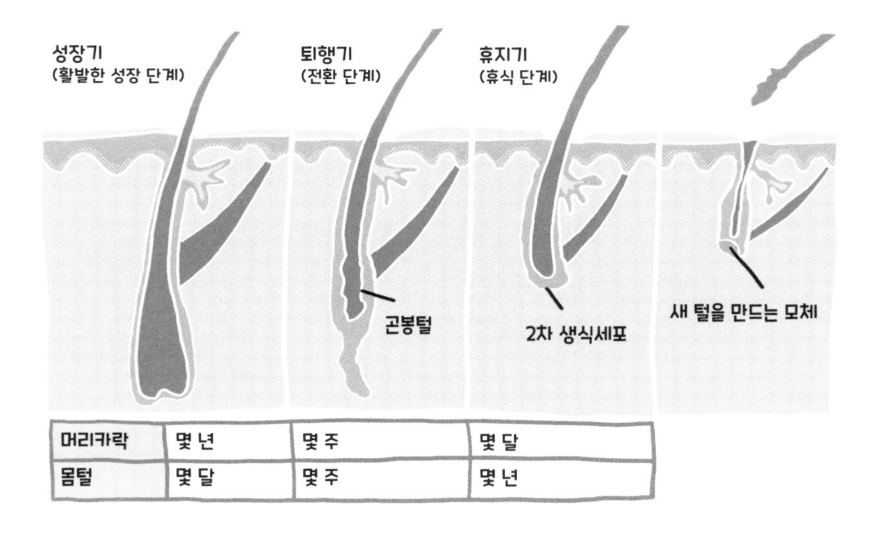

머리카락	몇 년	몇 주	몇 달
몸털	몇 달	몇 주	몇 년

모르겠지만, 그 가격은 2밀리미터 용량에 무려 98달러다.

의사가 처방하는 등급의 속눈썹 영양제는 실제로 속눈썹이 자란다는 점에서 다르다. 그 영양제에는 녹내장 치료제인 비마토프로스트bimatoprost가 소량 들어 있다. 그런데 그 치료제를 쓴 녹내장 환자들의 속눈썹이 더욱 두드러지게 자라는 것 같다는 점을 연구자들이 주목한 이후로 비마토프로스트는 속눈썹을 길고 풍성하게 해준다는 광고 요소가 됐다. 그것은 약리학pharmacology 분야에서 비아그라가 운 좋게 발명됐던 방식과 비슷하게 발견됐다. 비아그라는 혈압제를 임상 시험하던 연구자들이 남성의 음경이 발기되는 현상을 주목하면서 탄생했다. 비마토프로스트는 녹내장 치료제로 사용될 때는 루미간Lumigan이라는 제품명으로, 약간의 효과가 있는 속눈썹 증모제로 사용될 때는 특정

성별을 더 겨냥해 라티쎄Latisse라는 제품명으로 판매된다.

녹내장은 전 세계에서 백내장 다음으로 2위에 오른 주요 실명 원인이다.[16] 미국에서는 백인들보다 흑인들에게서 일곱 배쯤 더 흔히 나타난다. 하지만 흑인들은 치료를 제대로 받을 가능성이 작아서 시각 장애로 발전할 가능성이 두 배로 커진다. 보통 보건 의료 서비스나 녹내장 기본 검사를 받을 기회가 부족하기 때문이다.

반면 어떤 사람들은 속눈썹을 더 보기 좋게 하려고 똑같은 성분의 제품에 쉽게 돈을 쓴다.

속눈썹을 아예 없앨 수 있을까요?

2015년 조지아공과대학교에서 한 무리의 기계공학자들이 속눈썹의 목적을 밝혀내는 실험에 착수했다. 과학 학술지 〈인터페이스Interface〉에 실린 그들의 연구 논문에는 "속눈썹은 그 기능이 오랫동안 미스터리로 남아 있음에도 만인에게 있다"라는 언급이 나온다. 그래서 연구팀은 '풍동wind tunnel'•을 이용해 속눈썹의 공기역학을 실험했다.[17]

드디어 미스터리가 풀렸다. 모형 눈 세트를 제작해 실험해보니 속눈썹이 안구를 공기 중의 부스러기나 표면 건조의 위험에서 두 배나 효과적으로 보호한다는 사실을 알아낸 것이다. 연구팀은 논문에 이렇게 썼다. "짧은 속눈썹은 안구 표면 위에 정체 구역을 만들어낸다. 따

• 인공으로 바람을 일으켜 기류가 물체에 미치는 영향을 실험하는 장치

라서 속눈썹 길이가 증가하면 전단응력shear stress● 은 감소한다. 하지만 속눈썹이 더 길어지면 안구 표면으로 공기가 들어오는 통로도 되어주기에 전단응력이 증가했다. 이처럼 상반되는 효과 때문에, 중간 길이의 속눈썹을 가진 사람들에게서 전단응력이 최소로 작용하는 결과가 나온다."

바꿔 말하면, 다른 모든 것들처럼 속눈썹도 중용이 필요하다는 얘기다. 속눈썹 증모 사업은 그 업계가 만들어낸 자의적인 미의 기준을 근거로 삼는다. 속눈썹이 정말 부족한 사람들이나 바람을 맞으며 상당한 시간을 보내는 사람들에게는 의사가 처방하는 속눈썹 영양제가 기능적으로 어떤 도움을 줄지도 모르겠다. 하지만 나는 대체로 사람들에게 영양제를 멀리하라고 조언한다. 이것저것 두루 효과가 있다는 만병통치약이나 기운이 솟는다는 강장제도 마찬가지다. 그래도 혹시 묘약을 만난다면, 모험 삼아 한번 써보시든지.

곱슬머리는 왜 생길까요?

모발은 체내 단백질 종류 중 아주 많은 부분을 차지하는 케라틴keratin으로 만들어진다. 오래된 통념에 따르면, 모발 내 황 분자 간의 결합이 케라틴 섬유filament들을 꼬부라지고 돌돌 말리게 한다. 그런 케라틴의 결합을 화학적으로 깨뜨리는 게 헤어 스트레이트 제품이고, 물리적으

● 물체가 표면에 반대 방향으로 평행하게 작용하는 힘, 즉 전단력을 받을 때 이에 저항해 작용하는 힘

로 깨뜨리는 게 열을 가해 머리를 펴는 미용기기다. 간단하다.

그런데 대부분 그렇듯이, 실제 설명은 더욱 복잡하다. 이 경우는 정말 기막히게도 그랬다. MIT의 물리학자들은 최근에 곱슬머리와 관련된 모든 힘의 모형을 만드는 일에 착수했다. 미국물리학회에서 발간하는 학술지 〈피지컬 리뷰 레터Physical Review Letters〉에는 그들의 연구가 설명돼 있다.[18] 그 논문에서 장황하고 지루해 웃음이 터졌던 부분을 맛보기로 소개하겠다.

> 이 연구에서는 탄성, 자연 곡률, 비선형의 기하학적 배열, 중력이 결합된 효과로 설정된 평형 형상을 알아내기 위해 정밀 컴퓨터 실험, 숫자, 이론 분석을 통합한다. 상평형 그림은 그 시스템의 제어 매개 변수, 즉 무차원의 곡률과 중량 측면에서 구성되며 여기서 우리는 별개의 세 영역인 평면적으로 말린 모양, 국부적 나선형, 전체적 나선형을 구분한다. 아울러 평면적 구성의 안정성을 분석하고, 자유단 근처의 긴 막대들에 대한 나선형 패턴의 위치를 기술한다. 그러면 관찰된 형상과 그와 관련된 상의 경계가 근원적인 물리적 성분을 근거로 합리적 추론이 가능하다.

이 내용을 읽는 것만으로도 내 머리카락이 돌돌 말린다!(가끔 이런 농담을 하면 사람들이 웃느라 정신이 없는데 그 틈을 타서 주제를 바꾸면 되므로 내용을 실제로 이해하는 척하지 않아도 된다)

나는 그 연구를 이끈 MIT의 부교수 페드로 레이스Pedro Reis에게 연락했다. 어쩌면 내가 이해할 수 있는 방식으로 그가 설명해줘서 돌돌 말린 내 머리가 풀릴지도 모를 테니까. 하지만 레이스는 자기가 그렇게 하지 못할 것 같다고 하면서 특별히 곱슬머리 주제에 대해 전문가인 파리 소르본대학교의 달랑베르연구소Institut d'Alembert 연구원인 바질 오돌리Basile Audoly를 소개해줬다. 그런데 오돌리 역시 더 권위 있는 연구자인 마누엘 가메즈-가르시아Manuel Gamez-Garcia에게 그 공을 넘겼다. 가메즈-가르시아는 도쿄공업대학에서 전기화학 석사 과정을 밟았고 몬트리올대학교에서 공학물리학 박사학위를 받았다. 그는 지난 18년 동안 자신의 지적 노력을 모발 연구에 전부 쏟아부은 인물로, 현재 프록터앤갬블, 유니레버, 로레알 등의 고객사 제품을 개발하는 미국의 화학회사 애쉬랜드Ashland에서 일하고 있다(이런 업계가 바로 그런 연구의 발원지다. 그런 회사들이 아니면 대체 누가 그런 연구를 하겠는가).

마침 가메즈-가르시아는 모발과학에 관한 TRI 국제회의•에서 막 발표를 마친 터였다(세상은 우리가 알고 있는 것보다 넓다). 그는 자신의 발표 내용을 내게 자세히 들려줬는데, 설명이 너무 길어지자 글로 써서 간략하게 줄여보려고 했다. 하지만 그가 보낸 이메일을 열어보니 모발 해부학을 기술한 요점 정리 번호가 18번까지 있었다.

기본적으로 그는 모발의 구조를 맨 먼저 이해함으로써 그 작용을 이해하게 됐다고 한다. 활동적인 기관인 모낭은 케라틴으로 만들어진, 실처럼 가늘고 긴 미세섬유microfilament를 끊임없이 차곡차곡 쌓는다. 그런 미세섬유들이 같이 모여서 모발 섬유hair fiber 하나를 형성한다. 각각의 미세섬유는 아주 작지만, 함께 뭉쳐서 튼튼한 머리카락 한 올

• TRI Textile Research Institute는 미국 프린스턴에 있는 비영리 과학 연구·교육 단체로, 현재는 모발·피부 관리 중심의 화장품 과학을 연구하는 글로벌 센터 기능을 수행함

을 만들어낸다. 이때 튼튼하다는 의미는 환경의 기계적 응력mechanical stress에 저항할 수 있다는 것이다. 그래서 바람이 불어도 머리카락은 반으로 갈라지지 않는다(혹시 머리카락이 갈라진다면, 사람을 불러야 한다).

따라서 모든 머리카락은 기본적으로 같지만, 내부의 미세섬유들이 어떻게 배열돼 있느냐에 따라 그 모양이 달라진다. 모낭은 이 미세섬유들을 배열하기 위해 주로 두 종류의 피질세포를 이용한다. 먼저 '파라코텍스paracortex' 세포 속 미세섬유들은 방향이 제멋대로 섞여 있다. 어떤 미세섬유들은 머리카락의 주축main axis에 평행하고, 어떤 미세섬유들은 비스듬하다. 반면, '오소코텍스orthocortex' 세포 속 미세섬유들은 죄다 비스듬하다. 따라서 직모에는 주로 파라코텍스 세포가 있고, 곱슬머리는 오소코텍스 세포가 대략 반을 차지한다.

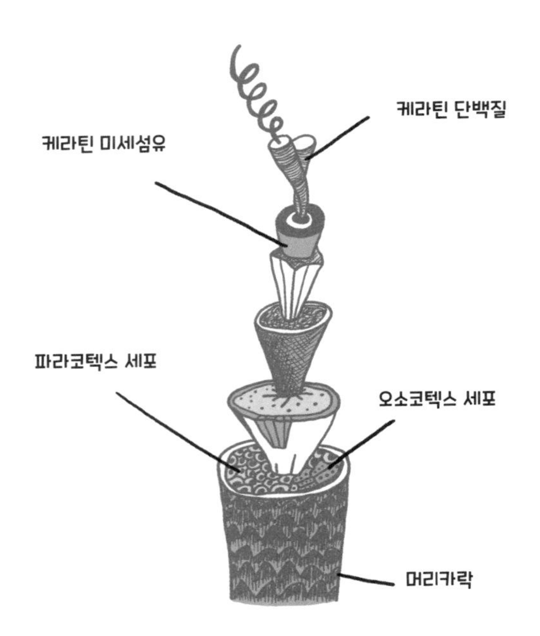

이런 미세섬유들이 쌓인 형태는 바뀔 수 있는 성질의 것이 아니다. 심지어 머리를 잡아당기거나, 머리가 눌린 채로 잠을 자거나, 다리미 같은 미용기기로 꾹꾹 눌러 펴봐도 결국 이 고집스러운 미세섬유들은 어떻게든 본래의 곱슬곱슬한 상태로 돌아간다. 자연에서 어떤 것들은 그냥 직선이 아니다.

하지만 그렇다고 해도 사람들은 머리를 곧게 펴려는 시도를 멈추지 않는다. 가메즈-가르시아는 곱슬머리를 연구하면서 경력을 쌓아왔다. 15년 전에는 웨이브 파마가 유행해 그 수요를 충족시키는 데 전념했다. 그런 그가 지금은 이런 얘기를 들려줬다. "이제 웨이브 수요는 줄었어요. 지금은 사람들이 무슨 영문인지 스트레이트를 추구해요. 그런데 곱슬머리를 직모로 바꾸는 건 그 반대의 경우보다 진짜 훨씬 더 어렵답니다."

구체적으로 말하면 현재의 수요는 '자연스러운' 헤어 스트레이트 제품이다. 그리고 그것은 가메즈-가르시아는 물론이고 모발 제품을 연구·개발하는 그의 경쟁자들에게도 성배聖杯나 다름없다. 사람들은 한동안 포름알데히드formaldehyde•가 들어간 제품을 사용했지만 그런 제품에는 안전성 문제가 제기됐다. 지금 가메즈-가르시아가 일하는 회사의 모발 제품 고객사들은 '독한 화학 기법'이 없다고 천명할 수 있는 상품이 개발되길 원한다.

본질적으로 그들은 자연의 특이한 복잡성을 풀기 위해 자연적인 방법을 원하고 있다.

• 냄새가 아주 자극적인 무색의 기체로, 그 수용액인 포르말린은 소독제, 살균제, 방부제 등으로 쓰임

털을 깎거나 자르면 털이 다시 더 빨리 자라나요?

두들겨 맞고 나면 다시 더 강해진다는 생각은 고무적이긴 하나, 털과는 아무런 상관이 없다. 젊은 사람은 뼈가 부러지면 골절이 치유되면서 그 자리가 다치기 전보다 정말로 튼튼해지는 경향이 있다. 근섬유muscle fiber는 파괴되면 다시 더 강해진다. 그래서 우리는 털을 깎으면 그 자리에 있는 모낭들이 두껍고, 따뜻하며, 자신들을 보호해주는 털을 부지런히 밀어 올리는 것으로 반응한다고 상상할 수도 있다. 작은 모낭들은 당최 가만있질 않으니 말이다. 그러나 실제론 그렇지 않다. 대부분의 신체 부위와 마찬가지로, 손상된 모낭이나 다르게 변형된 모낭은 더 강해지지 않는다. 오히려 더 약해지고 또다시 손상이 일어나기 쉬워진다. 왁싱과 면도는 물론이고, 머리를 아주 세게 묶는 것조차 모낭을 강화하기는커녕 더 손상시키고 심지어 파괴할 가능성이 더 크다.[19]

제 키는 다 큰 건가요? 그게 아니라면 더 클 수 있을까요?

1981년, 댈러스-포트워스 국제공항의 한 청소부는 자신의 키가 자라고 있다는 걸 깨달았다. 고등학교 졸업 후 3년 동안 데니스 로드맨이라는 남자는 미국인의 평균 신장인 175센티미터에서 인간 신장의 백분위 최고 구간에 들어가는 2미터까지 자랐다. 그 시점에 그는 농구 선수가 되기 위해 다시 도전을 결심했다(몇 년 전에 고등학생이었을 때는 학교 농구팀에 들어가지 못했었다).

그의 농구 실력은 금세 향상됐다. 4년 뒤 로드맨은 미국프로농구 NBA 신인 드래프트 2차전에서 디트로이트 피스톤스라는 견실한 팀의 선수로 뽑혔고, 피스톤스에서 뛰는 동안 두 번 연속 우승컵을 안았다. 그리고 몇 년 후 시카고 불스로 이적해서는 팀을 세 번 연속 우승으로 이끌면서 훗날 이름을 올릴 NBA 명예의 전당에 한 자리를 확보했다.

이처럼 구원을 받는 이야기는 고등학교 농구팀에 들어가지 못하는 나 같은 아이들을 위로하려는 것은 물론이고, 불가능은 없다며 우리를 격려하기 위해 이용된다. 뭐, 불가능이 가능할 때도 있겠지. 그러나 뼈의 성장 측면에서 보면, 아니 그게 아니더라도 분명히 우리 가운데 누구도 로드맨과 비슷한 일을 겪을 가능성은 없다. 아마도 영상의학과 의사가 그 스무 살 청소부의 엑스레이 사진을 봤다면 뭔가 '정상'이 아니라며 이렇게 외쳤을 수도 있기 때문이다. "이게 정녕 이렇게 나이가 든 사람의 뼈란 말인가?"

영상의학과 의사는 엑스레이 사진을 보면서 뼛속에 미네랄이 쌓인 양상, 크기, 모양 그리고 아직 뼈가 되지 않은 연골의 양을 근거로 아이의 나이를 밝혀낼 수 있다. 이런 '뼈 나이' 엑스레이는 어린이병원에서는 흔한 검사다. 아이의 달력 나이가 겉으로 드러나는 뼈 나이와 현저히 다르다면, 이는 호르몬 이상이거나 영양실조를 나타내는 것일 수 있다. 그래서 이런 결과가 때때로 아동학대의 중요한 지표가 되기도 한다(안타깝게도 아동학대의 징후는 다른 누구보다도 영상의학과 의사가 먼저 알아보는 경우가 많다).

어린아이의 뼈 나이를 밝혀내는 가장 중요한 요소 중 하나는 성장판 growth plate 또는 뼈끝판 epiphyseal plate이다. 직선으로 긴 뼈의 끝 부근에서 발견되는 성장판은 새로운 뼈 물질을 만들어내는 곳으로, 유년기와 청소년기에 걸쳐 뼈가 더 길어지게 한다. 뼈는 그렇게 자라는 동안에도 걷고 달리고 높이 뛰어오르는 동작을 지탱할 만큼 튼튼하며 성장기 아이들은 그런 움직임을 즐기는 경향이 있다. 성장판은 13세에서 18세 사이에 거의 사라지기 마련이다. 개인의 성장이 끝나는 무렵에 맞춰, 뼈를 만드는 세포들이 모여 있는 이 부분은 뼈 자체로 바뀐다.

로드맨의 엑스레이에서 이상한 점은 스무 살 때도 성장판이 뚜렷이 보였으리라는 것이다. 그의 성장판은 어째서 그렇게 오랫동안 쭉 열려 있었을까?

어린아이를 꼭 껴안아본 적이 있는 사람이라면 어린아이의 뼈는 뼈가 아니라 연골이라는 걸 안다. 생후 몇 년 동안에는 연골세포chondrocyte가 단단하게 굳어지면서 뼈로 바뀐다. 그런데 거기서 예외적인 곳이 바로 성장판이다. 성장판은 연골을 만드는 세포인 연골세포로 이루어져 있다. 어떤 종류의 세포도 될 수 있는 줄기세포보다 딱 한 단계 더 분화한 세포가 연골세포다. 성장호르몬은 뇌에서부터 혈액을 타고 이 연골세포까지 이동해서는 연골세포에게 분열하라는 신호를 보낸다. 그러면 세포분열이 일어나면서 연골세포는 연골을 기계처럼 빠르게 만들어내고, 그렇게 생산된 연골은 뼈를 늘이고 나서는 단단하게 굳어져 골세포osteocyte(뼈세포)가 된다. 사춘기가 끝나는 무렵에는 연골세포가 가동을 멈춘다. 성장판에 있던 연골세포는 뼈세포로 바뀌어 다시는 환원되지 않는다. 대퇴골(넙다리뼈) 같은 뼈는 이제 하나의 원통형 양끝에 각각 뚜껑이 있는 형태가 아니라 하나의 단단한 완전체가 된다. 그 이후로 뼈는 성장이 불가능하다.

하지만 우리에게 그렇지 않다고 말해줄 사람들이 항상 존재한다. 그런 이들 가운데 내가 가장 좋아하는 사람은 자칭 '키 크기 도사 the Grow Taller Guru'다. 그는 인터넷 영상에서 자신을 'the GTG'라는 약칭으로 부르는데 시청자를 향해 손가락으로 찔러가며 그 이름을 한 글자 한 글자 힘주어 말한다. 그의 본명은 랜스 워드 Lance Ward다. 그는 조회 수 수십만을 기록한 유튜브 영상을 다수 보유하고 있으며, 그 영상에서 누구나 어떤 나이에도 키가 커질 수 있다고 장담한다. "성장판이 닫혔는데 키가 어떻게 커질 수 있을까?"라는 제목의 영상에서는 특유의 격분한 모습으로 이런 말을 쏟아낸다. "성장판에 대해 누가 그런 말을 합니까? 그리고 성장판이 닫혔다면 그냥 포기하는 게 낫다는 겁니까? 그런 말은 바이러스 같은 거예요. 암 같은 거라고요."

워드는 시청자들에게 자기 운명에 수동적인 주체가 되지 말라고 부르짖는다. 사회가 부여하는 한계를 받아들지도 말며, 들은 것을 믿지

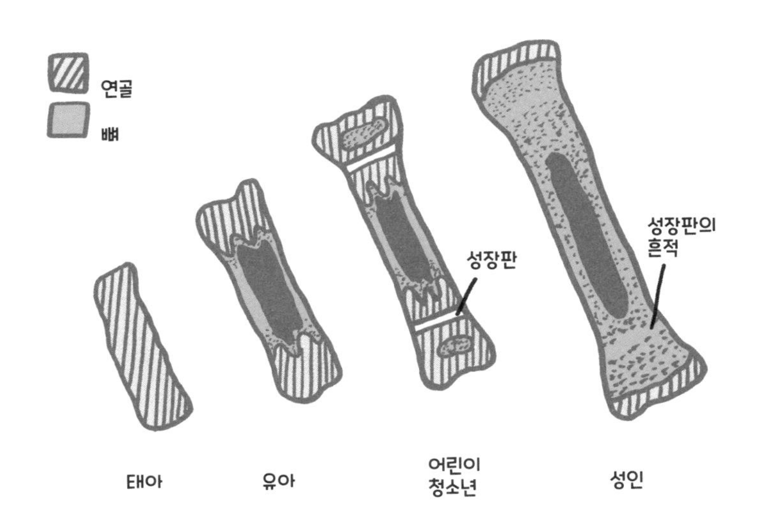

도 말라고 주장한다. 하지만 키가 커지는 법을 곧바로 설명하지는 않는다. 그 정보를 얻으려면 구매를 해야 한다. 그러면 워드 본인이 바로 산증인인 그 비법이 공개된다. 다른 영상에서 그는 사뭇 쓸쓸한 투로 "전 그냥 평범한 애였어요"라고 운을 뗀다. "특별히 인기 있지도 않았죠. 제가 바라던 건 오직 여자 친구였어요." 열여섯 살에 그의 키는 173센티미터였다. 그는 여자 친구보다 더 바라던 것도 있었다면서 이야기를 이어간다. 당시 그는 프로레슬링 선수 골드버그에게 완전히 빠져서 그와 비슷한 진로를 따라가고 싶었다. 그래서 키가 커지는 방법을 찾기 시작했다. 인터넷에 나오는 약들을 사기도 하고, 발바닥을 자극해준다는 신발 깔창도 구입해봤다. 신발 깔창은 늦은 밤에 사용해야 한다고 들어서 밤에 그 깔창을 넣은 신발을 신고 돌아다녔다. 하지만 '아무것도 효과가 없는 것 같았다'고 한다.

마침내 그는 비밀 요법이라는 모호한 몸동작을 보여주기 시작했다. 열여덟 살 무렵 그의 키는 188센티미터였다. 그는 이야기를 훨씬 더 흥미진진하게 만들기 위해 남동생도 역시 자기와 똑같은 방식으로 효과를 봤다고 언급한다. 거의 비슷한 나이로 보이는 남동생의 이야기는 '90일 만에 키가 7~15센티미터 크는 법'이라는 제목의 영상에서 소개된다.[20] 길이는 13분쯤 되는데 며칠 만에 몇 센티미터가 어떻게 자랄 수 있다는 설명은 어디에도 나오지 않는다. 그런데도 내가 유튜브에서 마지막으로 확인한 영상 조회수는 42만 3,352였다. 이 숫자는 그런 발상이 사람들의 공감을 산다는 걸 보여주는 듯하다.

누구든 몇 살이든 간에 더 자라게 할 수 있다는 그 비장의 키 크는 동작에 대한 자세한 정보를 얻으려면 먼저 워드의 웹사이트 그로우톨

러포유닷컴GrowTaller4U.com을 방문해야 한다. 그래서 나도 들어갔다. 거기에는 빨갛고 굵은 글씨체로 이렇게 적혀 있었다. "경고!!! 당신은 **주목**을 받고 많은 **관심**을 끌게 될 겁니다. … 키가 크면 당장 존중받을 겁니다. … 키가 커지면 더 매력적이고 호감 가는 사람이 됩니다." 그 웹페이지는 내가 생각했던 것보다 길게 그런 말들로 쭉 이어진다. 화면을 스크롤해서 내려가니 사람들이 이걸 돈 주고 산다는 생각에 더 깊은 절망에 빠지게 된다.

키가 클수록 더 존중받고 대체로 더 매력적으로 보인다는 요지의 그런 인용들이 명백히 틀린 말은 아니니, 뭐 그럴 수도 있겠다. 그리고 그의 이런 계산은 논쟁을 벌이기가 어렵다. "DVD에서 보시겠지만 단 7일 만에 키가 1.25센티미터 커지는 결과를 볼 수 있습니다! 그리고 2주 뒤에는 2.5센티미터, 한 달 뒤에는 5센티미터, 90일 뒤에는 15센티미터가 자랍니다!"

DVD 가격은 97달러 3센트이고 여기에 배송비가 15달러 97센트 붙는다(심지어 저널리즘이 목적이라고 해도 그 배송비는 정당화할 수 없었다).

성장판이 닫힌 사람이 키가 자랄 가능성은 정확히 0퍼센트다. 키 문제로 고민하는 모든 이들을 돕기 위해, 그리고 삶을 힘들게 하는 선천성 사지 기형을 안고 살아가는 사람들을 위해, 성장판이 사라져버린 뒤에도 어느 날 뼈가 쉽게 길어질 수 있길 나도 바란다. 하지만 GTG가 그런 바람이 이루어지게 해줄 사람은 아니라고 본다.

세계적인 운동선수들의 엑스레이를 보면 극단적인 운동요법으로 성인기에도 어느 정도 뼈를 바꿀 수 있는 게 사실이다. 프로야구 투수들과 프로테니스 선수들은 모두 강력한 양팔을 갖고 있는데 한쪽 팔의 근육이 더 발달해 비대칭이고 그 뼈도 더 굵고 길다.[21] 방사선 사진에서는 대략 센티미터 단위로 미세하나마 그 차이가 뚜렷이 보인다. 가장 의미 있는 점은 뼈의 성장이 유지만큼이나 크게 중요하지 않다는 것이다. 가죽을 씹으며 하악골을 온전히 유지하는 것과 마찬가지로, 운동을 해야 뼈가 튼튼하게 유지된다는 게 핵심이다.

하지만 프로 운동선수 수준의 훈련에 못 미치는 것은 물론이고, 관절이 엄청나게 닳는 노화가 따르는 상황에서 성인의 뼈는 더 길어지거나 굵어지지 않을 것이다. 성장호르몬과 테스토스테론testosterone● 같은 금지 약물을 복용하면 뼈에 근육이 더 붙을 수는 있다. 하지만 연골세포는 골격이 완성된 메이저리그 야구 선수들의 뼈 성장에 길이가 아니라 넓이로 영향을 미친다.

사람들은 자신의 키를 조절하는 데는 한계가 있지만 다른 사람들의 키에 영향을 줄 수 있고 실제로 영향을 준다. 성균관대학교 연구원인 다니엘 슈베켄딕Daniel Schwekendiek에 따르면, 남한 남성의 평균 신장은 북한 남성보다 3~8센티미터 더 크다.[22] 어떤 연구자들은 최고 15센티미터까지 차이가 난다고 본다. 데니스 로드맨이 2013년과 2014년에 '농구 외교관'으로 북한을 방문했을 때 그는 북한 사람들 머리 위로 우뚝 솟아 있었다. 그 모습은 마치 성별이 모호하고 얼굴에 여기저기 피어싱을 한 간달프 같았다.

슈베켄딕은 남한 사람과 북한 사람의 키가 차이 나는 이유를 어떤 전통적인 의미에서도 유전으로 볼 수 없다고 설명한다.[23] 한국은

● 대표적인 남성호르몬으로, 근육과 생식기관의 발육을 촉진함

1948년 미국이 남한을, 소련이 북한을 점령할 때까지 단일 국가였다. 그 후에 수립된 북한 정권은 주민들을 빈곤과 영양실조로 몰아넣었다. 국가가 강제노동 수용소로 보내지 않은 사람들은 대체로 국영 농장에서 생산되는 백미를 배급받아 근근이 살아간다. 그들의 노동 방식은 수감보다 자유에 좀 가까워 보일 뿐이다. 이 국가는 다른 국가와 무역을 하지 않아서 식량 공급이 국내 생산 작물로 제한돼 있다. 과일과 채소도 거의 없고 작물 수확량이 모자라기 일쑤다. 농업은 연방정부에서 운영한다(가장 큰 농업 부문이 연방정부를 '움직이는' 미국의 반대 상황이다). 그러니 슈베켄딕이 탈북민들을 대상으로 북한 사람들의 키를 측정할 수밖에 없었다는 사실은 놀랍지 않다.

테니스 선수의 한 팔을 나머지 팔과 비교한 것과 마찬가지로, 그렇게 유전적으로 비슷한데도 한평생 그런 이질적 환경에 노출되는 인구 집단이 있는 것은 보기 드문 현상이다. 이렇게 교란변수가 없는 자료는 과학자들에게 일종의 지적 오르가슴을 유발하기도 한다. 물론 인권 유린이 마구 자행되는 독재 정권 치하에서 사람들이 사는 북한의 경우에는 참담하고 죄책감이 가득한 오르가슴이다.

또한 식량과 키의 관계는 더 안락한 삶을 사는 사람들이 통제 불가하다고 여기는 환경과 생활방식의 역할을 똑똑히 보여준다. 우리가 유전자의 덕을 보지 않았다고 말할 때는 키도 예외가 아니다. 좋은 음식을 먹고 운동을 한다고 해서 빈곤한 북한 어린이가 데니스 로드맨처럼 커질 수는 없겠지만 그래도 그렇지 못한 환경에서 자라지 못했을 키가 몇 센티미터는 클 수 있다. 그리고 이런 기본 욕구의 추구가 우리 뇌에 아주 잘 내재해 있어서 성장판 스위치를 켜고 끄는 성장호르몬을 생성시킬 수 있다면, 신체 건강을 이루는 다른 요소들도 비슷하게 그런 적응력을 갖출 수 있을 것이다.

어쩌면 우리는 날 때부터 키가 건강을 대변한다고 오랫동안 인식해왔기 때문에 대부분 키가 더 큰 사람들을 매력적으로 여길 수도 있다. 또한 그래서 매력적인 사람들이 받는 온갖 호사를 키 큰 사람들에게 제공하는지도 모른다("이 사람과 함께라면 미래에 살아남을 자손을 낳을 수 있어." 이렇게 생각하는 뇌는 우리에겐 말해주지 않고 성기에게만 흥분하라고 명령한다). 성선택sexual selection•은 대체로 사냥과 싸움에 유리한 큰 키를 선호하는 자연선택의 영향과 뒤섞여서 인간의 키가 점점 더 커지게 한다.

키가 건강을 대변한다는 생각은 유감스럽게도 구시대적인 개념이 아니다. 세계식량계획WFP, World Food Programme은 어린이 넷 중 하나는 만성 영양실조에 걸려 키 크는 데 지장이 있을 정도라고 추산한다.[24] 만약 GTG의 97.03달러짜리 DVD를 사려고 생각 중인 사람을 알고 있으면, 그 사람의 돈을 몰래 숨겨놨다가 공립학교의 과학 교육 발전을 위해 기부하든가 아니면 세계식량계획 후원금으로 사용하길 바란다.

아울러 성인이 영양을 늘린다고 키가 커지지는 않지만 과식하면 키가 줄어들 수 있음을 아는 게 매우 중요하다. 어느 병원이든 들어가서 여기저기 기웃거리다가 사람의 척추를 측면에서 촬영한 엑스레이 사진을 한번 보길 바란다. 본래 척추는 복부 앞쪽으로 곡선이 있는 S자 모양을 하고 있어야 한다. 그런데 배에 살이 너무 찌면 아래 척추가 복부 앞쪽으로 더 튀어나온다. 게다가 시간이 지나면서 과중한 무게가 척

• 찰스 다윈이 성의 진화를 설명하려고 자연선택과 함께 도입한 개념으로, 생존에는 다소 불리해도 번식에 유리한 형질이 진화에 성공할 가능성이 커진다는 학설

추뼈 사이에 있는 디스크를 압박한다. 디스크 안은 거의 수액으로 차 있다. 미국의 우주비행사 스콧 켈리가 1년간의 우주 체류 임무를 마치고 2016년 카자흐스탄에 착륙했을 때 그는 그동안 우주 공간에 있지 않았던 일란성 쌍둥이 형제보다 키가 5센티미터쯤 더 컸다.[25] 중력이 일으키는 압력이 없는 상태에 있는 동안 척추뼈 사이의 디스크가 쭉 늘어난 것이다. 이는 체중의 영향이 사라지면 일어날 수 있는 결과다.

중력과 노화는 피할 수 없지만, 과체중은 피할 수 있다. 살을 빼고 바른 자세를 유지하는 코어 근육core muscles•을 만들면 척추가 자연스러운 형태로 되돌아와 키가 커지게 된다. 게다가 시간이 흐르면서 일어나는 뼈와 관절 부위의 침식과 척추압박골절을 막아줌으로써 신장 축

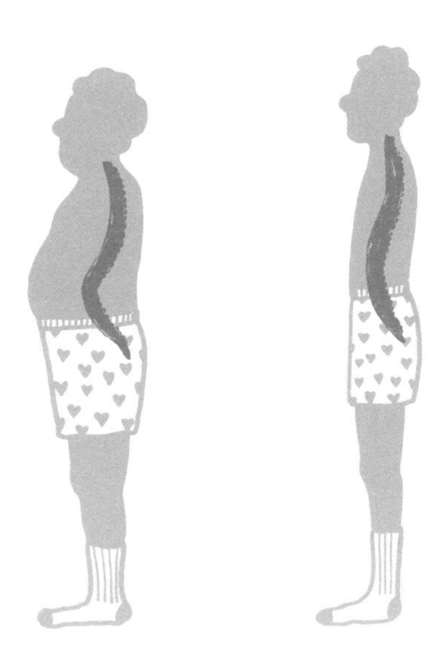

• 몸의 중심부인 척추, 골반, 복부를 지지하는 근육

소도 최소화한다.

나는 최근에 복싱을 배우러 갔는데, 거기서는 준비운동으로 윗몸 일으키기를 했다. 그리고 복싱 선생님이 이런 말을 했다. "코어 근육이 튼튼하지 않으면 다 소용없어요." 나는 그 문제를 한동안 생각해봤고, 결국 그 말에 동의하지 않는다. 하지만 코어 근육이 약해져서 없어지지 않도록 평소 움직여주고 스트레칭을 하면 자세 유지에 정말로 도움이 되고, 그 결과 척추와 그 사이에 있는 디스크에 가해지는 압력을 최소화해서 그 부위가 건조해지고 수축되지 않도록 방지해준다.

자, 중요한 팁을 알려드렸으니 제게 97달러 3센트를 보내주실래요?

햇빛화상이란 무엇인가요?

세계보건기구는 햇빛을 발암 물질로 분류한다. 모든 생명체가 의존하고 있는 대상을 두고 그렇게 부르는 것은 이상해 보일지도 모르겠다. 이는 우리 몸에 닿거나 몸속으로 들어오는 모든 것에 대해 우리가 어떻게 생각할 수 있는지를 대표적으로 잘 보여준다.

태양이 다 타서 꺼지면 지구에는 생명체가 더 이상 존재하지 않을 것이다. 태양이 다 타서 꺼지기 전에 팽창하고 몹시 뜨거워진 나머지 바싹 말라버린 인간의 시체들에서 쏟아져나오는 미생물들까지 죽일 것이기 때문이다. 지금도 어마어마한 햇빛이 상당히 먼 거리를 이동한다. 그리고 유해한 방사선을 많이 걸러주고 있는 오존층을 통과해 실질적으로 우리를 죽이게 될 것이다.

하지만 이러한 태양의 존재에 반대하는 시위를 하는 사람들의 모습은 찾아볼 수 없다. '햇빛' 없이 만든 식품을 요구하는 사람들도 없다. 태양 때문에 올해 암에 걸리는 사람이 수백만 명에 이를 텐데도 대부분의 사람들은 말도 안 되는 소리라고 치부한다.

지표면에 도달하는 햇빛에서는 두 종류의 중요한 자외선ultraviolet radiation이 나온다. 바로 자외선 A UV-A와 자외선 B UV-B다. 어디선가 여기에 반대하는 사람이 우유를 마시다가 코로 내뿜으면서 이렇게 말하는 게 들린다. '실제로 자외선의 스펙트럼은 연속적이다.' 그래, 맞다. 예로부터 햇빛의 파장을 분리해 자외선 A와 B라고 교과서에 소개하고 있지만, 이 두 방사선은 근본적으로 같은 물질이다. 이를테면, 피부에 해로운 에너지다.

전통적으로 자외선 B는 대체로 햇빛화상, 피부암과 가장 많이 연결되면서 '나쁜' 종류의 방사선으로 여겨졌다. 그런데 나중에 연구 결과를 보니, 자외선 A 역시 나빴다. 따라서 선크림에 자외선 A와 자외선 B로부터 모두 보호해준다고 명시돼 있어야만 자외선 차단 효과가 있다. 방사선은 세포 내 RNA와 DNA를 파괴하고 엉키게 하며, 그런 상태는 당연히 암으로 이어질 수 있다. 하지만 대개는 피부세포가 손상된 핵산nucleic acid●들을 제거할 수 있다. 그리고 그 과정에서 염증이 유발되는데, 그 증상을 일컬어 햇빛화상이라고 한다. 그러니까 우리가 햇빛에 탈 때는 실제로 몸이 암으로부터 자체적으로 보호하고 있는 셈이다.

그 과정이 보기 좋진 않지만, 인체가 기능을 하려면 햇빛이 필요하

● 유전과 단백질 합성에 중요한 물질로, DNA와 RNA가 대표적인 두 유형임

다. 햇빛이 없으면 근육이 약해지고 뼈가 굽는다. 오직 태양에 노출돼야만 피부는 비타민 D라고 알려진 전구호르몬prehormone(호르몬으로 전환되기 전 단계의 물질)을 만들어낼 수 있다.

햇빛이 좋은 건지 나쁜 건지 혼란스러운데 여기에 더해, 자외선은 실제로 건선psoriasis 같은 일부 피부질환 치료에도 사용된다. 그런 환자들은 '광선요법phototherapy'을 받는다. 다시 말해, 발암 물질도 제대로 쓰이면 치료제가 된다. 나는 밴더빌트대학병원의 피부과에서 그런 치료가 이루어지는 장면을 실제로 봤다. 밴터빌트 피부과에 있는 광선치료 부스는 딱 태닝 부스처럼 생겼다. 다만 부스에서 나오는 광선의 종류가 자외선 B로만 제한돼 있다.

대부분의 피부암은 방사선이 표피의 피부세포 기저층에 닿아 세포들의 DNA에 변형을 일으키면서 발생한다. 이 세포들은 그 위에 멜라닌이 있는 층으로부터 최소한의 보호를 받는다. 어두운 색소인 멜라닌은 자외선을 흡수해 소멸하는 엄청난 효과가 있다. 그래서 피부색이 어두울수록 보호 기능을 하는 멜라닌이 더 많다. 멜라닌은 암뿐만 아니라 햇빛화상도 예방한다.

멜라닌은 태닝을 할 때도 만들어지는데, 이것은 몸이 환경에 빠르게 적응하는 과정이다. 바로 그런 이유로, 여름이 시작될 때 이미 태닝을 한 사람은 태닝을 하지 않았을 경우보다 햇빛에 탈 가능성이 작다.

또한 보호 색소인 멜라닌은 태양 문제에 대한 멋진 해결책이자, 우리 머리와 눈에 색을 입혀 아름다워지게 하는 신기한 방법이다. 그런가 하면 역사상 그 어떤 단일 분자보다도 더 많은 폭력의 핵심이 되기도 했다. 나는 그 견해가 전혀 과장이 아니라고 생각한다. 300년 전에는 파란 눈을 가진 여성들이 마녀로 여겨져 화형을 당했다. 물론 지금 우리는 그런 사고방식의 오류를 깨닫고 있다(눈이 무슨 색이든 간에 마녀일 수 있다).

하지만 멜라닌은 우리의 얼굴 생김새, 곱슬머리와 맞물려 여전히 사회 분열의 기저가 되고 있다. 그런 사회 문제는 어떤 교과서적인 질병보다도 많은 건강 문제를 만들어내고 지속시킨다.

… 전적으로 동의합니다. 그런데 어째서 그런 걸까요?

2003년 4월 어느 날, 로스앤젤레스 시의회는 새로운 동네를 하나 만드는 데 만장일치로 표결했다. 동네 이름은 단순하게 '사우스로스앤젤레스South Los Angeles'로 짓기로 했다. LA 도심지 바로 남쪽에 있는 워싱턴대로大路에서 시작되는 지역이었기 때문이다.

로스앤젤레스를 아는 사람들에게는 이런 결정이 착오로 읽혔을지도 모른다. 그곳엔 이미 사우스센트럴South Central이라는 동네가 있었기 때문이다. 하지만 몇십 년 동안 빈곤이 집중되고 범죄가 불균형하게 증가하자 LA시에서는 동네 이름을 바꾸고 이미지를 쇄신할 필요가 있다고 판단했다. 그래서 로스앤젤레스 국제공항에서 정동쪽으로 16킬로미터 떨어져 있고 베벌리힐스의 남쪽에 있는 그 지역이 지금의 사우스로스앤젤레스다.

그 지역에는 와츠Watts라는 악명 높은 작은 동네가 통합돼 있다. 와츠는 사우스센트럴의 골칫거리인 극빈과 범죄로 계속 몸살을 앓는 곳이다. 그곳은 경제적 풍요나 안전성 면에서 변화라고는 눈곱만큼도 찾아볼 수 없고 LA 여타 지역에서 보이는 젠트리피케이션gentrification● 도 완전히 비껴간 곳이다. 현재 사우스로스앤젤레스의 인구분포를 보면 대략 60퍼센트는 히스패닉이고, 40퍼센트는 흑인이다. 오늘날 그곳의 모습은 1960년대 사진에서 보이는 것과 별반 다르지 않다. 당시 〈로스앤젤레스타임스〉는 뻔뻔스럽게도 와츠를 '니그로Negro●● 지구'라고 일컬었다. 사우스로스앤젤레스 주민 150만 명 중 대부분은 필라델피아와 마찬가지로 연방정부에서 정한 빈곤선 아래의 소득으로 살아간다. 그곳은 전국에서 거의 최대 빈곤 지역이다.

그런 와츠에서 1965년 어느 더운 여름날 저녁에 사건이 벌어졌다. 당시 언론에서 보도된 바에 따르면, 31세 백인 남성인 리 미니쿠스Lee Minikus라는 캘리포니아 고속도로 순찰 경찰관이 음주운전으로 의심되는 마케트 프라이Marquette Frye라는 흑인 남성의 차를 세웠다. 그 광경을 본 누군가가 프라이의 어머니인 레나에게 그 사실을 알렸고, 근처 주방에서 일하고 있던 레나는 곧바로 사건 현장으로 달려갔다. 미니쿠스 말로는, 레나가 아들에게 체포당하지 않도록 저항하라고 부추기는 말을 했다고 한다. 그 상황에서 주먹이 오갔고, 가장 유력한 이야기에 따르면 프라이가 먼저 주먹을 날렸다고 한다. 2005년에도 그 사건을 언급한 바 있는 미니쿠스는 그때로 다시 돌아간다 해도 똑같이 그랬을 거라고 말했다. 당시 그는 프라이를 경찰봉으로 때렸고 레나까지 같이 체포했다. 현장에 모인 사람들은 레나가 수갑을 차고 경찰서에 잡혀가

● 낙후된 구도심 지역에 중상류층이 유입해 고급 주거지나 상점가가 새롭게 형성되고 결과적으로 기존의 하층민은 내몰리는 현상

●● 흑인을 비하하는 표현

자 야유를 보냈다. 누군가 창문을 깨자 또 누군가가 다른 창문을 깨면서 주변이 소란해졌다. 그러고 나서 차들이 불타고, 상점들과 가정집들도 불탔다.

결국 1,000명이 죽거나 다쳤고, 건물 600채가 파손되거나 파괴됐다. 1만 4,000명의 주방위군이 출동 배치됐으며, 사방 70킬로미터 지역에 통행금지가 시행됐다. 일주일이 지나서야 비로소 버스 운행이 재개됐고, 전화통신 서비스가 복구됐다(오늘날로 치면 모든 사람의 휴대전화와 인터넷 서비스가 '일주일' 동안 끊기는 상황에 해당한다. 이게 상상이 가는가?). 체포된 사람은 3,500명이 넘었다.

이 모든 일이 정확히 어떻게 발생했는지 낱낱이 분석해보기 위해 팻 브라운 주지사는 심지어 중앙정보국CIA 국장 존 맥콘John McCone에게 수사를 의뢰했다. 당시는 냉전이 한창일 때였다. 세상의 종말이 가까워진 것 같은 시기였기에 맥콘은 다른 무엇보다 앞서 처리해야 할 일이 산더미였다. 이런 상황에서 맥콘이 이끄는 조사위원회는 공권력에 반항한 한 가난한 흑인 가족과 지역주민들의 압도적인 폭도 심리를 비난하는 쪽으로 정치적 방편을 선택할 수도 있었다. 많은 뉴스 매체에서 해당 사태를 계속 그렇게 몰아가고 있었기 때문이다. 게다가 많은 관계자가 와츠 폭동은 수많은 공공기물 파괴자들과 범법자들이 수없이 저지른 일들의 결과라고 주장했다. 마치 사람들이 갑자기 이유도 없이 지역 사회에 불을 지르기로 결정한 것처럼 몰아간 것이다.

그나마 좀 더 단순화된 설명에 따르면 이 사태가 모조리 불태우는 것 말고는 어쩔 도리가 없는 사람들의 행동이었다는 것이다. 이는 맥콘 휘하 70명으로 구성된 조사위원회가 밝혀낸 내용이다. 그들은 와츠에 파견돼 100일 동안 주민들을 인터뷰하고 도시 전체의 상황을 면밀히 조사한 후, 이런 결론을 내렸다. 와츠 폭동의 원인은 미니쿠스가 프라이의 차를 세우기 훨씬 전부터 이미 존재했다. 그 원인은 바로 빈곤, 불평등, 인종 차별이었다. 조사위원회는 이런 문제에 대한 처방으로 '긴급' 문맹 퇴치 및 취학 전 아동 교육, 직업 훈련, 저소득층 주택 개선, 대중교통, 그리고 보건 의료 서비스 접근성을 내놓았다.

맥콘은 이 같은 장기적 문제를 유발한 요인이 1964년 11월 캘리포니아주에서 표결된 악명 높은 '주민발의안 14호'라고 구체적으로 지목했다. 1960년대 캘리포니아는 적극적인 사회 행동이 들끓는 지역이었다. 그중 격렬한 항의를 받은 주민발의안 14호가 눈에 띈다. 그전 해인 1963년 6월 캘리포니아 주의회는 주택 판매나 임대 시 차별을 금지하는 '럼포드 공정주택법Rumford Fair Housing Act'을 통과시켰다. 그 대상에는 대출 기관, 저당권자, 부동산 중개업자가 포함됐다. 흑인 주택 구매자들에게 평등한 기회를 주고자 하는 목적으로 발의된 그 법은 민권을 향한 중대한 진전처럼 보였다. 그리고 동시에 많은 논란을 일으켰다. 진보주의의 메카인 버클리에서조차 그해 초에 공정주택법이 근소한 차로 부결됐다.

하지만 이듬해 봄에는 럼포드 공정주택법을 뒤집기 위해 주민발의안 14호가 제출됐다. 그리고 공정주택법에 대한 항의와 맞먹는 항의에도 불구하고 주민발의안 14호는 주민들의 직접투표로 통과됐다. 이는 가난한 현실에서 벗어나길 간절히 바라는, 바꿔 말하면 지역 사회 안에서 주택 건설이나 개량을 위한 융자를 받고 싶어 하는 사우스로스앤젤레스 주민들에게는 무력감을 안겨주는 결과였다. 게다가 와츠 주민이 LA 서부의 부촌인 벨에어Bel Air에서 어찌어찌 집을 살 여력이 된다 해도 그곳에서의 주택 구매가 법적으로 막힐 수 있었다(1990년에 〈더 프레시 프린스 오브 벨 에어The Fresh Prince of Bel-Air〉라는 시트콤이 처음 방영됐을 때도 등장인물인 흑인 가족이 벨에어의 고급 주택에 산다는 설정이 여전히 신기할 정도였다).

주민발의안 14호는 결국 미국 대법원에서 위헌 판결을 받았다. 그러나 아프리카계 미국인들에게 1964년의 그 발의안 통과가 의미하는 바는 다수의 주민이 그 제도를 유지하려고 투표한 게 명백하다는 징표일 뿐이었다. 그들이 오랫동안 알고 있었듯이 그 제도가 조작됐음은 물론이다. 그런 투표 결과는 백인 다수의 교묘한 비非행위, 다시 말해 박탈당한 자들의 곤경을 단순히 외면하는 행위였을 뿐 아니라 적극적인 억압이었다.

미니쿠스가 프라이를 체포한 사건을 둘러싸고 벌어진 일들은 마치 수십 년 동안 세워온 임시 가설물 내부에서 일어난 불꽃 같았고, 그 불꽃이 일주일간 분노의 불길로 타오르면서 끝없이 연기가 피어오른 것이었다. 와츠 폭동은 정부 정책이 빈곤과 불평등의 결과와 직접 맞닥뜨린 지점에 있었다. 이런 폭동은 로드니 킹Rodney King을 구타한 경찰관들이 무죄 평결을 받았던 1992년에 LA에서 다시 일어났다. 그리고 2014년 미주리주 퍼거슨에서 흑인 청소년 마이클 브라운Michael Brown이 경찰관 대런 윌슨Darren Wilson이 뒤에서 연발한 총에 맞아 사망했을 때도 항의 시위가 폭동으로 번졌다.

1965년 와츠 폭동으로 이어진 열악한 환경에는 보건 의료 서비스 접근성의 부족도 포함됐다. 어떤 사람의 건강을 예측하려면 유전자 코드보다 우편 번호를 보는 게 낫다는 말은 공중 보건 분야에서 늘 나오는 얘기다. 사우스로스앤젤레스 내 웨스트몬트Westmont 지역의 기대수명은 건너편의 컬버시티Culver City에 있는 동네보다 10년이 적다. 사우스로스앤젤레스 전역에서 성인 세 명 중 한 명은 건강 보험에 가입되지 않은 상태다.

이 모든 일은 당연히 멜라닌이 아니라 사람이 벌인 것이다. 만일 모든 사람의 색소가 동일하다면 우리는 사람을 나누는 다른 방식을 찾아냈을 것이다. 와츠 폭동은 제도적 불의를 보여주는 전형적인 사례인데도, 사우스센트럴의 불균형 해소에 필요한 보건 의료 서비스 접근성의 역할이 그 이야기에서 종종 빠져 있다. 와츠는 그 동네가 불타기 오래전부터 그리고 그 이후로도 미국에 만연한 문제인 건전한 형평성의 부족을 보여주는 심각한 사례다(다른 많은 나라에서도 불평등 문제가 만연하다).

보건 의료 제도의 많은 부분이 이런 지역 사회들을 간과해왔지만, 소수의 의사들은 그렇지 않았다. 와츠 폭동이 일어나기 직전 해인 1964년 7월 사우스센트럴 애덤스대로大路에 있는 세인트존스 성공회 교회St. John's Episcopal Cathedral의 건물 뒤에서는 소규모의 의료 전문가 집단이 점점 늘어나는 가난한 어린이들에게 무료 진료를 해주기 시작했다. 토요일마다 자원봉사에 나선 지역 의사들과 간호사들은 세인트존스병원이라고 알려지게 된 곳을 만들었다. 그곳은 인종 차별로 권리를 빼앗긴 사람들을 진료한다는 가치를 확실히 드러내면서 사우스로스앤젤레스에서 보건 의료 서비스의 중심으로 성장하고 전국적으로도 모범이 됐다.

그리고 최근에는 성차별을 당하는 사람들도 진료하기 시작했다.

여자들은 대부분 왜 목에 툭 튀어나온 울대뼈가 없을까요?

유대교의 율법서와 성서에 나오는 창세기에는 아담이라는 남성이 '금단의 열매'를 먹는 장면이 있다. 그 열매는 사과일 수도 있고 아닐 수도 있다. 그 경전들에는 '사과'라고 명시돼 있지 않지만, 비잔틴 예술가들이 그 장면을 그리기 위해 사과를 선택한 것이다. 그런데 이 사과가 그만 아담의 목에 걸려버렸다. 그 까닭은 옛 이야기에 잘 나와 있듯이 금지된 열매였다는 것이고, 이를 지시한 신 또한 단순히 공갈 협박을 하는 분이 아니었다.

어찌 된 일인지 사과는 아담의 목구멍에 영원히 박혀서는 후두 larynx 조직에 꼼짝없이 흡수됐다. 그리고 그것을 근거로 '아담의 사과 Adam's apple'(울대뼈 또는 후골)라는 표현이 생겨났다. 이 부위를 해부학자들은 후두융기 laryngeal prominence라고 부른다.

내가 종교학자는 아니지만 내 생각에 이브도 사과를 먹지 않았을까 싶다. 그게 이야기의 핵심이지 않았을까? 아무리 신화라도 그렇지, 설명에 허점이 있다. 더구나 생리학적으로도 설명이 부족하다. 만약 후두에 커다란 사과 덩어리가 박히면 그 사람은 그것이 빠져나올 때까지 기침과 구역질을 한다. 당연히 구역질 반사가 일어나기 때문이다. 인체의 작용 원리에 신의 손길이 미쳤다는 증거를 정말로 찾으려 한다면 구역질 반사 gag reflex(또는 구역 반사, 구토 반사)만 한 게 없다. 우리 몸은 의식과 상의하는 데 시간을 허비하지 않고 음식을 배출함으로써 위험에서 스스로 구제하려고 시도한다(그런데 세 명 중 두 명만이 구역질 반사를 한다.[26] 따라서 질문에 대한 답은 구역질 반사를 하지 않는 사람들을 배제하려는 의도가 아니라, 예를 든 사람의 신경회로가 이 점에서 다수의 인간들과 일치한다는 단순한 가정이다).

혀와 목구멍에 분포하는 신경, 이른바 혀인두신경glossopharyngeal nerve('glosso'는 혀, 'pharyngeal'은 인두를 뜻하며 설인신경이라고도 한다)이 후두에 있는 뭔가가 너무 커서 목구멍을 통과할 수 없다는 걸 감지하면, 혀인두신경은 뇌간brain stem(뇌줄기)으로 직접 신호를 보내고 뇌간은 인두의 근육을 수축시키라는 신호를 쫙 뿌린다. 만일 아담이 구역질 반사를 하지 않고 혀인두신경 고유의 마비가 와서 기침도 못 한다면, 다시 말해 뇌간의 일부에 혈액 공급이 끊겨 뇌졸중이 발생한다면 실제로 사과가 장기간 목구멍에 걸려 있을 수도 있다. 그러면 그는 '헉헉거리는 아담'이나, '아주 높고 날카로운 목소리를 가진 남자, 아담'으로 알려질 것이다. 머지않아 사과는 썩기 시작하고 그 주변 부위가 감염되고 만다. 그러면 고름이 계속 고여 아담의 목구멍에 꽉 차서 통로를 완전히 차단하게 된다. 결국 아담은 물리적으로 질식해 죽거나, 아

| 아담의 목에 걸린 사과(울대뼈)의 내부 형태 |

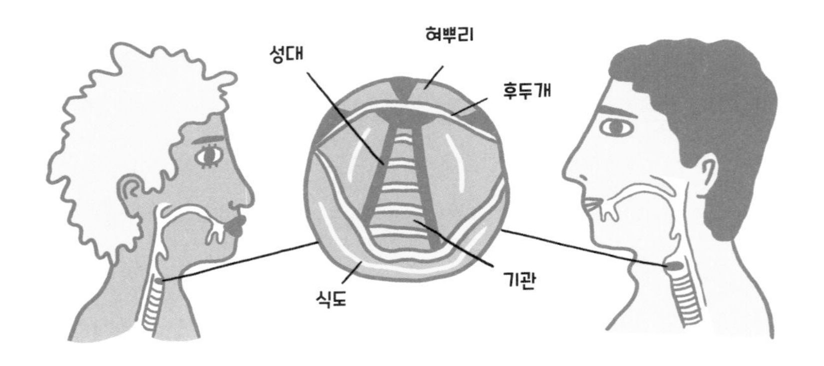

니면 목구멍에 박혀 악취를 풍기는 사과 때문에 부패성 감염으로 죽을 것이다.

아담의 사과, 즉 울대뼈는 남성의 후두에서만 보이는 독특한 구조가 아니다. 다만 여성에게서 그것이 덜 돌출되는 경향이 있을 뿐이다. 울대뼈는 갑상샘 바로 위에 자리 잡은 연골로, 사실 갑상연골thyroid cartilage이라고 부르는 게 적절하다. 남성은 사춘기 동안 남성호르몬인 테스토스테론이 갑상연골과 '후두' 전체의 성장을 촉진하면서 성대가 길어진다. 현악기의 긴 줄과 마찬가지로 긴 성대의 진동은 낮고 굵은 소리를 만든다. 심리학자들은 목소리가 저음인 남성일수록 짝에게 더욱 매력적인 경향이 있음을 밝혀냈는데[27] 이는 울대뼈가 클수록 유리한 성선택을 설명해주는 것 같다.

그런 특성이 지속되는 것은 큰 후두융기, 사실 별 쓸모없는 이 구조가 생존에 이롭기 때문이 아니라 큰 울대뼈가 (그리고 그 결과로 나타난 낮은 목소리가) 암시하는 바가 매력적이기 때문이다. 울대뼈가 형성되려면 테스토스테론이 필요하다. 한편 이는 고환이 기능을 한다는 것을 의미한다. 뉴욕의 타임스스퀘어에서 울대뼈가 큰 남성이 나오는 광고판을 올려다본다면, 본질적으로는 고환의 능력을 입증하는 광고를 보고 있는 셈이다. 그 광고는 이런 메시지를 전하고 있는 셈이다. "이 제품을 사세요. 그러면 훌륭한 고환을 갖게 될 겁니다."

사실 후두는 뼈가 아니라 연골로 돼 있어서 울대뼈는 귀나 코처럼 사춘기 이후에도 계속 자랄 수 있다. 가령 프로야구 선수가 테스토스테론을 복용하기 시작하면 후두가 자랄 수 있다.[28] 테스토스테론 수치가 몇백 배로 증가하면서 사춘기 때 일어나는 효과가 연장되는 것이다.

바로 이 지점에서 남녀 간에 성적 성숙과는 무관해 보이는 극적인 차이가 다양하게 생겨난다. 열 살 때는 남녀가 기본적으로 같은 속도로 달릴 수 있다. 하지만 사춘기가 끝날 무렵에는 가장 잘 달리는 남성들이 가장 잘 달리는 여성들보다 우세하다. 평균을 봐도 남성이 여성보다 점프와 던지기를 세 배 잘한다.

그런 차이에는 문화적 요인도 일부 작용한다. 여자들보다는 남자들에게 운동에 대한 열정을 더 강하게 불어넣은 결과인 것이다. 하지만 어렸을 때부터 훈련해온 엘리트 선수들에게서조차 성별 간 차이는 계속 존재한다. 남성은 여성보다 테스토스테론 수치가 200배 높다. 이런 사실이 남성이 가진 더 넓은 어깨, 더 긴 팔다리, 그리고 몸에 비해 더 큰 심장과 폐를 설명해주는 것 같다.

그런데 항상 그랬던 것은 아니다. 옛날 사람들을 보면 남녀의 신체는 더 비슷했다. 하지만 시간이 흐르면서 생식의 역학이 우리의 외모를 바꿔놓았다. 인간의 임신 기간이 9개월이다 보니 (역사적으로) 한 남자가 여러 여자와 잇달아 짝짓기 할 수 있었던 반면, 여자들은 그럴 수 없었다. 그래서 그때도 지금처럼 남성이 과잉 상태였다. 남자들은 여자들과 짝짓기를 할 기회를 잡으려고 서로 싸워야만 했기에 오늘날 남자는 운동에 대한 열정과 동일시되는 특징을 갖게 됐다.

이런 현상은 성선택만으로 더욱 심해졌다. 성선택에서 여자들은 대개 더욱 남자다워 보이는 짝을 선호하게 됐다. 엄밀히 따져보면 그 남자가 더 적합한 짝도 아닌데 말이다. 반대로 남자가 여자를 볼 때도 그랬다. 이는 일반적으로 테스토스테론이 많은 남성의 외모가 바람직하다고 여겨진다는 걸 의미했다. 대중적 인기를 끈 《포 아워 바디 The 4-

Hour Body》의 저자이자 '바디해커bodyhacker'인 팀 페리스Tim Ferriss는 엄청난 양의 고기를 먹음으로써 자기 몸의 테스토스테론 수치를 직접 조작하는 실험을 책에서 자세히 설명한다. 그럴 때면 여자들은 그에게서 나오는 테스토스테론을 어떻게든 감지하는 것 같고 그는 여자들에게 너무나 유혹적인 존재가 된다.

우리는 페로몬에 끌리는 존재 아닌가요?

페로몬pheromone이라는 개념은 '대단히' 흥미롭다. 페로몬은 다른 사람들이 나와 섹스하고 싶게 하려고 발산하는 화학 물질이다. 사람들은 자신이 테스토스테론이나 에스트로겐estrogen●의 부산물이라고 가정해왔다. 실제로 수천 가지의 휘발성 화합물이 우리 피부와 호흡은 물론, 우리에게서 나오는 모든 것에서 발산된다. 하지만 인간의 페로몬은 과학적으로 입증되지 않았다. 페리스는 모든 걸 상상하고 있었을지도 모른다. 아마도 그가 말하는 여성들은 그냥 그의 울대뼈에 끌렸을 수도 있다. 어쩌면 여성들이 아예 없었는지도 모를 일이다.

오늘날 사회적으로 테스토스테론을 더욱 두드러지게 사용하는 주체는 메이저리그 야구 선수나 교묘히 성적 만족을 추구하는 이들이 아니다. 바로 그들은 여성의 육체로 태어났으나 그 몸을 남성으로 바꾸려는 사람들이다. 트랜스젠더의 건강과 관련해 개인의 성 정체성을 확

● 여성호르몬의 일종으로, 여성의 이차성징, 생식주기 등에 영향을 줌

인하기 위해 테스토스테론이나 에스트로겐 같은 성호르몬을 사용하는 것은 미국내과학회American College of Physicians, 미국의학협회American Medical Association, 미국심리학회American Psychological Association를 비롯한 대부분의 의사 단체가 주목함으로써 의학적으로 중요한 문제라는 위상을 얻게 됐다. 또한 미국 대법원에서는 호르몬 처방에 대한 보험금 지급을 보험회사가 거부할 수 없다고 판결했다. 2016년 1월 현재, 미연방의 모든 피고용인은 적어도 일종의 성전환(성확정) 치료를 받을 권리가 있다.

오랫동안 소외된 집단의 보건 의료 위상에 찾아온 이 같은 엄청난 변화는 모든 보건 의료의 정의와 인권에 대해 중대한 의문을 제기한다. 최소 75개국에서 남성적인 남성과 여성적인 여성 사이가 아닌 성관계를 범죄시하는 법이 시행되고 있다. 그 밖의 국가에서는 그 수용기준이 장소마다 달라서, 전통적인 사회적 성 역할에 순응하지 않는 사람들에 대한 차별이 더욱 교묘해지는 경향을 보인다.

미국에서는 트랜스젠더들의 자살률이 나머지 인구 집단보다 19배 높은 것으로 추산된다.[29] 우리는 대부분 서로에게 공공연히 폭력적이진 않지만, 사람을 구분하는 관념을 지속시킨다. 보건 의료 영역에서의 제도는 거의 전적으로 전통적인 사회적 성 개념을 중심으로 구축된다.

법원의 명령과 의료 전문가들의 권고에도 불구하고 성전환을 한 사람들은 보험회사와 메디케이드Medicaid●에서 모두 시종일관 일상적으로 거부되는 실정이다. 현재 비보험자가 트랜스젠더 보건 의료 서비스

● 65세 미만의 저소득층과 장애인을 위한 미국의 공공의료보험제도

를 이용할 수 있는 곳은 거의 없다. 심지어 보험에 가입한 사람들도 선택지가 매우 적다. 사회적 성의 이분법 바깥에 있는 사람들을 위한 숙련된 의료진이 있고 이용자들이 문화적으로 만족할 만한 곳은 아주 드물다. 대부분의 의대와 전공의 과정에서 해당 주제에 관한 교육을 거의 하지 않기 때문이다. 그에 따른 인증이나 승인 절차도 없다. 역사적으로 보면 그러한 의료 행위는 대부분 위험한 암시장에서, 즉 환자들이 의료 제공자에게 차별을 당하거나 심지어 적대감까지 참아낼 수밖에 없는 환경에서 이루어졌다. 하지만 예상치 못한 곳에서 개선이 이뤄지기 시작됐다.

와츠 폭동 이후 맥콘이 이끈 조사위원회에서 보건 의료 서비스의 접근성이 사회가 제 기능을 하는 데 기초가 된다는 귀중한 의견이 나왔지만 거의 무시되거나 잊혔다. 그러나 그 필요성은 1965년 세인트존스 성공회교회의 막후에서 증명됐다. 이 임시 시설은 사우스로스앤젤레스에서 지역 사회 보건의 기둥이 됐다. 1990년대에 이르러서는 규모는 작지만 번창하는 병원이 돼 보험이 없는 사람들이 의지할 수 있는 곳으로 알려졌다.

바로 그 무렵에 짐 만지아Jim Mangia가 샌프란시스코에서 로스앤젤레스로 이주했다. 컬럼비아대학교에서 공중 보건 학위를 마친 그가 샌프란시스코에서 일할 당시는 사람들 사이에서 에이즈 감염에 대한 공포가 최고조에 이른 시기였다. 만지아는 나보다 키가 몇 센티미터 작은데도 더 큰 느낌이다. 말씨에 강한 억양이 있고 품행은 아직도 캘리포니아에 적응하지 못한 것 같았다. 뉴욕 브루클린에서 자란 그가 LA의 실버레이크Silver Lake로 이주했을 당시 그 동네는 그의 표현을 빌리

자면 '빈민가'였다. 그는 지난 20년 동안 세인트존스병원을 이끌었으며 그 병원은 사우스로스앤젤레스에서 가장 큰 지역 사회 보건 의료망이 돼 매년 7만 5,000명의 환자를 진료한다. 처음에 하나였던 병원은 이제 열네 곳으로 늘어나 사우스로스앤젤레스 전역에 있는 1차 의료기관의 40퍼센트를 차지한다.

보험이 없는 미국인들은 궁극적으로 세금 보조 프로그램으로 제공되는 의료 서비스를 받는다. 세인트존스병원은 연방정부 인증 의료기관FQHC, Federally Qualified Health Center들이 연결된 보건 의료망이다. 다시 말해, 사회적 혜택을 받지 못하는 취약 계층에게 의료 서비스를 제공하는 비영리 병원이라는 뜻이다. 그런 병원을 찾는 사람들은 다수가 보험이 없다. FQHC는 세액 공제와 개선된 메디케이드 환급을 받을 뿐만 아니라 보조금을 받을 자격도 있다. 세인트존스병원 환자들 중에는 이주민과 계절직 농장 일꾼이 많고 노숙자와 공공주택 거주자도 있다.

FQHC 프로그램은 1965년에 당시 대통령이었던 린든 존슨이 수립했다. 그해에 와츠 폭동이 일어났고 바로 전해에 존슨은 빈곤과의 전쟁을 선포한 터였다. 그는 1964년 국정연설에서 FQHC 프로그램이 "협력적 접근에 방점을 두고서, 소득이 너무 적어 기본 생활조차 어려운 20퍼센트의 미국 가정을 도울" 거라고 밝혔다.[30]

존슨이 말한 접근이란 제도 개선에 기반을 둔 방식을 말한다. 그는 이렇게 설명했다. "더 정확한 공격을 위한 우리의 주 무기는 학교, 보건, 주택, 직업교육, 일자리의 개선이며, 그런 개선으로 더 많은 미국인들, 특히 청년들을 불결하고 비참한 환경과 실업 상태에서 벗어날 수 있게 도울 것입니다."

수많은 비유적 전쟁들과 마찬가지로 '빈곤과의 전쟁'은 성공을 거두지 못했다. 목표로 내세웠던 미국 가정 20퍼센트의 기본 생활은 2015년 기준으로 50년 전보다 별로 나아지지 않았다. 어쩌면 빈곤과의 전쟁은 애초에 생각했던 상태에서 아직도 진행 중이라고 해야 더 정확할 것 같다.

와츠 폭동의 여파로 식료품점들이 파괴되고 식당들도 버려진 상황에서 미국 농무부는 10톤의 물자를 들여와야 했다. 이런 지원에 들어간 금전적 비용 외에도 주방위군 투입비, 재산 피해(당시 피해 금액이 1억 달러로 추산되는데 현재 가치로 환원하면 10억 달러에 가깝다), 수천 건의 사법 처리와 그에 따른 수감이 더해졌다. 사실 존슨의 생각은 이 같은 폭동이 일어나기 전에 사회적 비용을 미리 투자해놓자는 것이었다. 미국만큼 경제적으로 분열된 사회에서 발생하는 비용은 사전이든 사후든 치르게 될 것이기 때문이다.

"대개 일자리와 돈이 부족한 건 빈곤의 원인이 아니라 증상입니다."

| 미국의 빈곤층 비율 |

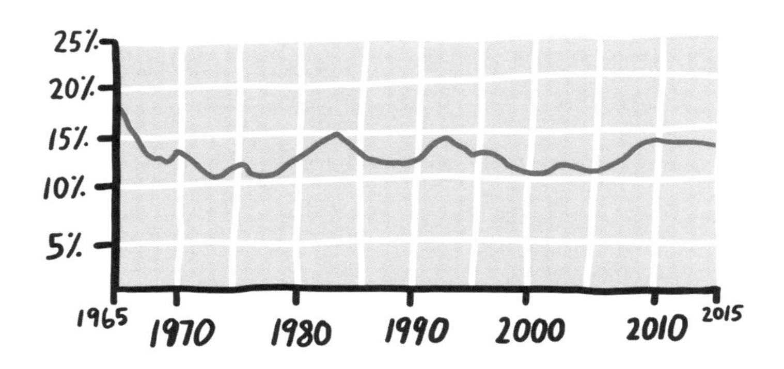

존슨은 폭동이 일어나기 전에 이런 말을 했었다. "빈곤의 원인은 더 깊은 곳에 있습니다. 바로 우리와 같은 시민들에게 개인의 능력을 개발할 공정한 기회를 주지 못하는 것, 교육과 훈련 부족, 의료 서비스와 주택 공급 부족, 빈곤 가정이 생활하고 자녀를 양육할 수 있는 제대로 된 지역 사회의 부족에 있는 것입니다."

그런데 그 후 10년 동안 이런 병폐에 대한 더 광범위한 공략 대신, 사회 계층을 구분하는 복지 프로그램이 빈곤 문제 해결의 핵심 수단이 돼버렸다.[31] '정부 지원'은 모든 연방 프로그램을 브랜드로 만드는 별칭이 돼 미국인들을 정치 노선에 따라 더욱 분열시켰다. 민주당은 제도를 개편해 기회의 평등을 허용하려고 노력하는 반면, 공화당은 이런 조치가 이미 기회를 가진 사람들에게는 공정하지 않다고 봤다. 이런 균열은 오늘날까지도 계속되고 있다.

그래도 오늘날 빈곤과의 전쟁에서 정말 내세울 만한 성과 하나는 사우스로스앤젤레스의 세인트존스병원 같은 연방정부 인증 의료기관이 전국적으로 1,200곳 이상 연결된 보건 의료망이다. 미국 행정관리예산국은 FQHC가 가장 효율적인 연방 프로그램 가운데 하나라고 시종일관 평가했다. 조지 W. 부시 대통령은 더 많은 시민에게 보험을 확대하기보다는 오히려 보험이 없는 국민들을 보호하는 방향으로 접근해 FQHC 수를 늘리는 데 돈을 쏟아부었다. 그 결과, 부시 행정부 하에서 FQHC 보조금 액수는 세 배나 증가했다. 이 프로그램은 '건강 보험 개혁법 Affordable Care Act'●이 시행되면서 더욱 확대돼 120억 달러가 넘

● 전 국민의 건강 보험 가입 의무화를 골자로 한 미국 의료보험제도 개혁 법안으로 정식 명칭은 '환자 보호 및 건강 보험료 적정 부담법'이며 일명 '오바마케어'라고도 함

는 예산이 FQHC에 할당됐다.

FQHC 프로그램이 수십 년간 존속된 것은 드물게도 초당적 지지를 받았기 때문이다. FQHC는 건강을 인권으로 보는 민주당의 이상주의에 호소할 뿐만 아니라 공화당이 유권자들을 죽게 내버려둘 수 없는 많은 시골 지역에 의료 서비스를 제공한다.

세인트존스병원이 계속 성장해 사우스로스앤젤레스 지역 내 새로운 병원들을 열자, 상대적으로 훨씬 많은 트랜스젠더들이 진료를 받으러 오기 시작했다.[32] 그 이유 중 하나는 적어도 그런 사람들이 상대적으로 훨씬 가난하게 살아서다. 세인트존스병원 환자의 91퍼센트가 연방정부에서 정한 빈곤선 아래의 소득으로 살아간다. 많은 환자가 품질과 안전성이 의심스러운 호르몬을 길거리에서 구해 스스로 주사한다고 의사에게 말했다. 어떤 이들은 가슴과 볼, 엉덩이에 식물성 기름이나 욕실 틈새를 메우는 실리콘 같은 가정용 재료를 주사해 자신의 성性과 다른 신체 특징을 만드는 행위를 흉내 내보려고 했다고 털어놨다. 그런데 정작 우리 몸은 이런 물질들을 공격해 단단한 알갱이들로 만들어 차단하는 경향이 있다. 그런 알갱이들이 혈관으로 들어가 돌아다니다가 폐동맥을 막는 바람에 목숨을 잃는 사람들도 있었다. 한 환자는 감염이 재발해 세인트존스병원을 다시 찾았다. 자세히 살펴보니 기름 알갱이들이 피하조직으로 침입해 종아리와 발까지 내려가 악성 종기들이 벌겋게 나 있었다. 결국 그 환자는 외과 수술과 항생제 치료를 받아야 했다.

이런 위험한 관행들이 존재하는 가운데 세인트존스병원 이사장인 짐 만지아는 트랜스젠더 맞춤 의료 서비스를 시작하는 일은 '생각할 필요도 없는 쉬운 결정'이라고 여겼다.

트랜스젠더의 권리를 옹호하는 단체들이 외치는 말이자 현재 그렇게 받아들여지는 말로 하자면, 성전환은 개인의 성 정체성을 확인하는 사회적·법적·의학적 과정이다.[33] 여기에는 호르몬 복용이나 주사, 다양한 수술, 이름과 호칭 변경, 신분증명서 변경 등이 뒤따를 수도 있다. 주로 겉으로 보이는 과정은 호르몬과 수술로만 실현될 수 있는 신체적 변환에 크게 근거를 두고 있다. 두 요법 모두 법적으로 의사를 통해 이뤄져야만 하므로 성전환 과정은 의료 서비스 영역으로 보는 게 적절하다. 결과적으로 성전환 문제는 사회 구조적인 문제 해결이라는 과제를 보건 의료 제도에 맡긴 셈이다.

2014년 세인트존스병원은 오클랜드에 본부를 둔 트랜스젠더 법률상담소Transgender Law Center와 협력해 의료 서비스 영역을 확장해 트랜스젠더 건강 프로그램을 시작했다. 또한 트랜스젠더 인구 집단의 건강에 대한 전면적인 접근과 관심을 명백히 드러냈다. 그해 1월 프로그램이 시작됐을 때는 아홉 명의 환자가 일반적인 1차 진료와 함께 성전환 호르몬을 제공받고 있었다. 만지아는 캑 쿡이라는 트랜스젠더 전문 의료인을 고용했고, 쿡은 샌프란시스코만灣 지역에서 로스앤젤레스로 옮겨왔다. 만지아가 쿡에게 연말까지 트랜스젠더 환자 수가 75명 정도로 늘어나리라 예상한다고 말하자, 쿡은 웃으면서 그보다는 많을 거라고 했다.

그 첫해에 입소문만으로 병원을 찾은 트랜스젠더 환자 수는 거의 500명이었다.

2장

인지

감각 작용

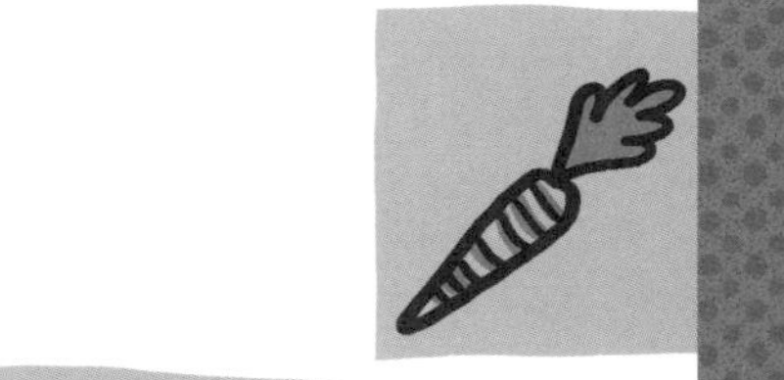
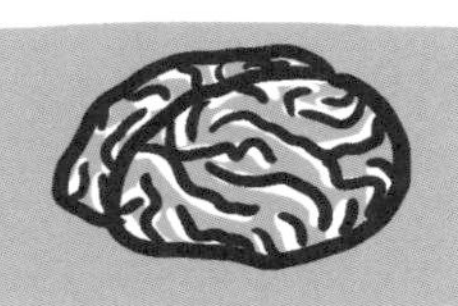

카스파 모스먼Kaspar Mossman은 기숙학교 학생 시절에 밤이 되면 자물쇠를 동원해 자신을 침대에 묶었다. 잠에서 깼을 때 거울에 비친 자기 모습을 보며 후회하지 않기 위해서였다. "세상에, 내가 나한테 무슨 짓을 한 거야?" 평소 자고 일어나면 그의 얼굴과 목은 여기저기 긁혀서 벌게지고 살갗도 벗겨져 있었다. 게다가 가려움이 통증으로 바뀌지 않은 부위는 여전히 가려웠다.

만성 가려움증이 있는 사람들 대부분과 마찬가지로 모스먼도 밤이 되면 가려움이 극에 달하는 경향이 있다. 특히 자는 동안에 심해진다. 평소 손톱을 아주 짧게 유지하는데도 너무 심하게 긁어 대서 살갗이 벗겨질 정도다. 그는 이런 일을 한바탕 겪고서 거울을 보면 마치 치즈 강판으로 피부를 간 것처럼 보였다고 설명한다.

십 대 시절에 모스먼의 가장 큰 걱정거리는 방을 같이 쓰는 친구들이 그에게 '꼴이 엉망진창'이라고 바로 알려주는 것이었다. 한번은 그가 밖에 나가 술을 마시고 밤늦게 들어온 적이 있었는데 어떤 남학생이 그의 방에 불쑥 들어왔다. 아마도 담배나 한 개비 얻으러 왔을 텐데, 그 애는 모스먼이 침대에 묶여 있는 광경을 보더니 십 대라면 누구나 할 법한 짓을 했다. 방에 불을 켜고는 기숙사에 있는 사람을 죄다 불러서 모스먼을 온 동네 웃음거리로 만든 것이다. 모스먼은 그 사건 이후의 기억을 떠올리며 이렇게 말했다. "모두가 저를 완전히 이상한 인간이라고 생각했어요."

그래도 지금은 당시의 일을 더 편안하게 받아들인다. "우리 모두 십 대 때는 정서적으로 몹시 취약하잖아요." 모스먼은 현재 자기성찰에 능한 42세의 성인이자 캘리포니아대학교 산하 기술 인큐베이터를 운영하는 회사의 마케팅 이사다. 내게 자신의 과거를 해명하던 그는 "흠, 그런데 일반화를 하면 안 되겠군요"라며 다시 한 발짝 물러서는 발언을 한다. "사실 '제'가 마음의 상처를 잘 받았어요. 그래서 그땐 이렇게 생각했답니다. '이 계급 사회에서 네 자리는 어디야? 네가 강해? 매력은 있어? 여자애들은 이런 일을 이해하지 못할 거야. 남자애들은 네가 그저 병에 걸렸다고 생각하겠지. 넌 한마디로 나병 환자야. 성서에 나오는 나병 환자라고'요."

인지를 이해한다는 것은 가장 넓은 의미로 보면 자고로 생리학이 철학을 따라가는 격이다. 우리는 복잡한 감각계를 통해 가려움, 아픔, 갈망, 매력, 거부감을 느끼며 우리가 미처 의식하기도 전에 활성화되는 신경 경로를 거쳐 인지 반응을 한다. 그런데 세상을 그런 복잡한 감각계에서 얻은 인지들의 집합이라고 이해하면 모든 것을 전체적으로 바라보기가 쉬워진다. 내 생각엔 공감은 그런 방식으로 생겨나는 것 같다. 아니 최소한, 상대방을 나병 환자처럼 대하려는 본능은 억누를 수 있다고 본다.

가려움이란 무엇인가요?

평생 가려움으로 고생하는 카스파 모스먼에게는 기숙학교와 대학에 다니던 때가 최악의 나날이었다. 하지만 그의 어머니의 이야기를 들어보면 모스먼은 "날 때부터 피부가 벌건 채로 소리를 질러댔다"고 한다. 부모님은 그가 처음부터 그랬다는 걸 알면서도 때때로 화가 나서 엄하게 훈육했다. 모스먼은 아버지가 자신을 앉혀놓고는 눈을 똑바로 바라보면서 한 말을 아직도 생생히 기억한다. "이젠 긁는 거 그만둬야 한다. 너 자신을 통제해야 해."

세인트루이스에 있는 워싱턴대학교의 가려움증 전문가 브라이언 김Brian Kim은 가려움을 오로지 자기통제만으로 다스려야 한다는 생각이 일반적이라고 말한다. 2011년 그 대학에 설립된 가려움증연구센터Center for the Study of Itch는 세계에서 최초로 가려움증을 집중적으로 연구하는 기관이다.

"가려움증에는 치료 가능한 의학적 원인이 있다고 가정하는 걸 좋지 않게 보는 편견이 존재합니다." 일반 피부과 전문의 과정을 밟은 김의 말이다. 가려움증 전문가로서 그의 임무는 몸이 쇠약해질 정도는 아니어도 뚜렷한 의학적 원인 없이 종종 외관이 흉해지는 증상에 시달리는 사람들을 치료하는 일이다. 주로 전국 곳곳에서 다른 의사들이 치료하다가 두 손 두 발 다 든 환자들이었다. 그런 증상은 쉽게 답할 수 없는 의학적 문제이다 보니 김은 전 세계에서 보내는 환자들을 상대한다. 그는 수수께끼 같은 사례도 다루지만 가려움증을 경시하는 전형적인 사례도 본다.

한 여성은 1년 반 동안 심한 가려움증에 시달리다가 최근에 세인트루이스까지 먼 길을 찾아왔다. 연구실에 들어온 그녀는 온몸의 살갗이 벗겨진 상태였다. 그전에 의사를 몇 명 만나긴 했지만, 항히스타민제antihistamine●가 효과가 없어서 이런저런 향정신제를 처방받았다고

● 몸 안에 항원 항체 반응으로 생긴 과잉 히스타민의 작용을 억제하는 약으로, 각종 알레르기 질환이나 멀미, 초기 감기를 치료하는 데 쓰임

했다. 흔히 의사들은 가려움증 환자들에게 정신질환이라는 의학적 병명을 붙이고 그에 따른 치료를 한다. 하지만 김은 자신을 찾아온 그녀에게 흉부 엑스레이를 찍게 했다. 방사선 촬영은 거의 모든 정체불명의 병을 알아내기 위한 기본 검사에 속한다. 영상의학과 의사들은 그녀의 가슴에서 덩어리를 하나 발견했고, 그것은 림프종lymphoma•으로 밝혀졌다. 김이 그런 진단을 내리자 그녀는 안심하는 눈치였다고 한다. 어쨌든 그녀는 의혹에서 벗어난 것이다.

"그렇다고 해서 가려움증이 곧 림프종이라고 추정해야 한다는 게 아닙니다. 전혀 아니죠!"라고 말하며 김은 얘기를 이어갔다. "가려움증에 대한 '그런' 편견을 보여주는 사례일 뿐입니다. 특히 그렇게 많은 의사를 만난 뒤였으니 아무도 그 환자에게 의학적 문제가 있다고 믿고 싶지 않았던 거죠."

가려움증연구센터를 찾아오는 환자들의 문제는 대개 막연하다. 그래서 흉부 엑스레이를 비롯해 가능한 검사를 거의 다 해보지만 좀처럼 나오는 게 없다. 오히려 환자들은 그 외에는 건강에 이상이 없는데도 여전히 가려움이 퍼지고 심신을 지치게 한다고 호소한다. 김은 그런 증상을 '만성 특발성 소양증chronic idiopathic pruritus'이라고 부른다('특발성'은 원인 불명을, '소양증'은 가려움증을 의미한다). 이 질환은 나이 든 사람들이 잘 걸린다. 다양한 추산에 따르면 세계 인구의 8~14퍼센트가 만성 가려움증(6주 이상 지속 기준)에 걸린다. 김은 환자들의 얘기를 무시하지 않고 그들의 가려움증을 있는 그대로 받아들이려고 최선을 다한다.

• 림프 조직에 생기는 악성 종양으로, 발열, 발한, 가려움 등의 증상을 보임

“‘가려움증’을 의학적 상태라고 규정하기는 매우 어렵습니다.” 이렇게 말하는 김은 자신이 연구센터에서 줄 수 있는 도움의 절반이 확인과 존중이라고 믿는다. “지금까지는 가려움증을 고쳐야 할 다른 병의 징후로 봤습니다. 이를테면 ‘습진을 치료해야 해요. 가려움증에 대해서는 얘기하지 마세요’ 이런 식이었죠.” 가려움증을 치료하기 위해 특별히 개발돼 현재 유일하게 FDA 승인을 받은 의약품은 ‘아포켈Apoquel’이다. 그런데 이 약은 개들만 먹을 수 있다.

(나 같은 사람이라면 지금 이런 생각이 들 것이다. “개가 먹는 약을 내가 먹으면 안 될 이유가 뭘까?” 개에게 주는 약과 사람에게 주는 약은 같을 때가 많다. 예를 들면, 항불안제인 벤조디아제핀Benzodiazepine과 개들을 위한 자낙스Xanax•처럼 말이다. 하지만 아포켈의 경우, 제품에 꺼림칙한 주의사항이 표시돼 있긴 하다. “이 약을 복용하면 심각한 전염병에 걸릴 가능성이 커질 수 있으며 현존하는 기생충에 의한 피부 감염이나 기존의 암이 악화될 수도 있습니다.”)

김과 연구팀은 사람용으로 승인된 여러 가지 약들을 ‘FDA 허가 외’, 즉 입증되지 않았거나 안전하지 않을 수 있는 용량으로 사용한다. 우선 김은 스테로이드steroid로 염증을 억제하려고 시도한다. 그다음에는 피부 장벽skin barrier••을 치료하기 위해 보습을 적극적으로 활용한다. 그러고 나면 신경조절제를 추가하는데 때로는 미르타자핀Mirtazapine이나 아미트리프틸린Amitriptyline 같은 항우울제를 쓰기도 한다. 여기서는 다각적인 접근방식이 매우 중요하다. 그는 그 까닭을 이렇게 설명한다. “우리가 아는 바는 가려움증이 단순히 신경병성 증상이나 면

• 벤조디아제핀 계열로 단시간에 작용하는 신경안정제

•• 피부의 표피에서 가장 바깥 각질층에 있는 각질 세포

역 문제, 상피세포의 장벽 문제뿐만 아니라, 아마도 이 모든 문제가 합쳐진 결과일 거라는 점입니다."

특발성 소양증이라는 의학적 병명이 붙은 환자와 달리 카스파 모스먼의 진단명은 중증 '아토피 피부염atopic dermatitis'이다. 아토피 피부염은 흔히 습진이라고 알려져 있으며, 습진은 만성 가려움증의 가장 일반적인 원인이다. 의사는 긁어서 살갗이 벗겨지고 딱지가 생긴 벌건 피부를 보면 보통 이런 진단을 내린다. 습진은 실제로 어떤 범위가 있는 증상이며 전문가들은 심지어 그런 특징을 규정해보려고 열심히 연구하고 있다. 습진 증상이 있는 사람들의 한 가지 공통된 특징은 적어도 항상 피부가 약간 양피지 같다는 것이다. 심지어 상태가 좋을 때도 그렇다. 그러다가 심하게 가려운 부위들이 불긋불긋 올라오면 그 좋은 시기마저 중단된다.

최악의 상황은 악의가 없는 사람들이 "이봐, 거기 피부 불긋불긋한 거 알고 있었어?"라고 얘기해줄 때라고 하면서 모스먼은 이야기를 계속했다. "그러면 이런 생각이 들어요. '내가 알고 있냐고? 야, 꺼져. 난 그걸 숨기려고 노력 중이라고.' 그런데 그렇게 물어본 사람들은 요가를 어떻게 해야 한다는 둥, 생선 기름을 어떻게 먹어야 한다는 둥, 이런 얘기를 또 늘어놔요. 선의로 말한 사람들조차 문제를 키우기만 하죠. 증세가 심하게 확 올라올 때는 그냥 사람들 주변에 가고 싶지 않아요. 제가 장담하는데, 습진이 있는 사람들은 대부분 괴팍한 사람이라고 평판이 나 있을 거예요. 습진이 성격의 일부가 돼버린 거죠."

전문가들이 모인 국제 컨소시엄에서는 습진의 정의와 '발병'의 요소를 평가할 수 있는 일련의 측정 지표에 합의하는 작업이 계속 진행

중이다.[1] 비정기적 연구 결과에 따르면 습진은 한 특정 유전자와 관련된 것으로 보인다고 한다. 그 유전자로 반드시 발병되는 건 아니지만 말이다. 습진에 대한 표준 정의가 없으니 어려운 연구 과제다.

그래서 모스먼은 증세를 일으키는 술이나 매운 향신료 같은 특정한 자극들을 피하면서 병을 스스로 관리하는 법을 여러 해에 걸쳐 배웠다. 최악의 자극제는 카옌cayenne 고추였다고 한다. 경질 치즈도 그렇다. 가령 파마산 치즈에는 히스타민 화합물이 다량 들어 있는데, 알레르기 반응이 일어나는 동안 피부 자체에서도 똑같은 물질이 만들어진다.

"한때 치즈 애호가가 돼보겠다고 결심했을 때 그 사실을 발견했어요." 모스먼이 그때의 기억을 떠올리면서 이야기를 들려줬다. 치즈 가게에서 치즈를 잔뜩 사와서 먹으면서부터 시작됐다고 했다. 그 후로 일생에서 가장 가려웠던 밤들 가운데 하나로 꼽히는 밤이 찾아왔다. "그게 바로 파마산 치즈 때문이란 걸 깨달았죠."

스트레스 또한 가려움증을 유발한다. 모스먼은 학생 시절에 시험을 보는 게 특히 고생스러웠다고 한다. 바로 그 점 때문에 그가 UC버클리에서 생물물리학 박사학위를 취득했다는 사실은 특히 인상적이다. 그는 당시 못마땅했던 점을 성토한다. "우리가 학교에서 배우는 방식이 얼마나 바보 같은지 몰라요. 시험에, 지루한 과제에 계속 치이면서 공부하고 또 공부하고, 벼락치기하면서 밤늦게까지 깨어 있고, 공부한 걸 다 소화하지도 못한 채 게워내고. 그건 정말 놀라운 수준의 스트레스예요. 게다가 그렇게 공부한 것들을 다시 써먹을 일도 없죠."

스트레스 하면 단골손님처럼 나오는 얘기지만 스트레스가 유발하는 신체적 피해가 당장 겉으로 드러나는 병이 있는 사람에게는 더욱 괴로운 얘기다. 가려움증은 표면적인 신기한 현상이 아니라 심신이 결합된 복잡한 패러다임이다. 여기에는 일상의 별난 경험부터 심신을 약화시키는 질병까지 모두 요인으로 작용한다. 가려움증은 오히려 심신이원론에 바탕을 둔 자기이해가 얼마나 보잘것없는지 깨닫게 해준다.

한번은 독일의 교수들이 순전히 언어적 신호와 시각 단서만을 이용해 사람들을 가렵게 만들 수 있음을 증명했다.[2] 그들은 강의실 여기저기에 비디오카메라를 설치해놓고 강의가 진행되는 동안 실험을 했다(강의 제목은 "가려움증, 그 이면에는 무엇이 있을까?"였다). 이 사실을 전혀 모르는 수강자들에게 강의 전반부에는 가려움을 유발하는 이미지와 어휘들, 예를 들면 진드기 사진, '긁다'라는 단어 등을 잔뜩 보여줬다. 반면 강의 후반부에는 가려움과 관련된 것들을 특별히 드러내지 않았다. 카메라에 찍힌 영상을 보니 수강생들은 강의 전반부에 몸을 훨씬 더 많이 긁고 있었다.

혹시 지금 가렵지 않으세요?

가려운 곳을 긁으면 왜 기분이 좋을까요?

긁는 행동 조절은 심한 가려움증을 치료하는 방법의 일환이다. 이 복합적인 심리적 접근법은 당사자에게 "긁지 마세요!"라고 간청하는 것보다 훨씬 더 복잡하다. 그렇게 말하는 건 몹시 우울한 사람에게 "얼굴 좀 펴요"라고 말하는 것이나 다름없다. 노골적으로 증상을 없애려고 하면 무력감과 죄책감을 키우게 돼 스트레스만 더 심해진다. 그래서 모스먼이 가려운 것이다. 그는 가려움에 대해 생각하는 것만으로도 가려워진다. 가려움이 '없다'고 생각해도 가려워진다.

아무 생각 없이 한번 긁기만 해도 모스먼은 멈출 수 없는 소용돌이에 빠질 수 있다. 그는 피가 날 때까지 계속 긁는 경향이 있다. 그러고 나면 가려움은 통증으로 바뀐다. 아울러 세균에 감염되기도 쉬워진다. 피부도 화끈거리고 염증까지 생긴다. 그러고 나면 며칠이 지나 딱지가 생기고 상처가 아물어 원 상태로 돌아온다. 만약 피부가 가려워 긁느라 계속 깨어 있으면 수면 부족으로 인해 발병이 더욱 촉진돼 악순환에 빠진다.

얼굴이나 몸을 긁는 것은 우리 스스로 상처를 입히면서 그 경험이 즐겁다고 느끼는 몇 안 되는 활동 가운데 하나다. 습진이 없는 사람들조차 괜히 하루에 수백 번씩 자기 얼굴이나 몸을 긁는다. 진화론적으로 설명하자면 가려움은 잠재적 괴로움보다는 보호 때문에 지속된다는 쪽에 더욱 설득력이 있다. 예를 들면 곤충이 피부에 달라붙는 것을 알아채고 그것을 사전에 제거하기 위해 가려운 것이다. 만약 그러지 않으면 곤충이 우리 몸을 찔러서 말라리아나 황열, 사상충증, 발진티푸스, 흑사병, 수면병 등을 일으키는 감염원을 주입할 수 있다. 오늘날까지도 가장 치명적인 동물은 바로 모기다. 2위와 상당한 격차로 1위에 오른 모기는 말라리아를 퍼뜨려서 매년 수십만 명의 목숨을 앗아간다.

그런 까닭에 우리의 감각계는 몸을 긁으면 기분이 좋아지게끔 보상하는 것은 물론, 가장 작은 자극에도 가려운 신호를 보내서 지나치다 싶을 만큼 조심하게 만든다. 그러한 자극이 실제로 모기일 가능성은 없지만 말이다. 모스먼은 쾌락적 즐거움에 대해 이야기한다. "가려

| 세상에서 가장 치명적인 동물 |

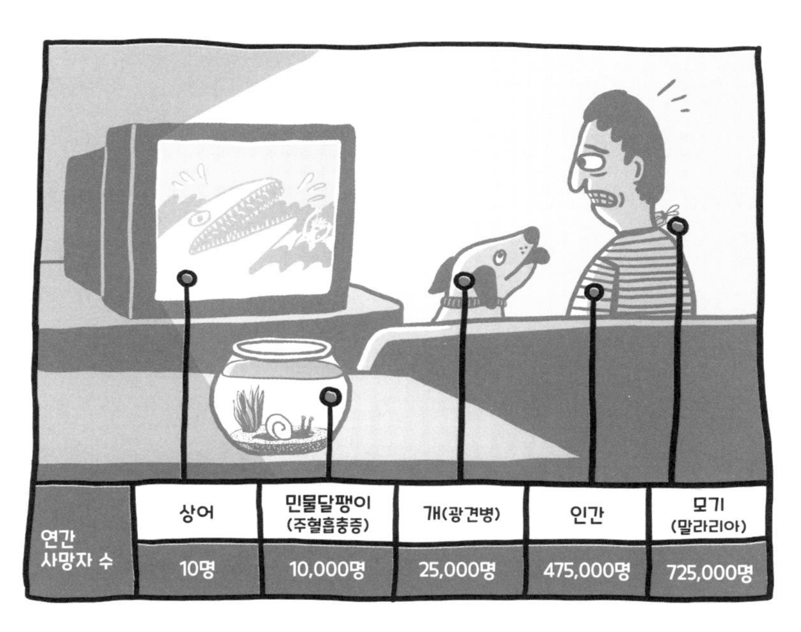

움증이 너무 심하다 보니 제가 보통 사람보다 긁는 걸 더 즐기는 것 같아요. 아마도 거기에 약간 중독되어가는 듯해요." 이런 생각은 가려워서 긁는 행동이 동물계 전체에 존재한다는 사실로 뒷받침되며 이런 현상이 만들어낸 움짤이나 동영상에서 충분히 증명된다. 예를 들면, 〈버즈피드〉에 있는 "긁는 즐거움을 누리고 있는 17마리의 동물들"이라는 제목 아래 나오는 동물들의 모습 같은 것들이다. 바꿔 말하면, 어떤 사람들은 긁는 걸 정말 좋아해서 동물들이 긁는 모습을 보는 걸 즐긴다.

적절히 작동하는 '가려움–긁기 순환itch-scratch cycle'은 과학 문헌에도 설명돼 있다. 그 내용을 보면, 긁는 습관은 가려운 느낌과 구별되면서도 그에 못지않게 수수께끼로 남아 있다. 가려움–긁기 순환은 표준 용법상 '반사reflex'라 불리는 현상은 아니다. 반사에서는 어떤 감각이 신경을 통해 척수로 전달되고 지체 없이 뇌로 가서는 즉각 행동으로 옮겨진다. 예를 들면, 목구멍에 뭐가 걸리면 구역질이 나는 현상이나 의사가 환자의 무릎을 플라스틱 망치로 톡 치면 환자가 다리를 앞으로 뻗는 현상이다. 뇌 기능이 아예 없는 사람들은 망치로 슬개건patellar tendon을 톡 치면 무릎은 펴지겠지만 결코 자기 몸을 긁지는 못할 것이다. 반면, 팔다리가 절단된 사람들은 그 부위가 여전히 '가려운 환상phantom itch'을 겪을 수 있다. 이는 가려움도 통증처럼 중추신경계에서 비롯될 수 있음을 시사한다. 갑자기 실제 시각 정보가 입력되지 않으면 뇌가 망막의 맹점을 채우는 것처럼 우리도 기본적으로 그 입력이 무엇일지 추측하는 것이다.

UC샌디에이고의 신경과학 교수 빌라야누르 라마찬드란Vilayanur Ramachandran은 당사자의 공간 지각의 방향을 바꿔줌으로써 이런 환상 통증과 가려움증을 치료할 수 있다고 생각한다. 그는 거울을 이용해 잃어버린 한쪽 팔이나 다리를 온전한 형태로 재현한 실험을 통해 증명했다. 라마찬드란의 거울 접근법[3]은 본질적으로 개인의 신체 감각의 재시작 버튼을 누르는 시도다.

2007년이 되어서야 비로소 과학자들은 통증과 가려움증이 기본적으로 별개의 척수 경로와 관련이 있다고 인식하기 시작했다. 그전까지는 가려움증이 통증의 한 형태라는 생각이 만연했었다. 1997년에 과학자들은 특별히 가렵다고 느끼는 피부에서 신경을 발견했지만, 그 신호가 통증의 경로와 통합된다고 여전히 생각했다.

그런데 2007년 세인트루이스에 있는 워싱턴대학교의 저우펑 첸Zhou-Feng Chen과 동료들이 가려움을 단독으로 전달하는 신경 수용체를 발견했다고 〈네이처〉에 발표했다.[4] 그 신경 수용체는 가스트린 방출 펩타이드 수용체GRPR, Gastrin-Releasing Peptide Receptor라고 알려져 있다. 가려움증연구센터 웹사이트에 들어가면 연구진 소개 페이지에 첸의 사진이 있고 그 아래로 소개글이 있다. 이 발견은 "가려움의 회로와 기능을 해독하는 흥미로운 새 지평을 열었다"라고 말이다.

2014년, 김과 첸은 신경과학자 홍젠 후Hong-Zhen Hu의 권유로 세인트루이스의 가려움증연구센터에 합류했다. 후도 원래는 텍사스대학교 휴스턴 보건과학센터 소속이었지만 이곳이 '생물학을 모든 차원에서 통합'할 수 있는 유일한 기회라고 생각하고서 옮겨온 연구자였다. 그런 식으로 가려움증은 현대 의학 연구의 접근법을 상징적으로 보여준다. 후는 피부세포 전문이고, 김은 면역세포에 집중하며, 첸은 중추신경계를 연구하고 있다. 그들의 동료 과학자인 친 리우Qin Liu는 1차 감각 신경세포를, 크리스티나 드 구즈만Cristina de Guzman은 유전체 응용을 연구 중이다. 이처럼 여러 전문 분야에 걸친 접근은 문제 해결에 필수적이다. 최근의 한 종합 논평에도 나왔듯이 어떤 문제에는 '표피 장벽의 기능장애, 상향 조절되는 면역 캐스케이드 반응, 중추신경계 조직의 활성화 같은 요인들의 상호작용이 개입'한다. 바꿔 말하면, 문제가 복잡하고 우리도 잘 모르지만, 그 답이 이례적인 것 단 하나는 아닐 것이다.

가려움증 연구의 주요 저자는 길 요시포비치Gil Yosipovitch다. 그는

2012년 미국에서 두 번째로 문을 연 가려움증 종합연구소인 템플대학교 가려움증센터Temple University Itch Center의 설립자다. 피부과 전문의이자 신경생물학자인 요시포비치는 다름 아닌 미국 공영 라디오에서 '가려움증의 대부'라는 칭호를 얻기도 했다(정작 그는 그렇게 생각하고 있지 않다). 나의 제한된 경험이긴 하나, 그는 요시포비치Yosipovitch라는 자기 성에 '이치itch(가려움)'라는 말이 포함돼 있다는 건 잘 알고 있어도 사람들이 그 사실을 알아차리고 언급하면 그제야 공손하게 긍정한다.

요시포비치는 과학 학술지에 가려움증의 본질에 관한 논문을 수십 편 발표한 인물이다. 하지만 라마찬드란처럼 가려움증 치료에 대한 전면적 접근의 일환으로서 '전통적이지 않은' 요법에도 열려 있다. 한 사례로, 야구 방망이로 맞아서 뇌가 손상돼 끊임없이 가려움을 느끼는 한 절박한 젊은이에게 요시포비치는 '접촉요법therapeutic touch'을 제안했다.[5] 접촉요법은 치료자가 환자 위로 양손을 움직이면서 여러 부위에 다양한 방식으로 '기를 다스린다'고 주장하는 미심쩍은 치료법이다. 호텔 회의실에서 진행되는 주말 세미나에 가면 누구나 배울 수 있다. 요시포비치가 접촉요법 시도를 지지하는 이유는 실제로 그게 치료를 한다고 믿어서가 아니라 플라세보 효과로 환자의 기대를 어느 정도 재설정할 수 있어서다.

요시포비치는 만성 가려움증이 있는 사람들을 거울로는 거의 치료할 수 없다는 사실을 인정한다. 실제로 모스먼처럼 많은 환자들이 거울과 친하다고 할 수 없다. 요시포비치가 접촉치료를 제안하는 것은 머리를 심하게 맞았던 그 환자의 뇌에서 벌어지는 일이나 그를 돕는 방법을 본인이 설명할 수 없다고 인정한다는 의미다. 절박한 사람들은 자신이

'뭔가'를 하고 있다고 믿고 싶어 한다. 이 가려움증의 대가도 최상의 생명공학적 방법으로 치료하고 싶은 마음이 간절하겠지만, 많은 환자들의 가려움증을 효과적으로 치료하지 못할 때가 많다. 그가 모스먼을 습진 커뮤니티로 이끌어 도울 수 있었던 것 역시 간접적인 방법이었다.

모스먼은 〈뉴욕타임스〉에서 요시포비치의 가려움증 연구에 관한 기사를 보고서 그를 처음 알게 됐다. 그 글은 만성 가려움증을 앓는 사람들의 고생을 묘사하는 것으로 시작한다. 모스먼의 눈에도 습진이 심한 사람들은 '마치 괴짜인 양' 비쳤다. 모스먼은 가려움증도 목소리를 내야 한다는 결론을 내린다. 그러고는 2010년에 샌프란시코만 지역에서 자신과 같은 처지의 냉철한 과학 마니아라면 누구나 했을 법한 일을 했다. 바로, 블로그를 시작한 것이다. 그는 최신 연구와 치료에 관한 내용으로 블로그를 채워갔다. 블로그 상단에는 엉겅퀴를 한 송이 두었다. 습진을 추상적으로 표현하고 싶었는데 '가시가 있는' 엉겅퀴야말로 자신의 증세 재발을 보여주는 완벽한 표상이었기 때문이다.

캘리포니아주 샌라파엘San Rafael의 운전면허학원과 유기농 매트리스 업체 근방에 있는 무미건조한 교회 상가에 미국습진협회National Eczema Association 사무실이 자리 잡고 있다.• 모스먼이 그 단체를 발견해서 알아보니 그곳은 집에서 차로 불과 30분 거리였다. 그는 협회에 연락해 방문 약속을 잡았다. 당시엔 직원이 두 명이었다. 지금은 여섯 명으로 늘었다. 미국습진협회에서는 잡지를 발행하는데 표지 디자인들이 엉겅퀴만큼 섬세하진 않다. 그 단체의 목적은 습진을 알리는 활동

• 현재 소재지는 샌라파엘이 아니라 좀 더 북쪽의 노바토Novato임

과 더불어, 습진 연구·치료 기금 후원을 장려하는 것이다. 웹사이트에는 차량이나 주식, 증권을 기부하는 양식도 있고, 미국습진협회에 유산을 남기겠다는 유언장 양식도 있다(피부질환을 개선하는 일에 재산을 유증해 자신의 존재를 영원히 남기고 싶은데 문서 작업이 번거롭다면? 웹사이트에 나와 있는 예문을 복사해 유언장에 붙여넣기만 하면 된다).

미국습진협회는 옹호와 정보의 원천이다. 하지만 모스먼이 보기에 그곳은 그보다 더 중요한 연결의 장이다. 성장기 때부터 가려움증이 심했던 이들은 얼마 전까지만 해도 자기 같은 사람이 있다는 걸 알지 못했다. 그들은 공공장소에서 보내는 시간이 적을뿐더러, 자신의 증상에 대해 얘기하길 꺼리는 경향이 있다. 모스먼은 자신이 겪고 있는 가려움증을 깊이 생각해보고 사람들과 논의도 해봄으로써 위험을 계산해 감수하는 법을 배웠다. 습진이 있는 사람들처럼 그에게도 술은 자극제이긴 하나 그는 술을 정말 좋아한다. 그래서 저녁에 놀러 나갔을 때 펼쳐질 수 있는 상황을 이렇게 풀어놓는다. "제가 사람들과 위스키를 마시는 자리에 있다고 쳐요. 그러니 위스키를 한 잔 마시겠죠. 아니면 두 잔을 마시거나, 넉 잔을 마실 수도 있어요. 저는 알코올 중독자가 아닌데도 술에 빠져 있을 겁니다. 기분은 아주 좋겠죠. 하지만 이제 네 시간 후면 끔찍한 가려움을 느끼면서 한밤중에 깨어나리란 걸 알고 있어요. 우리가 자극 요인이 뭔지 알게 돼도 가끔은 그냥 '에라 모르겠다'가 되잖아요. 남들은 다 하는 걸 스스로 거부해야 하는 게 신물이 나죠. 가려울 땐 정말 싫고 진이 다 빠져요. 그런데 가렵지 않을 땐 또 언제 그랬냐는 듯이 멀쩡하답니다."

모스먼은 자신의 병을 이야기하면 결국 자기연민으로 보인다는 것을 너무나 잘 알고 있다. 누구나 가렵고, 누구나 긁기 때문이다. 하지만 사람들이 가려움은 누구나 그냥 느끼는 거라고 말하면 그는 혈압이 오른다. "제 인생에서 지금은 제가 어떻게 보이는지 정말 신경 쓰지 않아요. 전 결혼한 몸이고, 아이들도 있고, 이젠 밖에 나가서 짝을 만나려고 유혹하는 시기도 지났으니까요." 하지만 사람들이 그의 증상을 생각 없이 무시하면 여전히 신경에 거슬린다. "전반적으로 '아, 난 충만한 삶을 살긴 글렀구나', 이런 느낌이 들어요. 씁쓸하냐고요? 네, 약간 그래요. 하지만 그럴 때 주변을 둘러보면 휠체어를 탄 사람들이 눈에 들어와요. 그래요, 저는 병이 있어요. 진짜 짜증나죠. 그게 아마도 제 성격을 괴팍하게 만들었을 거예요. 사실, 저는 사회생활이 즐겁지 않았어요. 하지만 여드름이 있는 사람들도 그런 경우가 있더라고요. 사람들은 대부분 뭔가 계속 고민이 있어요. 습진이 있는 사람들은 그 고민이 밖으로 드러나는 거고요."

궁극적으로 이 미스터리에서 가장 특이한 부분은 모스먼이 자신을 어떻게 침대에 묶을 수 있었을까 하는 점이다. 그런데 그의 기억에서 그 과정은 점점 희미해지는 반면, 그 자신이 받은 모욕, 피부 때문에 느낀 굴욕감은 너무나 선명하게 남아 있다. 당시 자신을 침대에 묶는 행위에는 끈으로 고리를 만들고 감는 정교한 과정이 따랐다고 하는데, 자신이 자물쇠를 동원한 이유나 그 방법은 정확히 기억하지 못한다.

모스먼은 자신을 침대에 묶었던 사실이 공개된 지 1년 후에 있었던 일을 분명히 기억한다. 한 동급생이 여럿이 대화하던 자리에서, 그것도 여학생들 앞에서 그에게 맞서며 이런 말을 던진 것이다. "야, 너 그때 긁는 걸 멈출 수 없어서 스스로 침대에 묶었던 일 기억 나?" 그 남자애는 어떤 반발을 기대하고 있었지만 모스먼은 맞받아치지 않았다. 속으론 그 자리를 벗어나고 싶은 마음이 간절했으나 겉으론 미소를 지으며 이렇게 말했다. "그래, 그때 정말 웃겼지."

면역력을 '증진'할 수 있나요?

그나저나 면역계는 뭔가요?

스페인 그라나다에서 열린 바이러스학 학회에서 만난 미생물학자 로버트 갤로Robert Gallo는 가장 위협적인 전염병은 아마 독감일 거라고 내게 말했다. 그는 HIV(인간면역결핍 바이러스)를 발견한 학자들 중 한 사람이다. 갤로를 비롯해 그의 많은 동료들도 1918년 세계적으로 대유행했던 스페인 독감에 필적할 말한 또 다른 독감이 가까운 미래에 발생할 확률이 높다고 본다. 1918년에는 그 독감 때문에 약 5,000만 명이 목숨을 잃었다. 심지어 지금도 많은 나라에서 독감 바이러스가 일으키는 질병이 주요 사망 원인으로 꼽힌다.

따라서 코카콜라사에서 나오는 가당 음료인 비타민워터가 독감을 예방해주지 않는다는 사실을 아는 게 중요하다. 그 제품 광고를 본 사람이라면 독감 예방이 가능하다고 생각할지도 모르기 때문이다.[6] 광고에는 지나치게 현란한 색상의 음료가 들어 있는 병이 등장하는데 "독감 예방주사는 한물갔다"라는 문구가 씌어 있었다.

게다가 그 광고는 "콧물이 덜 나고, 면역력이 올라간다"고도 주장했다. 위험하기 짝이 없는 독감 예방 문구보다 아마 훨씬 더 흥미로운 부분은 '면역력이 올라간다'는 복잡한 개념일 것이다. 이는 급증하는 다양한 '건강보조식품'이 대부분 내세우는 말과 다르지 않다. 이 제품들은 면역계에 뭔가를 해준다고 약속하면서 종종 '증진'이란 단어를 사용하고, 때로는 '향상'이나 '강화', '급속충전'이란 표현을 쓰기도 한다. 면역계가 뭔지 모르거나 비타민 C가 뭘 하는지 모르는 사람의 귀에는 어느 것이든 다 좋게 들린다.

면역력 증진이라는 광고 문구들은 보통 비타민 C, 즉 아스코르브산을 근거로 든다. 아스코르브산은 거의 모든 것에 쉽게 첨가되는 화학물질이다. 그것은 고운 흰색 가루로 나오는데 대부분 중국에서 합성된다. 그 과정은 대략 이렇다. 옥수수에서 추출한 당으로 만든 소르비톨 sorbitol을 발효시키면 소르보스 sorbose가 생성된다. 그 다음에는 유전자 변형 박테리아가 소르보스를 2-케토글루콘산 2-ketogluconic acid으로 바꾼다. 여기에 염산 hydrochloric acid이 조금 들어가면 아스코르브산이 나오는 것이다.

아스코르브산 ascorbic acid에서 '아스코르브 ascorbic'는 '안티스코르뷰틱 antiscorbutic(항괴혈병제)'이라는 말에서 나왔다. 비타민 C가 '괴혈병(scurvy는 라틴어 scorbutus에서 유래됨)'의 공포를 막아줄 수 있는 화합물이라는 사실을 알게 됐기 때문이다. 그런 발견은 18세기에 대서양을 횡단하는 긴 항해들이 시작되면서부터 이루어졌다. 그 배들의 선원 절반가량이 괴혈병으로 죽는 일이 다반사였는데 사망자들은 잇몸과 눈에서 출혈을 겪었다. 당대의 과학자들은 전혀 몰랐지만, 괴혈병 scurvy은 (앞서 언급한 라피의 표피박리증처럼) 콜라겐과 관련된 질병이다. 단백질은 인체의 모든 부분을 구성하기 때문에 단백질이 없으면 우리는 허

물어진다. 단백질은 끊임없이 새로이 생성되고 있다. 그래서 우리 몸은 그 생산에 사용되는 화합물이 계속 공급되어야 한다. 그 화합물 중 하나가 바로 아스코르브산이다.

아스코르브산이 발견되기 전 수세기 동안에는 과일이나 채소를 먹을 수 없는 항해 기간에 오렌지나 레몬, 라임을 챙겨 와서 주기적으로 빨아먹으면 괴혈병이 사라진다는 것을 알아차린 선원들이 있었다. 그들은 이른바 '라임즙을 먹는 녀석들limey bastards'● 이었을지는 몰라도 괴혈병으로 죽지는 않았다. 그 과일 속에는 뭔가 항괴혈병제가 들어 있는 듯 보였다. 1933년에 이르러 아스코르브산의 정체가 밝혀지면서 그것이 괴혈병 예방에 놀라운 효과가 있음이 증명됐다.[7] 아주 적은 양만 섭취해도 괴혈병을 피할 수 있었다.

비타민이라고 알려진 많은 화합물과 마찬가지로 아스코르브산은 체내 화합 반응을 촉진하는 효소enzyme들을 돕는 '보조효소coenzyme'다. 다른 비타민들과 마찬가지로, 끔찍한 질병에 시달리지 않기 위해 꼭 필요한 요소다. 아스코르브산의 역할은 전구체 분자를 콜라겐으로 바꾸는 반응을 돕는 것이다. 일주일에 한 번 아주 소량을 섭취하기만 해도 콜라겐 생성 반응을 촉진하는 보조효소가 많이 생긴다. 비타민 C를 더 섭취한다고 해서 콜라겐이 추가로 생성되지는 않는다. 과잉 섭취한 비타민 C는 신장을 통해 보통은 문제없이 몸 밖으로 배출된다.

아스코르브산은 무시무시한 질병을 확실히 예방해주는 것으로 밝혀진 최초의 화합물 중 하나였다. 그 질병에 걸리면 온몸에서 여기저

● 당시에는 '영국 해병'을 경멸조로 이르는 말이었으며 오늘날에는 그 범위가 '영국인'으로 확대돼 사용됨

기 출혈이 일어나 극심한 고통을 느끼면서 말 그대로 제정신이 아닌 상태가 된다. 그런 까닭에 아스코르브산은 많은 질병을 예방해주는 어떤 기적의 화합물임이 틀림없다고 추론하기가 쉬웠다. 비타민 C가 이렇게 명백한 기적을 이룰 수 있다면 그 밖의 어떤 일들이 또 가능할까?

'면역계immune system'라는 용어는 1967년에 덴마크의 연구자 닐스 예르네Niels Jerne가 만들어낸 말이다. 당시 항체나 백혈구를 기초로 한 면역 작용에 관해 두 가지 상반된 이론이 있었다. 예르네의 면역 '계system' 개념은 숙주가 질병에서 자신을 보호할 수 있는 다양한 경로들을 통합했다. 질병을 일으키는 미생물뿐만 아니라 질병을 일으킬 가능성이 있는 물질까지 무력화함으로써 예방이 이루어지는 것이다.

면역계는 현대 의학에서 유례없는 개념이다. 전통적으로 특정 신체 부위를 이루는 조직들의 개별 집합을 가리키는 심혈관계나 소화기계, 신경계와 달리, 면역계는 몸 전체의 기능을 상세히 보여준다. 면역계는 림프와 비장을 포함한다. 림프는 우리 몸 전체의 림프샘을 연결하는 림프관을 타고 흐르는 무색의 액체이며, 비장은 장기 면역을 유도하는 항체를 만들고 혈액도 걸러주는 기관이다. 면

역이란 혈액이 특정 감염원을 '기억'해 다시는 그 희생물이 되지 않을 수 있는 상태를 말한다.

아울러 면역계는 우리의 뼈이기도 하다. 뼈는 혈액을 만들어낸다. 혈액은 화합물들을 적절히 기억하고 흡수하는 한편, 외면하기도 한다. 혈액세포는 염증과 산화를 일으키는 작용도 하고, 염증과 산화 생성물을 중화하는 작용도 한다. 면역계는 입, 목, 폐, 위장을 비롯해 외부세계와 접촉하는 모든 부위의 내벽이자, 그 표면에 감춰진 모든 세포다. 이 세포들은 특정 물질을 소모하고 파괴할 수도 있지만, 어떤 물질에게는 거처를 제공할 수도 있다.

면역계는 피부에도 있다. 이때 피부는 병원체를 차단하는 물리적 장벽일 뿐만 아니라, 질병을 일으키는 감염으로부터 스스로 보호하는 피부 미생물 집단의 서식지가 되는 분자들을 내보내는 활동적인 기관이기도 하다.

특히 미국 정부의 인간 마이크로바이옴(미생물군유전체) 프로젝트HMP, Human Microbiome Project 1단계가 2013년에 완료된 후로 큰 인식의 변화가 있었다. 우리 몸에 인간 세포보다 미생물이 더 많다는 사실이 밝혀지자 면역계의 일은 '자기'와 '타자'의 분리라는 통념이 지나친 단순화로 완전히 판명된 것이다. 인체 조직은 일정한 흐름 속에서 장과 피부, 공기를 통해 화합물들을 흡수하고, 미생물의 보체complement• 를 끊임없이 변화시킨다. 자기와 타자라는 기본 구조는 점점 유지할 수 없게 된다. 체내 미생물은 면역계를 바꾸거나 향상시키는 존재라기

• 혈액과 림프액 속 효소 같은 단백질의 일종, 항체를 도와 세균이나 세포를 살균하거나 용해하는 작용을 함

보다 면역계의 일부이자 우리 몸 안팎을 드나드는 화합물에 가깝다.

즉, 면역계는 본질적으로 미생물까지 포함한 우리의 몸 전체다.

1986년 갤로와 동료들이 '인간면역결핍 Human Immunodeficiency' 바이러스를 발견했을 때 예르네의 '면역계'라는 용어는 빠르게 일상적인 언어로 퍼져나갔다. 또 에이즈가 공포에 사로잡힌 대중에게 자세히 알려지면서 면역계 약화는 단연코 '나쁜' 것으로 여겨졌다. 우리 눈앞에서 고통과 죽음을 가져오는 팬데믹 pandemic• 으로 명백하게 증명됐기 때문이다. 그러니 면역계 강화가 좋은 것은 틀림없다. 당연히 강할수록 더 좋다.

면역계를 손상시키는 어떤 질병들은 실제로 치명적이다. 하지만 면역계는 좋다 아니면 나쁘다로 딱 잘라 정리할 수 있는 단순한 개념이 아니다. 사실 인간의 많은 질병이 면역계의 '과잉' 활동이 빚은 결과로 보인다. 염증성 질환이라고 알려진 많은 병들은 우리 몸에서 오래전에 사라졌던 병원균들이 만든 결과인 듯하다. 예를 들면, 크론병, 셀리악병, 습진 모두 면역 반응이다.

한편, 비타민 C는 콜라겐 단백질을 만들어내는 반응과 관련된 보조효소다. 독감은커녕 일반 감기도 예방해주지 않는다. 비타민이 독감을 예방해준다는 생각은 사람들을 괴혈병이라는 망상에 빠뜨리는 게 주목적인 보조식품에 돈을 낭비하도록 만드는 사악한 신화일 뿐이다.

어떤 '면역력 증진' 제품이든 그것에 투자하기 전에 하버드대학교의 신경학자인 베스 스티븐스 Beth Stevens의 얘기를 한번 들어보기 바란

• 전염병이 세계적으로 크게 유행하는 현상

다. 그녀는 면역계가 학습과 어떤 관련이 있는지 규명하는 연구를 하고 있다. 뇌에는 '미세아교세포microglia'라는 이름의 세포들이 있는데 그것들은 돌아다니면서 다른 세포들을 집어삼킬 수 있다. 미세아교세포는 전통적 의미에서 면역계의 일부이며, 특히 뇌가 손상된 이후 뇌에서 나오는 잔해와 쓰레기를 청소하는 일을 돕는다고 오랫동안 알려져 왔다. 하지만 최근에 알려진 바로는 사람이 나이 들어감에 따라 이 세포들이 건강하고 손상되지 않은 세포들 간의 연결도 파괴한다고 한다.

우리가 태어날 때 신경세포neuron(뉴런)들은 사방의 많은 신경세포들에게 가지를 뻗은 형태로 연결돼 있다. 그런데 생후 첫해부터 뇌가 어떤 경로를 따라가도록 훈련되면서 이 가지들이 점점 사라져간다. 이런 과정을 종종 '학습learning'이라고 일컫는다. 더 작은 차원에서 보면 '시냅스 가지치기synaptic pruning'라고 부른다. 우리는 어떤 능력을 습득하는 동안 다른 것들을 배우는 능력은 잃게 된다. 바로 그런 까닭에 어렸을 때는 배우는 일이 아주 쉬운데 나중에는 매우 어려워지는 것이다. 우리의 면역계는 시냅스synapse●라는 나무의 가지치기를 담당하는 듯 보인다.

인간의 뇌가 아주 잘 다듬은 생울타리라고 한다면, 그 생울타리가 너무 과하게 다듬어지기도 한다는 점을 기억해둘 필요가 있다. 'C4'라고 알려진 한 유전자는 없애버려야 할 잔해에 표시를 해주는 단백질을 암호화한다. 2016년, 스티븐스와 더불어 아스윈 세카르Aswin Sekar, 마이클 캐럴Michael Carrol 등의 연구자들은 'C4' 유전자의 변형인 'C4a'

● 신경세포가 다른 (신경)세포에 신호를 전달하기 위해 접합하는 부위 또는 그 접합관계

가 조현병 schizophrenia과 강력한 상관관계가 있다는 연구논문을 〈네이처〉에 발표했다.[8] C4는 단백질을 암호화하는 유전자다. 가지치기할 신경세포의 시냅스를 표시하는 단백질을 이 C4가 암호화한다. 시냅스 가지치기는 특히 인지와 계획을 결정하는 뇌 영역에서 정상적인 학습의 한 부분이다. 사실 유전자 하나가 조현병이라는 복잡한 질병을 결정할 것 같지는 않지만, 이 연구팀의 가설은 전반적으로 설득력이 있다. 면역계가 '증진'되면 기본적으로 과도한 시냅스 가지치기가 발생한다. 그런데 그 현상이 이 연구에서 조현병이라고 알려진 예측 가능한 양상으로 나타난 것이다.

알츠하이머병도 이와 비슷한 과정으로 생기는 것 같다. 같은 해에 스티븐스는 MIT와 스탠퍼드대학교의 동료 연구자들과 함께 과학 학술지 〈사이언스 Science〉에 패러다임을 바꿔놓는 알츠하이머병 연구논문도 발표했다.[9] 그 결과를 보면, 미세아교세포가 실제로 뇌의 건강한 시냅스를 조직적으로 노리고 '먹어치워서' 쥐에게 치매를 일으키는 것으로 보인다. 스티븐스는 알츠하이머병을 앓는 동물들에게 'C1q'라고 알려진 단백질이 더 많다는 것을 증명했다. 그런데 더 중요한 사실은 'C1q'를 차단해 미세아교세포가 파괴하는 시냅스에 표시하지 못하게 할 수 있었다는 점이다.

다른 숱한 질병과 마찬가지로 알츠하이머병도 정상적인 과정이 빗나간 결과다. 만약 우리 몸이 시냅스를 깔끔하게 가지치기하지 못하면 학습은 불가능할 것이다. 확고한 호불호와 사상을 지닌 성격도 형성되지 않을 것이다. 하지만 지나친 가지치기 역시 좋지 않다. 스티븐스가 〈사이언스〉에서 언급한 대로 "미세아교세포가 [시냅스를] 잘 줄여가는 게 아니라 오히려 그러면 안 될 시냅스를 먹어치우고 있는" 꼴이 된다. 이는 비타민워터 광고에는 나오지 않는 면역계 현상이다. 그래서 어쩌면 면역계를 '증진'할 화합물은 없는 게 좋을 수도 있다.

독감 예방주사는 여전히 그 효과가 이상적인 수준에 미치지는 못하지만, 그래도 해마다 수천 명의 목숨을 앗아가고 앞으로도 수백만 명의 목숨을 앗아갈 질병을 예방할 수 있는 몇 안 되는 방법 가운데 하나다. 광고주들이 소비자들을 잘못된 방향으로 이끄는 "독감 예방주사는 한물갔다"라는 광고 문구는 인간에게 해롭다. 그리고 심지어 비타민, 주스, 강장제가 면역력을 증진해준다고 광고하는 판매자들의 더 교묘해진 주장도 실제로 존재하지 않는 대안을 암시할 뿐 아니라, 면역력에 대한 무지를 한없이 지속시킨다는 점에서 위험하다. '면역계'가 있는 한, 그에 대한 견해를 조율하는 일은 앞으로 수십 년간 의학에서 가장 중요한 방침이 될 것이다. 면역계는 암을 치료하고, 치매를 낫게 하고, 유전적 이상을 바로잡을 수 있는 잠재력을 지니고 있다. 하지만 그런 가능성이 음료 형태로 실현되지는 않을 것이다.

백신은 어떻게 작용하나요?

대부분의 백신은 '톡소이드toxoid'에 의존한다. 뭔가 위압적인 말이지만, 그저 세균의 독성을 없앤 형태라는 뜻이다. 톡소이드는 무해하다. 그래서 예방접종에 백신으로 쓰인다. 위험한 것에 해로움 없이 노출되는 셈이다. 새 공포증을 극복하려고 타조 둥지로 기어들거나 병아리들을 만지는 대신 새 다큐멘터리를 보는 것과 마찬가지다. 새를 무서워하는 사람들 가운데 새 다큐멘터리를 좋아하는 사람은 없겠지만, 그 대안은 더 끔찍하니까. 세균 백신처럼 바이러스 백신에도 소량의 바이러스가 대개 죽은 형태로 포함된다. 그 덕분에 면역계는 위험한 존재를 보고 배우고 기억해 나중에 바이러스를 만나도 놀라지 않는 것이다.

카페인이 수명을 늘려주나요?

"건강도 좋지만 즐거운 게 더 좋지 않나요?"[10] 좌중에 환호성이 터졌다. 하지만 나는 그 둘의 관계가 상호배타적이라는 주장이 곧바로 이해되지 않았다. "다행히 즐겁다는 말은 약 광고 문구가 아닙니다."

2014년 샌디에이고에서 열린 '장수 콘퍼런스Longevity Now Conference'•에서 기업가 데이브 애스프리Dave Asprey는 자사의 '업그레드된 커피'의 효능을 설명하면서 정부 규제를 한탄했다. 그러면서도 그는 커피에 대해 건강과 관련된 주장을 펴는 것은 불법이기 때문에 자세한 얘기는 할 수 없다고 했다. 콕 집어서 그의 경우에는, 거의 그렇다.

"미국에서는 누군가 정말 믿음을 갖고 만든 '제품'을 내놓으면서도 그게 어떤 '기능'이 있는지 말하면 안 된다는 게 이상하지 않나요?" 그가 말했다.

실제로 어떤 이들은 생리 활성 물질이 들어간 제품을 판매하는 애

• 생식주의와 대체의학을 신봉하는 저자이자 강연자, 제품 홍보자인 데이비드 울프David Wolfe가 관련 전문가들을 연사로 초청해 매년 주최하는 상업적 성격의 회의

스프리 같은 업자들이야말로 그 물질의 건강 효과를 대중에게 알리면 '안 되는' 사람들이라고 주장한다. 애스프리와 그의 '커피'는 사실상 법을 위반하지 않으면서 제품을 마케팅하는 방법에 대한 마스터클래스를 우리에게 제공하고 있는 셈이다. 그는 자신이 개발한 커피를 '방탄커피Bulletproof Coffee'라고 명명하고는 동명의 회사를 설립해 제품을 판매한다. 제품 슬로건은 "방탄커피로 몸을 급속충전하고 뇌를 업그레이드하세요"다. 이 회사의 광고 문구는 특정 질병을 치료하거나 낫게 해준다는 약속을 피했기 때문에 엄밀히 따지면 완전히 합법적이다.

보조식품 제조업자들은 제품 광고 문구가 진실이라는 증거 없이 제품 기능을 주장하는 게 허용된다. 하지만, 예를 들어 '심장병'을 '예방'하거나 '치료'해준다고 말하면 안 된다. 단지 '심장 건강'을 '향상'해준다고 말할 수 있을 뿐이다. 보조식품이 '골다공증을 예방해준다'고 주장하면 불법이지만 '뼈를 튼튼하게 유지해준다'고 말하는 것은 괜찮다. 이렇게 '일반적인 건강'을 내세우는 '기능' 광고 문구는 암시로 가득하지만, 그것을 어떻게 인지하고 해석하느냐는 소비자에게 달려 있다.

이런 규정은 카페인에도 똑같이 적용된다. 카페인은 세계적으로 가장 많이 소비되는 각성제임에도 불구하고 법적으로는 약제로 간주되지 않기 때문이다. 커피는 커피 열매의 씨앗에서 나온 향정신성 화학 물질의 농축물이다. 이 화학 물질이 일으키는 반응은 아슬아슬한 상황에서 몸 전체에 정상적으로 발생하는 반응과 흡사하다.

우리의 뇌하수체는 위험을 감지하면 부신을 활성화해 에피네프린epinephrine, 즉 아드레날린adrenaline을 분비해 혈액 속으로 보낸다. 아드레날린은 우리가 스트레스를 받고 에너지가 필요할 때 방출하게 돼 있는 호르몬이다. 예를 들면, 등 뒤에서 곰이 쫓아오는 상황이나, 같이 등산하던 사람에게 바위가 떨어져 그것을 들어 올리는 상황이다. 이와 비슷하게 카페인도 점프 높이부터 수영 속도까지 개인의 운동 능력을 단시간에 개선해줄 수 있다.[11]

아울러 아드레날린이 급증하면 흥분을 일으킨다. 바위를 들어 올리려면 한편에선 근육을 움직일 힘도 불끈 솟아야겠지만, 또 다른 한편에선 바위를 들 수 있다고 생각하도록 인식도 바뀌어야 한다. 이처럼 카페인 성분은 우리의 정신에 작용해 커피숍이라는 현대의 아편굴에서 브레인스토밍을 할 때면 우리 자신이 무엇이든 할 수 있는 것처럼 믿게 만든다.

카페인은 뇌의 신경세포 간 소통을 차단함으로써 아마도 직관과는 반대로 작용하는 듯 보인다. 카페인은 아데노신adenosine이라고 하는 화학 물질을 억제한다. 아데노신은 신경세포 간 시냅스를 거쳐 신호를 전달하는 물질이다. 또 신경 활동을 둔화시켜 우리가 긴장을 풀고 쉬며 잠들게 한다(그러니 발전의 큰 적이다). 이를테면 몸의 브레이크 라인을 끊는 셈이다.

결국 몸의 긴장을 풀어주지 않으면 흥분은 불안으로 바뀐다. 많은 사람이 가끔 긴급한 상황이 아닌 일상 속 사무실에서 습관적으로 업무 능력 향상을 위해 혹은 그냥 지루하다는 이유로 투쟁-도피 반응을 자극한다. 미국 성인의 85퍼센트가 거의 하루 평균 200밀리그램의 카페인을 섭취한다(이는 대략 커피 530밀리리터에 해당한다).[12]

오늘날 카페인 음료를 너무 많이 마시다 보니 심지어 그 해독제가 판매되기 시작했다. 루테카르핀rutecarpine은 세포들의 카페인 대사 속도를 높이는 것으로 여겨지는 화합물이다(적어도 카페인을 섭취한 실험쥐들에게서는 그렇게 나타났다).[13] 단점은 루테카르프린이 장시간 작용할뿐더러, 효과가 나타나려면 시간이 걸리는 덕분에 정기적으로 섭취해야 한다는 것이다. 그러면 루테카르프린은 카페인을 더 효율적으로 분해하게 해줄지는 모르겠지만 우리는 항상 시도 때도 없이 그런 상태에 놓이고 말 것이다. 나는 이게 단테의 《신곡》에서 배신자들이 간다는 지옥의 마지막 고리 같다는 생각이 든다.

애스프리가 말하는 '기능성 커피'는 '목초 무염' 버터와 함께 코코넛 오일에서 나오는 트리글리세라이드triglyceride(중성지방)를 혼합하는 제품이다. 그중 코코넛 오일 원료는 '브레인 옥테인 오일Brain Octane Oil'이라는 상표명을 붙여 별도 판매하는데, 병당 23달러 50센트만으로 '빠른 에너지'를 공급받을 수 있다고 주장한다. 애스프리는 "코코넛에서 추출해 독한 화학 물질을 사용하지 않고 병에 담은 깨끗한 오일"이라고 자신 있게 말한다. 그는 자사의 브레인 옥테인 오일이 기억력 감퇴를 예방할 수 있다고 광고하진 못하지만, '최고의 뇌 기능에 도달하는 최상의 선택'이라고 말할 수는 있다.

"우리는 우리가 하고 싶은 말을 할 수 없습니다. 그렇게 하면 약을 파는 행위가 되거든요." 무대 위에 서 있는 애스프리가 눈을 굴리면서 말했다. 어쨌거나 그는 자사의 기능성 커피가 운동 능력과 뇌 기능을 개선하고 "근육을 키워준다"며 말을 이어갔다.

회사들이 애스프리가 하는 것처럼 어떤 물질을 약품이 아니라 '보조식품'으로 판매하면 그들은 제품을 시장에 바로 내놓고서 그 제품이 소비자가 원하는 신체 기능을 뭐든 개선하거나 강화할 수 있다고 말할 수 있다. 의무사항은 FDA에 제품명을 신고하고 사업체 주소를 제출하는 게 전부다. 그래서 사람들이 정식으로 불만을 제기하거나 사망하기 시작하면 그제야 수백만 개의 보조식품 제품을 감독하는 공무원 25명 중 한 명이 아마 그 회사를 추적하기 시작할지도 모르겠다.[14]

330억 달러 규모의 보조식품업계의 수많은 사업자와 마찬가지로 애스프리는 선을 넘지 않으면서 넌지시 의미를 전하는 달인이 됐다. "커피를 마시는 사람들은 커피를 마시지 않는 사람들보다 오래 삽니다. 그럼, 커피가 노화방지 물질이 될 수 있을까요?" 그는 목소리를 점점 높이며 말을 이어가다가 최고조에 이르러서는 빈정거리는 말을 내뱉었다. "충격적이군요!" 청중은 크게 웃었다. 애스프리는 2분도 채 안 돼 청중을 자기편으로 만들었다. 그는 사람들에게 버터 커피를 팔러 다니는 사람이 아니라, 사람들을 폭정에서 해방시켜주는 인물이었다. 조사를 받아야 할 권력자가 아니라, 자유 투사가 돼 권력자들이 사람들에게 알리고 싶어 하지 않는 정보를 제공했다. 참으로 숭고하지 않은가.

하지만 애스프리를 비롯해 생리 활성 물질 생산자들이 자신이 원하는 대로 주장하려고만 하면 방법이 아예 없는 것도 아니다. 제품이 내세우는 효능을 FDA에서 검토받기만 하면 된다. 그러면 그때부터 그 물질은 보조식품이 아니라 약품으로 규정된다. 그 과정은 한 10년쯤 걸리고, 비용은 100만 달러 정도 든다. 만약 그 효능을 광고하는 문구가 타당하지 않다고 판명되면 최종 결과는 승인 불허로 나올 수 있다. 그래서 보조식품 산업이 존재하는 것이다.

1990년대 초, 보조식품을 먹는 사람들 사이에서 병에 걸리거나 사망하는 사람들이 많이 속출하자, 연방정부는 그 업계에서 판매하는 기능성 물질들의 순도와 품질 기준을 확실히 마련하기 위해 그 산업을 규제하려고 했다. 아마도 판매자들이 내세우는 기능이 제품에서 실제로 작용하도록 요구하려 했을 것이다. 하지만 업계에서는 정부의 그런 시도를 막으려고 대대적인 로비 운동을 벌였다. TV에는 멜 깁슨이 자기 집에서 특수기동대에게 저지당하고 정부 직원이 깁슨의 비타민을 압수하는 광고까지 등장했다.

성난 군중을 자신의 명령에 따르게 하고 싶을 때, 정부가 도를 넘으려 한다는 식의 우려를 호소하면 거의 100퍼센트 성공한다. 보조식품의 경우에는 그런 작전이 성공적이었다. 나아가 업계에서는 기세를 몰아 건강 분야에서 가장 중요한 법안 하나를 만들어내 로비 공세를 펼쳐 1994년에 통과시키기까지 했다. '보조식품 건강교육법 DSHEA, Dietary Supplement Health and Education Act'이라 불리는 이 법은 보조식품으로 판매되는 화학 물질에 따르는 거의 모든 규제를 막는다. 즉 그런 화학 물질들이 시장에 나오기 전에 품질이나 안전성, 효능을 검증받지 않아도 된다는 것이다.

게다가 그 법은 '보조식품'의 정의를 임의적인 영역으로까지 확대했다. 그래서 비타민이라고 알려진 13가지 성분에서 훨씬 더 나아가 효소와 미네랄, 아미노산, 허브, '식물성' 원료 그리고 동물의 '분비선'과 장기 조직도 포함한다. 거의 모든 물질이 보조식품에 해당하는 것이다. 그전에는 '보조식품'의 특성이 그 원천에서 파생된 개념이었기에 보조식품은 식품에서 얻는 화학 물질이나 식품에서 발견된 화합물과 유사한 화학 물질을 의미했다. 따라서 비타민 C는 과일에서 얻는 종류의 물질을 보충하는 것이었다. 하지만 오늘날에는 비타민을 포함해 거의 모든 보조식품이 실험실에서 합성되고 최종 산물은 식품과 전혀 비슷하지 않다. 식품에서 발견된 화학 물질을 정말로 함유한 제품조차 어마어마하게 다양한 양과 조합, 조건으로 섞인 혼합물에 불과하다.

나는 2016년 콜로라도주 애스펀Aspen에서 전직 미국식품의약국 위원들 여섯 명이 모인 자리에 함께 참석한 적이 있다. 보조식품 건강교육법이 통과됐을 당시 국장을 맡고 있었던 데이비드 케슬러David Kessler에게 보조식품 산업이 지금까지도 규제되지 않는 이유를 물어보자, 그는 체념하듯 말했다. "우린 시도했습니다." 케슬러의 업적은 1980년대부터 담배 산업의 고삐를 쥔 것이다. 그로부터 몇십 년 후 담배는 미국에서 예방 가능한 주요 사망 원인임이 입증됐다. "보조식품에 비하면 담배는 쉬워 보이죠."

한편, 대중이 보기에 공포와 개탄 사이 어디쯤 있는 제약 산업에서는 업체가 제품을 시판하기 전에 안전성과 효능의 증거를 제시해야 한다. 그 과정은 완벽하지는 않지만, 소비자를 보호하기 위해 시간과 비용이 많이 들어간다. 제약회사들은 자사 제품의 기능에 대해 아주 구체적인 주장만 할 수 있으며 잠재적인 부작용도 장황하게 명시해야 한다(바로 이런 이유로 그 광고들을 보면 의약품이 누구나 집에서 편안하게 즐길 수 있는 것이 아니라, 오히려 밀폐 용기에 넣어 꽉 잠그고는 로켓에 실어서 태양으로 보내버려야 할 것처럼 보인다).

이런 비타민들을 조합해 '종합비타민제'로 만들면, 그 결과는 식품이나 인체에서 나타나는 것과는 전혀 비슷하지 않은 조제물이 되고 만다. 나는 그것을 '보조식품'이라는 통칭으로 계속 부르기는 하겠지만, 그 명칭이 딱 그렇게 유사한 제약 산업을 가리키는 무의미한 말이라는 점은 인정하자. 제약업계는 원하면 거의 무엇이든, 거의 무슨 수를 쓰든, 수십억 달러어치를 판매하는 놀라운 업적을 달성하면서 사람들에게 몸에 대해 생각할 수 있는 모든 것을 약속해왔다. 그런데도 제약업계는 욕을 먹기는커녕 오히려 사랑받고 보호받고 있다. 이런 이중성은 대단히 중요하다. 우리 몸과 건강을 기본적으로 이해하는 핵심을 찌르기 때문이다.

애스프리는 커피가 '항산화 물질을 얻는 제1 원천'이라는 사실적 주장을 정말로 펼쳤다. 이는 많은 사람이 커피를 믿는 핵심이자 건강을 암시하는 말이다. 그리고 실제로 어떤 사람들은 자신이 섭취하는 것들 가운데 커피에서 가장 많은 항산화 물질을 얻는다. 하지만 그것은 아마 커피의 장점이라기보다 평소 항산화 물질이 부족한 식생활의 증거일지도 모른다. 반면, 항산화 보충제는 지금까지도 건강이나 장수와의 상관관계를 보여주지 못하고 있다.

커피를 마시는 것이나, 수명을 연장해준다고 알려진 다른 어떤 방법이 왜 효과가 있는지 알고 나면, 그 방법이 정말로 효과가 있다 해도 곰곰이 생각해볼 필요가 있다. 그게 정말 항산화 물질일까? 만약 그렇다면 항산화 물질은 왜 커피로 섭취할 때는 효과가 있는데 알약 형태의 항산화 보충제로 섭취할 때는 효과가 없을까? 항산화 물질은 광범위한 물질로 나타난다. 예를 들어 비타민 E도 항산화 물질인데, 비타민 E 보충제를 먹으면 전립선암에 걸릴 위험이 증가하는 것으로 나타났다.

하지만 커피를 조금 마시는 것은 좋을 수 있다는 이야기는 정말 여기저기서 자주 접한다. 이때 주로 건강하고 장수하는 사람들은 커피를 일정 수준 마시는 공통분모가 있다며 증거를 제시한다. 뉴스 기사에서는 이런 연구들을 낙관적으로 해석해 커피가 우리에게 좋다고 알려주는 경향이 있다. 이처럼 사람들이 듣고 싶어 하는 얘기를 들려주는 게 더 웃기고, 참으로 흥미로운 상관관계다. 하지만 나는 사람들에게 건강관리법으로 커피를 마시기 시작하라고 권하는 의사는 한 번도 본 적이 없다. 단지 커피를 정말로 마시고 즐기는 사람에게 아마 마셔도 괜찮을 것이고 어쩌면 심지어 이로울 수도 있다고 말할 뿐이다. 영양 분야에서는 무작위 대조 시험 자체가 대단히 어렵다. 식이 변화가 미치는 영향이 복잡할뿐더러, 결과가 나오려면 평생은 아니어도 수년이 걸릴 때가 많기 때문이다. 그러니 그냥 자사 제품이 즐거움을 제공한다고 말하는 게 더 쉽다.

커피가 장수에 미치는 효과가 있다면 그것은 항산화 물질의 잠재적 효과보다도 뭔가 더 보편적인 것들이다. 예컨대 그런 각성제를 계속 접하다 보면 그게 아무리 낮은 수준이라고 해도 (사람들이 대부분 바람직한 양보다 더 많이 먹는 세상에서) 식욕이 억제된다. 또는 사회적 교류를 해야겠다는 용기가 생겨서 바깥에 나가 뭔가 하고 싶어진다. 이런 것들은 정당하게 이로운 결과다. 하지만 모든 화학 물질과 마찬가지로 그 효과는 우리가 커피를 어떻게 활용하느냐에 달려 있을 것이다.

휴대전화가 암을 유발하는지 아직도 알 수 없나요?

2010년 "여러분, 안녕하세요."로 시작하는 정체불명의 한 이메일이 연쇄적으로 널리 퍼졌는데 그 내용은 이랬다. "이게 어디까지 사실인지는 모르겠지만 그냥 조심하세요. 다음과 같은 번호로 걸려온 전화는 받으시면 안 됩니다. … 이 번호는 빨간색으로 뜹니다. 고주파 때문에 뇌출혈이 생길 수도 있습니다."

대다수 이성적인 사람들은 중요한 문서에 'You'를 'U'라고 줄여 쓰는 사람을 신뢰하지 않으므로 그 메일은 누군가의 장난이라는 걸 간파했다. 일부 강직한 시민들은 온라인 커뮤니티에 글을 올려서 다른 사람들에게 그 장난 메일에 대해 경고하고, 전화번호는 전화기에서 나오는 에너지를 바꾸지 못한다고 설명했다. 당시에 위기는 그럭저럭 막았지만 이런 종류의 다른 이야기들은 분석하기가 더 어려운 상태로 계속 남아 있다. 한 예로, 2015년 5월 캘리포니아주 버클리는 휴대전화 소지자들에게 그 기기가 암을 유발할 위험이 있다는 것을 알리도록 통신회사에 명령한 미국의 첫 도시가 됐다. 그해 말에는 신경외과 의사이자 유명 의학전문기자인 산제이 굽타Sanjay Gupta가 〈플레이보이〉와의 인터뷰에서 자신은 휴대전화로 통화할 때 이어폰을 사용한다며 그 이유를 이렇게 밝혔다. "그래야 방사선원原이 뇌에서 멀어지거든요."[15]

세계보건기구와 미국 국립암연구소National Cancer Institute는 휴대전화와 암의 연관성을 전혀 인정하지 않는다. 국제암연구기관International Agency for Research은 '아마도' 관련 있을 수 있다고 언급한 적이 있긴 하지만, 거기에는 방사선이 DNA에 정말로 돌연변이를 일으키는 한에서라는 조건이 붙었다. DNA 돌연변이는 암을 유발할 수 있고 휴대전화는 정말로 방사선을 방출하기 때문이다. 그런데 태양도 방사선을 방출하고, 사람도 방사선을 방출한다. 우주의 어떤 존재든 그것이 암을 일으킬 '가능성'이 없다고 말하는 게 오히려 무책임하다. 따라서 휴대폰 문제는 어떤 믿을 만한 기관도 우리에게 잠시 멈추라고 제안한 적 없는 오래된 의문이긴 하지만, 그 근원적인 개념에 대한 논쟁은 영원히 반복될 것이다. 기술이 우리 삶 속으로 (특히 뇌나 사타구니 근처로) 흘러들 때마다 "[신기술이] 암, 당뇨, 자폐증, 기타 등등을 유발하는가"를 묻는 우려의 목소리는 여기저기서 나올 것이다. 괴혈병의 경우에도 사람들이 대양을 장기간 항해하는 일이 잇따르기 전에는 드러나지 않았기에 그 원인을 선박 기술 탓으로 돌릴 수도 있었다.

공교롭게도 2015년 애플워치 Apple Watch 출시와 동시에 〈뉴욕타임스〉에는 그 작은 기기가 암을 유발할 수 있다고 시사하는 기사가 하나 실렸다.[16] 원래의 기사 제목은 "신체에 착용하는 컴퓨터가 담배만큼 해로울 수 있을까?"였다(그 컴퓨터를 담배처럼 피운다면 더욱 그럴싸한 질문이 되겠다). 그 우려는 조셉 머콜라 Joseph Mercola라는 억만장자 기업가의 말에서 비롯됐다. 머콜라는 보조식품과 의료기기를 판매하고 자신의 웹사이트를 운영하는 인물이다. 예전에 정골요법 의사 DO, Doctor of Osteopathic Medicine였던 그는 온라인 공간에서 예방접종을 비롯해 세상의 거의 모든 것에 대해 경고한다. 그는 사기성 주장을 펴서 FDA와 연방거래위원회 Federal Trade Commission로부터 여러 차례 질책을 받았다. 2016년에는 암을 유발하지 않으면서 노화를 방지할 수 있다고 주장하는 태닝 침대를 판매한 죄로 처벌을 받았다.[17] 앞서 2011년에는 '최신식의 안전한 암 검진 기구'라는 제품을 판매해 비난을 샀다.[18] 그는 자신의 웹사이트에서 '숨은 염증을 찾아내는 혁신적이고 안전한 진단 기구, 서모그래피 thermography'•라는 제목으로 마치 뉴스 보도하듯 제품을 홍보했다.

• 몸 표면의 온도를 측정하고 영상화해 진단에 사용하는 방법

머콜라는 자신이 판매하는 열화상 카메라가 '면역기능장애, 섬유근육통, 만성 피로'는 물론, '과민성 장증후군이나 게실염, 크론병 등의 소화장애', 그 외에도 '점액낭염, 디스크탈출증, 인대·근육 파열, 루푸스(낭창), 신경 문제, 외부 충격으로 인한 목뼈 손상, 뇌졸중, 암 등등 수많은 증상'을 진단할 수 있다고 주장했다.

열화상이 염증 부위를 찾아낼 수 있다는 것은 사실이다. 예를 들어, 삔 발목은 그쪽으로 피가 많이 몰려서 더 많은 열에너지를 방출할 테니까. 하지만 그게 우리가 알 수 있는 전부다. 가장 조악한 검사다. 서모그래피에서 가장 좋은 점을 말해보라면 '안전'하다는 것이다.

게다가 머콜라는 2016년에 불법으로 시판되는 물질들, 즉 영양보충제를 팔다가 걸리기도 했다. 바이브런트 헬스Vibrant Health에서 개발한 '클로렐라 XP', 모멘텀Momentum사의 건강식품인 '비타민 K2™', '카디오 에센셜스Cardio Essentials™', '나토키나제Nattokinase NSK-SD'를 포함한 건강보조식품들이다. 그 제품들은 '암세포 성장 억제', '심장마비·뇌졸중·혈전 예방', '혈압 낮춤' 같은 효능을 주장했다. 이런 내용은 보조식품 건강교육법에서 허용하는 선을 넘어 질병까지 치료한다는 노골적인 주장이었으므로[19] FDA는 머콜라에게 그 제품들의 판매를 중단해달라는 엄중한 경고장을 보낼 수 있었다.

머콜라의 판매 기법은 선동가들이 공포를 조장한 다음에 집행유예를 제시하는 방법과 비슷하다. 이는 역사를 통틀어 효과가 입증된 방법이다. '몸에서 독성물질을 중화하거나 제거하는' 물질을 판매할 때 1단계는 그런 독성물질들이 존재함을 (그리고 제거 가능함을) 증명하는 것이다. 이런 증명은 확신과 권위를 가지고 하는 게 가장 좋다(애플워치에 관한 그 기사는 나중에 대폭 수정된 내용으로 업데이트됐다).

사실 우리 삶에는 변수가 너무 많아서 어떤 물질이 모두에게 또는 대부분에게라도 얼마만큼 확실히 위험하다고 단정적으로 권고하기가 거의 불가능하다. 하지만 머콜라 같은 사람은 어떤 것이 위험하다는 견해를 쉽게 제시한다. 왜냐하면 어떤 것이든 위험하지 '않다'는 걸 의심할 여지없이 증명하는 게 사실상 불가능하기 때문이다(인식론적으로 보면, 과학은 부정否定을 증명할 수 없다. 예를 들면, 나는 이모티콘이 암을 유발하지 않는다는 것을 증명할 수 없으며, 현재까지 그걸 보여주는 증거가 없다고만 말할 수 있다).

우리의 걱정은 계속 이어지다가 가끔 사라지기도 하겠지만, 그러는 동안에도 우리가 해롭다고 알고 있는 요인들은 여전히 다뤄지지 않는다. 사실 휴대전화가 우리 건강에 미치는 더 흥미롭고 즉각적인 영향은 행동과 관련돼 있다. 요즘엔 휴대전화를 쳐다보면서 걷다가 차에 치여 사망하는 일이 전례 없이 많아졌다. 휴대전화로 문자를 보내면서 운전하다가 서로 죽이는 일이 벌어지기도 한다. 이런 행동들은 종양보다 훨씬 더 위험하며 당장 주의해야 한다.

우리 몸이 기술과 계속 하나가 되어가다 보면, 그러니까 안경이나 인공관절, 치아 충전재뿐만 아니라 휴대전화나 그 이상의 것이 몸에 붙게 되면, 잠재적인 문제들이 우리를 완전히 덮치기 시작할 것이다. 이런 문제들 사이에서는 암도 평범하게 느껴질 수 있다. 사실 더 시급한 질문은 바로 이것이다. "기술이 인간의 의미를 변화시키는 가운데 우리는 충분히 주의하고 숙고해 기술을 채택하고 있는가?" 바꿔 말하면 이렇다. "기술이 우리를 어떻게 변화시키는지 이해하려고 하는가?"

심리학자 제시 폭스Jesse Fox가 연구하는 영역이 바로 그것이다. 폭스는 통신기술이 자아감에 어떤 영향을 미치는지 연구한다. 자신을 낯선 사람과 대화하길 좋아하는 사교적인 남부 사람이라고 소개하는 그녀는 현재 오하이오주립대학교에서 가상환경Virtual Environment● 및 통신기술 분야와 더불어 온라인 연구소를 이끌고 있다.

"소셜 네트워크는 정말 흥미진진해요. 좀 어려운 전문 용어를 쓰면, 이른바 '행동 유도성affordance'●● 으로 돌아가기 때문이죠." 폭스는 내게 그렇게 설명하면서 행동 유도성은 온라인 교류를 대면 방식의 교류와 매우 다르게 만드는 기술의 속성이라고 했다. 한 예로, 사회적 검증을 받으려는 욕구가 있다.

"우리는 아무리 사소한 것이라 해도 칭찬을 받으면 긍정 효과가 있다는 걸 알아요. 하지만 소셜미디어는 그 판을 바꿔놨어요. 매일 24시간 검증할 수 있기 때문이죠. 내가 사회적 검증이 필요하면 언제라도 인터넷에 문제를 올려 해결책을 얻을 수 있어요. 약으로 치자면 약간 복용하는 건 괜찮지만 직접 주사를 맞기 시작하면 문제가 있는 영역으로 들어가게 되는 셈이죠." 폭스는 설명을 계속 이어갔다.

"우리는 모두 각자 소셜미디어에 얼마나 깊이 빠져 있는지 모르고 있어요. 남들이 거기에 너무 빠져 있다느니, 휴대전화에 너무 많은 시간을 쓴다느니 불평하는 사람들을 보면 저는 도리어 그들에게 '최근에 자기 자신을 돌아본 적이 있으세요?'라고 묻고 싶더라고요. 우리는

● 가상현실을 재현하기 위해 컴퓨터나 네트워크를 통해 감각 정보를 제공함으로써 인공적으로 만든 합성 환경

●● 어떤 환경이나 사물의 속성이 사람이나 동물 같은 행위자가 특정 행동을 하게끔 유도하는 것으로, 간단한 예로 사람이 의자를 보면 자연스럽게 앉게 되는 것을 설명해주는 개념. 1970년대에 심리학자 제임스 깁슨이 만든 심리학 용어였으나 이후 인지심리학, 환경심리학, 산업디자인, 인간-컴퓨터 상호작용, 커뮤니케이션, 스포츠, 인공지능 등 다양한 분야에서 응용, 변용돼 널리 쓰임

자기 행동은 보지 못하는 맹점이 있거든요."

그러고 나서 그녀는 다른 이야기를 들려줬지만, 사실 그 얘기는 내 귀에 들어오지 않았다.

귀에서 왜 소리가 날까요?

기자인 조이스 코언Joyce Cohen은 맨해튼에 있는 자신의 아파트에서 외출을 감행할 때 상용 등급의 소음 차단 귀마개를 한다. 그녀는 그런 자기 모습을 항공사 수하물 취급자에 비유하며 내게 이런 제안을 한다. "책 쓰실 때 불쾌함을 기준으로 신체 부위의 순위를 정하신다면 귀를 1위로 해주세요."

'불쾌함'순으로 본 신체 부위

1. 귀

(공동 1위: 장, 피부, 뇌, 고환, 관절)

코언에게는 '청각과민증hyperacusis'이라는 잘 알려지지 않은 병이 있다. 그 병에 걸리면 일상적 소리가 견딜 수 없을 정도로 시끄럽게 느껴진다고 한다. 이 증상은 '선택적 소음 과민 증후군'이라고도 일컫는 '미소포니아misophonia(소리혐오증)'와 가끔 혼동된다. 코언은 미소포니

아를 설명하면서 특정 소음, 특히 씹는 소리나 꼴깍꼴깍하는 소리처럼 몸에서 본능적으로 나는 소리들이 짜증만 일으키는 게 아니라 '순간적으로 피가 끓는 분노'를 유발한다고 얘기한다.

어떤 사람들은 특정 소리가 '슬픔, 공황발작, 망설임, 인지력 상실, 몸이 근질근질하거나 몸에 뭔가 기어 다니는 느낌, 도망치거나 싸우고 싶은 욕구'를 자극한다고 말한다. 5,698명의 회원이 있는 '선택적 소음 과민 증후군' 온라인 커뮤니티에서 나온 얘기들이다. 그 커뮤니티는 청각학자 마샤 존슨Marsha Johnson이 이끌고 있다. 존슨은 1997년에 선택적 소음 과민 증후군이라는 용어를 만들었다. 그 증상이 공포장애phobic disorder, 강박장애OCD, obsessive-compulsive disorder, 양극성장애bipolar disorder, 불안증 같은 정신과 진단으로 이어지는 경향이 있기 때문이다.

코언을 비롯해 청각과민증·미소포니아 단체나 모임에 속한 많은 사람은 이 증상을 정신질환과 합치는 게 부적절하다고 확신한다. 코언은 미소포니아가 '생리적 이상'이라고 믿는 텍사스대학교의 신경과학자 오게 묄러Aage Møller의 연구를 강조한다. 구체적으로 설명하면, 이런 생리적 이상은 귓속에 림프액으로 채워진 세반고리관과 작은 털처럼 생긴 신경세포들, 또는 고막 바로 뒤에 있는 우리 몸에서 가장 작은 뼈들에서 고유하게 나타난다는 것이다. 음파가 발생하면 고막이 진동하고 뼈들이 움직이면서 그 파동이 관들을 타고 전달된다. 그러면 작은 털들이 움직이면서 그 움직임이 전기 신호로 바뀌어 뇌의 신경으로 전달돼 우리가 소리를 '듣게' 된다. 그런데 이런 섬세한 과정이 진행되다가 어느 부분이 틀어질 수 있다. 코언과 그 커뮤니티 사람들에게는 그 병변이 이런 과정 안에 있을 뿐, 뇌에 있지 않다는 사실이 알려지는 게 중요하다.

많은 사람에게서 소리는 어느 정도 본능적 반응을 자극할 수 있다. 미소포니아가 없는 많은 사람의 뇌에서는 '모이스트moist'라는 단어(지금부터는 간단히 '그 단어'라고 지칭하겠다)가 '단어 혐오'라는 현상의 보편적인 예다.[20] 말하자면 그 단어는 널리 미움을 받는 소수의 단어들 가운데 하나다. '슬랙스slacks'나 '러기지luggage' 같은 단어도 마찬가지다. 이런 단어들은 끔찍한 묘사에 쓰이는 말이나 증오로 가득 찬 욕설과는 달리 의미상으로는 불쾌감을 주지 않는다. 그런데 미국인의 20퍼센트는 그 단어의 소리가 칠판을 손톱으로 긁는 소리와 같다고 말한다.[21]

오벌린대학교와 트리니티대학교의 합동 연구는 이런 '단어 혐오 현상에 대한 최초의 과학적 탐사'로 간주된다. 이 연구에서 심리학자들은 그 단어에 대한 본능적인 혐오의 동인을 구체적으로 밝혀내려고 했다. 그들은 특정한 소리 조합이 선천적으로 뇌를 불안하게 할 수 있다는 가설을 세웠다. 그 단어의 경우에는 '오이oy'가 '스ss', '트tt'와 나란히 놓이면서 그런 결과를 초래한다. 아울러 연구자들은 우리가 그런 단어들을 발음하면 얼굴 근육도 혐오하는 표정과 같아지면서 그 단어들이 혐오스러워진다는 견해를 제시했다. 그들은 그 단어에 대한 혐오가 연령이나 신경증적 성향, 또는 신체 기능을 역겹다고 느끼게 되는 경향과 관련돼 있을 뿐, 그 단어 자체의 개별 소리들이 혐오스러운 게 아니란 점을 알아냈다.

현재 코언은 소음으로 인한 고통을 연구하는 비영리 단체인 '청각과민증 리서치Hyperacusis Research'와 함께 일하고 있다. 미소포니아와는 완전히 다른 청각과민증은 일상 소음이 시끄럽게 느껴지기 시작하면 고통이 찾아온다. 볼티모어에서 열린 이비인후과 학회에서 그 조사 연구 단체는 청각과민증이 있는 몇 사람들의 이야기를 공유했다. 그 이야기에는 36세의 전직 음악가가 자살하기 전에 남긴 유서 내용도 일부 있었다. "오늘은 귀마개를 하고 지하철을 탔다. 내 맞은편에 있는 사람이 아이팟iPod으로 음악을 듣고 있었다. 그 사람의 헤드폰에서 나오는 음악이 내 귀마개를 뚫고 들려왔는데 그 소리가 너무 시끄러웠다. … 아무도 절대 이해하지 못할 것이다. 내게 벌어지는 이런 일은 물론이고, 그때마다 내가 느끼는 절망과 상심, 슬픔을. 내게는 좋은 밤이나 좋은 날, 좋은 주말, 좋은 휴가가 한 번도 없었다. 이건 고문일 뿐이다. 내가 가는 곳마다 너무 시끄럽다."

청각과민증은 청력 상실과는 본질적으로 반대 상황이지만, 청력 상실과 마찬가지로 요란한 소음의 결과인 경우가 많다. 코언은 소음을 '독소'라고 여기는 것이 중요하다고 믿는다. 그중에서도 가장 위험한 독소는 우리가 참을 만하다고 생각하고서 피하지 않는 요란한 소음이다. 종래의 청력 상실을 보면, 내이內耳의 아주 미세한 털에 있는 세포들이 시끄러운 소리가 만들어내는 강한 진동 때문에 파괴되는 것이다. 이런 파괴는 보통 몇 년에 걸쳐 점진적으로 일어난다. 게다가 그런 세포 손상은 '이명tinnitus(귀울림)'이라고 알려진 '정체불명의 소리phantom sound'•를 발생시키기도 한다(종종 '양쪽 귀가 울리는' 것처럼 느껴진다). 이명은 어쩌면 청력 상실보다 더 나쁠 수 있다. 코언은 시끄러운 공연장에 가는 일을 '구타와 폭행을 당하는 것'에 비유한다. 또한 이런 극단

• 외부의 청각 자극이 없는데도 귓속에서 들리는 '삐'나 '윙' 같은 의미 없는 소리이며 뜻을 지닌 말소리나 음악이 들리는 환청과는 다름

적인 비유적 묘사가 미시적 차원에서 보면 사실상 정확한 설명이며, 고통을 느끼기 시작하면 이미 너무 늦어버린 유행병의 원인을 보여준다고 믿는다. 시끄러운 음악은 태양을 똑바로 바라보는 상태나 다름없다. 태양을 응시하는 게 사람들이 사회적으로 하는 일이라면 말이다.

이명은 자살의 일반적 원인일 뿐 아니라 퇴역 군인들이 겪는 장애의 주요 원인이다. 그 연관성의 정도를 정량화하는 것은 어렵다. 왜냐하면 이명과 더불어 그 결과로 나타나는 사회적 고립, 수면 부족 등의 심리적 고통에 종종 정신질환이라는 진단이 내려지기 때문이다. 하지만 명백히 정신질환인 사례도 더러 있다. 58세의 한 웨일스인 선장은 가족들에게 미안하다는 말과 함께, 양쪽 귀가 울려서 자신이 "말 그대로 미쳐버렸다"는 유서를 남겼다.[22] 런던의 한 기타 연주자는 정신과 의사와의 마지막 만남에서 자신은 이렇게 귀가 울리는 채로 계속 살 수 없으며 "귀가 먹든지 아님 죽든지, 각오가 돼 있다"고 최후통첩을 했다.[23] 네덜란드의 전문 클라리넷 연주자인 가비 올투이스는 귀에서 24시간 '날카로운 소리'가 들린다며 공개적으로 안락사를 간청했고, 결국 그 청원은 이루어졌다.[24]

청각 정보가 입력되면 뇌는 격차를 줄이기 위해 노력한다. 소리는 그러한 뇌가 일으키는 역효과일 때가 많은 것 같다. 시야의 맹점을 보완하는 착시, 또는 절단된 팔다리에서 느껴지는 가려움, 환상 통증과 비슷하게 '정체불명의 소리'가 되는 것이다. 이명 환자이자 하버드의대 매사추세츠 눈·귀 전문병원의 연구자인 대니얼 폴리Daniel Polley는 이런 이해를 기초로 뇌가 정체불명의 소리를 더는 인지하지 못하도록 프로그램을 다시 짜는 방법이 있을 거라고 믿는다. 뇌가 통증과 가려움을 더는 일으키지 못하도록 훈련시키는 라마찬드란의 거울 접근법과 비슷하게, 청각 경로가 때때로 재설정될 수 있다는 것이다. 자신의 이명이 수년간의 무분별한 헤드폰 사용 탓이라고 생각하는 폴리는 음악치료를 활용해 사람들을 돕고 있다. 그는 개개인의 이명과 청력 상실 정도에 맞춘 집중적인 시험 과정을 거쳐 특정 주파수를 제거한 음악을 환자들에게 처방한다. 신경 가소성•에 의존해, 귀에 울리는 주파수를 기본적으로 무시하는 새로운 연결을 형성함으로써 일종의 의도적인 맹점을 만들어내는 것이다.

청각학자 앨런 로에Allen Rohe는 이런 소리 훈련 치료의 효과를 목격했다.[25] 자살을 생각하던 환자 중 한 명이 1년간의 치료 끝에 완전한 고요의 순간을 경험하게 된 것이다.

당근을 충분히 먹으면 안경을 완전히 벗을 수 있을까요?

2차 세계 대전 중, 영국 왕립공군은 자국의 조종사들이 당근을 먹어서 야간 시력이 뛰어나다고 소문을 퍼뜨렸다. 당시 식량을 배급받고 비타민에 집착하던 많은 대중의 귀에는 그 얘기가 타당하게 들렸다. 사실 그 소문은 어둠 속에서도 적을 볼 수 있는 레이더 기술을 영국이 도입한 것을 감추려는 목적에서 퍼뜨린 것이었다.

수많은 소극笑劇들처럼 그 소문은 변함없는 사실에 뿌리를 두고 있

• 신경계가 내외부 자극에 반응해 구조와 기능을 바꾸면서 환경에 적응해가는 능력

었다. 당근은 베타카로틴beta-carotene을 함유하고 우리 몸은 그것을 흔히 비타민 A라고 알려진 화학 물질로 바꾼다. 비타민 A는 시력에 필수적이다. 망막에서 '간상세포'라고 알려진 막대 모양의 시세포에는 '로돕신rhodopsin'이라고 하는 색소가 있다. 그런데 빛이 눈을 통과해 망막에 닿으면 로돕신이 탈색된다. 이때 빛의 강도가 탈색의 정도를 결정하고, 탈색의 정도는 뇌로 전달되는 신호의 강도를 결정한다(이 간상세포들은 눈을 비비면 수동으로 자극돼 심지어 눈을 감고 있는 동안에도 밝은 지점들이 감지된다). 하지만 로돕신은 탈색된 상태로 남아 있으면 안 된다. 지우고 다시 그리는 장난감 그림판처럼 빠르게 재생돼야 다시 탈색될 수 있다. 바로 이 과정에서 비타민 A가 필요하다. 만약 비타민 A가 없다면 간상체들은 탈색된 채로 계속 남아 눈을 멀게 한다.

베타카로틴과 비타민 A의 결핍은 종종 '야맹증'을 의미한다. 그 증상이 처음에는 빛이 적은 환경에서 느껴지다가 결국에는 완전한 실명으로 이어진다. 미국 남북전쟁 동안에는 약 8,000명의 북부 연방군이 비타민 A 부족으로 야맹증을 앓았다. 야맹증은 쉽게 예방할 수 있는 증상임에도 불구하고 오늘날까지도 많은 나라에서, 특히 어린이들의 실명의 주원인이 된다.

하지만 비타민 A를 추가로 먹는다고 해서 로돕신 재생이 더 빨라지지는 않는다. 비타민 A를 한껏 복용하고 음식점에 있는 당근 주스를 몽땅 마신다고 해도 시력에는 여전히 도움이 되지 않을 것이다. 알려진 바에 따르면 인간 시력의 한계치는 2.5다. 이를테면 보통 사람이 2.4미터 떨어진 곳에서 겨우 알아볼 수 있는 것을 눈이 아주 좋은 사람은 6미터 떨어진 곳에서까지 볼 수 있다는 의미다. 게다가 아무 질환이 없는 눈에서의 제한 요인은 망막의 특정 지점에 있는 원추세포의 개수이지, 비타민의 유무가 아니다. 원추세포의 밀도는 주로 유전적 성향에 따른 개인차가 매우 크다. 건강한 사람들에게는 제곱밀리미터당 10만 개에서 32만 개가 분포돼 있다. 저널리스트인 데이비드 엡스타인David Epstein이 저서《스포츠 유전자The Sports Gene》에서 자세히 기술했듯이 프로야구 선수들에게는 고밀도의 원추세포가 상대적으로 훨씬 흔하게 발견된다. 원추세포의 밀도는 야구선수로서의 성공에 가장 강력한 예측 변수 중 하나로 작용하고 통제 불가하다.

베타카로틴이 남아돌아도 시력은 개선되지 않을뿐더러 오히려 눈과 피부가 노래지는 수가 있다. 국립보건원National Institute of Health의 건강보조식품관리국은 비타민 A 과다 복용이 '대개 보조식품 내 미리 형성된 비타민 A를 너무 많이 섭취한 결과'라고 지적한다.[26] 주스를 마셔도 베타카로틴을 과다 섭취하기 쉽다. 채소로 즙을 내면 섬유질이 벗겨지고, 배를 채워 포만감을 유발하는 덩어리가 제거된다. 생당근으로 만든 주스 반 잔만 해도 베타카로틴이 하루 권장량의 184퍼센트가 들어 있다.[27] 그러니 꽤 안심할 수 있고 적당한 양이다. 당근을 그렇게 많이 먹고 나면 대부분 이런 생각이 든다. "그래. 그 정도면 많이 먹었어."

한편 당근 주스 반 잔에는 생리활성 화학 물질이 몇 배나 더 많이 들어 있다. 마찬가지로 홀푸드Whole Foods• 상표의 종합비타민도 권장되는 섭취 허용량의 300퍼센트를 함유하고 있다. 그래서 그 비타민제를 규칙적으로 먹다 보면 비타민 A가 피부에 축적돼 피부색이 노래진

• 미국의 유기농 슈퍼마켓 체인

다. 그렇다고 해서 해가 되지는 않는다. 다만 비타민 A를 장기간 과다 섭취하면 간에 치명적인 기능장애가 일어난다. 유아에게는 비타민 A를 너무 많이 먹이면 머릿속 압력이 증가해 급기야 머리가 볼록 튀어나오게 된다. 두개골 안의 내용물이 아직 머리뼈들이 완전히 붙지 않은 '연약한 부위'를 밀어내는 것이다(그 부위를 숨구멍fontanelle이라고 한다. 'Fontanelle'은 뇌의 작은 분수fountain를 뜻한다).

이렇게 과다한 비타민 A는 모두 야맹증이 있는 아이들에게 가면 좋을 텐데, 현실은 그렇지가 않다.

잠은 실제로 몇 시간 자야 할까요?

2015년 핀란드에서 1만 명 이상을 대상으로 적정 수면 시간과 직장인 병가 일수의 상관관계를 연구해보니 병가를 가장 적게 낸 사람들의 경우에 여성은 7.63시간, 남성은 7.76시간을 자는 것으로 나타났다.[28]

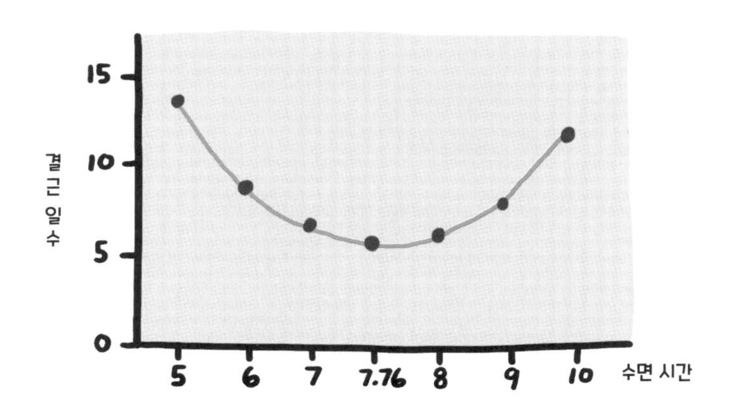

따라서 이 결과는 사람들을 건강하게 유지해주는 수면량이거나, 아니면 아프다고 거짓말하는 데 더 서툰 사람들의 수면량이다. 또는 만성질환을 앓는 사람들이 그 병 때문에 잠을 너무 많이 잤거나 아니면 거의 못 잤다고 볼 수도 있다. 이처럼 통계를 내는 일은 어렵다. 독자적인 연구도 어렵다. 바로 그런 까닭에 미국수면의학학회 American Academy of Sleep Medicine 와 수면연구회 Sleep Research Society 는 코크란 리뷰 Cochrane review 라는 과정을 거쳐 이 질문에 답하기 위해 여러 과학자들을 소집했다.

코크란 리뷰는 과학계에서 합의에 이르려는 표준 접근법을 말한다. 전 세계에서 모인 수면과학자들은 현재 나와 있는 모든 연구 자료를 검토하고 수면이 심장질환, 암, 당뇨, 인지장애·오류에 미치는 영향을 살펴보고는 각 논문의 과학적 영향력을 평가했다. 그리고 그 심사 위원단은 그 논문들이 얼마나 설득력이 있는지를 놓고 투표해서 이런 합의를 봤다.

사람들은 밤마다 7시간을 자야 한다. 24시간마다 6시간 이하로 자면 건강 문제가 발생할 위험이 증가한다.

낮잠 잘 때는 침을 흘리는데 밤에 잘 때는 왜 안 흘릴까요?

침 분비는 의식의 문제다. 낮잠 잘 때 침을 흘리는 사람은 밤에 잘 때도 침을 흘린다. 유일한 차이는 잠에서 깼을 때 증거가 남아 있느냐 사라졌느냐다.

자기 전에 휴대전화를 보면 정말 안 되나요?

그건 불가능할 것 같아요. 사람들은 왜 불가능한 조언을 하죠?

유엔은 2015년을 '세계 빛의 해'로 선포했다. 미래에는 빛을 기반으로 한 과학기술이 '에너지, 교육, 농업, 통신, 건강 부문의 세계적인 문제들에 대한 해결책을 제공'할 것이기 때문이다. 그해 여름, 그 점을 염두에 두고 뉴욕에서 열린 청색광 심포지엄에서는 이런 새로운 빛의 경향이 우리 생활 속에 침투하는 문제를 다루기 위해 전문가들이 한자리에 모였다. 기조연설자는 일본의 안과 의사이자 국제청색광학회 International Blue Light Society 회장인 가즈오 쓰보타 Kazuo Tsubota 였다. 쓰보타는 2012년 미국의학협회에서 "빛 공해: 야간 조명이 건강에 미치는 악영향"이라는 제목의 연구 보고서가 나온 이후 빛의 물리적 영향과 관련된 조사 연구의 대중 인식을 높이기 위해 그 학회를 설립했다.

(건강을 걱정하는 모든 문제 중에서 야간 조명을 논한다고? 흠, 적어도 야간 조명은 우리 내분비계가 얼마나 놀라운지 돌아보는 좋은 기회를 제공한다.)

빛이 눈으로 들어가면 망막에 닿고 망막은 뇌의 중추인 시상하부 hypothalamus 로 곧장 신호를 전달한다. 아몬드만 한 크기의 시상하부는 단위 부피로 중요도를 따지면 신체에서 그 어느 부위보다도 중요하다. 그렇다. 시상하부는 생식기관도 포함한다. 시상하부가 없다면 우리는 성욕이나 번식력을 갖지 못할 것이다. 시상하부가 테스토스테론과 에스트로겐을 특정 비율로 분비하라는 지시를 내리지 않으면 생식기는 아예 존재하지도 않을 것이다. 아몬드만 한 이 시상하부는 신경계 전기 신호와 내분비계 호르몬 사이의 접점이다. 생명을 유지하기 위해 시상하부는 각 신체 부위에서 감각 정보를 받아 그 정보를 그에 대한 신체 반응으로 전환한다.

신체 항상성을 유지하는 시상하부의 역할 중에는 식욕, 갈증, 심장 박동, 기타 등등 외에도 수면 주기 조절이 있다. 시상하부는 대뇌 피질cerebral cortex과 상의 따위는 하지 않으므로 우리는 그런 역할을 전혀 의식하지 못한다. 하지만 망막에 들어오는 빛이 줄어들기 시작하면 시상하부는 밖이 어두워지니 우리가 자야 한다고 생각하게 된다. 그래서 이웃인 송과선pineal gland(솔방울샘)을 깨우고서는 이렇게 말한다. "이봐, 멜라토닌 좀 만들어서 혈액 속으로 쏴줘." 그러면 송과선은 "그래, 좋아"라고 대답하고는 수면 호르몬인 멜라토닌melatonin을 만들어 혈액 속으로 쏴준다. 그래서 우리는 잠이 든다.

아침이 되면 시상하부는 체온과 혈당을 올리기 시작한다. 그 결과로 우리는 누워서 뒹굴고 싶은 기분이 점점 사라진다. 반면 취침 시간

| 멜라토닌이 최고에 달하는 일반적인 시간대 |

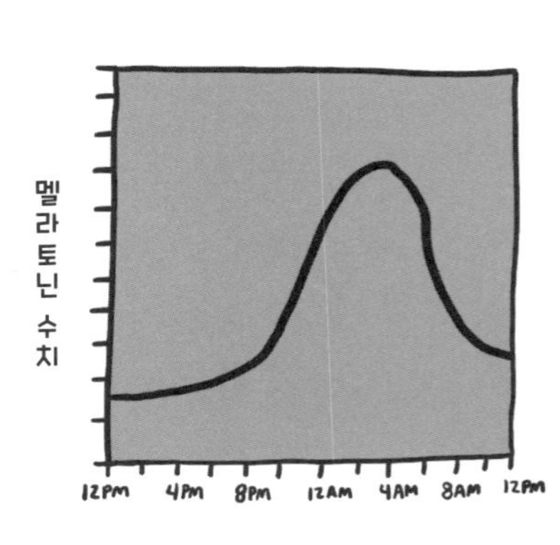

이 가까워지는 밤에는 시상하부가 우리를 더 추운 느낌이 들게 만든다. 심지어 방 온도가 변하지 않았는데도 그렇다(멜라토닌이 피부 속 혈관을 확장시킴으로써 체열이 빠져나가면서 그런 현상이 생기는 것이다). 아침이 되면 시상하부는 빛을 감지하고는 송과선에게 이제 다시 자라고 말한다. 그러면 송과선은 그 말을 따른다. 그래서 낮 시간 동안에 혈액 속 멜라토닌 수치를 검사해보면 멜라토닌은 거의 없다는 결과가 나온다.

말이 난 김에 덧붙이면, 멜라토닌은 미국에서 유일하게 처방전 없이 구입할 수 있는 호르몬이다. 보조식품 건강교육법에 따라 멜라토닌은 영양보충제로 간주되므로 품질이나 안전성, 효능을 입증해야 하는 의무가 면제된다. 약사는 처방전이 없으면 나에게 녹내장을 완화해주는 안약을 주지 못한다. 의사의 지시를 계속 받지 않으면 당뇨가 있는 사람에게 인슐린을 주지도 못한다. 모든 사람이 의사를 쉽게 만날 수 있는 것도 아닌데 말이다. 하지만 우리 뇌에서 가장 중요한 부위의 작용을 서투르게 조작하는 멜라토닌은 어떤가? 약국 매장에서 원하는 만큼 살 수 있다. 그것도 카페인 알약과 함께 말이다.

멜라토닌으로 잠이 들 수 있을까요?

잠이 안 와서요.

과학을 후원하는 방법 하나는 지구상에서 최고 부자들 가운데 하나가 돼 그 부의 일부를 인류의 지식을 향상하는 데 제공하는 것이다. 빌 게이츠가 바로 이런 방식으로 치명적인 전염병과 지속 가능한 농업 분야의 연구에 많은 자금을 지원하고 있다. IT업계의 선지자인 억만장자 피터 틸Peter Thiel은 페이팔PayPal이라는 온라인 송금 기업을 창업해 첫 재산을 모은 인물이다. 그는 지구상에서의 부자 순위는 638위에 불과하지만, 그래도 인류 발전에 기여한다는 정신으로 자신의 이름을 딴 '틸 장학제도Thiel Fellowship'를 만들어 2011년부터 운영하기 시작했다.

이 제도는 장학생을 선발해 2년 동안 지원하는 프로그램이다. 신청 사이트의 안내문에는 '교실에 앉아 있지 않고 새로운 것을 창조하고 싶은 젊은이'라면 누구나 지원할 수 있다고 적혀 있다. 그리고 '틸 장학생들은 대학을 건너뛰거나 중퇴하고서 10만 달러의 장학금과 틸 재단의 창립자, 투자자, 과학자 인맥의 지원을 받는다'고 나온다. 이상을 품은 젊은이들이 매년 수천 명씩 이런 기회를 잡으려고 경쟁에 뛰어들어 그 가운데 20~30명이 선발된다.

그 장학생 중 한 명인 벤 유Ben Yu는 하버드대학교를 중퇴하고 보조식품 판매 사업에 과감히 발을 들여놓았다. 2015년 유의 새로운 생명공학 벤처기업은 팰로앨토Palo Alto에 본사를 두고 '스프레이어블 슬립Sprayable Sleep'이라는 제품을 출시했다. 유는 수면 자체를 포장해 판매할 방법을 찾을 수는 없었지만, 대학에서 한 학기 동안 배운 생화학 지식과 더불어, 틸 장학 프로그램에서 제공하는 엄청난 기회를 활용해 분무 방식의 멜라토닌을 만들어 판매할 수 있었다. 이 제품은 우리 몸에서 가장 넓은 기관인 피부에 뿌리면 잠이 오도록 고안됐다.

내가 유와 직접 얘기를 나눴을 때 그는 멜라토닌을 호르몬이 아니라 '생물학적 신호를 전달하는 분자'라고 말했다. 나는 고객들이 자기 몸에 호르몬을 뿌리는 것을 싫어할 수도 있어서 그렇게 표현하는 거냐고 그에게 물었다. 그러자 그는 내 말에 "저의가 있는 말이 될지도 모르겠다 싶긴 했어요"라고 동의는 하면서도 이렇게 답했다. "하지만 실제론 사람들이 신경 쓰는 것 같지 않더라고요." 수면이 부족한 문화에서 잠을 자게 해준다는 약속은 사람들의 눈을 가려 신중히 따져보지 못하게 할 수 있다. 크라우드펀딩 사이트인 인디고고Indiegogo에서 모금 캠페인을 처음 진행했을 때 이 스프레이 제품은 40만 9,798달러를 모았다(이는 애초 목표의 2,300퍼센트를 달성한 금액이며 참여 인원은 4,000명이 넘었다).

스프레이어블 슬립에는 멜라토닌 호르몬뿐만 아니라 '어머니 대지에서 온 증류수'도 들어 있다. 제품 사이트에서 FAQ 코너에 들어가 보면 "이 제품은 안전합니까?"라는 질문이 있고 그에 대한 답은 이렇게 나와 있다. "멜라토닌 스프레이를 국소적으로 사용해 심각한 부작용을 겪는[원문에는 오타가 있다] 사람들은 거의 없습니다."

멜라토닌 알약과 달리 스프레이어블 슬립은 밤새 호르몬이 점차 피부로 스며들면서 수면을 유지해주게 돼 있다. 나도 몇 주 동안 그 제품을 써봤는데, 정말로 잠을 자긴 했지만 내가 평소 밤에 잘 자는 편이라 그런지 제품의 효과를 분별하긴 어려웠다. 그래도 피부가 화끈거리지 않았다는 것은 확실하게 말할 수 있다.

멜라토닌 보충제로 어떤 사람들은 더 빨리 잠드는 것으로 나타나긴 했지만, 전체 수면 시간이나 수면의 질이 증가한다는 것은 입증되지 않는다. 다른 수많은 것들과 마찬가지로 멜라토닌도 자연적인 상황에서는 작용하지만 어떤 이유에서인지 먹는 약이나 피부로 흡수되는 약으로는 작용하지 않는다. 이 경우, 자연적인 상황은 빛이 시상하부에게 송과선이 멜라토닌을 분비하도록 지시하라고 알려주는 것이다. 게다가 멜라토닌 보충제는 시중에서 판매되는 대부분의 보충제처럼 장기 사용이 끼치는 영향도 당연히 알려지지 않았다.

"멜라토닌 보충제가 도움이 된다는 증거를 내놓은 사람이 한 명이라도 있었는지 모르겠군요." 펜실베이니아대학교 정신의학부의 수면 및 시간생물학chronobiology 학과장인 데이비드 딘지스David Dinges의 말이다. 딘지스는 전미연구평의회U.S. National Research Council에서 군용 보조식품에 대한 자문을 요청받았을 때 국가가 재량으로 '막대한 금액'을 영양보충제에 쓴다는 사실을 알게 됐다며 조심스레 말을 이어갔다. "하지만 그게 어떤 가치가 있는지 제대로 확신하는 사람은 없어요. 다만 그런 영양보충제들이 전혀 해가 되지 않는다는 인식과 관련이 있는 것 같더군요. 대부분 경우에는 그게 사실일 수 있습니다. 그리고 어쩌면, 정말 어쩌면 도움이 될지도 모르죠."

저널리스트인 캐서린 프라이스Catherine Price가 저서《비타마니아Vitamania》에서 지적했듯이 군대의 영양보충제 의존은 작은 문제가 아니다. 전장의 군인들에게 신선한 채소를 공급하는 일은 비현실적일 수 있으므로 가공식품이 넘치는 군용 보급품(전투식량)에는 때때로 비타민 보충제가 필수로 추가된다. 그렇다면 미국이 중국에서 대부분의 영양보충제를 사들이는 것은 국가 안보에 잠재적 위협으로 비칠 수 있다. 그런 위협은 비타민이 강화된 가공식품에 의존하게 된 민간인들에게까지 확대된다. 미국은 3억 1,200만 명의 국민에게 과일과 채소를 공급할 수 있는 농업 체계를 갖추지 못했다. 그리고 미국인들이 의존하는 가공 곡물과 옥수수의 영양을 강화하는 비타민 보충제를 생산하는 공장들도 없다. 만약 미국이 중국과 전쟁을 벌인다면, 아니 그저 무역을 당장 중단하기만 해도 오로지 가공식품만 먹고 사는 일부 미국인들은 각기병이나 괴혈병 같은 비타민 결핍증에 걸리게 될 것이다.

딘지스가 보기에 보조식품의 과다 복용은 분명히 개인에게도 문제가 될 수 있다. 멜라토닌 보충제가 자연 발생적인 호르몬과 화학적으로 유사하다는 사실은 보충제를 알약으로 먹든 피부에 뿌리든 안전성이나 효능을 논하는 데 거의 도움이 되지 않는다. 딘지스도 이렇게 지적한다. "아이들은 의사와 상의하지 않고 멜라토닌 보충제를 사용하거나 카페인 음료를 마시면 안 됩니다. 우리가 얘기하고 있는 대상은 정보를 바탕으로 결정할 수 있는 성인들입니다."

이 얘기에서 귀담아들어야 할 부분은 '정보를 바탕으로'라는 말이다. 수면 조절제는 실리콘밸리 기술회사들의 변덕에 장단을 맞춘다. 그런 회사들은 바로 브랜드를 동원한 최적화 전략이 전문이다. 한편, 수면 부족은 심장질환 및 뇌졸중과 확실히 관련 있다. 2013년 인도네시아에서는 광고 카피라이터였던 24세 여성이 장시간 잠을 자지 못한 후에 사망한 일이 있었다.[29] 그 여성은 "30시간을 일하고도 여전히 쌩쌩하다"라는 트윗을 남긴 지 몇 시간 뒤에 쓰러졌고, 혼수상태에 빠져 있다가 이튿날 아침에 사망했다. 그녀의 한 직장 동료는 페이스북에 이렇게 썼다. "그녀는 초과 근무를 너무 많이 하고 크라팅댕을 너무 많이 마셔서 심장마비가 오는 바람에 죽었다." '크라팅댕Kratingdaeng'은 다른 지역에서는 '레드불Red Bull'이라고 알려진 제품이다.•

• '붉은 소'라는 의미의 에너지 드링크인 크라팅댕은 태국의 한 사업가가 개발해 1976년부터 태국을 거점으로 동남아 지역에서 판매됐으며, 1982년 태국에 출장 온 오스트리아의 사업가가 그 효과를 체험하고서 크라팅댕 회사와 제휴해 1987년 유럽에서 레드불이라는 상표로 출시함

통칭 에너지 드링크라고 알려진 비타민·카페인·아미노산의 혼합물은 우리가 자연 수면 주기를 물질로 조작하려는 또 다른 측면의 시도를 보여준다. 그런 혼합음료는 최근 몇 년 동안 병원을 찾는 일이 급증하는 현상과 연관이 있다. 미국 약물남용 및 정신건강 서비스국Substance Abuse and Mental Health Services Administration에 따르면 2007년에서 2011년 사이에 병원 방문 건수가 두 배로 뛰었다고 한다(아무래도 '심장마비를 일으켜요'보다는 '날개를 달아드려요'라는 말이 상업적으로는 성공 가능성이 큰 슬로건일 것이다).

"에너지 드링크와 관련된 사망자들 그리고 몇몇 소송에 관한 이야기들이 많았습니다."30 공익과학센터Center for Science in the Public Interest의 기관장인 마이크 제이콥슨Mike Jacobson은 내게 이렇게 말했다. "적어도 어떤 사람들에겐 그 음료가 기저의 심장 결함과 관계가 있어요. 그런 사람들은 이 정도의 카페인을 섭취하면 쓰러집니다." 현재로선 에너지 드링크가 잠재적인 메커니즘과 상관관계가 있다는 것일 뿐, 아직 유해하다는 '증거'는 없다.

카페인 과다 복용은 가만있었으면 건강했을 사람들의 직접적인 사망 원인이 된다고 알려지지는 않았지만, 생체 시계를 정말로 바꿔놓는다. 생물학적 개념으로 보면 만성이라고 일컫는 상태가 되는 것이다. 에너지 드링크를 마시고 난 뒤에 입원한 환자들 다수는 아마 커피도 마시는 사람들일 거라고 제이콥슨은 지적한다. 실제로 커피 때문에 중병에 걸린 사람은 거의 없겠지만 말이다.

그 젊은 카피라이터의 계부는 딸의 고용주들을 탓하기보다는 오히려 광고업계 전체를 비난했다. 직장 문화가 딸이 크라팅댕을 마시도록 몰아가고 딸의 수면과 여가를 빼앗아갔다고 말했다. 결국 장시간 근무를 기대하고 칭찬하는 문화, 뭐든 많을수록 좋다는 문화를 비판한 것이다.

여담이지만, 스프레이어블 슬립은 그 회사가 두 번째로 출시한 제품이다. 첫 출시 제품은 카페인을 국소적으로 뿌리는 '스프레이어블 에너지Sprayable Energy'였다.

잠을 덜 잘 수 있는 훈련이 가능할까요?

1964년 샌디에이고에서 랜디 가드너라는 16세 소년이 고등학교 과학실험으로 264시간 동안 잠을 자지 않고 깨어 있었다. 무려 11일에 해당하는 시간이었다. 1964년 이 사건 이후로 학교 과학 박람회의 안전성 기준이 바뀌게 됐다.

이 프로젝트는 스탠퍼드대학교의 수면 연구자인 빌 디멘트Bill Dement가 감독했다. 그는 다른 사람들과 교대로 그 학생의 의식을 관찰하고 평가했는데 모든 관찰자들의 말을 들어봐도, 금발의 호리호리한 이 학생은 각성제를 전혀 복용하지도 않았고, 심신에 별 타격을 입는 것 같지도 않았다고 한다. 열흘째 되는 날에는 함께 핀볼 게임을 했는데 가드너가 심지어 디멘트 자신을 이기기까지 했다고 했다.

나는 펜실베이니아대학교의 데이비드 딘지스에게 잠을 자지 않아도 죽지 않고 그 정도로 버틸 수 있는 사람의 수가 얼마나 되는지 물어봤다. 그는 "수면을 계속 박탈당하면 생물학적으로 심각한 결과들을 초래하게 돼요. 죽는 것도 그런 결과들 가운데 하나죠"라며 확실하게 답했다. 그렇긴 하지만 가드너 같은 사례, 다시 말해 한참 동안 잠을 박탈당해도 큰 지장이 없는 사람들의 사례 역시 기록으로 충분히 입증되긴 했다.

'잠이 없다'고 하는 사람들은 소수이지만 가끔 정말로 존재하는 것 같다. 그런 이들은 하루에 겨우 네댓 시간만 푹 잔다. 딘지스는 정확히 몇 명이나 되는지는 아무도 모른다고 하면서도 "그런 사람들은 아마 우리 가운데 [흔히들 언급하는 수치로] 꼭 1퍼센트가 아닐 수도 있어요. 실제로 남들보다 수면 부족을 잘 견딜 수 있는 사람의 수는 그보다 훨씬 많을지도 몰라요"라고 말했다. 이는 대양횡단 요트 경주자들을 대상으로 한 연구에서 나타났다. 경주자들은 항해하는 동안 잠을 길게 자는 사치를 부릴 여유가 없었다. 실제로 잠을 가장 적게 잔 사람들이 승자가 되는 경향이 있었고, 승자들은 토막잠을 여러 번 자는 경우가 많았다.

그런 개념은 사람들이 그것을 일상에 적용하려고 노력하면서 퍼져나갔다. 오늘날 '다단계 수면 polyphasic sleeping'을 실천하는 소수의 사람들이 세계 곳곳에 있다. 다단계 수면은 잠을 쪼개서 자기만 해도 총수면 시간을 줄일 수 있다는 생각이 바탕에 깔려 있다.

밤에 길게 한 번만 자지 않고 토막잠을 여러 번 자는 훈련이 분명 가능하다 해도 24시간 주기로 수면 시간을 줄이는 훈련은 불가능해 보인다고 딘지스는 말한다. 또한 잠을 덜 자고도 인지 기능이 멀쩡한 채로 지낼 수 있는 1퍼센트 정도의 사람들이라 해도 그런 방식이 물질대사, 기분, 그 밖의 수많은 요인에 어떤 영향을 줄지는 미지수라고 지적한다. "기분이 유쾌해도 인지적으로는 건강하지 않을 수 있어요. 혹은 인지적으로는 건강해도 너무 밀어붙이거나 설쳐서 사회생활이 어려울 수도 있고요."

가드너의 역사적인 과학 프로젝트가 진행되던 무렵 미군은 수면 부족 연구에 관심을 갖고 있었는데 그들의 관심사는 "군인들이 지속적인 전쟁 상황에서 잠을 거의 자지 않고도 임무를 수행할 수 있도록 훈련이 가능할까"였다. 미군의 본래 연구에서는 그럴 수 있는 것처럼 보였다. 그러나 사람들을 실험실에 넣어놓고 계속 깨어 있게 했더니 실상은 그렇지 않았다. 매일 밤 충분히 못 자서 생긴 심신의 이상이 누적됐다. 잠을 덜 잘수록 다음 날 심신에 타격이 컸다. 하지만 가장 흥미로웠던 점은 정작 본인은 타격을 받는지 알지 못했다는 것이다.

"그들은 자기가 괜찮다고 주장했지만, 심신의 기능이 전혀 제대로 작용하지 않았어요. 더구나 그 괴리가 엄청났죠." 딘지스가 말했다.

이런 연구 결과는 그로부터 수십 년 동안 수차례나 똑같이 나왔다. 하지만 수많은 직종을 보면 수면 부족을 계속 칭찬하고 장려하는 실정이다. 학술지 〈수면Sleep〉에 발표된 한 연구 논문에 따르면, 펜실베이니아대학교 연구자들이 매일 밤 수면을 6시간으로 제한한 실험 대상자들에게 인지 검사를 해보니 기능이 뚝 떨어지는 것을 관찰했다고 한다.[31] 여기서 아주 중요한 발견은 실험 기간 내내 매일 6시간만 잤던 사람들이 자신의 심신이 멀쩡하다고 여겼다는 점이다.

"우리는 실제로 자기 능력의 변화를 별로 잘 눈치채지 못해요. 왜냐하면 동기나 사전 지식, 사회적 권리, 기타 등등을 바탕으로 자기 능력을 해석하기 때문이죠." 딘지스가 말했다.

모든 것과 마찬가지로 효과적인 수면 습관은 자기 인식에 영향을 주는 것 같다. 병원에서 레지던트로 일했을 때, 나는 잠도 못 자고

36시간이 이어지는 교대 근무를 했다. 몇 분 이상 쉬지도 못할 때가 허다했다. 이렇게 쓰다 보니 지금도 마치 내가 불굴의 의지를 지닌 사람이라고 주장하거나 자랑하는 것처럼 들린다. 또 비슷한 찬사를 받을 수 있는 다른 유형의 자해는 (아마도 폭음 말고는) 딱히 생각나지 않는다.

엄밀히 따지면 그 교대 근무는 30시간을 일하게 돼 있었다. 이 시간은 미국의학협회에서 정해놓은 한도였지만 사람들이 계속 아프다 보니 우리는 병원에 더 오래 머물렀다. "내 근무는 끝났어. 어제 아침에 일을 시작했는데 지금은 밤이야. 그럼, 행운을 빌게." 이렇게 말할 순 없지 않은가. 그러면 안 된다. 계속 남아서 도와야 한다. 그래야 자신의 직업 윤리와 헌신이 증명된다.

응급실에는 입원이 필요한 새 환자나 병원 불빛과 소음 때문에 잠을

| 수면 부족이 우리에게 끼치는 영향 |

자지 못해 '수면제'를 요구하는 환자가 항상 있었다. 말기 환자들로 가득한 8층에서는 사망진단서를 내가 작성해줘야 하는 환자도 있었다. 수면 부족은 내가 한 번도 느껴보지 못한 어떤 느낌, 어떤 도취감과 분노, 절망이 뒤섞인 형태로 한바탕씩 나타났다. 한번은 상태가 위독해서 중환자실에 막 입원한 환자의 가족과 함께 앉아 사전의료지시서를 놓고 의논했던 적이 있었다. 사전의료지시서란 환자의 심장이 멈추는 일이 당장이라도 발생할 것 같은 상황에서 당사자가 원하는 조치를 밝혀두는 문서를 말한다. 이를테면 환자가 흉부 압박이나 전기 충격, 호흡관 삽입 등의 심폐소생술을 받고 싶은지 사전에 알려놓는 것이다. 그런데 이 와중에 웃음이 나와서 나는 고개를 숙여 내 무릎에 놓인 환자 진료 기록지를 뚫어져라 쳐다봐야 했다. 이건 결코 전혀 웃기지 않는 상황이었다. 나는 대뇌피질에서 일어난다고 알고 있는 어떤 반응과도 무관한 신체 반응을 겪고 있었다. 웃음 발작gelastic seizure이라고 하는, 즉 사람이 웃고 있는 것처럼 보이는 발작의 한 유형이 있긴 하지만, 그때의 나는 그런 발작은 아니었던 것 같다. 보통의 단순한 섬망delirium•이었던 듯하다. 아무도 눈치채진 못했지만 정말 당황스러운 순간이었다.

내 경험은 펜실베이니아대학교의 수면 실험 결과와 일치했다. 내 몸에 무슨 일이 일어나든지 간에 계속 일하면 위험하다는 '느낌'이 전혀 들지 않았다. 내 말이 간략해서 퉁명스럽게 들리고, 짜증을 잘 내고, 몸에서 좋지 않은 냄새도 났겠지만, 내가 뭘 하든 아무렇지도 않다고 생각했다. 딘지스는 수면이 부족한 사람들을 음주 운전자에 빗댄다.

• 갑자기 혼란스러워지면서 흥분, 불안, 떨림을 느끼거나 주의력이 떨어지는 등 인지 기능 전반에 장애를 겪는 증상

음주 운전자는 운전대를 잡으면서 자신이 누굴 죽일 수도 있다고 생각하지 않기 때문이다. 술에 취했을 때와 마찬가지로 잠이 부족해 가장 먼저 잃는 것 중 하나는 자기 인식이다. 수면량이 가장 부족한 사람들에게서 그 영향이 가장 빨리 나타난다.[32]

가끔 태양을 쳐다보는 게 정말 그렇게 안 좋은가요?

태양을 바라보면 금세 망막이 타버린다. 하지만 우리는 그걸 느끼지 못한다. 몸에서 신경세포가 가장 많이 밀집된 곳 중 하나가 바로 망막인데도 거기서 통증을 전혀 감지하지 못하기 때문이다. 대부분의 사람들은 태양을 쳐다보면 안 된다는 것을 안다. 하지만 태양을 바라본 적도 없는데 태양 방사선으로 실명하는 사람이 정말 많다는 사실은 잘 알려져 있지 않다. 게다가 태양이 우리 눈을 손상시키는 방식에는 망막을 태워버리는 것만 있는 게 아니다.

시력협의회Vision Council의 설문조사에 따르면 밀레니얼 세대는 선글라스를 '항상 또는 자주' 쓴다고 할 가능성이 가장 적다고 나온 인구 집단이다(솔직히 나는 밀레니얼 세대에 대해 읽어도 그 내용이 전혀 놀랍지 않을 것이다. 왜냐하면 나도 그 세대에 속하며 우리 세대는 감정이 없고 놀라는 법이 없는 사람들이기 때문이다). 이런 결과가 담긴 자체 연구 보고서에서 시력협의회는 밀레니얼 세대에게 계속 훈계한다. 아울러 태양으로부터 눈을 제대로 보호하지 않는 사람은 누구나 훈계의 대상이다. 비영리 단체로 등록된 시력협의회는 미국에서 자외선UV이 가장 강한 도시들을 친절하게 안내하는 지도 제작 같은 일들을 한다(자외선이 가장 강한 도시 1위는 산후안• 이며 2위는 호놀룰루, 3위는 마이애미다).

2015년 시력협의회는 "건강 필수품인 선글라스로 맨눈 보호하기"라는 제목에 반들반들한 표지를 덧댄 '자외선 차단 보고서'를 발간했다. 거기에는 또 이런 흥미로운 통계가 나온다. "미국 성인의 65퍼센트가 선글라스를 시내에 나갈 때 착용하는 패션용품으로 여기지만 선글라스는 매우 중요한 건강 필수품이기도 하다." 아울러 이 단체는 국가 차원에서 '선글라스의 날'을 기념하자고 간절히 호소한다(혹시 아는지 모르겠지만, 그 날짜는 6월 27일이다).

이쯤 되니 근사한 인쇄물에 그 단체의 사명이 '안경업계의 제조자들과 공급자들을 대표'하는 일이라고 나와 있는 게 놀랍지 않았다. 그래서 일종의 건강 전문가들로 구성된 위원회처럼 들리긴 하나, 알고 보면 시력협의회는 상업적인 단체다. 더구나 권위 있는 공익 사업적 메시지를 내세우면서 마케팅이나 선전은 아닌 듯 보이는 이 건강 '정보'의 보고는 자외선 차단과 눈 보호와 관련된 구글 검색 페이지에서 최상단 위치를 차지하고 있다. 그런데 구글에서 건강 정보를 찾는 것은 객관적인 답을 찾으려고 지하철 바닥에서 팸플릿을 집어 드는 행위와 거의 같은 수준의 신뢰도를 나타낸다("왜 그런 방법으로 세척하세요?" "지하철 바닥에서 발견한 팸플릿에서 그런 내용을 읽었거든요.").

물론 이처럼 선글라스 판매를 최우선으로 하는 접근방식 때문에 시력협의회가 진실 유포를 첫째 사명으로 삼는 단체와 근본적으로 다르

• 미국 자치령인 푸에르토리코의 수도

긴 하지만, 그렇다고 해서 시력협의회의 정보가 꼭 부정확하다는 말은 아니다. 예를 들어, 안구 표면에 입은 햇빛화상을 '광각막염 photokeratitis'이라고 부르는 것은 사실이다(광각막염은 각막을 구성하는 각질이 빛에 노출돼 생기는 염증이다). 게다가 자외선은 '익상편 pterygium'이라는 질환을 유발해 결막 조직이 날개 모양으로 각막을 덮으며 자라날 수도 있다.

하지만 가장 중요한 사실은 자외선이 '백내장 cataract'을 일으킨다는 것이다. 백내장은 세계적으로 실명의 가장 주된 원인이다. 훨씬 더 훌륭한 건강 정보원인 세계보건기구에서는 해마다 백내장으로 실명하는 사람들의 수가 1,200만 명에서 1,500만 명에 이른다고 추산한다. 그리고 그중 20퍼센트에서만 햇빛이 '유발했거나 촉진했을' 거라고 본다. 하지만 오존층 파괴로 해마다 더 많은 자외선이 우리 눈과 피부로 들어온다. 시력협의회에서 추산하기로는 오존층이 10퍼센트 감소하면 백내장에 걸리는 사람들이 매년 175만 명 더 늘어날 수 있다고 한다. 그러니 비록 100만 명 정도의 오차가 있더라도, 해피 선글라스 데이!

제가 발작을 일으켰나요?

베스 어셔 Beth Usher는 또래보다 발달이 빠른 유치원생이었다. 이미 글을 읽고 쓸 줄 알았으며 발레와 축구도 했다. 베스는 코네티컷주 스토어스 Storrs에 사는 부부인 브라이언과 캐시의 둘째 아이였다. 그런데 1983년 9월 23일 베스가 초등학교에 입학한 지 딱 3주째 되던 날, 교장 선생님이 베스의 엄마인 캐시에게 전화를 걸어 몹시 당황한 목소리로 베스가 '정상이 아닌 것 같다'며 이렇게 말했다. "베스가 평소 같지 않은 행동을 해요." 캐시는 일하다 말고 곧장 학교로 달려갔다.

"저는 그전까지 발작을 본 적은 없었지만 그게 발작이란 걸 알 수 있었어요." 캐시는 그 순간을 회상하면서 이야기를 이어갔다. "베스는 저를 알아봤어요. 왼팔은 들어 올릴 수 있었는데 오른팔은 그냥 축 늘어져 있었고요. 저를 보더니 '엄마' 하고 부르고는 뭐라 말하려고 했지만 그러지 못했죠."

베스의 갑작스런 발병은 처음, 중간 그리고 끝이 있었다. 그것은 발작임을 명백히 보여주는 특징이다. 구급차가 와서 베스를 하트포드병원으로 실어갔을 쯤에는 발작이 이미 지나가고 없었다. 그러고 나서는 발작을 하는 사람들이 대체로 그렇듯이 상태가 괜찮아졌다. 의사들은 아무 설명을 하지 않았다. 발작은 그냥 가끔 일어나기도 한다고, 이 경우는 아마도 단발성 신경장애일 텐데 심란하긴 하지만 사소하다고 말하면서 의사들은 베스의 부모를 안심시켰다.

그래도 안전을 위해 의사들은 항경련제인 페노바비탈phenobarbital을 처방해줬다. 베스의 부모는 딸을 다시 학교에 보냈다. 페노바비탈 때문에 베스가 좀 지나치게 활동적이긴 했지만 2주 동안은 발작이 없었다. 그런데 베스 가족이 첫 발작의 충격을 막 극복해갈 무렵, 대발작이 베스의 오른쪽 몸에 찾아왔다. 발작이 가라앉았을 즈음 베스는 다시 구급차에 실려 한밤중에 병원으로 급히 옮겨졌다. 베스 가족의 인생이 바뀌게 된 순간이었다. 의사들은 이 어린 소녀의 뇌를 CT(컴퓨터 단층) 촬영했고, 그 결과 왼쪽 반구에서 이미 죽어 위축된 넓은 뇌 영역이 발견됐다.

2015년 맨해튼의 유니언스퀘어에서 브라이언 어셔는 딸의 이름이 적힌 커다란 서류 봉투에서 그 CT 사진들을 꺼내 나에게 건넸다. 베스네 집 지하실은 베스의 의료 기록은 물론이고 신문 기사 스크랩, 베스의 회복을 비는 낯선 사람들의 편지들로 반쯤 차 있다고 한다(브라이언은 희끗희끗한 스포츠머리에 대학 풋볼 코치 같은 분위기를 풍겼다. 그도 그럴 것이, 그는 실제로 코네티컷대학교의 풋볼팀 코치였다. 캐시는 같은 학교의 연구소 직원이었다. 지금은 둘 다 퇴직했다). 나는 CT 사진을 해가 있는 쪽으로 들어 올려서 살펴봤다. 어린 베스의 좌뇌 전체에서 파괴되어가는 위축된 뇌조직이 어둡게 나타났다.

그것은 그저 약간의 비정상을 보여주는 CT 사진이 아니었다. 뇌 용적이 그토록 손실됐는데도 어쨌든 신체를 계속 운영할 수 있는 상태의 정말 놀라운 뇌 사진이었다. 우리가 뇌의 10퍼센트만 사용한다는 것은 전혀 사실이 아니지만, 뇌의 온전한 부분이 50퍼센트에 지나지 않는 사람이 일반적인 삶을 영위할 수 있다는 것은 '사실'이다. 베스가 바로 그 증거다.

인체 내부를 찍은 사진들은 진단을 내리기 위한 퍼즐 조각들이다. 의사가 CT (또는 엑스레이나 MRI) 사진을 살펴볼 때 어떤 질병이 진행돼 환자를 괴롭히는지 완전히 확실하게 말하기는 거의 불가능하다. 겉보기에 똑같진 않더라도 매우 비슷한 다른 병들이 있을 수 있기 때문이다. 가슴에 갖다 댄 칼은 정면에서 찍은 흉부 엑스레이 사진으로 보면 심장에 꽂힌 칼과 똑같아 보인다. CT 사진을 판독할 때 의사는 대단히 많은 지식을 바탕으로 추측해 진단을 내린다. 그런 추측의 신뢰도는 99.9999퍼센트부터 훨씬 더 낮은 수준까지 다양하다. 그런 지식에서 나온 추측을 따라가다 보면 대개 겉으로 보기에 증상이 비슷한 엉뚱한 진단을 내릴 가능성이 크다. 예를 들어 감염병과 암의 경우, 환부의 조직 표본을 채취해 현미경으로 관찰하는 조직 검사를 하지 않고는 '절대적으로' 확실한 진단을 내리기가 종종 불가능하다.

| 엑스레이 촬영의 문제점 |

어느 것이 정확한 진단인지 알아내기 위해서는 환자의 이야기도 들어봐야 한다. 모든 사람의 머리를 절개해볼 순 없는 노릇이니 대부분 경우에는 이런 진단 체계가 충분히 잘 작동한다. 그러나 베스의 경우는 달랐다.

전통적인 관점에서 보면 아이들은 뇌졸중이 거의 없지만 난산 과정에서 뇌에 입은 손상을 잘 견뎌낸다. 하트포드병원의 의사들은 베스 부모에게 딸의 뇌에 있는 어두운 부위에 관해 이야기하면서 그 원인이 출산 과정에 있었을 거라고 했다. 베스의 뇌가 뇌성마비 cerebral palsy가 있는 아이의 뇌처럼 보였기 때문이다. 분만 중에 혈류 부족으로 뇌 부위가 위축되면 뇌성마비가 될 수 있다. 하지만 사실상 그 병원의 의사들은 물론이고 이 세상에 거의 누구도 실제로 베스와 같은 사례를 본 적이 없었다.

그런 뇌 손상은 CT 사진에서 보이는 뇌의 겉모습 측면에서는 말이 됐지만 베스의 내력을 들여다보면 말이 되지 않았다. 뇌성마비는 다섯 살 된 아이가 그냥 걸리는 병이 아니다. 베스의 출생 과정에는 특이한 점이 전혀 없었다. CT 사진에 이렇게 뚜렷이 나타날 정도의 뇌 손상이라면 출생 과정이나 유아기에 그 원인이 된 사건을 모르고서 지나갔을 리가 없다.

하지만 베스 가족이 신경과 전문의와 상담했을 때 그 의사도 뇌성마비가 베스 뇌의 어두운 부위를 가장 잘 설명해준다는 소견에 동의했다. 그리고 아마도 그게 베스에게서 보이는 뇌전증epilepsy의 원인일 거라고 말했다(베스는 발작을 한 번 이상 일으켰기 때문에 이제 '뇌전증'이 있는 셈이었다). 뇌성마비가 지극히 일반적이기도 하고 CT 촬영을 하면 딱 그렇게 나타나므로 사진을 보고 내리는 진단 측면에서는 말이 됐다. 어느 쪽이든 베스 부모가 기대하는 정도의 절박함을 느끼며 문제를 대하는 사람은 아무도 없었다. 아마도 뇌전증은 불치병이고, 회백질이 한번 위축되면 근육에서도 그럴 수 있듯이 뇌가 위축될 수밖에 없기 때문이다. 캐시는 그때 의사들이 베스의 페노바비탈 복용량을 늘리는 바람에 베스가 '미치광이처럼' 교실을 뛰어다녔다고 회상한다.

오른손잡이였던 베스가 오른손으로 밥을 먹지 못하게 되면서 상황은 더욱 참담하기만 했다. 베스는 왼손으로 글씨 쓰는 법을 배우기 시작했다. 오른발은 마음대로 움직여주질 않았다. 발작은 더욱 빈번해지고 심해져만 갔다. "베스의 상태는 점점 더 악화됐어요. 계속 넘어졌죠. 같이 쇼핑하러 나가면 마치 학대받는 아이처럼 보였어요. 온몸이 멍투성이였으니까요. 사람들이 저를 쳐다보는 시선이 '저 아이에게 대체 무슨 짓을 한 거야?'라고 말하는 것 같았어요."

어찌할 바를 몰랐던 베스 부모는 여러 신경과 의사들과 상담했다. 하지만 베스에게 뇌전증이 있으며 그 병은 고칠 수 없으니 치료의 목적은 단지 발작을 최소화하는 것이라는 사실만 확인받을 뿐이었다. 의사들은 베스에게 투여하는 약물을 바꿨다. 다른 항경련제로 페니토인 phenytoin 성분의 딜란틴 Dilantin 도 써보고, 발프로산 valproic acid 제제도 써보고 다양한 약을 섞어서 처방하기도 했다. 약물요법을 수정하거나 변경한 이후에도 발작이 또 일어나 병원에 다시 가야 했기에 베스는 병원을 드나드는 일이 일상이 돼버렸다.

크리스마스 무렵에는 발작이 너무 빈번해져서, 가족이 다 함께 차를 타고 할아버지·할머니 댁에 가는 도중에도 베스의 아버지는 몇 번이나 차를 세워야만 했다. 머지않아 베스는 매일 약 백 번의 발작을 견디는 상황이 됐다. 어떤 발작은 잠깐 정신이 나간 상태로 나타나 베스가 멍하니 있는 줄 알고 무시할 정도였다. 하지만 어떤 때는 발작 때문에 베스가 바닥에 쓰러지기도 했다. 학교에서는 베스가 발작을 일으키면 다른 아이들이 무서워했다. 다섯 살짜리 아이가 주기적으로 머리를 부딪치다 보니 베스에겐 지속적인 감시가 필요했다.

그래도 베스와 가족들에게는 발작이 유예되는 마법 같은 순간이 하나 있었다. 그것은 베스가 TV 앞에 앉아 머리를 쿠션에 얹고서 〈미스터 로저스 네이버후드 Mister Rogers' Neighborhood〉•를 보는 시간이었다. 그 공영방송 프로그램이 진행되는 30분 동안에는 발작이 거의 일어나지

• 1968년부터 2001년까지 미국에서 방영된 어린이 교육 TV 프로그램

않는 것 같았다. 캐시는 딸이 TV를 보면서 "네, 난 당신의 이웃이 될래요!"라고 응답한 것을 아직도 기억한다.●

하지만 베스가 평생 매일 24시간 TV 앞에 앉아 프레드 로저스만 보면서 살 순 없는 노릇이었다. 베스 부모는 딸이 겪는 장애의 미스터리를 풀기로 결심했다. 베스가 맨 처음 발작을 일으키고서 넉 달쯤 됐을 때 그들은 병원 측에 CT 촬영을 다시 해달라고 강력히 요구했다. 며칠 뒤면 신경과 의사가 결과를 알려주겠지만 캐시는 그때까지 기다리지 않고 영상의학과 의사를 직접 찾아가서 얘기했다. 그러자 그녀가 두려워하던 일이 확인됐다. 베스의 뇌에서 검은 부분이 확산되고 있었던 것이다. 손상이 고정적인 뇌성마비에서는 이런 확산이 일어나지 않는다. 게다가 발작도 점점 더 잦아지고 더 심해지고 있었다. 그렇지만 아무도 그것을 설명하지 못했다.

그래서 베스 부모는 딸을 코네티컷 어린이병원으로 데려갔다. 그곳의 소아신경과 전문의인 에드윈 잘너레티스Edwin Zalneraitis는 베스의 상태와 기록을 한참 살펴보더니 베스가 백만 명 중 한 명 걸린다는 '라스무센 뇌염Rasmussen's encephalitis'에 걸린 것 같다고 소견을 제시했다. 그 병은 원인도 모르고 치료법도 없었다. 그 병에 걸리면 발작이 끊임없이 이어지고 뇌의 절반이 그냥 파괴되고 만다(이 질병에서 이상한 점은 뇌의 나머지 반은 완전히 무사하다는 것이다).

그래도 뭔가 할 수 있는 게 있으리라고 확신한 캐시는 워싱턴 D. C. 외곽의 뇌전증 재단Epilepsy Foundation에 연락을 해봤다. 그곳에는 라스

● 진행자 로저스는 매회 시작 부분에서 항상 "내 이웃이 되어줄래요?"라는 노래를 불렀음

무셴 뇌염에 대해 들어본 적이 있는 사람이 없었다. 그래서 캐시는 미국 북동부 전역의 의학도서관 사이트에 들어가 사전 인터넷 탐색을 했다. 그리고 예일대학교로 가서 흰 의사 가운을 걸치고 의학도서관에 잠입해 학술지 논문들을 입수했다. 하지만 단서는 없었다. 이 무렵 베스는 발작을 너무 많이 일으켜서 학교에 가지 못하고 있었다. 그런데 이젠 어쩔 도리가 없다고 생각하던 바로 그 시점에 뇌전증 재단에서 편지가 한 통 왔다. 그것은 〈볼티모어 선The Baltimore Sun〉에 실린 머랜다 프란시스코라는 덴버 출신 소녀에 관한 신문 기사였다. 라스무셴 뇌염에 걸린 머랜다가 최근에 존스홉킨스병원의 기적이라고 홍보하는 수술을 받았고 이제 발작은 사라졌다는 내용이었다. 그 수술을 한 의사는 훗날 대통령 후보 경선에 출마한 벤저민 카슨Benjamin Carson이었다.

캐시는 존스홉킨스병원에 전화했고 소아신경과 과장이었던 존 프리먼John Freeman은 베스의 CT 사진을 즉시 보내달라고 요청했다. 캐시는 그 사진을 하룻밤 만에 보냈다. 라스무셴 뇌염은 다른 병들과 유사한 점이 너무 많아서 사진만을 근거로 진단을 내릴 수 없었기에 프리먼은 베스 부모에게 당장 딸을 데리고 볼티모어로 와달라고 했다. 그곳에서 베스 가족은 프리먼과 카슨을 처음 만났다. 두 의사는 베스의 상태를 30분쯤 살펴보고 나서야 비로소 라스무셴 뇌염 진단을 확신했다. 그런데 그 진단 소식만이 뉴스거리가 아니었다. 일곱 살 소녀 베스가 영국 식민지 시절 양식의 드레스와 모자 차림으로 마치 뇌전증에 걸린 미국 소녀 인형처럼 찍힌 컬러 사진이 1987년 〈볼티모어 선〉 1면을 떡하니 장식한 것이다. 더구나 그 사진 위에는 '자기 뇌가 서서히 죽어가고 있다는 걸 알게 된 코네티컷의 어린 소녀'라는 커다란 표제가 달려 있었다.

하지만 카슨과 존스홉킨스 의료진은 베스가 죽을 거라고 보지 않았다. 카슨은 이미 당시에 가장 유명한 신경외과의였다. 나중에는 머리가 붙어서 태어난 쌍둥이를 분리하는 마라톤 수술에 성공함으로써 그 명성을 더욱 떨쳤으며 존스홉킨스병원은 이 대수술을 엄청나게 홍보했다. 신경외과의로서 세운 그의 기록은 훗날 그 자신이 깼다. 카슨은 존스홉킨스병원의 역대 최연소 소아신경외과 과장이었고, 가장 위험한 수술들을 기꺼이 도맡는다는 평판이 나 있었다. 이미 머랜다 프란시스코를 수술한 경험이 있었던 그는 베스 가족에게 '대뇌반구절제수술hemispherectomy'을 권했다. 뇌의 반쪽을 완전히 제거하는 수술이었다. 그는 수술 시기도 최대한 빨리 잡으라고 권유했다.

라스무센 뇌염은 거의 잊히고 무시되는 질병이다. 그것에 관한 연구도 수십 년 동안 진전이 없었다. 그 병은 거의 언제나 아이들이 걸리는데 병에 걸린 아이는 갑자기 심한 발작을 일으키게 되고, 말하는 능력을 얼마간 상실하며, 몸의 좌우 한쪽이 마비된다. 이 질환은 몇 분이 아니라 몇 달에 걸쳐 찾아오는 뇌졸중처럼 나타난다. 결국 아이의 뇌는 좌우반구 중 하나가 파괴된다. 아무도 병의 원인을 알지 못하며 치료법도 없다.

라스무센 뇌염은 겨우 0.000017퍼센트의 아이들만이 걸리기 때문에 이른바 '고아질환orphan disease'으로 간주된다. 단순히 '희귀질환'이라고도 부르는 이런 병들은 그 종류가 점점 늘어남에도 제약업계에서 간과하는 질병군이다. 제약회사들은 리피토Lipitor(고지혈증 치료제)나 비아그라Viagra(발기부전 치료제)처럼 수억 명의 사람들이 살아가면서 수십 년 동안 복용하게 되고 수백만 달러의 연구개발비 본전을 뽑으면서 이윤을 보장해줄 블록버스터급 약들에 매달린다.

하지만 소수의 열정적인 사람들이 라스무센 뇌염에 빛을 비추려고 노력 중이다. UCLA의 교수이자 신경외과 의사인 개리 매던Gary Mathern은 라스무센 뇌염을 앓는 아이들의 뇌조직 표본을 수집해 '뇌 은행'을 만들어 정보를 공유한다. 현재 전 세계에서 35개의 표본이 모였으며 그중 일부는 보존 상태가 더 양호하고 연구에도 더욱 유용하다.

"때로는 해외에서 오는 인체 조직을 신속히 통관하는 데 문제가 생기기도 합니다." 이 연구를 협력하고 지원하는 금융 전문가 세스 울버그Seth Wohlberg의 말이다. 울버그는 '라스무센 뇌염 어린이 프로젝트Rasmussen's Encephalitis Children's Project'라는 비영리 단체의 설립자이자 운영자다. 2010년에 딸 그레이스가 난치성 발작을 일으키기 시작해 라스무센 뇌염 진단을 받은 후로 울버그는 그 치료법을 찾는 것을 자신의 사명으로 삼았다. 아니 최소한 환자들 뇌의 반을 들어내지 않아도 되는 대안이 나오는 방향으로 진전이 있길 염원한다.

울버그가 보기에 근본적인 문제는 이 질환과 관련된 연구를 하는 이질적인 연구자들 사이에 단합이 부족하다는 것이었다. 수많은 생체의학 연구에서 보듯이, 그 이해 당사자들은 고립된 상태로 일하기가 쉽다. 경쟁은 울버그의 본업과 직결되는 자본주의 체제를 움직이지만 정작 희귀질환 치료 연구에서는 역효과가 날 수 있다. 하지만 과학자들을 한데 모아 협력하게 하는 일은 울버그 말마따나 '마치 고양이 떼를 몰고 가는 것처럼' 그들의 본성과 맞지 않는 경향이 있다.

현재 매던은 연구해야 할 뇌조직의 목록을 갖고 있지만, 그와 동료들은 뭐가 정확히 어떻게 진행되는지 모르겠다고 인정한다. 오랫동안 널리 알려진 가설은 라스무센 뇌염이 서서히 증식하는 바이러스와 그 바이러스에 대한 자기파괴적 면역 반응이 합쳐진 결과라는 것이다(이 모호한 가설은 요즘 들어 뇌질환이나 그 밖의 많은 질병들에 적용되고 있다). 라스무센 뇌염은 항원이 일으키는 염증을 실제로 분명히 포함하고는 있지만, 환부의 조직 표본을 배양해 전자 현미경으로 들여다보고 DNA 염기서열을 분석해봐도 항원이 될 만한 바이러스나 다른 감염원을 찾아낼 수 없었다.

매던은 이렇게 말했다. "우리는 전부 다 찾아봤어요. 만약 이 질환이 어떤 바이러스에 대한 반응이라면 그 바이러스는 현재 과학계에 알려지지 않은 존재이자 우리가 할 수 있는 최상의 방법들을 동원해도 감지되지 않는 존재예요."

정년퇴직이 얼마 남지 않은 매던은 라스무센 뇌염의 정체를 밝혀내서 이 연구에 자신의 발자취를 남기길 소망한다. 하지만 지금은 이렇게 툭 까놓고 말한다. "우리는 이 질환의 원인을 모르지만 이건 뇌의 반구를 좀먹는 병입니다." 이 병은 왜 대뇌를 절반만 파괴하고 거기서 멈출까? 이 물음에 그는 "도무지 이해가 안 돼요"라고 대답하고는 생각에 잠겼다.

적어도 지금은 세계 곳곳에서 인터넷으로 경험을 나눌 수 있는 부모들과 과학자들이 모인 작은 공동체가 있다. 베스가 수술을 받았던 1987년 그때보다 공유할 내용이 더 있는 건 아니지만, 그런 불확실성을 마주한 캐시와 베스에게는 어떤 선택도 불투명했다.

"베스 부모가 그런 상황을 겪었을 때 그들은 선구자였어요. 그땐 자료도 없고 통신 수단도 없었잖아요. 저는 그분들을 존경합니다." 울버그가 말했다.

낮에는 헤지펀드 운용사의 전무로 일하는 울버그는 라스무센 뇌염 연구라는 대의를 위해 100만 달러 이상을 기부할 수 있었다. 매던이 UCLA의 뇌조직 은행에 자금을 댈 수 있는 건 전적으로 울버그 덕분이다. 매던은 이런 이야기를 들려줬다. "국립보건원에서는 연방 기금을 이런 희귀질환에 투자하려고 하지 않아요. 자유시장도 이 문제를 해결하지 못하고요. 그 누구도 어떤 해결책이라도 찾아볼 만한 여유가 없는 거죠."

이게 바로 헤지펀드 운용자들의 지원이 없는 수많은 희귀질환의 현주소다. 당시 베스의 부모는 그들을 이끄는 의사들이 아이의 뇌가 쇠약해지는 이유는 설명하지 못하고 50년 전에나 했을 법한 야만적인 수술만을 제안하는 상황에서 외롭게 앞으로 나아갔다.

"아이의 뇌를 반이나 제거하려는 사람에게 자식을 넘기는 건 상상도 할 수 없는 일이죠." 캐시는 그렇게 말했다.

하지만 베스의 상태가 점점 더 악화되고 있었다. 캐시가 베스에게 우산을 보여주면 베스는 "그걸 쓰면 머리가 젖지 않아요."라고 충분히 말할 수 있는데도 그 언어를 생각해내지 못했다. 브라이언은 이런 기억도 꺼내서 들려줬다. "한번은 생일잔치를 하는 자리였는데 베스가 아주 긴장하는 증세를 보였어요. 그러더니만 정신줄을 완전히 놓아버렸죠."

캐시는 딸을 넘겨서 아이의 뇌를 반이나 제거해야 한다는 징후를 간절히 찾는 과정에서 심지어 캐나다의 신경외과 의사인 시어도어 라스무센Theodore Rasmussen까지 찾아내어 그에게 연락했다. 라스무센 뇌염이 바로 그의 이름을 딴 질환이다. 대뇌반구절제 수술로 유명해진 사람은 카슨이었지만 원래 이 수술의 선구자는 라스무센이었다. 사실 초창기의 결과는 좋지 않았다. 하지만 훗날 이 수술을 받아들인 사람들은 아이들의 뇌가 '가소성'이 뛰어나기 때문에, 다시 말해 수술이나 다른 손상 이후에도 뇌가 자체적으로 '회로를 재구성'하기가 쉽기 때문에, 뇌를 절반 정도 제거해도 아이가 생존하는 것은 물론, 남은 반구가 사라진 반구의 기능을 일부 맡을 수 있다는 것을 알게 됐다. 만약 뇌의 기능이 이미 굳어버린 서른 살에 대뇌반구절제 수술을 받는다면 '뇌 기능을 전혀 회복하지 못해 수술이 무용지물이 될' 거라고 매던은 내게 설명해줬었다.

중증 뇌전증의 경우에는 대뇌반구절제 수술이 지능 저하를 막아주며 오히려 그 반대로 작용해 지능지수가 수술받기 전보다 높아지기도 한다고 밝혀졌다.[33] 그리고 대략 75퍼센트의 환자가 수술 이후로 발작이 사라지는 결과를 얻는다. 하지만 모든 대뇌반구절제 수술이 질적으로 같지는 않다. 보험회사들은 환자들이 가장 가까운 병원의 신경외과 의사에게 가서 수술을 받도록 강요하고 싶어 하지, 가장 경험이 많은 의사들이 매우 세분화된 전문성을 바탕으로 완벽한 의술을 펼칠 수 있는 존스홉킨스병원이나 클리블랜드클리닉 같은 의료기관에 환자들을 보내려고 하지 않는다. 울버그의 설명에 따르면, 그런 전문기관에서 수술을 받지 않으면 '재앙'을 부를 수 있다. 절개할 반구의 경계선을 1센티미터만 넘어가도 뇌간이 손상돼 환자가 목숨을 잃을 수 있기 때문이다. 마찬가지로 뇌전증을 일으키는 반구의 조각이 1밀리미터라도 뇌에 남게 되면 뇌 전체가 있을 때와 똑같은 심한 발작이 지속될 수 있다.

대부분 그렇게 수술을 받아도 그레이스 울버그처럼 결과가 좋지 않다.[34] 울버그는 딸 그레이스가 존스홉킨스병원에서 반구를 제거했는데도 아홉 달을 지옥 속에서 헤매다가 매던이 재수술로 일부 남아 있던 뇌조직을 깨끗이 정리하고 나서야 비로소 괜찮아졌다고 했다.

한편, 베스 가족은 존스홉킨스병원을 세 번 다녀오고 나서야 비로소 수술을 받기로 결심했다. 베스가 학예회 무대에서 "소나무야 소나무야"를 부르던 중에 대발작을 일으킨 사건이 계기였다. 교장 선생님은 전교생이 보는 앞에서 베스를 무대 밖으로 옮겨야 했다. 이제 베스는 수술을 받을 각오가 돼 있었다.

메이크어위시 재단Make-A-Wish Foundation•이 베스가 백악관을 방문할 수 있게 해줬지만 로널드 레이건 대통령이 이란-콘트라 사건Iran-Contra affair••으로 경황이 없던 터라 베스는 낸시 여사만 만날 수 있었다. 그래서 부지런한 엄마 캐시는 수술을 앞둔 딸의 기운을 북돋울 다른 방법을 또 생각했다. 캐시는 프레드 로저스가 촬영하는 피츠버그의 스튜디오로 전화를 걸었다. 그러고는 베스와 그 프로그램과의 특이한 연관성을 설명하고서 베스가 '곧 무시무시한 뇌수술을 받을 예정'인데 프로그램 관계자 누군가가 로저스의 사인이 있는 사진이나 쪽지를 보내주면 정말 좋겠다고 간절히 부탁했다.

이튿날 전화벨이 울렸다. 캐시는 베스에게 어떤 친구가 통화하고 싶어 한다고 말을 전했다. 이건 드문 일이었다. 베스는 발작 때문에 한

• 난치병 어린이들의 소원을 이루어주는 세계적인 소원성취 전문기관

•• 미국이 '테러국가 이란'에 비밀리에 판매한 무기 수출대금을 니카라과 반정부군에 지원한 사건으로 레이건 정부 최대의 스캔들

동안 친구를 사귀기가 어려웠기 때문이다. 베스는 수화기를 받아서 "여보세요"라고 말했다. 그러자 프레드 로저스도 똑같이 "여보세요" 라고 말했다. 베스는 로저스와 통화하면서 발작이 멈춰서 반 아이들이 자기를 좋아해줬음 좋겠다고 얘기했다. 그리고 〈미스터 로저스 네이버후드〉에서 자신이 가장 좋아하는 인형 캐릭터들인 킹 프라이데이 13세와 일레인 페어차일드 아주머니, 줄무늬 호랑이 대니얼과도 통화했다.● 그렇게 해서 베스는 잠깐이나마 천하무적이 됐다.

이튿날 아침, 베스 가족은 짐을 꾸려서 차를 몰아 존스홉킨스 어린이병원으로 갔다. 그곳에서 베스는 무려 12시간의 수술을 받아도 살아남을 수 있을지를 확인하는 길고 지루한 검사를 받았다.

수술이 끝난 뒤 회복실에서 베스 가족을 맞이한 카슨은 모든 게 잘 진행됐다고 말했다. 그는 훗날 첫 번째 저서에서 그건 자신의 오판이었다고 썼다. 자기 신격화로 점철된 250쪽 중에서 솔직함이 빛나는 대목이다. 그날 밤, 베스의 뇌관이 부어올랐고 베스는 그길로 혼수상태에 빠졌다.

중환자실에 있던 베스의 엄마와 아빠, 오빠, 할머니, 할아버지는 밤을 지새우며 베스가 의식을 되찾게 하려고 애썼지만 소용이 없었다. 밤낮으로 의사들이 분주히 움직이고 기계들은 펌프질을 하면서 삐삐 울리는 와중에도 베스의 가족들은 베스가 가장 좋아하는 "I Like You As You Are(난 널 있는 그대로 좋아해)"를 포함해 미스터 로저스의 최고 히트곡들을 카세트 플레이어로 계속 틀었다.

● 이 캐릭터들은 로저스가 손에 끼고 움직이면서 복화술을 구사하는 손인형임

그런데 한 간호사가 와서는 캐시에게 전화가 한 통 와 있다고 말을 전했다. '미스터 로저스'라고 자처하는 어떤 남자가 캐시를 찾는다는 것이었다. 캐시가 간호사실로 가 전화를 받아보니 그 사람은 진짜 프레드 로저스였다. 그 후로 2주 동안 프레드 로저스는 매일 전화해 베스의 안부를 물었다.

어느 날 아침 로저스는 자신이 병문안을 가도 괜찮은지 물어봤다. 비록 베스가 혼수상태여서 의식은 없었지만, 그는 베스를 보러 피츠버

| 어린 뇌의 회복탄력성 |

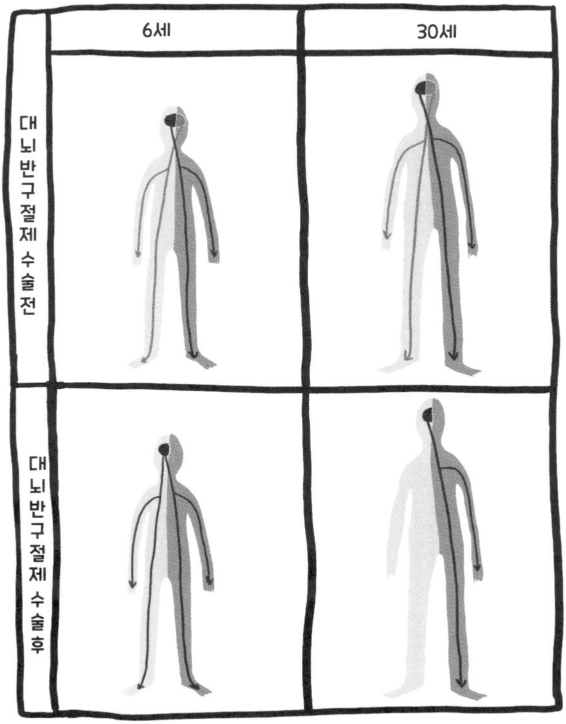

	6세	30세
대뇌반구절제 수술 전		
대뇌반구절제 수술 후		

그에서 볼티모어까지 비행기로 날아왔다. 그의 손에는 클라리넷 가방 하나만 달랑 들려 있었다. 그는 베스의 병실로 들어서자 가방을 열어 베스가 가장 좋아하는 인형 캐릭터들인 킹 프라이데이 13세와 일레인 페어차일드 아주머니, 줄무늬 호랑이 대니얼을 꺼냈다. 로저스는 베스 곁에 앉아 노래를 불러줬다. 베스의 가족은 아직도 빛바랜 3×5 크기의 사진을 한 장 가지고 있다. 그 사진에는 양손에 인형을 낀 로저스가 혼수상태로 중환자실 침대에 누워 있는 아이에게 몸을 기울이고 있는 모습이 담겨 있다.

만약 프레드 로저스가 곁에 있는 동안에 베스가 혼수상태에서 깨어났더라면 정말 멋진 이야기의 결말이 됐을 텐데 그런 일은 일어나지 않았다. 로저스는 노래를 마치고 자리에서 일어나 공항으로 돌아갔다. 두 달 뒤에는 신경안과 의사가 베스의 상태를 살펴보더니 뇌 활동이 거의 전무하다는 걸 발견하고서는 베스가 결코 신생아 수준 이상이 될 수 없을 거라고 평가했다.

그러던 어느 날 밤, 베스의 침상 옆 간이침대에 누워 있던 브라이언은 "아빠, 코가 가려워요"라는 희미한 말소리를 들었다. 그는 벌떡 일어나서 베스에게 네 이름을 아느냐고 물었다. 그러자 베스가 '베스 어셔'라고 대답했다.

"어디에 사는지도 알아?"

"코네티컷, 스토어스."

"그럼 내 이름도 알겠니?"

이쯤 되자 베스가 좀 짜증난다는 듯이 "브라이언 어셔"라고 대답했다며 브라이언은 그때의 기억을 떠올린다.

웃음은 어떻게 약이 되나요?

이제 서른일곱 살이 된 베스는 맨해튼의 어느 공원 벤치에서 내게 누렇게 변한 신문 기사를 보여줬다. 베스를 가리켜 '자기 뇌가 서서히 죽어가고 있다는 걸 알게 된 소녀'라고 써놓은 바로 그 기사였다. 베스는 수술 전에 메리 이모가 턱밑에서 리본을 묶는 형태의 흰 보닛을 많이 만들어줬는데 수술 후에 생길 흉터들을 그 모자로 가려주고 싶어서 그랬다고 설명했다. 기사 사진 속 베스의 차림새가 뭔가 시대에 어울리지 않았던 이유가 바로 여기에 있었다. 하지만 이제 머리도 긴 베스에게서 이상한 점을 찾아보라고 하면 베스의 완전한 모습이 오히려 이상하다고 해야 할 것 같다.

일반적으로 좌뇌는 몸의 오른쪽을 통제하기 때문에 베스는 오른쪽 전체가 마비됐어야 했다. 하지만 그때 베스는 어렸고 신경 가소성이 있었다. 다시 말해 면역계가 아직 시냅스 가지치기를 거의 하지 않은 상태였다. 그래서 수술 후 베스의 뇌 왼편은 오른쪽 몸을 통제하는 법을 배울 수 있었다. 집중 치료를 받은 지 겨우 9개월 만에 베스는 다시 걸을 수 있었다. 확실히 절뚝거리긴 하지만 그렇게라도 걸어 다니며, 세밀한 운동협응motor coordination•은 어려운 오른손도 보조용으로는 쓸모가 있다. 오른쪽 주변시가 없어서 운전은 하지 못한다. 걸음을 도와준다고 하는 다리보조기를 착용하지만 그게 도움이 되는지는 잘 모르겠단다. 어쨌거나 베스와 함께 걷고 이야기해보니 대뇌반구가 없

• 복합적인 운동을 효과적으로 수행하기 위해 개별 동작들을 통합하는 능력

는 사람에게서 예상되는 모습은 아니다. 베스의 대화 능력은 뇌가 온전히 있는 웬만한 사람들보다 낫다. "저는 항상 제정신이에요." 베스는 이렇게 확언하고는 자신이 기대하는 반응을 보려고 내 얼굴을 자세히 살핀다.

베스는 스스로 걷는 법을 배웠던 것처럼 스스로 행복해지는 법을 배웠다고 믿는다. "그것은 제가 유일하게 스스로 통제할 수 있는 거였죠. 저는 제 삶을 비참하게 만들 수도 있고, 웃을 수도 있어요."

캐시는 자신과 브라이언이 늘 걱정하고 우는 모습을 보이면 베스가 속상해하면서 엄마, 아빠를 웃기려고 노력했다고 말한다. 베스는 주변 사람들이 부정적으로 나올 때 참으로 대담해진다. 아이들 취향의 긍정 심리학 방식이 아니라 미심쩍은 방식으로 "우리는 더 행복질 수 있어요. 살아 있으니까요"라고 말하는 것이다.

예를 들어 사람들이 베스에게 왜 다리를 절뚝거리느냐고 물으면 베스는 이런 대답들을 번갈아가며 내놓는다. "베트남 전쟁에서 다쳤어요." "엠파이어스테이트 빌딩에서 줄 없이 번지점프를 했거든요." "생물 선생님이 제게 정말 이상한 실험을 했는데 그게 그만 아주 꼬여버렸어요." 베스는 뉴욕의 최고 광대 학교 중 하나인 '뉴욕 구프스 New York Goofs'에서 유머를 공부했다.

"그 사람들은 전문 광대들이라서 상당히 열심이에요." 브라이언은 그렇게 주장한다. 뉴욕 구프스 광대 학교는 링글링 브로스 앤드 바넘 앤드 베일리 클라운 칼리지 Ringling Bros. and Barnum & Bailey Clown College•가 문을

• 1968년부터 1997년까지 미국에서 서커스 광대를 양성했던 학교

닫은 이후에 광대 훈련의 공백을 메울 목적으로 1998년에 등장했다. 지금은 링글링 브라더스 서커스단의 많은 광대들을 훈련하고 있다.●

베스는 바로 그곳에서 난생처음 얼굴에 파이를 맞아봤다. 그런데 그 경험이 몹시 실망스러웠다고 한다. 광대들이 던지는 '파이'는 면도크림이 가득 든 통이었기 때문이다. 베스가 설명하길, 그들이 면도크림을 사용하는 이유는 그게 휘핑크림보다 사람 피부에 더 잘 달라붙어서라고 한다. 이런 비결은 오직 광대 학교에서만 배울 수 있다.

베스는 여행을 너무너무 좋아하고 바다유리를 수집하는 취미가 있다. 한번은 베스 가족이 플로리다로 여행을 가서 엡콧 센터 Epcot Center 를 방문했다(엡콧 센터는 1982년에 개장한 디즈니 테마파크로, 1990년대에는 정말 굉장한 세상이 펼쳐지리라는 생각을 바탕으로 지어졌다). 의학의 최첨단을 보여주는 한 전시에 CT 사진이 한 장 있었다. 그런데 베스가 그 사진 맨 아래 구석에 '엘리자베스 C. 어셔'라는 자신의 이름이 씌어 있는 걸 발견하고는 충격을 받았다. "우리가 카슨 박사를 위해 권리 포기 서류에 서명했었거든요." 캐시는 체념한 듯 그때 얘기를 들려준다.

어찌 보면 그런 상황에서 대부분의 고등학생들처럼 굴욕감을 느낄 수도 있었겠지만 베스는 자기 뇌가 그렇게 많이 없는 것을 사람들이 알게 돼도 항상 괜찮아했다. 베스는 자신의 이야기가 미지에 대한 두려움이나 병에 대한 두려움, 신체적 차이에 대한 두려움을 연결로 바꿀 기회라고 여긴다. "제 이야기를 아는 사람들이 많아질수록 저나 뇌전증 환자를 두려워하는 사람들은 줄어들겠죠." 자신도 예전에 종종

● 146년 역사의 링글링 브라더스 서커스단은 텔레비전, 게임, 인터넷 등이 등장하면서 점점 인기가 떨어져 결국 2017년에 문을 닫게 됨

두려움의 대상이었던 베스는 사람들에게 발작을 일으키는 이들을 두려워하지 말라고 격려한다. "그냥 가버리면 안 돼요. 오히려 그들에게 가서 꼬옥 안아줘야 해요."

웃음이 약이 된다는 주제가 내 마음에 완전히 꽂힌다. 학술지에 처음으로 실린 내 논문이 바로 웃음의 건강 효과에 관한 것이었기 때문이다. '유머'라는 제목의 논문이었는데, 공저자가 저명한 영상의학과 전문의인 리처드 건더먼Richard Gunderman이었던 덕에 나는 그 논문을 〈영상의학Radiology〉 학술지에 용케 발표할 수 있었다. 내가 선배 의사들에게 그 논문에 대해 얘기하면 그들은 내가 농담하는 줄로만 알았다. 하지만 나는 진짜 진심이었다.

의학 전문 분야 중에서도 영상의학은 특히 성격이 고리타분한 사람의 마음을 끈다. 이런 유형의 사람은 온종일 암실에 앉아 육체와 분리된 질병의 사진을 분석할 만큼 내향적이고 분석적인 사고를 한다. 흉부 엑스레이나 CT 사진에 사람 얼굴은 거의 나오지 않는다. 〈영상의학〉에 실린 우리의 논문에는 영상의학과 판독실에서조차 유머가 어떤 역할을 한다는 주장이 담겨 있다.

의사든 아니든 간에 이젠 누구나 '공인 유머 전문가'가 될 수 있다. 유머에 일생을 바치는 수많은 사람과 마찬가지로 메리 케이 모리슨Mary Kay Morrison도 말이 안 되는 것 같은 세상에 대한 반발로 유머에 모든 걸 바쳤다.

얼굴에서 미소가 떠나질 않는 이 선생님은 1969년부터 2005년까지 일리노이주 북부 지역 교육계에 몸담고 있다가 결국엔 질려버리고 말았다. 모리슨은 교육 행정가들이 유치원 교육과정에서 놀이를 밀어내고 책상 앞에 앉아서 보는 시험에 찬성하는 행태를 보고는 '좌절감'을 느꼈다고 회고한다. 그녀가 느낀 좌절감은 대부분의 사람들이 '분노'라고 부를 감정이 미국 중서부 사람 특유의 밝고 친근한 성격 때문에 순하게 나타난 것으로 해석된다.

그녀는 동료들이 아이들과 즐거운 시간을 보낼 때는 교실 문을 닫아야 했다는 이야기들을 들었다. 혹시라도 유치원장이 교실 옆을 지나가다가 교사들이 일하지 않는다고 생각할까 봐 그랬다는 것이다. "그런 생각은 아이들에게 필요한 학습 방식과 정반대인 거죠." 그래서 모리슨은 교사들을 위한 유머 워크숍을 진행하기 시작했다. 그러다가 나중에는 그 대상이 모든 사람이 됐다. 그녀는 스트레스를 줄이고 균형감을 기르려면 긍정적인 유머 에너지, 자신이 만든 용어로 표현하면 '유머지 humergy(유머 humor+에너지 energy)'가 있어야 한다고 주장한다. 그녀에게 이메일을 받는 사람들은 말미에 "유머지를 보내며 Sending Humergy"라는 작별 인사 문구를 반드시 보게 된다.

유머응용치료협회 AATH, Association for Applied and Therapeutic Humor의 현 회장인 모리슨은 유머 교육과정뿐 아니라 3년제 자격 인증 프로그램을 고안해 실행했다. 이 유머 교육과정을 들으면 대학 학점으로 인정되며 정신건강 상담사의 추가 교육 학점으로도 합산된다. 프로그램 수료자들은 '공인 유머 전문가'라는 명예를 얻는다. 적어도 이력서나 구인구직 사이트, 링크드인 프로필에 기재할 수 있는 사항이다. 하지만 모리슨은 수료자의 호칭으로 공인 유머 전문가 대신 '해그 HAG(마귀할멈)'를 사용한다. 해그는 'Humor Academy Graduate(유머 아카데미 수료생)'의 머리글자를 딴 줄임말이다(나는 이 말이 가부장제를 장난스럽게 전복하는 언어유희 같다는 생각도 든다). 현재 전 세계 해그 숫자는 25명에 불과하다. 하지만 웃음으로 치료하겠다는 그들의 열정만큼은 그 숫자를 훨씬 능가한다.

"사람들은 재미를 생각하면 광대를 떠올릴 때가 많아요. 우리 단체에는 광대 치료사들이 많지만 그게 정작 우리 임무에서 큰 부분은 아니에요." 전설적인 광대 의사인 패치 애덤스Patch Adams도 만년에 유머응용치료협회의 회원이 됐다. 애덤스는 의학이 유머를 받아들이는 데 중추적 역할을 한 인물이다. 하지만 좀 더 일반적인 유머치료에는 광대 분장이나 커다란 신발, 둥글고 빨간 코, 특유의 슬픈 표정이 필요하지 않다.

유머응용치료협회는 불치병에서부터 일상 스트레스에까지 미치는 '유머치료의 효과와 응용'을 배우는 데 관심 있는 사람이라면 누구에게나 열려 있다. 공인 유머 전문가가 되는 진로는 전 세계의 학생들을 끌어들인다. 그래서 학생들의 공부와 실습은 대부분 원격으로 이루어진다. 연례총회에는 200명 이상이 모인다. 그중에는 고된 직업인으로 살다가 정신이 피폐해지고 나서 만년에 유머의 세계로 들어온 사람이 많았다. 2학년인 하롤드는 노르웨이의 정치인이다. 또 어떤 남학생은 호주 사람인데 의사들과 같이 먼 오지를 다닌다. 한 일본인 여학생은 일본이 유머가 없는 사회라고 생각해 자기 나라에 유머를 전파하겠다는 일종의 사명감으로 그 과정을 시작했다. 그 여학생은 교육과정을 마치고서 2015년에 토스트마스터즈Toastmasters• 영어 말하기 대회에서 입상했다.

웃음은 달리기를 할 때나 아편을 피울 때처럼 엔도르핀endorphin을

• 1924년 미국에서 시작돼 일반인들의 커뮤니케이션, 대중 연설, 리더십 능력을 키우기 위해 세계적으로 클럽을 운영하는 비영리 교육단체

분비한다는 게 증명됐다. 그래서 웃음은 스트레스 호르몬인 코르티솔cortisol과 에피네프린을 감소시켜 면역력을 향상해준다. 재미라고는 눈곱만큼도 찾지 못하고 가짜로 웃기만 해도 효과가 있다. 유머가 없다 해도 웃는 행위 자체가 혈압과 기분에 긍정적인 영향을 주는 것으로 보인다. 유머와 웃음은 수익을 쉽게 혹은 많이 올릴 수 있는 의료 활동이 아니라는 주된 이유로 그에 관한 연구는 미미한 수준이다. 제약회사들과 의료기기 제조사들은 가령 턱에 주사하는 담즙산염이나 심장 소작술 기기 같은 제품들과 달리 웃음에는 연구개발비를 쏟아붓지 않는다(이런 상황에서 현재 자궁절제 수술을 할 수 있는 100만 달러짜리 로봇이 나와 있다는 사실을 주목해야 한다).

유머응용치료협회의 사명이 '건강한 유머와 웃음을 공부하고 연습

| 흉부 수축 양상 |

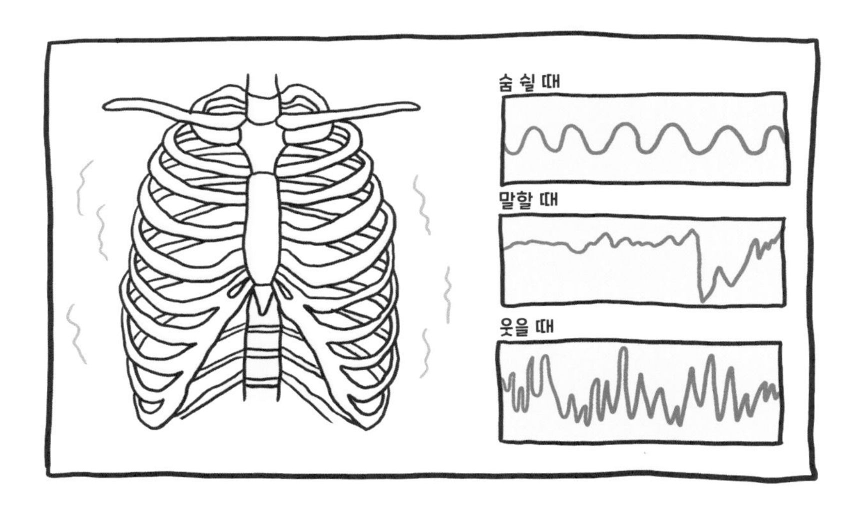

하고 장려하는 전문가들의 공동체로서 역할을 하는 것'이라기에 나는 모리슨에게 무엇이 '건강한' 유머와 웃음을 구성하는지 물어봤다. 모리슨은 그 정의가 긍정적인 것과 부정적인 것을 구분하는 데 있다고 했다. 악의로 누군가를 비웃는 것은 마음을 정화해주는 선한 웃음 같은 치료 효과가 없을 것이다. 나는 그 말을 인간의 고통을 보면서 낄낄거리는 웃음은 건강하지 않다는 뜻으로 이해한다. 반면 그저 세상이 얼마나 아름다운지 깨달아서 웃거나 인간의 행동이 도저히 이해가 안 돼서 '에라 모르겠다ㅎㅎ'라는 심정으로 웃는다면 그건 치료 효과가 있다.

2015년 모리슨은 베스 어셔를 유머응용치료협회 전국총회의 기조연설자로 초청했다. 뇌의 반을 제거한 지 거의 30년이 돼가는 베스는 영화 〈오즈의 마법사〉에 나오는 "If I Only Had a Brain(나에게 뇌가 있기만 하다면)"이라는 노래를 부르면서 무대에 등장했다.

"회의장이 완전 난리가 났죠." 브라이언은 그때를 떠올리며 말했다. 베스가 참석자들에게 나눈 메시지는 세련된 유머감각을 갖추고 의도적으로 연습하면 사람은 무엇이든 견딜 수 있다는 것이었다. 베스의 오빠는 동생을 위해 연설문의 페이지를 넘겨주려고 무대 위에 함께 있었다. 베스는 칼 융의 말을 인용했다. "나는 내게 일어난 사건이 아니다. 나는 내가 선택해서 된 존재다." 그녀는 기립박수를 수차례 받았다.

"제가 사람들을 울렸어요. 정말 멋진 일이었죠." 베스가 말했다.

베스는 공인 유머 전문가로 계속 활동하면서 유머 교육과정을 듣는 어린 학생들의 멘토가 돼주고 어딜 가든 자신의 메시지를 전파한다.

하지만 어떤 교육과정이든 재미있는 사람이 되도록 정말 가르칠 수 있을까? 그리고 그럴 수 있다면 어떻게 하는 걸까? 내가 모리슨에게

던진 질문이다. 모리슨은 유머 감각이 있다는 건 '재미있는 사람이 되는 것'이나 '농담하는 것'과는 매우 다르다고 강조한다. 오히려 모리슨이 전하려는 말은 아무리 재미있는 사람이라도 언제나 더 긍정적이고 낙관적일 수 있다는 것이다. "유머는 어떤 상황에서도 부정적인 마음을 긍정적인 마음으로 다시 포맷하는 능력이에요. 만약 암에 걸렸다면 그건 본인이 바꿀 수 없는 일이에요. 하지만 우리 기운을 빨아먹는 사람들, 그러니까 제가 '유머 파괴자'라고 부르는 사람들이 주변에 있다면 그건 우리가 바꿀 수 있는 대상이죠."

더 긍정적인 차원으로 나아가, 모리슨은 학생들에게 그날 하루 자신을 웃게 한 것들의 일지를 꾸준히 써보라고 권한다. 부정적일 수 있었던 상황을 어떻게 받아들이고 긍정적으로 바꿨는지를 써보는 것이다.

그러면 과연 마음의 근육이 튼튼해질까? 이 질문에 모리슨은 이렇게 대답했다. "글쎄요. 그건 근육이 아네요. 뇌신경의 연결성이죠."

그 개념은 사고 유형과 감정을 배우는 방식이 농담을 기억하는 방식과 똑같다는 것이다. 반복 '연습'을 하면 신경 경로가 훈련돼 '강화'될 수 있다고 모리슨은 말한다. 베스가 우뇌를 훈련해 오른쪽 몸을 통제할 수 있게 해준 똑같은 종류의 신경 가소성을 언급하고 있는 셈이다. 유머의 경우, 장난을 제한하고 벌주는 경향이 있는 부모와 교사 밑에서 자란 아이는 유머가 뇌에 덜 배어들 수 있다고 모리슨은 주장한다.

"그래서 제 연구 주제는 '뇌에서 긍정적 연상을 증가시키려면 유머를 어떻게 사용해야 하는가'예요. 저는 사람들에게 매일 놀라고 권해요. … 제 경우에는 그네를 타요. 날씨가 허락하면 매일 자전거를 타고 공원에 가서 그네를 탄답니다."

의도적인 놀이라는 개념은 간단하지만, 전혀 널리 알려지지 않았다. 그래서 모리슨은 자신의 연구가 매우 중요하다고 믿는다. 베스도 같은 생각을 한다.

프레드 로저스는 그 후로 생을 마감할 때까지 베스의 생일날이 되면 그녀에게 전화했다. 1991년 캐시는 로저스에게 코네티컷대학교 졸업식 축사를 맡아달라고 부탁했고 그도 수락했다. 단, 베스가 축사 쓰기를 도와준다는 조건을 달았고, 베스는 로저스를 도왔다.

"베스에게서 정말 놀라운 점은 베스가 행복하다는 거예요." 울버그가 말했다. "대뇌반구절제 수술을 한 사람들은 대부분 그렇지 않거든요. 그게 바로 베스가 터득한 점인 것 같아요."

베스의 경우, 뇌의 절반을 제거한 것 말고는 웃음이 유일한 약이었다. 특히 신경외과 의사의 더욱 심각한 얼굴 앞에서 공인 유머 전문가의 생각은 무시되기 쉽다. 대부분의 문화권에서는 의사가 중요하거나 실질적인 역할을 한다고 여긴다. 하지만 신경외과학이 실제로 기술적이고 복잡하다 해도 그것은 몸의 통제력 상실을 막는 법을 배워가는 시작에 불과하다. 그런 의학 분야는 삶을 살아가는 기술만이 아니라 삶을 좋게 만드는 기술을 통달하는 것과는 거리가 멀다.

2009년 벤저민 카슨의 전기를 다룬 TV 영화가 나왔다. 카슨 역은 아카데미상 수상 이력이 있는 배우 쿠바 구딩 주니어가 맡았다. 카슨은 영웅으로 칭송받았다. 반면 메리 케이 모리슨과 베스 어셔 같은 공인 유머 전문가들은 그에 못지않은 자격이 있음에도 똑같은 인정을 받지 못하고 있다.

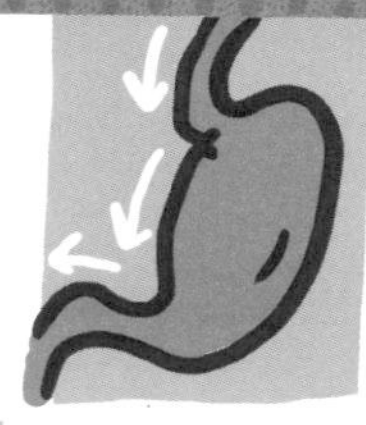

3장
먹기
생명 유지

"매일 마약 중독자가 된 기분이었어요. 잠에서 깨면 배가 고파서 억지로 음식을 먹고, 아시다시피, 도로 다 토하고 말죠. 그저 하루 세 끼를 먹으려고 애쓰다가, 집중했다가, 가끔은 그냥 운다고 한번 상상해보세요. 그러니까 말이죠. [아악] 저는 항상 고통스러워요."

커트 코베인Kurt Cobain●은 자신이 6년 동안 겪은 '지속적인 복통'을 그렇게 묘사했다. "의사들은 그 병을 알아내지 못했어요." 1994년에 방영된 MTV 인터뷰에서 코베인은 빨간 커튼 앞에 놓인 의자에 몸을 뒤로 기댄 채 수척한 얼굴로 30분 연속 담배를 피워대면서 이야기했다. "소화기내과 의사들은 대부분 위장병에 대해 아는 게 없어요. … '저런, 과민성 장증후군이시군요' 이렇게 말할 뿐이죠." 그는 그 용어의 광범위함을 그렇게 일축했다. 코베인은 소화기학을 '완전한 사기'로 여기게 됐다.[1] 처방받은 약이든 그렇지 않은 약(헤로인 포함)이든 온갖 약을 시도해보고서는 결국 그는 자신의 병이 '어떤 특정한 위장병'이 아니라고 이해하게 된 것이다. "이 병은 이름도 없고 아무것도 없어요. 내가 무슨 병에 걸렸는지 알아내는 게 문제가 아니었어요. 그러니까 말인데, 이건 심신증이에요. 일종의 신경계 문제죠."

코베인은 여러모로 시대를 앞서가는 사람이었다. 비록 장신경계에 대한 그의 이해는 거의 인정받지 못했지만 말이다. 코베인이 세상을 떠나고 몇십 년이 지나서야 우리는 장 기능이 뇌의 인지·정서 기능과 얼마나 긴밀하게 연관돼 있는지 이해하기 시작했다.

'심신증psychosomatic'이라는 용어는 환자들이 거리를 두려는 경향이

● 미국의 록 밴드 너바나Nirvana의 리드 보컬

있다. 많은 사람이 그 말을 '미쳤다'는 의미로, 달리 말하면 그들의 증상이 '가짜'라는 의미로 받아들인다. 하지만 코베인은 그 용어를 그 중대성과 복잡성에 딱 들어맞게 사용했다. '장-뇌 축gut-brain axis'이라고 불리는 그 체계는 중추신경계(뇌와 척수)와 장신경계(위장을 둘러싼 신경들의 집합체) 간의 양방향 소통 수단이다. 1994년 당시에는 학술지에 실리는 난해한 논문들에서만 사용되던 용어였다.

그리고 2011년에 이르러서야 비로소 〈네이처 뉴로사이언스Nature Neuroscience〉에 실린 UCLA 의대 교수 에머런 메이어Emeran Mayer의 논문에서 '장과 뇌 사이의 혼선'이 소화에 영향을 줄 뿐만 아니라 '직관적 의사 결정을 비롯한 고등 인지 기능과 동기'를 바꾸기도 하며 '이 체계에서 일어나는 교란은 기능성·염증성 위장장애, 비만, 섭식장애 등의 광범위한 장애와 관련돼 있다'는 결론이 나왔다.[2]

이는 소화기내과 의사가 아니라 신경과 의사가 쓴 식이요법 대중서들이 맹공격하는 현상을 설명해준다. 그런데 이젠 그 서적 목록에 미생물학자가 쓴 책도 추가된다. 위장 안에 살면서 장과 뇌의 상호작용을 매개하는 수조 개의 미생물인 '장내 미생물군gut microbiota'의 역할을 우리가 이해하기 시작했기 때문이다. 이런 미생물은 미생물군-장-뇌 축microbiota-gut-brain axis의 세 번째 요소로 생각해볼 수 있다.

'장내 미생물 불균형dysbiosis'이라고 하는 미생물 생태계의 붕괴는 자폐증, 불안증, 우울증 같은 중추신경계 장애와 뚜렷한 관계가 있는 것으로 증명됐다. 미생물군-장-뇌 축은 신경세포들 사이의 전기 신호, 혈액 속의 호르몬 신호, 몸 전체의 면역 반응을 통해 나타난다. 2015년 학술지에 실린 논문을 쓴 로마 사피엔자대학교의 내과 전문의들은 과민성 장증후군을 '삼자 간의 복잡한 관계의 붕괴를 보여주는 한 예'로 볼 수 있다는 결론을 내렸다.

UCLA에서 의학, 정신의학·생물행동과학, 생리학을 가르치는 교수인 메이어는 의학 전문 분야 간의 전통적인 경계에 다리를 놓는 독특한 위치에 있다. 그는 신경내장학Neurovisceral Science 연구센터를 설립했다. 신경내장학은 새로운 용어이며, 그 연구기관의 목적은 장과 뇌의 역학을 이해하는 것이다(메이어는 특히 만성 통증과 과민성 장증후군을 앓는 사람들과 더불어, 그런 증상들이 남녀 간에 다르게 나타나는 이유에 관심을 갖고 있다).

오늘날 소화기학은 여전히 인체의 기계적 구조 영역을 거의 독점적으로 다룬다. 예를 들면, 암과 궤양, 그리고 입으로 들어가 장까지 가는 위내시경 카메라들로 볼 수 있는 과정들을 취급한다. 이 분야는 어떤 단일한 검사나 경로가 없기 때문에 기능장애의 더 복잡하면서도 일반적인 원인들을 다루기에 불충분하다.

그래서 코베인이 그랬듯이 과민성 장증후군 환자들은 소화기학을 쉽게 무시하는지도 모른다. 그들은 의사들에게서 '아무 이상이 발견되지 않았다'는 얘길 들으면 의료 체계와 적대적인 관계로 치달을 수 있다. 그런 검사 결과는 종종 기술의 실패와 지식의 한계일 뿐이지만, 환자에게는 자신이 거짓말하거나, 꾀병을 부리거나, 부실하거나, 아니면 전부 다 해당되는 사람이라는 암시로 해석될 수 있다.

2015년 트라이베카 영화제에서 코트니 러브Courtney Love●는 코베인

● 미국의 가수이자 배우이며 커트 코베인의 배우자

에게 크론병이 있었다며 돌발 발언을 했다. 러브야말로 우리가 짐작할 수 있는 것보다 그 상황을 더 잘 알고 있겠지만 그녀의 이야기는 실례와 상충한다. 크론병의 증상이 과민성 장증후군과 비슷하긴 하나 크론병은 오래전부터 의사들이 알아볼 수 있었기에 (설령 설명하거나 치료할 순 없어도) 정확하게 명명된 질환이다. 만약 코베인이 크론병 진단을 받았다면 본인도 알고 있었을 것이다. 그리고 아마도 병명을 그대로 얘기했을 것이다. 우리는 병명이 예후에 영향을 주든 아니든 그 명칭에 끌리기 때문이다.

게다가 과민성 장증후군 진단을 받은 사람들은 우울증에 시달릴 가능성이 훨씬 더 크다는 것도 코베인이 크론병에 걸린 게 아님을 말해주고 있다. 과민성 장증후군은 크론병과 비슷한 작용을 하지만, 그 병에 대한 이해는 부족한 실정이다. 1994년 MTV 인터뷰에서 코베인은 자신이 바로 그런 사례라는 견해를 제시했던 것으로 보인다. "너무나 오랫동안 고통을 겪다 보니 내가 밴드 가수라는 것도 신경 쓰지 않았어요. 내가 살아 있다는 것도 신경 쓰지 않았고요." 그는 딱 잘라 말했다. "그런 상황이 수년간 이어지고 쌓이니 자살 생각도 하게 됐죠. 그냥 살고 싶지 않았어요."

인터뷰 당시 코베인은 자신의 증상이 사라졌다고 말했다. 하지만 그해에 자살하기 전 남긴 유서를 보면 이렇게 씌어 있었다. "지독히 아프고 역겨운 내 명치에서 우러나오는 감사를 모두에게 전한다."

우리는 장과 뇌의 관계를 이제 겨우 이해하기 시작했다. 그와 맞물려 우리가 먹는 음식과 그것이 건강에 미치는 영향에 그 어느 때보다도 초점이 맞춰지고 있다. 수십 년 동안 음식은 즐거움과 체중 사이에서

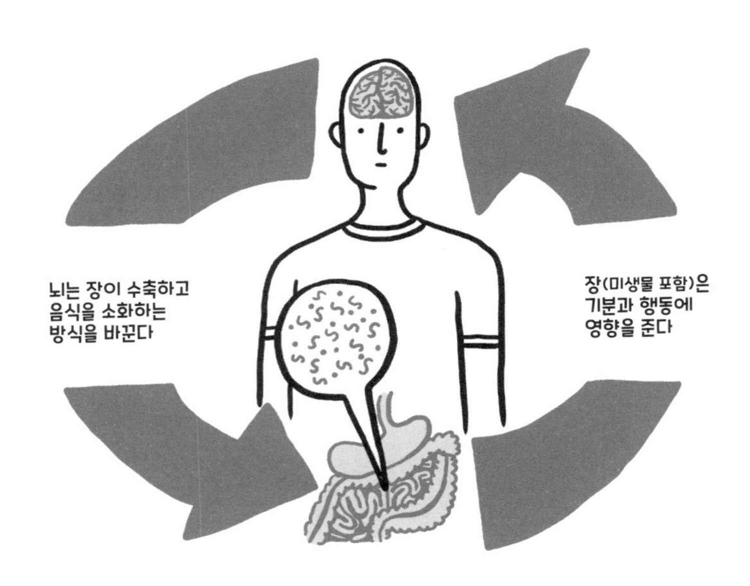

일종의 줄다리기로 존재했다. 그리고 이젠 그 이상이 됐다. 따라서 불안증부터 여드름, 정신의 명료성, 주의력결핍 과잉행동장애ADHD, 암까지 모든 증상과 병의 원인을 식생활에서 최소한 어느 정도 찾게 된다. 확실한 답은 없고 잘못된 정보는 넘쳐난다. 하지만 인체에 대해 기본적인 이해를 갖추고 있으면 제대로 된 정보를 구별하는 일 또한 쉽다.

배 속에서 왜 꾸르륵 소리가 날까요?

다른 사람의 배에 귀를 한번 갖다 대보자. 그러면 금세 꾸르륵꾸르륵, 끅끅하는 소리가 들린다. 만약 그 사람이 자기 배에서 귀를 치우라고 하면 그렇게 하면 된다. 그런데 그 짧은 순간에도 당신은 그 사람의 위장 벽 근육에서 나는 소리를 포착했을 것이다. 위장은 거의 끊임없이 수축하고 있기 때문이다. 이런 수축 운동은 마치 쥐를 삼키는 뱀처럼 음식을 소화관으로 밀어 넣는 기능을 한다.

이런 과정에서 발생하는 소리를 '복명 borborygmus(창자 가스 소리)'이라고 한다. 그 소리는 언제나 존재한다. 대개는 창자 속의 공기가 소리를 울리게 할 때만 우리 귀에 들릴 정도로 소리가 커진다. 비유하자면 빈 커피잔에 대고 말할 때 목소리가 쩌렁쩌렁하게 울려서 모두 당신 앞에 무릎을 꿇으라고 명령할 수 있을 정도다.

2010년에 한 영국 여성의 배 속 소리가 도무지 멈추질 않는 극단적인 사례가 있었다.[3] 그 여성을 진료한 의사들은 그 증상을 '난치성 복명' 사례로 〈영국의학저널 British Medical Journal〉에 발표했다(그 병명은 해석하면 이런 내용이다. "배 속에서 계속 꾸르륵거리는 소리가 나는데 아무것도 그걸 막지 못한다."). 그 꾸르륵거리는 소리는 그녀가 누워 있을 때만 멈췄다. 그러나 다시 몸을 일으켜 앉으면 곧바로 소리가 되돌아왔다. 그 원인을 알아내려고 의사들은 그녀에게 황산바륨 조영제를 마시게 한 다음, 엑스레이를 찍었다. 그러면 그 물질이 목구멍과 위장의 내벽을 코팅해 엑스레이에서 밝은 흰색으로 보이게 된다. 그 조영 사진들은 그녀의 상부 소화관 모습을 일종의 도로지도처럼 선명하게 보여줬다. 보통 갈비뼈 아래쪽은 배 한가운데서 안쪽으로 기울어 있기 마련이다. 그런데 그녀가 숨을 들이마시니 갈비뼈들이 위장을 꽉 눌렀다. 하지만 누워 있을 때는 중력 때문에 위장이 척추 쪽으로 내려가서 오목한 갈비뼈를 벗어났다.

의사들은 문제가 되는 갈비뼈들을 제거하는 수술을 논의했지만, 과연 그런 수술의 위험을 감수할 만한 가치가 있는지 확신이 서지 않았다. 그들은 고심 끝에 복명을 일시적으로 잠재울 수 있는 유일한 방법이 그녀의 왼쪽 늑하부(hypochondrium에서 hypo는 '아래', chondrium은 '갈비뼈'를 뜻하므로 '갈비 아래 부위'를 말한다), 그러니까 갈비뼈 바로 아래에 있는 상복부를 압박하는 것임을 발견했다. 말이 난 김에 덧붙이면, '건강염려증hypochondria'이라는 말도 여기서 유래됐다. 옛날에는 걱정이 배 속에서 생겨난다고 믿었던 모양이다. 이런 믿음은 중추신경계가 발견되자 웃음거리가 됐다. 하지만 지금의 장-뇌-미생물 축의 관점에 비추어 보면 그럴싸한 믿음이다.

이 환자의 사례에서는 늑하부를 압박하면 위장의 위치가 변경돼 효과가 있을 것으로 보였다. 그래서 다섯 명의 (남자) 의사들은 그 여성에게 꽉 끼는 코르셋을 입어보라고 제안했다. 하지만 그들이 의학저널에 발표한 내용을 보면 그 방법이 효과가 없었다고 나와 있다. 그들은 아마도 그 여성이 코르셋을 잘 입지 않아서 그런 것 같다는 견해를 제시

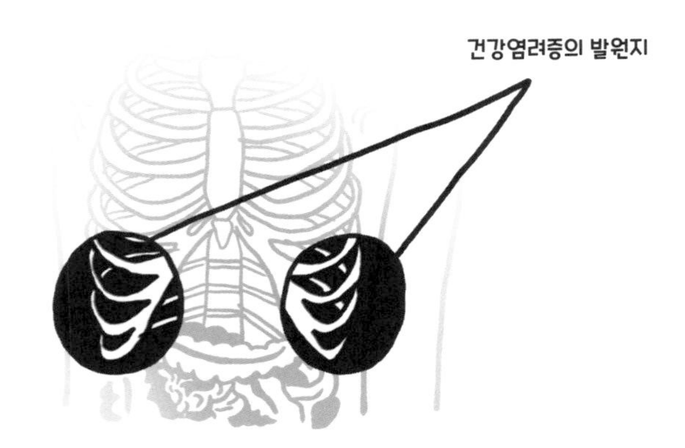

했다. 그래서 그들은 그녀의 고충을 장황한 전문 용어로 옮겨놓는 것 말고는 어쩔 도리가 없었는지 사례 보고서에 이렇게 써놓았다. "우리 환자에게는 문제를 일으키는 소리가 나는 복명증이 지속되다 보니 사회적으로 난처한 상황이 계속 초래된다."

6년 후, 나는 그 의사들에게 연락해 지금은 그 여성의 상태가 어떤지 물어봤다. 그러자 그녀를 진료하는 소화기내과 전문의 키런 모리아티 Kieran Moriarty가 "그 환자분은 50퍼센트 정도 좋아지셨어요"라고 말하며 열의에 찬 답장을 보내왔다. 그런데 몇 주 뒤, 그에게서 다시 메일이 왔다. "그 환자분 상태 업데이트해드립니다. 별로 진전이 없네요."

밤늦게 왜 나쁜 음식이 당길까요?

펜실베이니아대학교 연구소에서는 최근에 수면 부족이 어떻게 체중 증가를 초래하는지를 밝혀냈다. 시간생물학 학과장인 데이비드 딘지스와 동료들은 실험 대상자 198명을 실험실에 머물게 하고는 5일 동안 밤에 4시간씩만 재웠다. 별도의 대조군은 7시간 15분을 마음껏 자게 했다. 실험 참가자들은 자신의 심신 기능이 측정된다고 생각했지만, 연구자들은 그것뿐만 아니라 음식 섭취와 대사율도 은밀히 측정했다. 수면이 부족했던 실험 대상자들은 불과 5일 만에 체중이 평균 1킬로그램은 족히 늘어 있었다.[74]

"이런 심야 시간에는 사람들이 피자를 비롯해 기름진 음식을 원하게 됩니다. 뇌가 원하는 게 바로 그럼 음식이거든요." 딘지스는 설명을 이어갔다. "수면을 제한하면 뇌가 마치 '나 배고파 죽겠어. 빨리 타는 열량이 필요해'라고 말하는 것 같은 상황이 됩니다." 다른 연구들에서도 비슷한 결과가 나왔다.

남아도는 열량은 대부분 오후 10시에서 오전 4시 사이에 몸속으로 들어왔다. 이는 타코벨이 광고에서 사람들에게 '네 번째 식사'를 해야 한다고 주장하는 시간대다. 도시의 유흥가에 있는 푸드 트럭들과 포장마차들은 이 시간에 한창 장사를 한다. 나는 LA에 있는 한 핫도그 포장마차의 주인을 알게 됐다. 그는 오로지 자정부터 새벽 3시 정도까지만 에코 파크Echo Park 지역의 술집들 바깥에서 영업을 했다. 그가 심야 영업을 하는 것은 사람들이 술에 취해야 배가 고파지기 때문만은 아니다. 대낮에 술을 마셔본 적이 있는가? 아마도 없겠지만 혹시 있다면, 음주 때문에 마카로니 치즈 같은 음식이 '미친 듯이' 당기지는 않는다는 걸 알고 있을 것이다. 반면 한밤중에는 음식을 먹을 '필요'가 없는데도 맨정신일 때조차 심한 허기를 경험할 수 있다. 한편 밤에 잠들고 나면 마지막으로 식사한 지 12시간이 지났더라도 배가 너무 고파 잠에서 깨는 일은 없다.

펜실베이니아대학교의 연구에서 휴식을 제대로 취하지 못한 실험 대상자들은 그저 음식만 더 많이 먹은 게 아니다. 그들은 수면 부족으로 휴식 대사율resting metabolic rate도 덩달아 떨어졌다. 그들의 신체는 에너지를 더 흡수했지만 덜 소비했다. 딘지스는 잠과 '대사 장애'가 밀접한 관련이 있다고 믿는다. "운동을 많이 하고 휴식 대사율이 높은 젊은 이들은 수면이 부족해도 살이 찌지 않을 수 있어요. 하지만 세월이 흐르면서 우리는 빠른 속도로 살이 찔 수 있습니다."

대장내시경,
이게 최선인가요?

이 글을 쓰는 오늘날에는 모든 사람이 어떤 연령에 이르면 내시경 검사를 주기적으로 하는 게 일반적이다. 대장내시경 검사는 장내 이상을 감지하고 제거하기 위해 사람 키만큼 긴 관을 장 속으로 삽입한다. 내시경관의 끝에는 카메라가 달려 있어서 그 반대편에 있는 의사는 장내벽에서 자라고 있는 수상한 것들, 그러니까 대개 암이 될 성향이 보이는 용종들을 잘라낼 수 있다. 대장내시경은 충분히 치료할 수 있는 단계의 암을 조기 발견하고 예방한다고 우리가 알고 있는 몇 안 되는 방법 가운데 하나다. 이렇게 기구를 몸속으로 집어넣는 방식이 현재 암을 발견하고 예방하는 최선의 기술이라니, 앞으로 갈 길이 멀다는 생각이 든다.

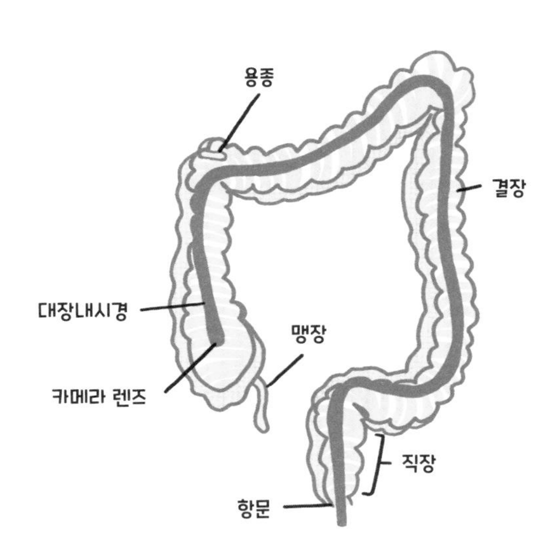

종합비타민을 먹어도 괜찮을까요?

그걸 먹으면 안심이 되거든요.

19세기에 영국 과학자들은 동남아시아에 있는 식민지 전역에서 사람들이 뚜렷한 이유 없이 다리의 감각을 잃고 하체를 통제하지 못하는 현상에 주목하게 됐다. 주로 다리가 부었으며 걸으려고 하면 자꾸만 휘청거렸다. 게다가 소변색이 밝아지고, 가슴이 답답했으며, 균형을 잃고 경련을 일으키다가 사망에 이르렀다. 현지인들은 그 병을 '베리베리beriberi(각기병)'라고 불렀다.[5] 양이 뒤뚱뒤뚱 걷는 모습을 나타내는 이 말은 문자 그대로 해석하면 '약하다, 약하다weak, weak'라는 뜻이다.

1803년 스리랑카(옛 이름은 실론)에서 스코틀랜드 출신 군의관인 토마스 크리스티Thomas Christie는 사람들에게 비타민 C를 제공해 이 수수께끼 같은 병을 치료해보려고 했다(엄밀히 말하면, 그가 제공한 것은 괴혈병을 치료한다고 알려진 과일들이었다. 아직 '비타민 C'가 유효성분으로 분리되기 전이었다). 그는 그 방법이 왜 효과가 없는지 몰라 어리둥절해하면서 이렇게 기록했다.[6] "괴혈병 사례에서 매우 유용했던 '신 과일들'을 제공했으나, 각기병에는 효과가 없었다." 그는 선견지명이 있었기에 그 화합물이 괴혈병에 기적을 일으켰다고 해서 다른 상황에서도 효과가 있으리란 법은 없다고 추론했다.

크리스티는 환자들이 계속 떼죽음을 당하는 걸 지켜보면서 그 질병의 원인이 물이나 음식 속의 독소라는 대안 가설을 제시했다. 당시 세균론의 인기를 감안하면 논리적 추측이었다. 그에 맞게 그는 정체불명의 독소가 있는 장을 씻어낼 약한 설사제를 죽어가는 환자들에게 제공했다(오늘날에도 많은 사람이 그런 낡은 접근법을 무수한 질병에 똑같이 적용하고 있으며 일반적인 건강을 추구하는 조치로 잘못 쓰고 있다. 나는 그루폰Groupon●에서 '장세척'을 제안하는 메일을 정기적으로 받는데 이런 답장을 보내고 싶다. "그루폰 관계자 분들께, 장세척제를 공동 구매한다고 해서 좋은 거래가 되진 않습니다.").

예상된 일이었지만 환자들은 대장까지 깨끗이 씻어낸 뒤로도 고통이 지속됐다. 그 질병은 점점 더 많은 나라에서 나타났다. 역학자들은 발병 지역들을 지도로 그려보고는 그 질병이 흰쌀을 많이 먹는 인구 집단에서 흔하다는 것을 알게 됐다. 그리고 사람들이 흰쌀밥에 지나치게 의존하던 식생활에서 벗어나자 상태가 회복됐다는 사실도 깨달았다. 쌀이 원인인 게 분명해 보였다. 괴혈병과 마찬가지로 그 효과는 기적처럼 나타났다. 사람들은 발작을 멈췄고 완전히 회복했다. 때로는 회복이 몇 시간 내에 이루어지기도 했다. 비록 수십 년 동안 그 원인은 몰랐지만 말이다. 질병의 원인이 세균이나 독소 같은 독립된 개체라는 사고방식 때문에 많은 사람이 실제 원인을 보지 못했다.

사람들은 각기병을 일으키는 화합물을 찾으려는 데 집착한 나머지, 다른 원인은 대안으로 거의 고려하지 않았다. 각기병은 기본적으로 흰쌀이 일으키는 것으로 정말 밝혀졌지만, 그 요인은 그 안의 독소도 아니요, 알레르기나 '과민증'도 아니었다. 크리스티는 1803년부터 이미 그 허약 증후군의 실제 원인이 흰쌀에는 함유되지 '않은' 어떤 것이라는 올바른 견해를 갖고 있었다.

벼를 도정해 껍질을 제거할 수 있는 기술이 발전하면서 수많은 사람

● 미국의 소셜 커머스 기업

의 식생활이 근본적으로 바뀌었다. 통현미를 먹다가 쌀눈은 깎이고 배젖만 남은 백미를 먹는 식단으로 바뀌니 쌀겨에서 발견되는 어떤 화합물이 결핍되고 만 것이다. 그 화합물의 정체가 티아민 피로인산thiamine pyrophosphate이라고 밝혀졌을 때, 그것은 최초로 '비타민'이라고 불리는 화합물이 됐다. 비타민은 음식 안에 들어 있으며, 질병을 예방해주는 별도의 화학 물질이었다. 또한 신체에서 진행되는 몇 가지 기본 과정에 한몫하며, 주로 탄수화물과 아미노산의 대사를 돕는다. 하지만 비타민이라는 화합물은 오늘날 인체에 대한 우리의 사고방식을 근본적으로 바꿔놓았다.

'아민-amine'이라는 접미사는 구체적으로 고립 전자쌍을 지닌 기본 형태의 질소를 포함한 화합물임을 의미한다. 티아민은 우리가 죽지 않기 위해 먹어야 하는 것으로 처음 명명된 화학 물질이었다. 그 명명자인 폴란드의 생화학자 카지미르 풍크Casimir Funk는 'amine(아민)'을 'vital(생명을 준다는 뜻의 바이탈)'과 합성해 'vit-amine'이라는 용어를 만들어냈고 이것이 'vitamin(비타민)'이 됐다. 이 용어는 1912년에 그가 발표한 '결핍증들의 병인'이라는 제목의 논문에서 처음 등장했다. 풍크는 당시 알려진 질병 네 가지를 묶어서 그 병인이 식생활에서 부족한 '어떤 것'으로 보인다고 기록했다. 그 질병들은 바로 각기병, 괴혈병, 펠라그라pellagra(니아신 결핍증), 구루병이었다.

당대에 밝혀진 '비타민' 화합물은 티아민 하나밖에 없었지만 풍크는 나머지 세 '결핍증'도 뭔가 유사한 비타민들로 설명할 수 있으리라 추정하며 이렇게 썼다. "우리는 각기병 비타민이나 괴혈병 비타민에 대해 논할 것이다. 여기서 비타민은 이런 특별한 질병을 예방해주는 물질을 의미한다." 훗날 펠라그라 비타민은 아예 아민이 아닌 것으로 밝혀졌지만 여전히 우리는 니아신niacin을 비타민이라고 부른다. 괴혈병 비타민 역시 아민이 아니라 아스코르브산임이 밝혀졌지만 우리는 그것을 비타민 C라고 일컫는다. 구루병 비타민도 알고 보니 호르몬 전구물질이었으나 우리는 그것을 비타민 D라고 말한다.

부족하면 결핍증을 일으킬 수 있어서 비타민이라는 명칭이 붙는 화학 물질은 현재 13가지다. 그 물질들은 어떤 공통된 구조나 기능으로 묶이지 않고 우리가 그것들 없이는 살 수 없다는 일반적인 개념으로 통합될 뿐이다. 역사가 꼼꼼히 기록된 캐서린 프라이스의 책《비타마니아》에는 많은 과학자가 '비타민'을 임시 용어로 여기고 사용을 채택했다는 이야기가 나온다. 그 화합물들의 실체가 밝혀지면 비타민이라는 용어는 바로 폐기될 예정이었다.

그러나 그런 일은 결코 일어나지 않았다. 그 무의미한 명칭은 관례에서 벗어나 아직도 존속한다. '비타마니아'란 말 자체는 1950년대에 비타민 열풍이 불었을 때 만들어졌다. 그 열풍은 사실상 한 번도 사라진 적이 없었다. 그 이유 중 하나는 그 명칭이 유혹적인 개념을 파는 거대한 산업에 엄청난 가치가 있어서다. 풍크가 '비타민'이라는 단어를 창조하지 않았더라면 티아민피로인산은 '항각기병 화합물'로 계속 불렸을지도 모른다. 그리고 비타민 C는 오늘날까지도 '항괴혈병 화합물'이라고 불렸을 수 있다. 이런 명칭들은 체내에 없으면 특정 질병을 일으키는 특정 화합물에 대한 적절한 이름이다. 그런데 오늘날 사람들은 식품을 살 때 '항괴혈병 인자'가 '강화'된 식품이라서 구입하는 걸까? 그들은 하루에 필요한 항괴혈병 인자의 양이 30배가 되면 더 좋다고 믿는 걸까? 아니 어쩌면 이 물질들을 생명을 주는 '비타민'이라고 할 때 그런 현상을 더 쉽게 정당화할 수 있을지도 모른다(정확히 똑같은 일이 '프로바이오틱스'에도 이미 발생했다).

13가지 비타민은 대부분 보조효소로서 특정 효소가 특정 화학 반응을 일으키도록 돕는다. 사람은 저마다 다른 욕구를 지니고 있다. 일부 완경 여성들, 특히 햇빛을 잘 받지 못하는 곳에 살아가는 여성들에게는 골다공증을 완화해주는 칼슘과 비타민 D 보충제가 도움이 될 수도 있다. 마찬가지로 미국소아과학회American Academy of Pediatrics에서는

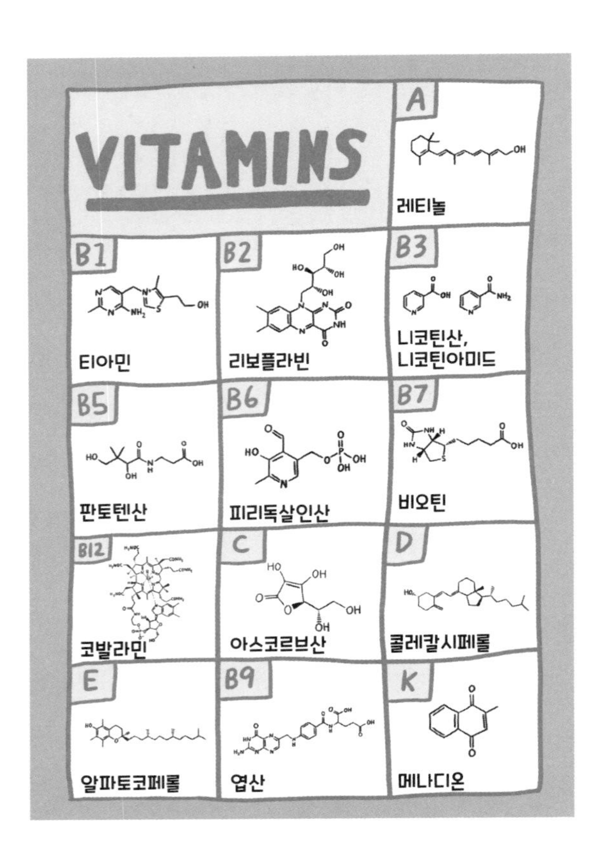

모유를 먹는 아기들에게 비타민 D를 매일 400IU(국제단위)씩 소량으로 보충해주라고 권장한다.

비타민 보충제를 먹어야 하는 가장 확실한 대상은 엽산(비타민 B9)이 필요한 임신부다. 이 화학 물질은 임신하고 나서 처음 몇 주 동안 배아의 신경관을 닫으라는 신호 전달에 매우 중요한 역할을 한다. 그 신경관이 완전히 닫히지 않으면 아이는 윗입술이 갈라지는 구순열부터 척수의 일부가 외부에 완전히 노출되는 척추갈림증spina bifida이라는 기형까지 모든 문제를 안고 태어날 수 있다. 따라서 질병통제예방센터는 임신 가능성이 있는 모든 이에게 엽산을 매일 400마이크로그램씩 섭취하라고 권장한다. 그 양은 대부분의 사람에게 필요한 섭취량과 비교하면 좀 많긴 하지만 그래도 아주 소량에 불과하며 자연 그대로의 식물성 음식에서 쉽게 얻을 수 있다. 보충제를 먹어야 하는 이유는 단지 오늘날 너무나 많은 사람이 미량 영양소가 제거된 음식에 의존하고 있어서다.

하지만 앞서 언급한 것들 외에 다른 보충제들은 그처럼 확실한 대상이 없다. 과다 복용의 위험은 제쳐놓고서라도 우리 몸에 '보충제'를 들여놓는 일은 언제나 위험이 따른다. 한 가지 어처구니없는 사례를 보면, '퓨리티 퍼스트Purity First' 상표의 '헬시 라이프 케미스트리Healthy Life Chemistry' 영양보충제 제품군에 단백동화 스테로이드anabolic steroid가 함유돼 있는 사실이 적발됐다. 그중에서도 '비타민 B-50' 제품에는 메타스테론methasterone과 다이메타진dimethazine이라는 스테로이드가 들어 있었다(비타민 B로 인정되는 물질은 여덟 가지가 있는데 B-50은 거기에 포함되지 않는다). 보도된 바에 따르면, 그 제품을 복용한 여성들은 털이 비정상적으로 자라고 월경이 사라졌으며 남성들은 발기 부전을 겪었다. 소비자 29명이 그 약에 대해 정식으로 항의를 제기하자 FDA는 그 회사에 제품 리콜을 요청했다.[7] 그런데 그 회사는 요청을 거절했다가 FDA에게 고소 위협을 받고 나서야 비로소 순순히 응했다.[8]

퓨리티 퍼스트 헬스 프로덕츠Purity First Health Products라는 이름의 그 회사는 뉴욕주 파밍데일Farmingdale에서 여전히 사업을 하고 있다. 그곳은 수천 개의 보조식품 제조업체 중 하나로, 어쨌거나 계속 성공적으로 '순수purity'를 내세우면서 제품을 팔고 있다.

그런데도 이 비타민 화합물은 만병통치약으로, 심지어 미덕의 지표로까지 인식됐다. 2016년에 인기 프로레슬링 선수 헐크 호건Hulk Hogan이 고커Gawker•를 상대로 명예 훼손 소송을 걸었을 때 (고커 사이트에 호건이 친구의 아내와 성관계를 하는 장면이 담긴 비디오테이프 영상이 게시된 사건이 계기였다) 호건은 자신의 '흠잡을 데 없는' 이미지가 산산조각 났다고 주장했다. 당시 그가 말한 본인의 이미지는 "모든 미국인의 영웅이자, 알다시피, 훈련, 기도 그리고 비타민"이었다(이 소송의 배후에는 IT업계의 선지자인 피터 틸의 지원이 있었다).••

그보다 훨씬 전인 1994년에 호건 본인이 증언한 바에 따르면, 그의 그런 이미지에는 10년 이상 복용한 단백동화 스테로이드도 포함돼 있었다.[9] 그런 위험에도 불구하고 영웅의 엄청난 비타민 복용은 대체로 일반인들의 눈에는 무해한 행위로 비친다. 13가지 비타민 화합물 가운데서도 과다 복용이 우려되는 것은 주로 4가지인데, 너무 많이 섭취

• 고커 미디어사의 가십 뉴스 웹사이트

•• 고커 사이트는 피터 틸을 비롯해 실리콘밸리 기업인, 할리우드 유명인사, 프로 운동선수 등의 부정이나 사생활을 폭로하고 비평하는 기사를 게재해 성장했고, 틸은 호건의 소송을 도와 고커를 미디어업계에서 몰아내려 함

하면 체내 지방으로 녹아 축적되는 비타민 A, D, E, K다. 이런 지용성 비타민들은 시간이 지나면서, 보통 우리도 모르는 사이에 체내 조직에 쌓이기 때문에 그 영향이 수년 동안 불분명할 수도 있다. 나머지 비타민들은 물에 녹는 수용성이어서 우리가 설령 과하게 복용해도 신장을 거쳐 안전하게 변기로 내보내게 된다. 이런 사실은 대부분의 종합비타민제를 먹고 나면 소변색이 샛노랗게 변하는 현상으로 잘 관찰할 수 있다. 가령 비타민 B2라고도 알려진 리보플라빈('riboflavin'은 라틴어로 노란색을 의미하는 'flavus'에서 유래됨)을 과다 복용하면 신장이 그 초과분을 배출함으로써 균형을 회복하려고 노력하기 때문이다. 어떤 종합비타민제들에는 리보플라빈이 하루 권장량의 거의 100배가 들어 있다. 이는 사람들이 대부분 자기 돈이 변기 속으로 들어가는 것을 보게 되는 것이나 다름없다.

의료 전문가들은 사람들에게 많을수록 좋다는 식으로 비타민 보충제를 복용하지 말라고 분명하게 충고를 거듭한다. 약과 마찬가지로 비타민 보충제도 생리 활성 물질이므로 비슷하게 의심해봐야 한다는 것이다. 그리고 종합비타민처럼 여러 화학 물질을 한꺼번에 조합한 제품이 미치는 영향은 특히 예측하기 어렵다. 게다가 그런 조합이 제품의 영향과 관계가 없다고 추정할 수도 없다.

물론 어떤 사람들은 비타민 꾸러미로 도움을 받을 수도 있다. 예를 들면, 거식증에 걸린 사람이나 트라우마를 겪은 후로 음식을 입에 대지 않는 사람이다. 학대 가정에서 벗어난 지 얼마 안 된 아이들도 영양소가 이것저것 많이 부족할 위험이 크다. 그러나 일반적으로 종합비타민에 대한 대답은 명확하고도 격하게 '아니요'다.

2006년 한 무리의 연구자들은 미국 보건복지부와 함께, 종합비타민이 건강에 미치는 잠재적 영향에 관한 견해가 나와 있는 모든 연구를 종합적으로 검토해 결과를 발표했다. 그 내용을 보면, 다소나마 제대로 된 음식을 먹는 사람들에게서는 종합비타민제가 어떤 만성질환의 위험도 줄여주지 않았다(하지만 '베타카로틴 때문에 피부가 노래지는 것 말고는' 몸에 해롭다는 뚜렷한 증거도 없었다). 미국 예방의료 전담팀 U.S. Preventive Services Task Force에서도 비슷한 검토를 실시한 결과, 종합비타민 제품을 이용하면 암이나 심혈관 질환이 예방된다는 증거가 '불충분'하다는 것을 알아냈다. 더욱 단호한 입장을 보이는 세계암연구기금 World Cancer Research Fund International과 미국암연구소 American Institute for Cancer Research에서는 영양보충제의 '잠재적 효능과 위험이 예측 불가할 뿐 아니라 예상치 못한 부작용이 있을 수 있다'는 이유를 들며 영양보충제를 암 예방 수단으로 사용하지 말라고 권고했다.

이처럼 종합비타민제 복용에 반대하는 연구들과 전문가의 권고가 무수히 널리 읽히는 신문들과 잡지들에 거듭 발표되고 있지만, 미국인 세 명 중 한 명은 종합비타민제를 계속 먹고 있다.[10]

흡연을 줄이고 운동량을 늘리는 것과 달리, 종합비타민제를 단념하는 것은 아무 노력 없이 따를 수 있는 건강 조언이다. 헬스장에 가지 않아도 되고 의사를 만나러 가지 않아도 된다. 다시 말해 어떤 자원도 필요하지 않다. 아무 비용도 들지 않고 오히려 돈을 절약해주기만 한다. 종합비타민은 전문가들이 노력을 '덜' 해도 된다고 권하는 공중 보건 영역 중 하나이지만, 사람들은 기어이 고집을 부린다.

모든 사람에게서 왜 입냄새가 나죠?

개리 보리시Gary Borisy는 자신이 사랑하는 일을 하기 위해 노년에 직장을 떠났다. 그 일은 바로 우리 입안의 세균을 연구하는 것이었다. 생물물리학자였던 그는 2013년에 구강미생물학oral microbiology을 공부하기 위해 그동안 몸담아왔던 분야를 떠나기로 결심했다. 그의 말마따나 우리의 입은 '개방된 하수구'이기 때문에 구강미생물학은 역동적인 생태계를 연구할 수 있는 완벽한 분야였다.

입안 생태계를 이해할 때의 결과는 이가 썩어서 빠지는 것을 예방하는 차원뿐만 아니라, 보리시가 생각하는 다른 이유로도 실용적이다. "입냄새는 걱정의 빈도 측면에서 보면 아마도 가장 자주 떠오르는 걱정거리일 겁니다. 어떤 사회적 상황에 놓이든 자기 입냄새를 확인하게 되니까요."

그 말을 듣고 보니, 나는 내 입냄새를 별로 자주 (아니, 한 번도) 확인하지 않는다는 사실을 깨달았다. 다른 사람들은 그렇게 하나? 내가 그 방법을 아는지도 잘 모르겠다.

보리시는 입에서 나는 냄새에 관해서라면 혀가 바로 마법의 장소라고 지목한다(이 경우에 마법은 구취를 의미한다). 우리 입에서 나는 많은 냄새는 휘발성 황화합물을 생산하는 혀의 세균들에서 나오며 그 결과로 입에서 전형적인 쓰레기 냄새를 풍긴다. 치아에 플라크plaque●가 형성되는 군락에서도 악취를 풍기는 것들을 만들어내지만 악취는 대부분

● 입안의 세균과 침이 뭉쳐져서 치아나 잇몸에 퇴적된 끈적끈적하고 투명한 막으로, 치태라고도 일컬음

혀에서 나온다고 보리시는 설명했다.

그런데 진화적 관점에서 본다면, 우리는 왜 이런 하수구 같은 입을 갖게 됐을까? "널리 알려지지 않은 문헌 자료가 있는데 그 내용이 알려져야 합니다. 참, 의학박사 맞으시죠? 그럼, '장 – 침 순환entero-salivary circulation'이라는 개념을 접해본 적이 있나요?"('Entero'는 '장', 'salivary'는 '침의' 또는 '침과 관련된'이라는 뜻이다.)

"아, 아뇨." 보리시는 입속 세균들이 우리가 먹는 음식물 속의 질산염을 아질산염으로 바꾸고, 그러고 나면 아질산염이 위장으로 들어가 산화질소로 변환된다고 설명했다. 이런 과정은 혈압을 낮추는 일종의 항상성 유지 메커니즘인 듯하다.

"우리가 구강을 세정해 입안의 세균들을 죽일 때 우리는 질산염을 만들어내는 세균들을 일부 박멸하고 있는 셈이죠. 그러면 입에서 향기가 날 순 있겠지만, 뇌졸중으로 사망할 위험이 증가할 수 있습니다." 보리시가 설명했다.

세상에, 맙소사! 이건 추가 연구가 필요하다.[11] 이런 초기 가설을 들으면 양치질을 중단하고 싶다는 마음이 동한다. 하지만 이 시점에서 그 가설은 우리가 입속에 왜 그렇게 많은 세균을 품고 있는지 설명할 수 있는 그럴듯한 예시일 뿐이다. 핵심은 입안의 생태계가 신체의 나머지 건강과 동떨어져 있지 않다는 점이다.

"제 얘기는 구취를 만드는 세균들이 도움이 된다는 게 '아닙니다'." 보리시는 이 점을 분명히 밝혔다. "그런 세균들은 혀의 안쪽 깊숙한 곳에 있어요. 하지만 혀의 표면에서 아질산염을 만들어내는 세균들은 실제로 우리에게 유익합니다. 물론 우리도 '그들'에게 살기 좋은 표면을 제공함으로써 도움을 주고요. 혀에서 이루어지는 아주 명백한 상리공생相利共生이죠."

상호 이익이 되는 관계라는 발상은 우리가 입안에 황화합물을 만들어내는 세균들을 왜 그렇게 많이 유지하는지도 설명해주는 것 같다. 그 세균들은 우리에게는 직접적으로 이롭진 않더라도, 유익한 아질산염을 만들어내는 세균들에게는 이로울 수 있다. 치아는 조용하고 무심한 듯 보이지만 실제로는 역동적인 삶의 현장이다.

신경으로 채워진 이뿌리를 보호하는 흰 법랑질은 산성 물질이 일으키는 부식 때문에 파괴된다. 그런 현상을 '충치'라고 일컫지만 실제로 충치는 입속 세균들이 당분을 섭취해 발효한다는 사실을 의미한다. 가령 맥주를 만들 때의 발효나 영양보충제 사업을 목적으로 비타민 C를 합성할 때의 발효는 좋은 것이다. 그러나 입안에서 일어나는 발효는 그 과정에서 젖산이 분비되므로 상대적으로 덜 좋다. 젖산이 법랑질의 칼슘을 녹이기 때문이다. 특히 세균들이 매달려 있는 작은 틈새에서 그런 일이 벌어진다.

이런 과정을 이해함으로써 언젠가는 과학자들이 사람들을 양치질에서 해방시켜줄 수 있을 것이다. 만약 이 생태계들을 관리할 수 있는 다른 더 정확한 방법이 있다면 말이다. 보리시가 연구 분야를 플라크로 바꾼 이유도 한편으로는 그 전체 판에서 지식의 큰 구멍을 발견해서다.

"저는 DNA 염기서열이 마이크로바이옴에 적용되는 데서 이런 변혁을 봤습니다. 하지만 거기엔 누락된 층이 하나 있어요." 보리시는 그때를 회상하면서 설명을 이어갔다. 그 층은 미생물 생태계의 구조였다. 예를 들어 장내 균의 표본을 채취하려면 DNA 염기서열을 얻기 위한 배설물 표본을 분쇄해야 한다. 그러면 세균이 우리 내부에 있다는 사실은 알 수 있다. 그러나 세균들 간의 관계, 그 군락들의 구조에 대해서는 아무것도 알 수 없다. 어떤 사람의 분해된 뇌만 갖고서 그 사람을 이해하려고 애쓰는 격이라고나 할까.

2016년 보리시와 동료들은 치태에 있는 세균 군락들을 최초로 3차원 형광 이미지로 구현해 발표했다. 그들은 어디에 어떤 세균 종들이 있으며 그 종들의 관계는 어떻게 작용하는지 정확히 알고 싶었다.

우리는 하루에 1.5리터의 침을 생산하므로 입안에 있는 것들은 어딘가에 달라붙어 있지 않는 한, 모조리 침에 씻겨 위장으로 내려간다. 연쇄 구균streptococci들은 '코리네균corynebacterium'이라고 하는 세균들에 들러붙어 있으며 코리네균 자체는 치아의 흰 법랑질에 붙어 있다. 이런 세균들의 기능은 단순히 플라크가 쌓이는 군락들의 골조를 만드는 것으로 보인다(연쇄 구균은 세균을 죽이는 과산화물을 생성하는데, 이런 과산화물을 파괴하는 효소를 만들어내는 주체가 바로 '코리네균'이며, 그 덕에 플라크가 존재할 수 있다). 바로 그 끈적끈적한 뼈대층 때문에 플라크가 단단해지고 제거하기 어려워진다. 그런 까닭에 치위생사는 스케일링을 할 때 금속 기구로 적당한 힘을 가하면서 치아를 긁어내야 한다.

산화물을 생성하는 연쇄 구균은 과산화수소를 방출해 다른 세균을 죽이기도 한다. 그래서 그 산화물이 치아를 부식시키긴 하지만, 감염을 일으키는 다른 '나쁜' 세균도 제압하기 때문에 연쇄 구균은 유익할 수 있다. 반면에 연쇄 구균은 이산화탄소도 생성해 카프노사이토파가capnocytophaga와 푸소박테리움fusobacterium 같은 세균 종에게는 이상적인 환경을 만들어주기도 한다. 보리시는 이렇게 말한다. "생물학이 주는 하나의 교훈이 있다면, 그것은 기능이 구조와 관련돼 있다는 점입니다."

따라서 우리는 입에서 냄새가 나고 치아도 부식되겠지만, 그 이유는 단지 뇌졸중에 걸리거나 종기가 나는 것보다 나아서일 수도 있다. 우리 몸이 이런 상태인 것은 지금 이대로가 그렇지 않은 상태보다 낫기 때문이다.

플라크의 형상은 1990년대 후반 윈도우 화면보호기에 나오던 정교한 산호초와 닮았다. 그 모양을 떠올리니 다시는 이를 닦고 싶지 않은 마음이 든다. 그러면 플라크의 아름다움이 망가질 테니까.

| 플라크 내부 모습 |

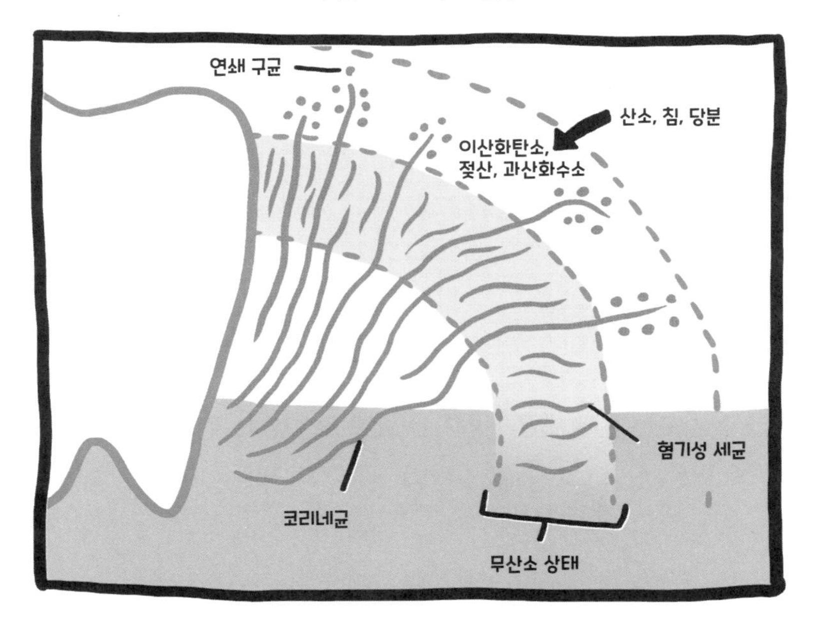

보리시는 이런 생각을 하는 내게 주의를 줬다. "저는 우리가 알아야 할 것이 입안에 복잡한 생태계가 있다는 점이라고 생각합니다." 그러고는 이런 말을 덧붙였다. "우리는 그 생태계를 붕괴하기 전에 다시 한 번 생각해봐야 합니다."

"그럼, 사람들에게 양치질을 줄이라고 제안하시는 건가요?"

"저는 양치질을 줄이라고 제안하는 게 아닙니다. 다만 입안에 정교한 미생물 생태계들이 존재하며 여기에는 어떤 이유가 있을 수 있다는 점을 지적하는 겁니다."

탄수화물과 지방, 어느 것이 더 나쁜가요?

우리는 대부분 장 내부에서 일어나는 일을 쉬쉬하지만, 장은 외부세계와의 가장 큰 접점이다. 미국인들은 평균적으로 매년 905킬로그램의 음식을 먹는다.[12] 우리가 먹는 음식은 살아가면서 내리는 가장 중요한 결정일 수 있으며 이는 건강뿐만 아니라 전체적으로 세계 경제와 환경 측면에서도 그렇다.

인터넷에 음식과 관련된 이야기들이 점점 더 많이 요구되면서 음식 기사가 하루에도 수백 개씩 게재되는 것 같다. 그 수가 증가함에 따라 그런 기사는 놀랄 만한 이야기를 담지 않으면 눈에 띄기가 점점 더 어려워진다. 그러니 최신 연구의 중요성을 과장해 그것이 판도를 바꾸고 있다고 얘기하는 글들이 나오는 것이다(이런 상황에서 만약 '통계적으로 살이 찌지 않는 식생활: 우리가 이미 들어서 알고 있는 것과 근본적으로 동일한 기본 원칙'이라는 기사가 있다면 사람들이 과연 그걸 읽어볼지 의문이다). 무작정 던지는 이야기나 일시적 유행이 나타날 때마다 쌓이는 미묘한 영향들은 결국 공중 보건에 심각한 문제가 된다.

바로 이 문제 때문에 나는 2015년 11월 어느 포근한 주말에 보스턴으로 가서 식품계의 유명한 영양학자들이 참석하는 회의에 합류했다. 이 회의는 예일–그리핀 예방연구센터Yale–Griffin Prevention Research Center 이사인 데이비드 카츠David Katz와 하버드 보건대학원의 영양학과장인 월터 윌릿Walter Willett이 주관했다. 하얏트 리젠시 보스턴 호텔 회의실 곳곳에는 대부분 나이가 지긋한 백인 남성이 참석하고 있었다. 그들이 목에 건 빨간 줄에 달린 명찰을 보니 보건영양 분야의 명사들이 수두룩해 초현실적인 느낌이 들었다. 이 공론의 장에는 자신의 가장 솔직한 의견을 들려주기 위해 25명이 모였다. 회의의 목적은 영양학이 혼란스럽다는 인식을 바로잡고, 세상에 도움이 될 만한 음식과 건강에 대한 공통 원칙 몇 가지를 한데 모아보자는 것이었다.

참석자들 가운데는《무엇을 먹을 것인가The China Study》의 저자 T. 콜린 캠벨T. Colin Campbell이 있었다. 그 책은 인류의 건강을 위한 현대의 채식주의 운동에 큰 토대가 된 명저다. 낙농가에서 자란 캠벨은 우유가 왜 '그토록' 월등한 식품인지 정확히 알아내겠다는 목표를 세우고서 1958년에 영양학 박사 과정에 들어갔다. 현재 코넬대학교 명예교수인 백발의 캠벨은 우유가 발암 물질이라고 믿는다. 그는 베스트셀러를 여러 권 냈음에도 여전히 아주 단호하게 말했다.

회의장에는 에모리대학교에서 은퇴한 의료인류학자이자 영상의학과 의사이며 현대 '팔레오 식단'의 창시자 중 한 명인 스탠리 보이드 이턴Stanley Boyd Eaton과 뉴햄프셔대학교 산하 지속가능성연구소의 최고 책임자인 톰 켈리Tom Kelly도 있었다. 세계건강영양협회World Health Nutrition Association의 이사인 안토니아 트리초풀루Antonia Trichopoulou는 이 회의에 참석하려고 그리스 아테네에서 날아왔다. 아테네대학교 교수인 트리초풀루는 '지중해식 식단'을 세계적으로 인정받는 건강식으로 만든 인물이다(그녀에게는 지중해식 식단이 곧 건강식이다). 그 외에도 터프츠대학교의 영양학·정책 대학원장인 다리우시 모자파리안Dariush Mozaffarian, 혈당지수를 창안한 데이비드 젠킨스David Jenkins, 하버드대학교의 영양학 교수들인 데이비드 루드윅David Ludwig, 프랭크 후Frank Hu, 메이어 스탬퍼Meir Stampfer, 에릭 림Eric Rimm, 그리고 샌프란시스코의 캘리포니아 의대 교수이자 전설적인 인물인 딘 오니시Dean Ornish도 있었다. 이처럼 엄청난 위상을 지닌 참석자들 가운데서도 오니시는 유명인사인 듯 보였다.

강연으로 이어진 긴 하루 동안 강연자들은 각자 건강에 가장 좋다고 믿는 식생활을 간명하게 주장했다. 그 내용은 모두가 연구자로서 그리고 다수가 저자이자 강연자로서 쌓아온 오랜 경력을 바탕으로 한 것이었다. 저녁에는 '공통된 의견을 찾기 위해' 전원이 거대한 탁자에 둘러앉았다.

공동 주관자인 데이비드 카츠는 그 일이 보기보다 쉬워서 식사가 끝날 때쯤이면 잘 정리된 문서가 나오리라 생각하는 것 같았다. 그는 백지의 플립 차트가 놓인 이젤 앞에 서 있었다. 그 자리에서 유일하게 기자였던 나는 모두가 자유롭게 브레인스토밍을 할 수 있도록 참석자들의 구체적인 발언을 기사에 전혀 내지 않겠다고 동의했지만, 논의는 이렇게 진행됐다. 누군가 가장 논란의 여지가 없을 만한 명제를 가장 먼저 꺼냈다.

"모든 사람이 채소를 먹어야 한다고 할 수 있을까요?"

대부분 고개를 끄덕였다. 그러자 누군가 말했다.

"그럼, 어떤 종류의 채소들일까요?"

"익혀서요? 아님 생으로요?"

"맞아요. 저도 그걸 생각하던 참이었어요. 사람들에게 흰감자만 먹으라고 할 순 없으니까요. 그건 순전히 녹말이잖아요."

"프렌치프라이와 케첩도 채소일까요?"

"제 생각엔 우리가 채소라고 말하면 그게 순전히 프렌치프라이를 먹으라는 뜻이 아닌 걸 사람들이 알 거예요."

"'정말로' 그럴까요?"

"연방 학교급식에서는 그게 채소라고 한답니다."

[참석자들 간에 수많은 대화가 오간다]

"그럼, 색깔이 다른 다양한 채소를 먹으라고 하면 어떨까요?"

"그건 증거로 뒷받침이 안 될 것 같은데요."

"꼭 그래야 할까요?"

"그럼요."

"색색의 채소라 해도 소금에 절일 수 있는데, 그러면 좋지 않을 거예요."

"튀기는 것도 좋지 않죠."

"그럼, 생채소를 먹으라고 해야 할까요?"

"아뇨! 맛이 중요하다는 걸 무시할 순 없어요!"

"그리고 문화적 전통도요."

"계절성은 어떡해요? 모든 사람에게 1년 내내 아보카도를 먹으라고 할 순 없잖아요."

논의를 시작한 지 한 시간이 지났건만, 우리는 사람들이 채소를 먹어야 한다고 말할 수 있는지 여부를 놓고도 합의에 이르지 못했다.

다음 네 시간 동안에는 이런 종류의 합의문이 존재하지 않는 이유가 명확해졌다. 그 자리에 있던 과학자 25명 전원은 사람들이 채소를 먹어야 한다는 점에는 참으로 아주 확실하게 동의했다. 과일과 견과류, 씨앗류, 콩류도 마찬가지였다. 이런 음식이 모든 이의 식단에 기초가 되어야 한다는 점에도 모두 동의했다. 다양성은 있어야 하되, 음식의 지나친 '가공 처리'는 없어야 한다. 이것을 사람들에게 어떻게 말해주느냐가 제일 골칫거리였다. 그들은 그날 자정까지 보스턴에 머물면서 그 방법을 찾아보려고 노력했다.

궁극적으로 그들의 주요 합의점은 자신들이 인지한 불협화음에서 심각한 문제들이 초래된다는 것이었다. 사람들은 영양에 대해 단일하고 확고한 합의가 없다고 느끼면 자연히 모든 식이요법 경향이 다 똑같이 유효하다고 여기게 된다. 최신 뉴스 기사가 무엇을 제안하든, 카다시안 가족들•이 무엇을 하든, 탄수화물·지방·글루텐의 '유해성'에 관한 최신 서적을 누가 냈든지 간에 다 나름대로 신빙성이 있는 셈이다. 스탠퍼드대학교에서 아그노톨로지를 강의하는 로버트 프록터 교수가 지적했듯이 '전문가들의 의견 불일치' 전략은 무지를 배양하는

• 미국 예능 채널에서 2007년부터 방영 중인 리얼리티 프로그램 <4차원 가족 카다시안 따라잡기Keeping Up with the Kardashians>에 출연하는 인물들

핵심이다. 어떤 문제든 아무도 모른다고 믿게 만드는 것이 바로 선동가들의 전술이다. 그래서 사람들은 그런 선동가들의 터무니없는 생각을 믿는 편이 낫다고 생각하게 된다.

전문가들은 이런저런 증거들을 어떻게 해석할지를 놓고 계속 이견을 낼 수 있으며 실제로 낼 것이다. 과학의 기초 요소가 바로 증거이기 때문이다. 이견이 있다는 것은 그 과정이 제대로 작동하고 있음을 의미한다. 그러나 그렇다고 해서 영양에 관한 여러 견해를 두고 합의를 볼 수 없다는 뜻은 아니다.

여기 모인 영양 전문가들은 바로 이런 불일치를 없애보자는 희망을 품고서 보스턴에 왔다. 이 자리에서 그들은 식물 위주로, 이상적으로는 식물을 자연 상태로 먹는 것이 개인의 건강과 인류 전체의 건강에 모두 확실히 바람직하다는 점을 동의하고 기록했다.

그들은 음식이 약이라는 데도 동의했다. 예방이 가능하나 대부분의 사람들이 부실하게 먹어서 주로 걸리는 심혈관 질환으로 목숨까지 잃는 세상에서 음식은 공중 보건에서 가장 얻기 쉬운 결실이다. 하지만 영양은 개별 질병들의 예방을 훨씬 뛰어넘는 문제다. 우리가 몸 안팎으로 적용하는 모든 화합물은 우리에게 영향을 미친다. 그때그때 뭘 먹을지 결정하는 일은 사소하지만, 하루 몇 번의 끼니가 오랜 세월 동안 쌓이면 그것이 우리의 건강과 안녕에 미치는 영향력은 실로 어마어마하다.

영양 전문가들은 또한 본인들이 탄수화물, 단백질, 지방에 관해 종종 강연을 하거나 글을 쓸 때 식생활을 환원주의적 관점으로 사고하는 것도 실질적으로 바람직하지 않다고 동의했다. 다시 말해, 식품에 들어 있는 한 가지 화합물에 집중해서 그것을 악마화하거나 신격화하는 행위는 설령 그런 심리가 발동하더라도 지양해야 한다.

식품을 탄수화물과 지방, 단백질로 생각하는 개념은 1834년에 나온 윌리엄 프라우트William Prout의 저서《화학, 기상학 그리고 소화 기능Chemistry, Meteorology, and the Function of Digestion》에서 처음 등장했다. 프라우트는 이 책에서 음식이 에너지가 포함된 세 가지 '기력의 원리staminal principles'로 구성돼 있다고 상정했다. 그것은 사실이긴 했지만 태양계가 태양 하나와 행성들로 구성돼 있다고 말하는 격이었다. 그럼에도 탄수화물, 지방, 단백질로의 구분은 두 세기가 지난 오늘날까지도 많은 사람이 영양에 대해 생각하는 방식이다. 심지어 많은 나라에서의 식품 영양 표시도 그런 기준을 따른다.

하지만 1830년대의 탄수화물·지방·단백질 개념은 그 시대에 나온 대부분의 과학만큼이나 단순하다. 나중에는 이런 세 분류에서 한층 더 나아가 각 화합물의 무수한 유형이 등장한다. 생명을 유지해준다고 알려진 식물들에는 비타민과 미네랄이라고 부르는 화합물뿐만 아니라 우리가 이제 막 중요성을 이해하기 시작한 파이토케미컬phytochemical●도 들어 있다. 게다가 우리가 모든 물질을 알고서 그것을 식물에 들어 있는 물질과 이론적으로 똑같은 공식으로 적용한다 해도 우리는 기능생물학functional biology●●의 기본 원칙을 위반하는 셈이다. 그 원칙은 바로 형상이 중요하고, 전체가 부분들의 합보다 뛰어나다는 것이다. 병원에서 환자가 너무 아파서 음식을 입으로 먹지 못하거나 환자에게 위장관도 사용하지 못할 때 최선의 방법은 (종합 영양 수액이라고 알려진)

● 식물에 든 생리 활성 물질로 항산화, 항염, 해독 등의 작용을 함

●● 생명체를 구성하는 모든 요소 및 전체의 기능과 상호작용을 연구하는 학문

영양 혼합물을 정맥에 직접 주입하는 것이다. 하지만 그런 방법은 세심한 고려와 감시가 아무리 엄격하게 이루어진다 해도 환자의 간 기능이 멈추고 장내 세균이 소멸할 때까지 몇 달 동안 생명을 연장시키는 것에 지나지 않는다.

따라서 무수한 문화적 전통, 음식 맛에 대한 애호, 예산 문제에 맞출 수 있으면서 달성과 지속이 가능한 개인·집단 건강에 대한 간단한 권고가 등장한다. 그것은 바로 식물을 자연 그대로 전체를 먹는 '자연식물 식단whole-plant-based diet'이다.

글루텐이란 무엇인가요?

커트 코베인 사망 20주기를 맞았을 때 캘리포니아의 모리스 메슬러Morris Mesler라는 중독 전문가는 그 예술가의 위장 통증을 곰곰이 생각해봤다고 한다. 메슬러는 "그의 병은 식생활만 약간 바꾸면 되는 문제였을지도 모릅니다"라고 말하며 코베인이 생전에 '유당 불내증lactose intolerance이나 글루텐 불내증gluten intolerance'에 걸렸을 수 있다는 견해를 제시했다.

레딧을 비롯해 온라인 커뮤니티 사이트에서는 전문가는 아닌 익명의 논평자들이 코베인에게 셀리악병celiac disease이 있었을 거라는 추측을 계속 내놓았다. 글루텐을 먹지 않는 블로거 한 명은 최근에 "코베인의 식단에 글루텐이 없었더라면 그 덕에 상태가 나아졌을 테고 아마 자기 목숨도 구할 수 있었으리라 생각한다"고 단정지었다.

세간에 알려진 바에 따르면, 코베인은 술과 담배를 과하게 했으며, 헤로인을 복용하고 유기용제도 흡입했다. 그리고 양극성장애와 그에 따른 일반적인 증상들이 있다는 진단도 받았다. 하지만 오늘날에는 글루텐에 손가락질을 하는 것이 합리적으로 보이게 됐다.

밀과 호밀, 보리 안에는 글리아딘gliadin과 글루테닌glutenin이라는 두 종류의 단백질이 있다. 그 곡물들의 가루와 물이 섞이면 두 단백질이 결합해 또 다른 단백질인 글루텐gluten을 형성하는데, 글루텐은 글리아딘이나 글루테닌보다 정교한 매트릭스 구조를 지니고 있다. 글루텐은 반죽에 점착력뿐 아니라 탄력도 더해준다. 다시 말해 반죽이 끈끈하게 착 달라붙기도 하지만 유연하게 잘 늘어나기도 하는 것이다. 이런 성질은 사람에게서 좋듯이 빵을 구울 때도 좋다.

글루텐 덕분에 '호모 사피엔스'는 빵을 만들어낼 수 있었다. 그 종이 번성하고 퍼지면서 빵은 세계적인 주식이 됐다. 하지만 글루텐 자체보다 그것이 인간에게 고통을 주는 새로운 관계 그리고 그 관계의 존속

| 글루텐이 작용하는 과정 |

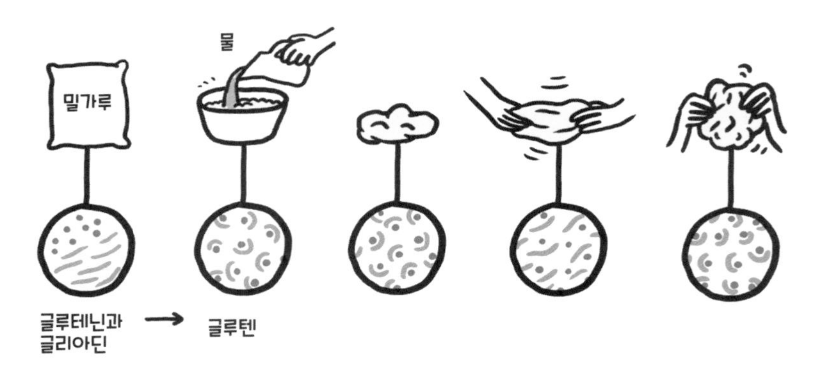

기반인 돈과 심리가 훨씬 흥미롭다. 글루텐은 제과·제빵 상품뿐 아니라 우리 삶에도 정체성과 회복력, 토대를 제공하게 됐다.

이토록 큰 문제들이 걸린 글루텐에 대한 모든 논의에서 매우 중요한 첫 단계는 당사자가 겪는 증상들이 실제임을 인정하는 것이다. 자신에 대해 잘못 얘기하는 사람들도 글루텐 이야기에서 빠지면 안 되겠지만, 스스로 글루텐에 민감하다고 여기면서 고통을 겪는 사람들을 그런 사람들과 함께 묶으면 안 된다. 두 번째 단계는 글루텐이라는 단백질과 우리 몸에 대해 알고 있는 내용과 더불어, 글루텐이 실제로 정말 심한 고통의 원인일 가능성을 살펴보는 것이다.

나치에게 점령당한 네덜란드에서는 1944년 11월부터 1945년 5월까지 '굶주림의 겨울'이라고 불리게 된 시기가 있었다. 그 기간에 1만 9,000명이 기아로 죽었다. 그런데 밀가루가 귀한 상황이 되자 단순히 셀리악병('복부' 질병)이라고 알려진 모호한 병을 오랫동안 앓던 일부 사람들이 마치 재앙 속에서 일어난 어떤 별개의 기적처럼 회복됐다. 그 후로 수십 년이 지나서 영국의 연구자들은 문제의 물질이 밀가루 자체가 아니라 글루텐 단백질이라는 것을 밝혀냈다.

지금은 대략 1퍼센트의 사람들이 셀리악병을 앓고 있다고 알려져 있다. 그 병은 전형적인 '자가면역 질환autoimmune disease'이다. 자가면역이라는 용어의 전통적인 이해에 따르면 그렇다. 우리 몸이 '자기'를 '타자'로 착각하는 것이다. 이 경우에 '조직 트랜스글루타미나제tissue transglutaminase'라고 하는 특정 항체들이 체내에 글루텐이 있을 때마다 소장의 내벽을 파괴한다. 그러면 심한 소화불량이 따르고, 심각한 경우에는 영양실조로 이어진다. 창자벽이 파괴되면 그 결과로 장-뇌-미생물 축에 혼란이 생긴다. 어떤 이들에게는 두통, 발작, 손가락 마비, 우울증이 나타난다고 한다. 이 질환은 저신장부터 빈혈, 유산까지 일으키면서 인생의 모든 국면에 지장을 줄 수 있다.

확실한 진단 검사를 받으면 글루텐 항체가 있는지 알 수 있다. 그 항체가 있는 사람들에게는 셀리악병이라는 진단이 내려지며 지금까지 알려진 유일한 치료법은 글루텐을 완전히 확실하게 멀리하는 것이다. 그리고 여느 질병 치료와 달리 글루텐을 자제하면 언제나 효과가 있다. 이는 의학에서 가장 명쾌한 상황 중 하나이자 참으로 보기 드문 이진법이다. 그러므로 글루텐을 먹으면 장벽을 파괴하는 항체를 갖게 되거나 아니면 갖지 않는다.

이처럼 셀리악병은 괴혈병이나 각기병과 비슷하다. 어느 정도는 이런 이유로 글루텐은 비타민과 정반대의 심리가 작용하는 가운데, 비타

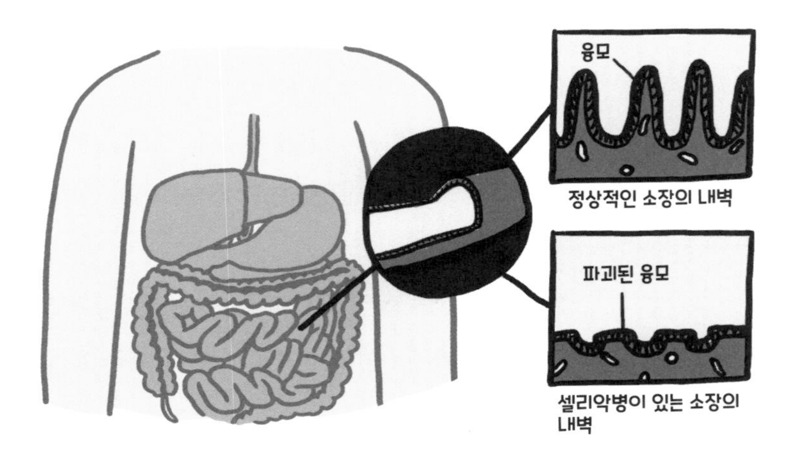

민과 똑같은 단순한 절대론과 극단론의 지배를 받게 됐는지도 모른다. 어떤 화합물이 한 가지 (아주 명백하고 제한된) 상황에서 사람들에게 나쁘니까 여러 상황에서도 틀림없이 나쁘다는 것이다.

아스코르브산(비타민 C)을 많이 복용해도 독감에 뚜렷한 효과가 없는 것처럼 셀리악병이 없는 사람들은 글루텐을 멀리해도 뚜렷한 영향이 없다. 이는 그런 작용 원리가 미래에 발견되지 않을 것 같다는 뜻이 아니다. 어떤 가능성이든 존재하기 마련이니까. 하지만 곡류를 무작정 멀리하는 것보다 건강 효과를 보기 위해 시작해야 할 훨씬 더 그럴듯한 일들이 있다. 회색조가 가장 적은 의학의 많은 분야와 마찬가지로 사람들도 그런 일들을 가장 잘 알 수 있을 것이다.

'글루텐 프리 Gluten free(글루텐 없음)'는 현재 세계적으로 구글에서 가장 많이 검색되는 식생활 방식이다. 2012년과 2015년 사이에만도 '글루텐 프리'라고 표시된 제품의 판매액은 115억 달러에서 230억 달러 이상으로 두 배 증가했다. 시중에는 글루텐이 아예 없는 제과·제빵류, 개 사료, 화장품이 나와 있다. 식물성 단백질 중심으로 고조되는 이런 공포의 과열 현상은 효과적인 마케팅, 군중 심리, 그리고 건강하고 싶다는 우리의 간절한 염원의 증거를 보여주는 사례 연구감이다. 합리적인 사람이라면 이런 궁금증이 생길 만도 하다. "잠깐만, 나도 글루텐을 멀리해야 할까?" 그러고는 어깨를 으쓱하며 이렇게 생각한다. "그러지 뭐."

사이렉스 래버러토리스 Cyrex Laboratories는 애리조나주 피닉스 Phoenix에 있는 상업·사무용 복합단지에 자리 잡고 있다. 그 건물은 딱히 뭐라 표현하기 힘든 20세기 말 벽돌 건물이다. 나는 2016년에 그 회사를 알게 됐는데, 그곳의 홍보 담당자가 내게 "글루텐을 먹으면 안 되는지 아는 방법"이라는 제목의 이메일을 보냈기 때문이다. 그들은 '글루텐 반응성을 정확히 알아내는 간단한 혈액 검사'가 있다고 장담했다. 그리고 그 검사는 셀리악병 진단용이 아니라 아직 입증되지 않은 글루텐에 민감할지도 모른다고 생각하는 수많은 사람을 위해 내놓은 것이라고 했다.

곧바로 나는 그 내용이 궁금해졌다. 만일 그 검사 서비스가 효과가 있다면 그것은 틀림없이 소화기학의 엄청난 진보이자, 일시적 유행을 몰아내는 데 일조할 것이기 때문이다. "글루텐을 멀리하는 게 유익할까요?"라는 물음에 "그럼, 이 간단한 검사를 받아보세요"라고 제안할 수 있는 검사 서비스는 전 세계 연구·교육기관에서 일하는 과학자들의 목표다.

그 홍보 담당자는 이 검사에 대한 나의 수많은 질문을 한 전문가에게 바로 전달하면서 그 전문가는 '검사에 대한 모든 것, [그리고] 검사가 완료됐음을 직접 느낄 수도 있는 신호의 증상을 말해줄 수 있는' 사람이라고 했다. 그녀는 그를 "채드 라슨 박사"라고 불렀다. 그 호칭은 내가 그대로 인용한 것이다. 많은 나라에서 의학 분야의 '박사'라는 말은 MD[•]나 PhD[••]를 의미하며, 때로는 DO[•••]를 가리키기도 한다. 라슨은 이 가운데 어디에도 해당하지 않지만, 오랫동안 부글부글 끓다가 이제 폭발 단계에 이른 직종의 박사라 할 수 있다. 이 직종은 언어의 유

• 임상의학 분야의 학위 소지자
•• 기초의학 분야의 학위 소지자
••• 정골의학 학위 소지자

동성에 근거를 둔다. 지금은 이모티콘도 언어이며 '박사'에도 여러 의미가 있을 수 있다. 라슨은 'ND', 즉 자연의학naturopathic medicine 학위 소지자이기 때문에 '박사'라는 칭호를 사용하지만, ND는 의학박사를 뜻하는 'MD'와 혼동되어서는 안 된다(아니면 실제로 혼란스러운가?).

라슨의 학위 문제는 글루텐 과민증 유행의 핵심을 찌른다. 글루텐 과민증은 사람들을 두 분류로 갈라놓는다. 한쪽은 세상을 흑백논리로 보면서 어떤 개념이나 화합물을 완전히 나쁘게 아니면 완전히 좋게 여기는 사람들이며, 다른 한쪽은 미묘한 차이와 불확실성을 안고 살아가는 사람들이다. 글루텐 과민증은 글루텐과 관계가 있다기보다는 지식과 관계가 있다.

전통적인 학위인 MD(라틴어로는 'Medicinae Doctor'이며 '의학을 가르치는 사람'을 뜻한다)는 오랫동안 박사로 정의되어왔다. 미국에서는 의예과 과정을 마치고 의과 대학원 진학 시험인 MCATMedical College Admission Test에 통과한 사람들이 141개의 공인된 4년제 대학원 중 한 곳을 졸업하면 그 학위를 받는다. 의사 교육을 전문으로 하는 학교들은 1876년 이후로 미국의과대학협회AAMC, Association of American Medical Colleges라는 조직의 감독을 받고 있다. 그런 의과대학들은 학생들이 '질병을 예방하고 고통을 경감하며 삶의 질을 향상하기 위한 의학 지식과 치료법, 기술을 익히며 진보할' 수 있도록 훈련시켜야 한다. 아울러 '공감, 질, 안전, 효능, 책임, 적정 비용, 직업정신, 공공에 관한 문제'도 가르쳐야 한다.

라슨을 비롯한 자연의학 의사들은 이런 접근법의 '대안'을 신봉한다. 라슨의 ND 학위는 사우스웨스트 자연의학대학Southwest College of Naturopathic Medicine이라는 곳에서 받은 것이며, 이 대학은 미국의과대학협회 관할 밖의 새로운 협력체에서 생겨난 7개 기관 중 하나다. 하지만 이 기관들은 2001년에 정말로 그들만의 공인 협회를 설립했고, 이름도 '공인자연의학대학협회AANMC, Association of Accredited Naturopathic Medical Colleges'라고 지었다.

AANMC의 웹사이트는 AAMC 웹사이트의 복제판에 가깝다. 심지어 단체 마크도 의학계의 오랜 상징인 카두케우스 형상과 비슷하다. 카두케우스는 그리스의 전령신인 헤르메스의 날개 달린 지팡이로, 뱀 두 마리가 지팡이를 감고 있다. 두 협회의 마크에서 유일한 차이점은 AANMC의 카두케우스에서 한데 얽힌 두 뱀의 머리가 잎사귀 두 장으로 대체된 것이다.• 머리가 잎사귀인 뱀들은 언뜻 보면 자연에 바치는 정중한 경의 같지만 자연적인 것처럼 보일 뿐이다.

자연요법은 반작용으로 생겨난 듯 보인다. 자연요법 의사들은 자신들을 여러 면에서 (실제로) 비효율적인 의료 체계의 '대안'적 위치에 두었다. 전문의들은 종종 건강의 사회적 맥락을 감안하지 못하고, 의학은 알려진 극히 일부의 인간 병리와 더불어 효과적인 치료법을 설명해 줄 뿐이다. 하지만 AANMC는 그와 상반된 입장을 취함으로써 실체가 무엇인지를 말하는 일을 피해왔다.

자연요법의 중심은 '증식치료prolotherapy'다. 예컨대 의사가 환자의 관절이나 척추, 그 밖에 통증을 느끼는 어느 부위에나 포도당액(말 그대로 설탕물)을 주사하는 것이다. 그런 의료 행위는 근거가 없을뿐더러 심

• AAMC의 마크는 원서의 내용과 달리 헤르메스의 지팡이인 카두케우스Caduceus(뱀 두 마리가 지팡이를 감고 있음)가 아니라, 의술의 신 아스클레피오스Asclepios의 지팡이(뱀 한 마리가 지팡이를 감고 있음)를 사용하고 있다. 참고로, 미군 의무부대는 오래전 착오로 사용하게 된 카두케우스 마크를 지금까지 계속 사용 중이다.

지어 그게 어떻게 효과가 있는지에 대해 그럴듯한 작용 원리도 제시하지 못한다. 그러나 어떤 집단에서는 그런 증거 부족이 장점이 된다. 효능·품질 검사를 통과한 약이나 의술은 의료계에 채택돼 '대안'이라는 강점을 잃기 때문이다. 그러면 그것은 단순히 의학이 되고 만다.

채드 라슨은 현재로서는 과도한 고통의 원인이 글루텐이라고 확신하며 이렇게 말했다.

"누군가에게 만성적인 문제가 있다면 그게 편두통이든, 과민성 장증후군이든, 다관절 통증이든, 만성 요통이든, 갑상샘 호르몬 불균형이든 간에 어느 정도 답을 예상할 수 있습니다. 만성적인 문제가 있는 사람의 식단에 글루텐이 들어가 있다면 그게 제가 가장 먼저 확인할 사항입니다."

글루텐이 증상의 원인이 아닐 수 있다고 생각하는 경우도 있느냐라는 질문에 그는 이렇게 답했다.

"그런 경우는 하나도 떠오르지 않는군요."

라슨이 사이렉스 래버러토리스에서 보수를 받는 상담사라는 점을 주목해야 한다. 그 회사의 홍보 담당자는 내가 그와 얘기해야 한다고 주장했다. 반체제적 정서를 매우 정당하게 여기는 분위기에 편승해 사람들을 '다른' 체제에서 멀어지게 하는 것은 무지 배양의 묘기다.

셀리악병은 1940년대부터 알려져 있었지만 '비셀리악 글루텐 과민증NCGS, non-celiac gluten sensitivity'은 2012년에 하버드 의대 교수인 알레시오 파사노Alessio Fasano와 동료들이 만든 용어다. 그 병의 정의를 내리고 이름을 붙인 파사노는 사이렉스의 글루텐 검사에는 아무런 증거가 없다고 설명했다.

"그런 검사들은 입증되지 않았어요. 대체 어떤 가정으로 그것들이 글루텐 과민증에 유용한 생체 지표라고 믿는지 모르겠군요."

라슨 같은 자연요법 의사들이 판매하는 혈액 검사는 비영리 단체인 셀리악병 재단Celiac Disease Foundation에서조차 권하지 않는다. 이 단체는 글루텐 과민증의 포괄적 이해를 옹호한다는 점에서는 비슷해 자체 웹사이트에 이렇게 설명해놓았다. "글루텐 과민증이 있는 사람들은 글루텐이 있는 음식을 먹으면 '뇌 흐림brain fog'●, 우울증, ADHD 같은 행동장애, 복통, 복부 팽만, 설사, 변비, 두통, 뼈나 관절 통증, 만성 피로 같은 증상들을 겪을 뿐만 아니라 다른 증상들도 발생할 수 있다." 하지만 "현재 글루텐 과민증을 알아낼 수 있는 혈액 검사는 없다"라고 명시해놓았다.

파사노는 우리가 '면역 반응'을 논할 때 그런 반응에는 세 종류가 있다고 설명한다. 첫 번째는 땅콩이나 조개류, 밀 등을 먹었을 때 생기는 전형적인 알레르기다. 알레르기는 쉽게 감지되며, 염증을 일으키는 항체 때문에 나타난다. 염증은 가령 항체가 땅콩 가루를 공격하는 동안 발생하는 일종의 부수적 피해 증상을 말한다. 두 번째 종류는 자가면역 반응이다. 이를테면 어떤 음식이 원인이 돼서 면역계가 체내 다른 세포들을 직접 '공격'하는 반응이다. 전형적인 예가 셀리악병이다. 글루텐은 몸이 자체 장 세포들을 공격하면서 제거하게 한다. 그러나 글루텐이 없을 때는 면역계가 장 세포들을 공격하지 않아서 몸에 문제가 없다. 면역 반응에서 마지막 세 번째는 음식 과민증이라고 알려진

● 뇌에 안개가 낀 것처럼 멍해지면서 집중력, 사고력, 표현력 등이 떨어지는 현상

반응이다.

"이 영역은 거의 미개척지죠." 파사노는 그렇게 표현했다.

파사노는 그 병이 몸보다 마음에 원인이 있는 전형적인 질환들과 공통점이 더 많다는 면에서 '비셀리악 글루텐 과민증'이라는 병명을 만들었다. 몸의 병과 마음의 병이 뚜렷한 차이를 보이기 때문에 오히려 음식 과민증이 정의되는 것이다. 정신질환은 일련의 증상을 관찰해 거기에 이름을 붙임으로써 정의된다. 그런 질환은 다른 의사들이 담당하는 질병들, 그러니까 정량화할 수 있을 만큼 비정상적인 생물학적 과정에 따라 결정되는 질병들과는 대조적이다. 전 세계 수많은 셀리악병 전문가들과 마찬가지로 파사노도 정신의학의 기준 모형과 비슷한 맥락에서, 셀리악병이나 밀 알레르기 같은 별도의 생물학적 증상은 없지만, 글루텐을 줄였을 때 증상이 나아졌다고 정말로 말하는 환자들을 보았다.

하지만 그렇게 많은 병을 무작정 글루텐 탓으로 돌리면 안 되는 합당한 이유가 있다. 의학의 역사를 보면, 질병의 원인을 안다고 가정하면서 실제 원인은 간과하고 오판했던 일들이 엄밀히 존재한다. 그 예로 콜레라가 공기를 통해 퍼진다고 믿던 때가 있었고, 각기병이 쌀 속의 독소 때문에 생긴다고 믿던 때도 있었다. 그리고 지금은 글루텐이 바로 그런 사례인 듯하다.

'글루텐 과민증'은 그 용어 자체로 오해를 받는다. 셀리악병 때문에 몸이 명백히 쇠약해진 사람들에게는 그 병명이 모욕일 수 있다. 셀리악 지원협회 Celiac Support Association를 이끌고 있는 메리 슐러커비어 Mary Schluckebier는 한 인터뷰에서 반감을 드러내며 이렇게 말했다.[13] "환자가 의사에게 갈 때는 진단을 원합니다. 환자는 '이게 병이 아니라고 말씀하시지 말고 제 병명을 좀 알려주세요'라고 말해요. 그래서 의사들은 그런 병명을 생각해낸 거죠. 제 생각엔 그게 성급한 환자들을 달래는 한 방법이었던 것 같아요. 이 병을 어떻게 잘 표현할 수 있을지는 저도 모르겠지만요."

이런 솔직함과 정직함이야말로 실제로 그 병을 표현하는 가장 좋은 방법이 아닌가 싶다. 슐러커비어는 환자들이 거짓말쟁이나 꾀병쟁이로 무시당하는 오해가 생기지 않게 하려고 매우 조심스러워하는 게 틀림없다.

"이 작업은 현재 진행 중입니다." 파사노는 비셀리악 글루텐 과민증에 대해 그렇게 재빨리 말하면서 자신의 진단을 방어하는 신중함을 발휘한다. "지금은 아주 시작 단계죠. 우리는 누가 이 병에 걸리는지도, 이 질병이 어떻게 생겨났는지도, 그 작용 원리도 여전히 모릅니다. 그건 전적으로, 어떤 일이 발생하고 있고, 어떤 사람이 병에 걸리고 어떤 사람은 걸리지 않는지 알려주는 생체 지표가 부족하기 때문입니다."

이처럼 이 병이 무엇인지에 대한 표준화된 정의가 부족하면 상황은 불합리한 방향으로 흘러가기 쉽다. 심지어 과학자들 사이에서도 그런데, 하물며 대중은 말할 것도 없다. 하버드대학교의 파사노와 연구팀은 최근에 글루텐 과민증이 얼마나 일반적인지 추산해봤다. 그들이 이 병에 대해 내린 정의는, 글루텐을 먹으면 아프다고 느끼고 먹지 않으면 나아진다고 느끼는 (그리고 밀 알레르기나 셀리악병에는 음성 반응을 보이는) 상태였다.

"우리는 글루텐 과민증이 있는 사람들이 6퍼센트라고 추정합니다."

파사노는 그 숫자를 입 밖에 내자마자 바로 주의를 준다. "다시 말하지만 이건 추정치입니다. 아주 초기 단계의 추측이죠."

물론 글루텐 과민증이 매우 광범위하게 정의되긴 했지만, 이 설문조사는 기본적으로 사람들의 자기이해를 보여준다.

"[발병률이] 그렇다는 증거는 전혀 없습니다." 컬럼비아대학교 셀리악병센터Celiac Disease Center 책임자인 피터 그린Peter Green은 그 수치에 반박했다. 그는 증상이 있다고 '생각하는' 사람들의 비율이 실제 발병률로 이어지지 않는다고 논거를 대다가 갑자기 상념에 빠져들었다. 이 방대한 증상들의 원인이 무엇인지 진정으로 알기 위해 그린과 파사노는 시험 대상자들의 식단과 생활이 모조리 통제되는 조건에서 '이중맹검double-blind'• 방식으로 대규모 연구가 시행되길 고대한다. 이중맹검법은 실제 효과를 (파사노가 '진짜'라고 강조하는) 플라세보 효과와 구별해줄 수 있을 것이다. 아울러 플라세보와 반대인 '노세보' 효과도 있는데, 노세보 효과는 사람들이 글루텐을 먹는 것처럼 해로운 일을 하면 증상을 겪게 된다고 믿는 것이다.

같은 해인 2016년에 또 다른 홍보 담당자가 내게 '피터 오스본 박사'와 '글루텐 과민증에 주안점을 둔 만성 퇴행성 질환의 자연 치료'에 관해 얘기를 나눠보라고 요청했다. 그 홍보 담당자는 오스본의 신간을 '고통의 주원인이 되는 음식물, 특히 그런 곡물을 알아내는 최초의 책'이라고 선전했다.

• 약의 효과를 객관적으로 평가하기 위해 피시험자와 연구자에게 모두 어느 약이 진짜인지 가짜인지 알리지 않고 시험하는 방법으로, 피시험자의 심리 효과나 연구자의 선입관 등이 배제됨

사실 밀이 광범위한 고통의 근원, 그러니까 밀 알레르기나 셀리악병이 있는 소수의 사람들에게서 나타나는 비정상적인 면역 반응뿐만 아니라 알츠하이머병부터 우울증, 심장질환까지 만병의 근원이라고 주장하는 최초의 책들은 2011년에 심장병 전문의인 윌리엄 데이비스William Davis가 펴낸 책과 그 후에 유명 의사 데이비드 펄머터David Perlmutter가 펴낸 책을 필두로 이미 여러 권이 나와 있었다. 그들은 정치 선동가들처럼 반체제적 견해를 팔았고, 누구도 선뜻 말하려 하지 않는, 다시 말해 주류 의사들 입장에서 '사람들이 몰랐으면 하는' 피상적 사실들을 까발렸다. 마찬가지로 광범위한 주장을 펼치는 오스본도 고통을 겪고 있는 사람들을 대상으로 '식단에서 모든 곡물을 제거하는 게 약을 처방받는 것보다 효과적이고 안전하다'고 책에 써놓았다.

하지만 무엇보다도 오스본은 '글루텐 프리 협회Gluten Free Society'라는 단체를 만들어서는 '면역력 증진'과 '체내 독소 제거'를 약속하는 다양한 보조식품을 판매하고 있다. 여러 표시 문구에서 가장 중요한 말은 '글루텐 프리'다. 그와 유사하게 펄머터는 두 번째 식이요법 베스트셀러를 내면서 발간 초기에 자신의 웹사이트에서 '두뇌 강화' 알약을 팔았다. 나는 펄머터를 뇌 건강과 식이요법의 최고 전문가라고 선전하는 (말로도 그렇게 내세우고 그의 이론을 출판하고 홍보하는 행동으로도 그런) 출판사Little, Brown and Company에 그의 약 판매 행위에 대해 문의했다. 출판사는 '펄머터의 온라인 매장이 곧 문을 닫을 예정'이라는 답을 정말로 보내왔다. 데이비스는 '10일간의 곡물 해독' 프로그램을 79.99달러에 계속 판매하고 있다. 그는 〈밀 없는 생활Wheat Free Living〉이라는 잡지도 발행했다. 데이비스의 출판사Rodale Books에서는 그의 식이요법 책들을 해외에서도 판매하고 있으며 책 내용이 '최첨단 과학 정보'라고 내세운다.

사람들이 기꺼이 이런 상품들을 구매하고 이런 믿음을 옹호하려는 의지는 의료계 내의 진짜 문제를 보여주는 징후일 가능성이 매우 크다. 나는 2015년에 터프츠대학교에서 열린 영양 심포지엄에 발표자로 참석한 적이 있는데, 그 자리에서 의사인 더글러스 사이드너Douglas Seidner는 가장 믿을 만한 식이요법 조언은 무시하면서 근거 없는 얘기에는 종교처럼 매달리는 환자들을 끊임없이 상대해야 하는 일이 얼마나 성가신지를 언급했다. 사이드너는 밴더빌트대학교 인간영양센터Center for Human Nutrition의 책임자이자 25년간 소화기내과 전문의로 일하고 있다. 그가 글루텐 과민증에 접근하는 방식은 의학의 역사 연구에 바탕을 둔다.

사이드너는 20여 년 전 자신이 수련의였을 때만 해도 의사의 권고가 명령처럼 받아들여졌다고 설명했다. 의료가 전문가 소견과 '증거 기반 의학'의 지배를 받던 그 시절에는 의사가 생체의학 자료를 근거로 환자에게 최선의 행동 방침을 알려줬다. 그러나 그사이에 상황이 바뀌었다. 환자의 자율성 존중이라는 윤리 원칙이 인정되면서 의료는 환자와 의사 간의 협력 쪽으로 기울었다. 이런 변화를 공동 의사 결정이라고 한다.

그런데 환자에게 힘을 실어준다는 개념은 이론적으로는 유익하다는 것에 논쟁할 여지가 없지만, 막상 실행하기는 어려운 것으로 판명됐다. 이처럼 가부장적 온정주의에서 직무와 관리로 넘어간 의료의 변화는, 스스로 비셀리악 글루텐 과민증이라고 확신하고서 밴더빌트대학병원을 찾는 사람들에게서 가장 명백하게 나타난다. 그런 사람들은 사이렉스 래버러토리스 같은 회사들이나 그런 회사들이 고용한 자연요법 의사들, 공포와 특효약으로 선동하는 책장수들의 말을 듣고 와서는 혈액 검사를 요구한다. 사이드너의 환자들은 자신만의 의견으로 무장하고 와서는, 의사들이 거기에 동의하지 않으면 의사더러 증거를 제시하라고 요구한다. 그리고 그 의사의 말이 충분히 설득력 있지 않으면 다른 의사(아마도 '대체요법' 의료인)를 또 찾아갈 것이다. 환자들이 듣고 싶어 하는 이야기를 들려주고, 환자들이 찾는 의학적 병명을 붙여주고는, 환자들이 원하는 검사를 지시하는 의사 말이다.

지금까지는 애매모호한 위장병 증상이 있는 (일반적으로 과민성 장증후군이라는 의학적 병명이 붙은) 사람들이 글루텐 없는 식단으로 바꾸면 어떤 일이 벌어지는지를 연구한 아주 소규모의 무작위 대조 시험이 두 차례 진행됐었다. 첫 번째 시험 연구에서 글루텐 없는 식단을 실천하는 환자 34명은 2주 동안 평소 식단에 머핀 하나와 빵 두 조각이 추가된다는 얘기를 들었다. 실제로 이들 중 절반은 글루텐이 없는 빵과 머핀을 받았다. 결국 그 절반의 사람들은 보통의 빵과 머핀을 먹은 사람들보다 복부 팽만과 통증이 적다고 말한 것으로 나왔다. 하지만 그들에게서 항글리아딘[antigliadin] 항체 증가가 보이지는 않았다. 연구자들은 어떻게 그런 결과가 나왔는지 단서는 찾지 못했지만 '비셀리악 글루텐 불내증이 존재할지도 모른다'는 결론을 내렸다. 2년 뒤 호주의 연구자들은 비슷한 규모와 방법으로 시험을 다시 진행했는데 글루텐이 없는 식품을 먹은 사람들과 그렇지 않은 사람들 간에 증상의 차이를 발견하지 못했다.

파사노와 사이드너, 그린은 사람들에게 전문가와 먼저 상담하기 전까지는 식단에서 글루텐을 제거하지 말라고 권한다. "그렇게 하면 큰 문제가 될 소지가 있습니다." 그린은 그런 행위가 사람들이 실제로 아픈 이유를 간과하게 할 수도 있다는 측면을 강조했다. 컬럼비아대학병원에서는 자신이 글루텐에 민감하다고 믿고 그린을 찾아온 사람들의 절반 정도가 결국 다른 병이 있는 것으로 밝혀진다.

일반적으로 그린은 셀리악병이나 밀 알레르기가 없는 사람들의 식단에서 글루텐을 제거하지 말라고 권한다. 보통 그런 식단은 전반적으로 덜 건강하기 때문이다. 글루텐 없는 식단을 따르는 사람들은 종종 통곡물 대신 가공 처리가 많이 된 식품을 먹게 된다. 그런 가공식품에는 풍미가 없는 식감을 보충하기 위해 틀림없이 설탕과 나트륨이 첨가돼 있다. 또한 사람들은 결국 '글루텐이 없는 것'을 '건강한 것'과 동일시하게 된다. 대다수 사람들과 식품들에서는 오히려 그와 정반대를 의미하는데 말이다. 한 예로, 글루티노Glutino 상표의 글루텐 프리 베이글은 토마스Thomas' 상표의 플레인 베이글보다 나트륨 함량이 43퍼센트가 많고, 섬유질 함량은 50퍼센트가 적으며, 당류 함량은 100퍼센트가 많다. 이런 상품은 식품 매장에서 '글루텐 프리'라고 표시된 코너에 상주하다 보니 그런 문구만 중시되고 다른 성분 함량은 그냥 넘어갈 수 있다.

포장이나 메뉴에 적힌 '글루텐 프리'라는 문구의 존재는 글루텐을 기피할 가치가 있다는 것을 암시한다. 이런 말은 존재 여부에 따라 과민증을 악화할 수도 있고 완화할 수도 있다. 아울러 글루텐을 없애려고 노력하다 보면 사람들은 상태가 정말로 더 좋다고 (혹은 더 나쁘다고)

느끼게 된다. 왜냐하면 글루텐이 있는 음식을 피하는 과정에서 자신의 식단에 다른 유익한 변화를 주기 때문이다.

"글루텐 없는 식단으로 바꿔서 이제 한결 좋아졌다고 말하는 사람들은 예전에는 대체로 건강하지 않게 먹다가 지금은 건강에 좀 더 좋은 음식을 먹어서 확실히 상태가 나아진 게 아닐까요?" 파사노는 그렇게 가정했다.

"저는 스스로 식생활을 매우 제한하는 사람들을 많이 봅니다. 그런 사람들은 글루텐도 피하고, 대두도 멀리하고, 옥수수도 자제하죠. 제 생각엔 그러면 뭐가 문제인지 완전히 불분명해지는 것 같아요." 그린은 그렇게 말했다.

이런 '제거 식이요법elimination diet'의 매력은 대부분은 아니어도 최소한 어느 정도는 거기에서 얻는 통제감이다. 제거 식이요법은 자신을 질병에서 보호하기 위해 간단하고 실현 가능한 지시를 받고 싶어 하는 일반적인 욕구에 호소한다. 그 한 가지를 끊으면 한결 좋아지리라는 느낌이 드는 것이다.

"문제는 무엇을 안 먹는가를 훨씬 넘어섭니다. 무엇을 '먹는가'가 문제죠"라고 그린은 말했다.

바로 이 말에 자연식물 식단을 따르라는 합의된 권고가 들어 있으며 그런 식단이 유리할 확률이 높다. 하지만 그 이면에 상업적인 관심은 거의 없다. 과거에는 어땠는지 제쳐놓더라도, 뭔가 변화가 일어났고 그 결과로 셀리악병은 증가하게 됐다.

글루텐 과민증에 대한 우려가 커지면서 셀리악병이 빠르게 더 흔해지는 사실에 어두운 그림자가 드리우건만, 그 병의 원인을 아는 사람이 없다. 현재 셀리악병은 지난 반세기보다 네 배 정도 흔해졌다. 그런 진단이 더 흔해졌을 뿐만 아니라 실제로 그 병이 더 만연해 있다는 데 파사노와 그린도 동의한다. 하버드대학교 연구소와 컬럼비아대학교 연구소에서는 우리 몸 안팎에 살면서 대부분의 DNA를 구성하는 미생물들의 역할에 중점을 두고 연구를 진행하기로 결정했다. 최근에 매사추세츠종합병원에서도 셀리악병과 글루텐 과민증을 이해하고자 하는 프로젝트를 시작했다. '셀리악병 마이크로바이옴 · 대사체학metabolomics 연구'라고 명명한 그 프로젝트는 대상자들에게 개입할 수 있도록 모집단을 계층화하고 셀리악병의 발병을 완전히 차단하는 것이 목적이다. 그 프로젝트는 게놈(유전체), 마이크로바이옴, 생명체가 교차하는 지점에서 움직이는 여러 목표물을 명중해야 할 것이다. 지금 우리는 거의 모든 질병을 그런 수준으로 이해하고 있지는 않다.

"제가 어렸을 때 우리는 계절에 따른 음식을 먹었어요. 지금은 1년 내내 모든 걸 먹지만요." 그린은 그렇게 말하면서 마이크로바이옴과 건강에 영향을 주는 요인으로 제왕절개 수술의 증가, 항생제의 과도한 사용, 질병과 자연환경에 대한 노출 감소를 언급했다.

한편 파사노는 모유 수유, 글루텐을 접하는 양과 질, 아이 때 글루텐이 있는 음식을 처음 먹게 되는 시기를 거론하면서 이 모든 게 셀리악병을 일으킬 만한 요소가 될 수도 있지만 아직은 어느 것도 그 자체로 결정적 요인이라 볼 수는 없다고 했다.

만일 나더러 우리가 피하고 조심해야 할 것에 대한 보편적 권고를 꼽아보라고 하면 두 가지가 있다. 글루텐은 거기에 해당하지 않는다. 첫

째는 자만심이다. 그린은 그것을 이렇게 표현했다. "수많은 사람이 자기가 모든 걸 안다고 생각하지만 실은 그렇지 않아요. 우리는 다 알지 못합니다." 둘째는 귀가 얇은 것이다. 왜냐하면 우리가 다 알지는 못한다는 게 우리가 아무것도 모른다는 뜻은 아니기 때문이다. 나는 그 차이에 대한 오해가 모든 식이요법 유행의 중심에 존재한다고 생각한다.

"셀리악병은 가장 잘 알려진 자가면역 질환이지만 우리는 그것에 대해 너무 몰라요. 제 생각엔 그 누구의 상상보다도 훨씬 더 복잡하다는 걸 증명하고 있을 뿐입니다. 유전, 음식, 마이크로바이옴, 면역계 외에도 우리가 모르는 수많은 요인이 있어요. 현재 온갖 전문 분야에서 모두가 마이크로바이옴을 살펴보고 있습니다. 이 미생물군유전체는 모든 질병과 관련돼 있는 듯 보입니다. 하지만 그게 어떻게 붕괴되는지, 더군다나 그렇게 붕괴된 것을 원상태로 되돌리는 방법은 더더욱 모르는 실정이죠." 그린은 그렇게 설명했다.

나는 그런 이해에 일찍 기여하려는 노력으로 마이크로바이옴 검사를 받은 적이 있었다. 지금 당장은 흔치 않은 검사이지만, 검사비가 지난 10년 동안 1억 달러에서 100달러로 떨어졌으니 앞으로는 좀 더 흔해질 것 같다. 나는 검사를 의뢰한 회사에 내 대변이 묻은 면봉을 우편으로 보내야 했다. 그 회사는 샌프란시스코에 있는 유바이옴uBiome이라는 신생 기술 벤처기업이었다. 그들은 대변 속의 DNA를 분석해 나의 장 속에 거주하는 세균을 일부 알아냈다(아니면, 그러니까 그 세균들이 바로 '나'이니까 나의 일부를 알아낸 셈이다). 미생물학자인 롭 나이트Rob Knight는 책에 "마이크로바이옴 검사가 곧 일상적인 의료 절차가 될지도 모른다"고 썼다. 비록 지금은 신기할지라도 이 검사는 우리에게

장-뇌-미생물군유전체-면역 축에 관한 온갖 정보를 알려주게 될 것이다. 그 회사의 미생물학자들은 나의 검사 결과를 근거로, 그러니까 장내 세균들과 그 비율의 의미에 대해 현재 거의 알려지지 않은 내용을 바탕으로 내가 비만이고 우울한 사람일 거라 추측한다고 알려왔다. 참고로 난 둘 다 아니다. 내가 파사노에게 이 얘기를 들려주자, 그는 껄껄 웃으며 말했다.

"흠, 그런 결과가 이 상황이 얼마나 복잡한지를 말해주는군요."

지금의 마이크로바이옴 검사 결과는 어떤 병이 있는 사람과 세균 집단 간의 상관관계를 살펴보는 통계적 추측에 지나지 않는다. 하지만 그 결과는 요즘 많은 이들이 글루텐 탓으로 돌리는 광범위한 증상을 초래하는 대단히 복잡한 상호작용의 이해에 열쇠가 될 것이다.

"실제 작용 원리는 훨씬 더 미묘한 차이가 있고 많은 요소를 포함하고 있을 겁니다." 파사노는 그렇게 정리하면서 건강과 삶의 모든 문제처럼 '한 조각을 분석하면 큰 그림을 보지 못할 위험이 있다'는 말을 덧붙였다.

달걀이 오트밀보다 건강에 좋을까요?

다리우시 모자파리안은 하버드대학교에서 심장병 전문의로 경력을 쌓아가던 중 콜레스테롤을 낮추는 약을 처방하고 막힌 혈관을 벌룬•으

• 좁아진 혈관을 확장해주는 작은 풍선 모양의 의료기기

로 뚫어주는 일보다는 그런 병을 예방하도록 돕는 일에 헌신해 더 좋은 일을 해보기로 결심했다. 그가 보기에 그럴 수 있는 확실한 방법은 음식을 활용하는 것이었다.

현재 모자파리안은 미국에서 최고의 영양대학원인 터프츠대학교 영양학·정책대학원장이다. 건강 전문가들 틈에서 식사하는 게 좀 긴장되는 사람이라면 그와의 식사는 만만치 않은 일이다. 한번은 콜로라도에서 그와 함께 아침을 먹은 적이 있었다. 나는 오믈렛을 주문하며 달걀 흰자만 넣어달라고 요청했다. 그러자 모자파리안은 내게 왜 그렇게 요청했는지 물었다. 나는 뜸을 좀 들이다가 "저는 항상 논리에 안 맞는 일을 한답니다"라는 말로 답을 얼버무렸다. 나는 콜레스테롤을 먹는 게 어느 특정한 질병에도 더는 큰 위험 요인이 아닌 것으로 여겨진다는 사실을 안다. 하지만 내 머릿속에는 그렇다는 통념이 떡하니 자리 잡고 있다.

그럼 이제 '다른' 달걀 이야기를 시작해보겠다. 그해 초, 나는 보스턴의 터프츠 영양대학원에서 주최한 심포지엄에 참석했었는데, 그곳에 머무는 동안 '실험생물학 학술대회 Experimental Biology Conference'라는 큰 행사가 진행되고 있었다. 그 학술대회는 생명을 연구하는 사람들을 위한 가장 중요한 행사다. 해마다 여러 분야의 과학자들, 예를 들면 해부학자, 생화학자, 분자생물학자, 병리학자, 영양학자, 약리학자 등 수천 명이 새롭고 흥미로운 과학 연구를 발표하기 위해 한자리에 모인다.

나는 어떤 것들 간의 가상 전투를 설정하길 좋아하는 사람이라, 터프츠 대학원생의 한 발표에 관심이 갔다. '달걀 대 오트밀'이라는 주제가 흥미로웠던 것이다. 수많은 사람들이 직면한 그 문제에서 승자를 제시하는 새로운 연구 결과가 밝혀질 터였다.

그 발표는 확실히 달걀에 호의적이었다. 연구자들은 달걀이 사람들의 콜레스테롤 수치를 '개선'하는 것 같다고 보고했다. 정말 놀라웠다. 콜레스테롤을 먹는 것과 혈중 콜레스테롤 수치가 높은 것의 연관성은 우리가 과거에 생각했던 것보다 훨씬 약한 게 분명하다. 그리고 (모자파리안 같은) 많은 전문가도 그런 연관성은 아예 존재하지 않는다고 믿는다. 그런데 여기서 어떤 역관계를 보게 되니 의외였다.

그럼, 달걀이 건강에 더 좋다는 것은 무슨 의미일까? 나는 코네티컷 대학교 소속의 마리아 루즈 페르난데스Maria Luz Fernandez가 이끄는 연구팀에 연락했다. 페르난데스는 현재 영양학과 대학원 교육 프로그램을 이끌며 식이요법이 심장질환에 미치는 영향을 연구하고 있다. 그녀는 1988년에 박사학위를 받은 뒤 〈영양학저널Journal of Nutrition〉의 편집자로 몇 년간 일했으며 미국식품의약국 식품자문위원회에서도 5년간 활동했다.

달걀 대 오트밀 연구에서 페르난데스와 연구팀은 실험 대상자들에게 4주 동안 매일 아침 식사로 오트밀을 제공했다. 그러고 나서 또 4주 동안은 달걀을 제공했다. 그 결과, 달걀을 제공한 기간에 70퍼센트의 사람들에게서 '좋은 콜레스테롤'인 HDL High Density Lipoprotein(고밀도지단백) 콜레스테롤 수치가 더 높은 것으로 나타났다. 그녀는 실험 대상자 전원이 4주 연속 날마다 '달걀 두 개'를 먹었다고 설명하면서 이렇게 말했다. "사람들은 평소에 달걀을 그렇게 많이 먹지는 않아요. 특히 여성들이 그렇죠."

페르난데스는 2002년부터 쭉 달걀을 연구하고 있다. 나는 그녀가 달걀의 이점을 설명하는 유튜브 영상까지 발견했다. 계란영양센터 Egg Nutrition Center라는 곳에서 제공한 그 영상에서 그녀는 달걀이 항산화 물질인 루테인을 함유하고 있어서 좋다고 극찬한다. 항산화 물질은 동물성 식품보다 식물성 식품에 훨씬 더 많다는 점에서 그것은 흥미로운 주장이다. 그래서 내가 본인도 달걀을 먹느냐고 물어보자 "네, 일주일에 한 예닐곱 개쯤 먹는 것 같아요"라는 대답이 돌아왔을 때도 놀랍지 않았다.

나는 좀 더 깊이 파고들었다. "실험용으로 어떤 종류의 오트밀을 사용했나요? 퀘이커 Quaker에서 나온 (당류가 든) 즉석 오트밀 제품이었나요?" "네."

"그 실험 연구에 대조군도 있었나요?" "아니요."

이런 대화를 하고 나니 더 혼란스럽기만 했다. 만약 그녀가 공정한 답을 찾고 싶었다면 달걀을 왜 '즉석 오트밀 컵' 제품과 비교했을지 의문이 들었다.

이런 얘기가 오간 뒤, 나는 혹시 그녀가 밝히고 싶은 어떤 잠재적 이해충돌이 있는지를 묻는 메일을 썼다.

그녀는 이런 답장을 보내왔다. "흠, 그 연구가 대부분 계란협회에서 자금을 지원받아 진행되긴 했어요."

결과적으로 그 점을 물어보길 잘했다. 그 연구가 코네티컷대학교에서 진행됐고 실험생물학 학술대회에서 발표됐다는 사실은 연구에 신뢰성을 부여했다. 그런데 달걀을 당이 든 제품과 비교한 연구여서 결국 설득력이 없는 것으로 밝혀지긴 했지만, 이는 오늘날 과학의 너무나 많은 부분이, 특히 영양 분야의 과학이 직면한 문제를 보여주는 사례다.

미국계란협회American Egg Board는 7만 5,000마리 이상의 닭을 보유한 양계 농가들을 위한 상업적인 단체다. 혹시 "디 인크레더블, 에더블 에그the incredible, edible egg(놀라운 식품, 달걀)"라는 징글•이 나오는 별난 달걀 광고를 본 적 있을 것이다(광고 마지막에 항상 그 징글이 들어가는 가장 최근 버전은 배우 케빈 베이컨과 그의 형이 출연해 사람들의 시선을 의식하며 유난을 떠는 모습을 보여준다). 그 광고 캠페인이 바로 미국계란협회에서 진행하는 것이다. 유튜브 영상의 출처인 계란영양센터는 미국계란협회의 '영양 교육 분과'다. 웹사이트에는 그 조직의 사명이 '계란과 관련된 … 영양 및 건강 과학 정보의 믿을 만한 출처'가 되는 것이라고 명시돼 있다.

업계가 할 수 있는 가장 신뢰가 가지 않은 일 중 하나가 스스로 신뢰할 만하다고 설명하는 것이다. 그들의 사이트에서 '영양 교육 자료와 과학'이라는 부문에 나와 있는 모든 내용을 내가 다 자세히 검토하지는 않았다는 건 인정하겠지만, 그래도 참으로 자비로운 신이 우리에게

• 특정 소리나 멜로디로 브랜드나 슬로건을 효과적으로 전달하는 광고 기법

직접 내려주신 음식들보다 달걀이 미흡한 점이 있음을 내비치는 말은 한마디도 찾지 못했다. 거기에는 '달걀이 체중 관리, 근력, 건강한 임신, 뇌 기능, 눈 건강 등에 한몫할 수 있다'고 나온다.

그런데 그런 말이 모두 사실이라 해도 그것은 기껏해야 불완전한 그림에 불과하다. 그 예로 2012년에 캐나다의 웨스턴대학교에서 달걀 섭취를 흡연과 비교하는 대규모 연구를 진행했을 때 그 결과가 세계적으로 큰 뉴스가 됐다. 연구자들은 1,200명의 자료를 검토해 그 두 행위를 분리했다. 흡연은 죽상동맥경화증atherosclerosis(혈관 내벽에 죽처럼 생긴 플라크가 쌓여 동맥이 좁아지고 딱딱해지는 병)의 원인이 돼 뇌졸중과 심장마비를 일으키는 것으로 제대로 증명됐다. 그런데 캐나다 연구자들은 달걀을 규칙적으로 먹는 것이 같은 맥락에서 흡연의 3분의 2 정도 해롭다는 점을 발견했다.

페르난데스는 그들의 연구 결과를 즉시 일축했다. "사람들은 뜨거운 관심을 보이지만 저는 달걀이 건강에 좋다고 믿어요. 그래서 제가 연구하려는 겁니다."

달걀을 비롯해 모든 과학에서 중심이 되는 문제는 바로 이것이다. 계란협회가 연구 프로젝트에 자금을 대면 연구 결과는 신뢰할 수 없다는 것을 반드시 의미하는가? 그리고 그 결과에 금전적 이익이 걸린 사람들이 아니라면 과연 누가 달걀 연구에 자금을 대주리라 기대해야 할까?

국립보건원은 그런 문제를 없애기 위해 존재하는 기관으로서 국민들이 낸 세금으로 연구자들에게 보조금을 지급한다. 그들의 예산은 많지 않고 더 나올 구멍이 없다. 반면에 과학자들과 연구 과제와 상품은 그 수가 계속 늘어만 간다. 그래서 페르난데스처럼 달걀 섭취가 건강에 미치는 효과를 연구하고 싶어 하는 연구자들은 자선단체 아니면 계란협회 같은 업계에 기댄다. 의학 전반에 걸쳐 제약회사나 의료기기회사와의 협업은 일반적이며 종종 불가피하다. 그러니 거대 산업들이 업계 제품을 뒷받침하는 증거를 발견해 뭔가 얻게 될 때마다 이해충돌은 존재하기 마련이다.

그렇다고 해서 계란협회가 그런 연구 결과를 '샀다는' 뜻은 아니다. 페르난데스와 연구팀의 연구에서 당연히 달걀에 불리한 결과가 나올 수도 있었다. 그러나 아직까지는 그런 연구 결과가 없었다. 만약 그런 결과가 나오기 시작하면 그녀의 연구에 대한 자금 지원은 어떻게 될까? 학계 연구자로서 직업의 안정성이 자신이 발표하는 연구논문 수와 강하게 결부돼 있다 보니 왕성한 활동을 계속 지원해줄 산업과의 동맹은 그야말로 유혹적이다.

인간성이 메말랐다는 시선으로만 보면 우리는 과학자들이 대부분 그저 자기 연구에 자금을 대는 이들을 편들기 위해 거짓말을 하고 연구 결과를 고의로 잘못 전달한다고 가정할 수 있다. 하지만 자기보존 본능에서 생겨나는 편견을 인식하려면 훨씬 덜 건조한 시선, 심지어 공감적인 시선이 필요하다.

알고 보니 그게 달걀보다 훨씬 더 큰 문제였다. 계란 산업의 전도사가 주요 대학의 대학원 교육 프로그램을 이끌고 있을 뿐만 아니라 학술지를 편집하고 FDA에 자문을 해주고 있었던 것이다. 달걀 문제는 인식론의 문제다. 그러니까 '달걀이 오트밀보다 건강에 좋은가'가 아니라 '내가 누구를 믿을 수 있을까'가 문제다. 지식은 어떻게 습득되고 전파되는가? 사람들은 실제로 소포장된 오트밀을 먹으면서 그것들이 건강에 좋다고 생각할까?

나는 과학자들 사이에서 증가하는 경쟁과 한정된 자금 문제에 대해 국립보건원장 프랜시스 콜린스Francis Collins와 이야기를 나눴다. 콜린스는 이런 얘기를 들려줬다. "그런 현상이 어느 정도 좋을 때도 있고 영감을 주기도 합니다. 그러나 파괴적일 때도 있어요. 그래서 우리는 균형을 잘 맞추려고 노력하고 있습니다. 이렇게 과열된 경쟁 공간에서 좀 지나치다 싶으면 우리는 긴장을 좀 풀고 우리가 여기서 무엇을 하려고 하는지 상기해야 합니다. 우리의 목적은 생명과학 지식을 향상하고 사람들을 돕는 것이니까요."

콜린스가 의생명과학biomedical science에 대해 품은 원대한 비전은 투명성과 협력의 미래다. 연구자들이 성공적으로 과학 학술지에 발표하는 연구논문 수뿐만 아니라 그들의 협동 정신에 보상하는 미래 말이다. 더욱 협력하는 세상에서는 세상을 깜짝 놀라게 할 학술지 기사가 부와 명예의 화폐가 되지 않는다. 그 연구 결과가 판을 바꾸는 것이든 시시한 것이든 간에 과학의 '전 과정'이 그에 못지않은 존경과 보상을 받을 테니까.

"어쩌면 개인의 이력을 게재할 때 〈네이처〉나 〈셀Cell〉, 〈사이언스〉에 발표한 연구논문뿐만 아니라 논문에 제시한 데이터베이스도 언급해야 할지 모릅니다. 또는 공공 데이터베이스에 기여한 주요 데이터 집합을 넣어야 할 수도 있고요. 그리고 인용을 몇 개나 했는지, 자료를 몇 건이나 내려받았는지도 말이죠. 왜냐하면 과학계가 그렇게 돌아가기 때문입니다."

협력을 강조하는 한 연구 분야는 미국 정부의 '정밀의료 추진계획PMI, Precision Medicine Initiative'이다. 여기에는 공공 자금을 지원받는 과학자들과 민간 산업들의 광범위한 협력이 포함된다. 콜린스는 연구자들이 내린 결론은 물론, 그들이 입수한 모든 자료를 공유하는 '데이터 공유재'를 보게 되길 바란다. 이를테면, 우리는 계란협회가 자금을 지원한 연구의 결론에 대해 추측하지 않아도 된다. 그 단체와 그곳에서 연구비를 지원받는 과학자들은 달걀 소비자 자료를 데이터베이스에 제공하는 역할을 할 수 있으며, 전 세계의 과학자들은 그 자료를 분석하고 점검하며 비교하고 부연할 수 있다.

계란협회가 자신들이 주장하는 만큼 달걀이 건강식품이라고 진정으로 믿는다면 전 세계의 무수한 연구자들이 그 달걀 연구 자료를 자유로이 보지 못하게 할 이유가 어디 있겠는가? 사람들의 달걀 섭취와 더불어 다른 모든 면에서의 식생활, 운동량, 수면의 양과 질, 유전체의 정확한 형상을 분석하기 위한 일인데 말이다. 그러면 아마도 우리는 달걀과 오트밀의 비교 방법을 완전히 이해할 수 있는 길로 들어설 것이다.

그러는 동안에도 우리는 먹어야 한다. 우리는 우리의 결정이 무의미하지 않다는 것을 잘 안다. 코네티컷대학교와 가까운 지역에 있는 페어필드대학교의 생물학자 캐서린 앤더슨Catherine Andersen은 음식으로 질병을 예방하는 법을 연구하고 있다. 그녀는 달걀이 인체에 미치는 영향을 다룬 2015년도 최고의 과학 평론에서 달걀과 건강 관계의 복잡성을 담아냈다.[14] 그녀는 달걀에서 콜레스테롤 말고도 다룰 문제가 무척 많다는 점을 상기시킨다. 그리고 달걀이 미치는 영향은 사람마다 다르다고 지적한다.

앤더슨은 이렇게 썼다. "인지질, 콜레스테롤, 루테인, 제아잔틴, 단백질을 비롯해 달걀의 생리활성 성분은 다양한 염증성과 항염증성을 띤다. 그런 특성들은 급성 손상에 대한 면역 반응과 수많은 만성질환의 병태생리학pathophysiology에 중요한 의의를 지닐지도 모른다." 이 내용은 기본적으로 이렇게 해석된다. '달걀은 복잡한 구조이며 그런 구조를 소화하는 과정에서 생기는 생리적 영향은 단순히 네, 아니요로 온전히 답할 수 없다.' 앤더슨은 계란업계에서 자금을 지원받지 않았다고 한다.

현실적인 답을 선호하는 사람들은 다음 내용을 참조하기 바란다. '통곡물인 오트밀에 견과류와 과일을 넣은 음식은 영양학적·사회적 관점에서 누구에게나 (알레르기가 없다면) 권장할 만하다. 오트밀의 원료인 귀리는 흙과 물, 공기가 있으면 쉽게 재배되는 작물이다. 그에 비해 공장식 양계장의 달걀은 어두컴컴하고 밀집된 우리에서 항생제가 들어간 사료를 먹으며 평생 걷는 법도 배우지 못한 채 사육되는 닭들에게서 나온다. 만약 이런 닭들을 항생제 없이 자유롭게 풀어놓고 기르면서 70억 명의 인간들이 모두 날마다 달걀을 두 개씩 먹으려 한다면 지구는 온통 닭들로 뒤덮일 것이다. 눈에 보이는 곳마다 닭들이 있을 것이다. '오트밀 대 달걀' 비교는 '오트밀 대 다이아몬드' 논쟁만큼이나 유효하지 않다.

다이아몬드를 먹는다고 생각하니 재미있다. 어디선가 누군가는 틀림없이 그게 도움이 된다고 알려줄 것이다. 그런데 그 길로 들어서기 전에 그렇게 말한 사람이 다이아몬드 광산을 소유하고 있는지 알아보기 바란다.

프로바이오틱스는 효과가 있나요?

2013년 인간 마이크로바이옴 프로젝트 1단계가 완료된 후로 '프로바이오틱스probiotics' 제품은 하나의 유행이 돼 폭발적인 증가세를 보였다. 그 제품의 개념은 장내 생태계에 이로운 영향을 줄 미생물을 사서 섭취할 수 있다는 것이다. 이처럼 우리의 마이크로바이옴을 조작해 언젠가는 인류의 건강에 혁명이 일어날 수 있겠지만, 현재 프로바이오틱스 제품으로는 그런 수준의 결과를 달성할 수 없다. 그런 의학의 시대는 아직 가능하지 않은 일을 기업들이 다년간 약속함으로써 예고된다.

지금의 프로바이오틱스 제품들은 빠져나갈 구멍이 있는 보조식품 명목으로 판매되기 때문에 어떤 효과가 있거나 안전하다는 것을 증명해야 하는 부담이 없다. 심지어 제품에 들어 있다고 주장하는 균이 실제로 들어 있는지를 증명해야 하는 부담도 없다. 미생물은 생존하려면 아주 특별한 환경이 필요하므로 특히 상점 진열대에서 소비자가 그것을 집어 들어 구입하는 시점에는 이미 죽은 상태일 수 있다. 설령 미생물이 그 안에서 살아 있다 해도 어떤 미생물이 몇 마리나 있는지, 누군가의 장 미생물에 어떤 식으로 영향을 줄지 알 도리가 없다. 현재 시중에 나와 있는 '프로바이오틱스' 제품을 먹는 것은 '모둠 모종'이라고 표시된 봉투 안에 손을 넣어 모종을 한 움큼 꺼내 숲속에 던지는 행위나 다름없다. 그 가운데 어떤 것들은 심지어 모종이 아닐지도 모른다. 설령 그중 일부가 정말로 자란다 해도 그것들이 과연 숲에 유익한 존재일까?

개인이 모종을 자신의 숲속에 던져 넣은 것은 해가 되지 않을 수도 있다. 아무튼 우리의 마이크로바이옴에 '유익'하다고 알려진 균들도 있는데, 그 균들은 인간에게 유익하다고 오랫동안 알려진 것들이다. 전문가들이 쓰는 더 새로운 용어인 '프리바이오틱스prebiotics'는 다양하고 튼튼한 마이크로바이옴의 서식지가 되기 쉬운 물질을 가리킨다. 가장 효과적이라고 알려진 프리바오틱스는 섬유질이 많은 과일과 채소다. 하버드대학교 연구원이었던 피터 턴보Peter Turnbaugh는 고기와 치즈가 많은 식단이 마이크로바이옴을 빠르게 극적으로 변화시키면서 다양성을 제한할 뿐 아니라 몸을 병들게 한다는 사실을 증명했다.

마이크로바이옴의 규모가 밝혀지긴 했지만, 우리에게 무엇이 유익한지에 대한 통념은 아직 뒤집히지 않았다. 그래도 우리가 오랫동안 알아왔던 유익균의 존재는 밝혀지기 시작했다. 인간 마이크로바이옴 프로젝트를 이끌었던 미생물학자 롭 나이트는 "프로바이오틱스를 먹고 있어요"라는 말을 "몸이 안 좋아서 약을 먹었어요. 그 약이 도움이 된다고 들었거든요"라는 말에 빗댄다.

나이트는 저서 《당신의 직감을 따르세요Follow Your Gut》에서 프로바이오틱스 개념이 비만과 과민성 장증후군에 사용될 때는 장래성이 있지만, 현재 그런 이름으로 판매되는 제품은 대부분 '철저한 연구보다는 과대광고'에 바탕을 둔다고 결론을 내린다. 한편 그는 초기 연구에서 얻은 희망의 빛을 제시한다.[15] 프로바이오틱 '락토바실러스(유산균) 헬베티쿠스Lactobacillus helveticus'가 쥐들의 불안을 정말로 줄여준 것으로 보이며 또 다른 생균은 쥐들의 '강박장애 행동'을 억제했기 때문이다. 초기 연구이긴 하지만 '락토바실러스 파라카제이L. paracasei'와 '락토바실러스 퍼멘텀L. fermentum' 같은 유산균은 아토피 피부염이 있는 사람들 일부에게 도움이 되는 것으로 보인다(아직도 가려움증이 있는 카스파 모스먼에게 이 내용을 알려줘야겠다).

건강에 관한 한 비타민이 우리의 심리를 반영한다면, 프로바이오틱스 보조식품이 그런 역사를 되풀이한다고 해도 무리가 아니다. 어떤 균 제품이 어떤 사람들에게 잠재적으로 도움이 될 것 같다는 이유로 광고주들은 모든 프로바이오틱스를 한데 묶어서 '유익한' 것으로 간주하고는 모든 종류를 무한정 상업화하고 싶어 할 것이기 때문이다.

표면적으로 특정 기능을 하고 특정 질병을 다룰 프로바이오틱스 상품들이 홍수처럼 쏟아질 날이 머지않았다. 이런 제품을 구입하는 사람들은 바보가 아니라 유행을 따르는 깨어 있는 사람으로 여겨질 것이다. 그런데 마이크로바이옴을 다양화하고 유지해주는 것으로 명백히 증명된 방법들은 유행과는 거리가 멀지만 저렴하다. 그 비결은 바로, 불필요한 항생제를 삼가고, 섬유질을 먹으며, 야외 활동을 하고, 느긋하게 충분히 쉬는 것이다.

고과당 옥수수 시럽은 '진짜' 당보다 얼마나 더 나쁜가요?

고과당 옥수수 시럽(액상과당)은 언어와 인지 측면에서 연구해야 할 대상이다. 가장 큰 잘못은 괴상한 이름을 갖고 있다는 것이다. 그 이름은 과도한 가공 처리와 산업화의 극단적인 해악을 떠올리게 한다. 하지만 모든 면에서 고과당 옥수수 시럽은 사탕수수에서 나오는 설탕과 매한가지다. 사탕수수 설탕도 똑같이 과도하게 가공되지만, 여전히 '진짜' 당으로 여겨진다.

이 사실을 아는 옥수수 정제업계는 식품 표시에서 이름을 바꿔보려고 노력해왔다. 이름이 갖는 위력의 증거를 보여주듯, 사탕수수 설탕 생산자들(미국 설탕 정제 그룹American Sugar Refining Group)은 '옥수수 정제 협회Corn Refiners Association'가 벌인 광고 캠페인에 대해 2015년에 11억 달러의 손해 배상을 청구했다. 옥수수 정제업자들이 고과당 옥수수 시럽을 '옥수수당', '천연 식품'이라고 칭했기 때문이다.

'고과당 옥수수 시럽high-fructose corn syrup'이라는 이름은 역사적 유물이다. 그 제품에는 종전의 옥수수 시럽 제조품보다 과당이 정말로 더 많이 들어 있고, 그 때문에 '고high'라는 말이 붙은 것이다. 하지만 고과당 옥수수 시럽은 사실 꿀이나 아가베 시럽Agave Syrup•보다 함유된 과당의 비율이 낮다. 이런 감미료에는 모두 과당과 포도당의 조합이 어느 정도 포함된다. 소수이긴 하나 일부 과학자들은 과당이 포도당보다 인류의 건강에 더 나쁘다고 믿는다. 샌프란시스코에 있는 캘리포니아대학교UCSF의 소아 내분비학 교수인 로버트 러스티그Robert Lustig는 그런 생각을 거침없이 말하는 대표적 인물이다. 반대로 어떤 과학자 집단은 '혈당 지수GI, glycemic index'가 낮은 음식, 즉 포도당보다 과당이 많이 함유된 음식에 우선순위를 두는 게 더 좋다고 믿는다.

어느 날 우리가 너무 날씬해져서 음식물에 들어 있는 과당과 포도당의 이상적인 비율을 분석하는 노력이 가치 있게 된다면, 그것은 어쩌다가 우주를 횡단한 격일 수 있다. 영양 전문가들은 대부분 그런 구분이 현실적이지 않다고 여긴다. 당류 제품은 우리가 섭취해야 하는

• 멕시코가 원산지인 용설란에서 추출한 당분으로 만든 시럽

(최소) 양을 기준으로 인체에 미치는 영향 면에서 근본적으로 똑같기 때문이다. "무無 액상과당!"이라고 광고하는 식품들은 순수성이나 건강을 주장하는 것처럼 보인다는 점에서 위험하다. 그런 주장은 다른 당을 파는 수단으로서 한 당을 악마화하는 행위에 지나지 않는다. 결국 어떤 종류의 당이 첨가되든 간에 그것이 전 세계 주요 사망 원인(심혈관 질환)의 두드러진 요소라는 사실을 분명히 알지 못하도록 주의를 딴 데로 돌려놓는다.

2015년에 어느 제품을 '당'이라고 부를 수 있을지를 놓고 진행된 소송에서 옥수수 정제업자들은 5억 3,000만 달러의 손해 배상을 요구하며 맞고소했다. 그 분쟁은 법정 밖에서 해결됐다. 하지만 여론 재판에서는 사탕수수 설탕 생산자들이 확실히 이겼다. 미국인 평균으로 따

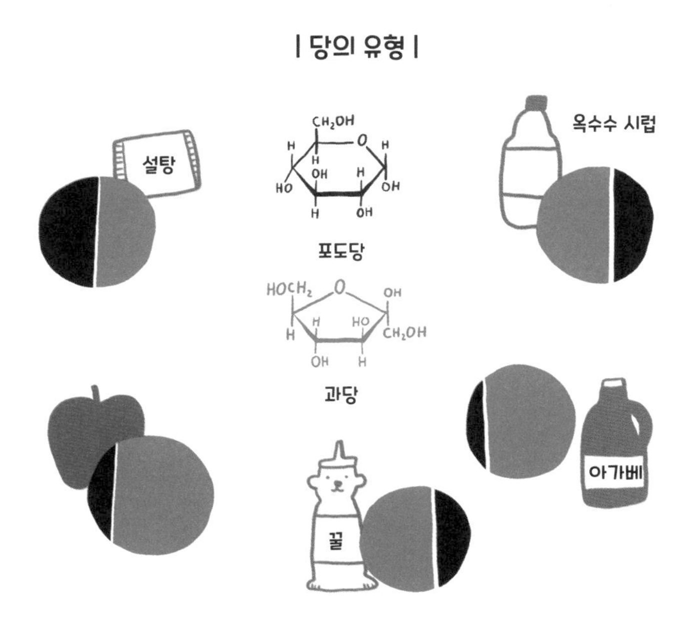

졌을 때 1999년 옥수수당의 섭취량은 39킬로그램이었고, 그에 비해 사탕수수당의 섭취량은 30킬로그램이었다. 그러나 2014년 즈음에는 대중의 인식이 변함에 따라 옥수수당은 28킬로그램, 사탕수수당은 31킬로그램이라는 성적표가 나왔다.

아울러 과일에서 추출한 당인 '농축액'을 넣어 달게 만든 제품이나 그 밖에 꿀 또는 아가베 추출물 형태의 당이 들어간 제품을 판매하는 업자들도 이런 추세에 편승했다. 그러다 보니 이런 제품들에 이름을 붙일 때 어떤 규칙이 있으면 더 명확할지도 모르겠다. 예컨대 옥수수당, 사탕수수당, 벌꿀당, 아가베당, 과일당, 뭐 이런 식으로 말이다.

하지만 그 차이가 이론적일지라도 옥수수 시럽은 그 이면의 기술의 역할 면에서 보면 중요한 개념이다. 그 기술로 저렴한 당이 어디에나 보급됐기 때문이다. 미국은 엄청난 옥수수 잉여 농산물을 생산하고 보조금을 지급하는 농업 체계를 만들었다. 옥수수를 당으로 잽싸게 바꿀 수 있게 되면서 액상과당은 사탕수수로 만든 설탕보다 낮은 가격으로 제공돼 전 국민의 식단에 당이 더 많이 들어가게 됐다. 옥수수 산업 보조금에 분노해야 할 이유가 많은데, 그중에서도 근본적으로 세금을 사용해 음식물에 값싼 당을 유지하는 게 화가 난다. 하지만 사탕수수 설탕 산업에 대해서도 분노해야 할 이유가 있다. 그 산업은 옥수수당 생산보다 환경에 더욱 직접적인 위협이 된다. 이 경합에서 우리가 어느 쪽에 지갑을 열 것인지는 의미 있는 결정이지만, 정작 개인의 건강과는 무관하다.

혀에 피어싱한 고리가 빠져서 실수로 삼키면 어떻게 되나요?

아마도 괜찮겠지만, 의사들은 뭔가 날카로운 것을 삼킨 환자를 볼 때마다 그 물건이 장의 벽에 구멍을 낼 수 있다며 걱정한다. 만약 그런 일이 벌어진다면, 평소 매우 부지런히 우리 몸과 정신의 건강을 유지해 주는 장내 세균총과 담즙이 복강으로 흘러 들어가 생명을 위협하는 감염이 일어날 것이다. 어쩌면 바로 그런 이유로 혀 피어싱은 정말 멋질 수도 있겠다. 아슬아슬한 모험 같은 삶이 펼쳐질 테니까. 대장에 구멍이 뚫린다고 생각하니 반항심이 팍팍 솟는다.

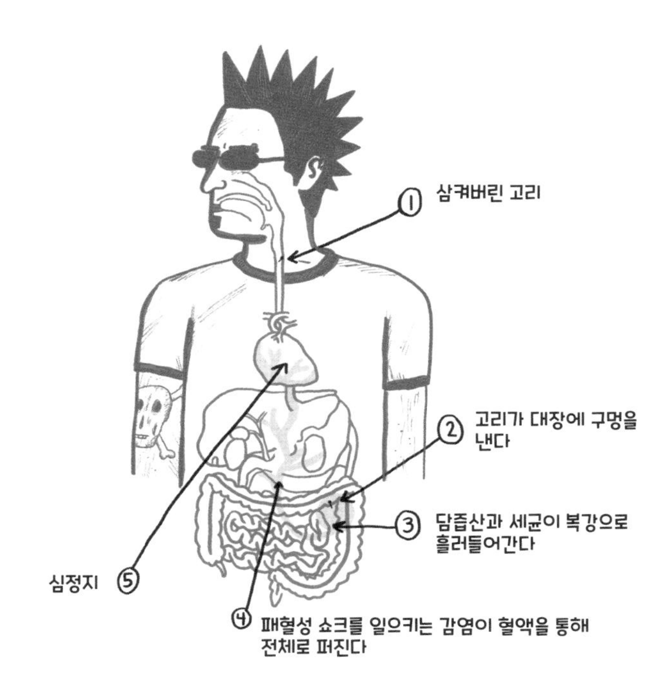

유제품을 먹어야지,
안 그럼 나중에 뼈가 부러질까요?

내가 유제품 문제에 관해 들었던 답변 가운데 가장 잊을 수 없는 얘기는 데프 잼 레코딩스Def Jam Recordings의 공동 창업자였던 러셀 시몬스Russell Simmons와의 인터뷰에서 나왔다. 그는 한때 헤로인과 환각제 중독자였지만 지금은 대머리 요가 수행자로서 건강을 증진하는 생활방식의 옹호자가 됐다. 그는 매일 명상을 하고 인스타그램에 영적인 체하는, 때로는 골치 아픈 경구들을 올린다. 예를 들면 이런 문구다. "자신이 이미 그곳에 있음을 깨달으면 거기에 닿은 것이다." 게다가 그는 완전한 채식주의를 선언했다.

시몬스의 논리는 심지어 소도 소젖을 먹지 않는다는 것이다. 소들이 가득한 들판에 앉아 한참 동안 소들을 아무리 지켜봐도, 실제로 어른 소들은 누구도 다른 소의 젖을 빨지 않는다. 송아지는 고형식을 먹을 수 있는 나이가 될 때까지 젖을 먹다가 그 후로는 먹지 않는다. 어른 소는 몸에서 락타아제lactase(젖당분해효소)를 생산하지 않기 때문에 대부분의 포유동물처럼 유당lactose(또는 젖당)에 내성이 없다. 그런 현상은 인간 종에서도 똑같이 일어나는 것 같다. 같은 인간의 젖이 인생의 한 시점에는 유익하지만 다른 때에는 그렇지 않으니 말이다. 만약 누군가 사람의 젖을 마시는데 그게 맛있고 골절 예방에 필수라고 직장 동료들에게 얘기한다면 그 사람은 인사부에 불려갈 것이다.

그렇다면 서구 문화에서 우유는 왜 일부 사람이 즐기는 별미에 그치지 않고 많은 사람이 건강 유지에 필수라고 믿는 주식으로 그토록 뿌리 깊게 자리 잡았을까?

이것은 실제로 돈과 정치의 관계와 비슷한 칼슘과 골다공증의 문제가 아니다. 곰곰이 생각해보면 그 자체로 뼈를 부러뜨릴 수 있는 문제다. 우유의 경우에는 환원주의 논리가 적용된다. 왜냐하면 언제나 칼슘, 인산염, 비타민 D라는 이점을 제시하는 입장으로 돌아오기 때문이다. 2013년에 연구 자료를 검토해 '유제품은 이 영양소들의 중요한 원천'이라는 결론을 낸 것이 그런 전형적인 사례다.[16]

이런 말은 용의주도한 표현이다. 일단 어떤 제품이 뭔가의 '중요한 원천'이라는 주장에 사람들이 주목하기 시작하면 그 제품을 어디서나 보게 되니 말이다.

1920년대에는 다리가 활처럼 휘어서 자라는 아이들이 있다는 사실이 이미 알려져 있었다. 산업화로 말미암아 사람들이 대도시로 몰려들어 햇빛을 점점 덜 보게 되면서부터 구루병이 일상이 된 것이다. 마침내 영국 과학자들은 자외선에 노출됐던 효모를 섭취함으로써 구루병을 예방할 수 있다는 것을 알게 됐다. 자외선은 스테로이드 물질인 에르고스테롤ergosterol을 훗날 비타민 D라고 알려지게 된 화합물로 전환시켰다. 이 비타민 D가 결핍되면 뼈가 구부러진다. 그래서 영국 과학자들은 우유에 에르고스테롤을 첨가하고 그것에 방사선을 쪼이기 시작했다. 일단 실험으로 에르고스테롤을 비타민 D로 바꾸는 방법을 알아내자 비타민 D는 곧바로 식품에 첨가됐다. 몇 년 안에 구루병은 기본적으로 세상에서 사라졌다. 이는 공중 보건에서 중대한 업적이자, 비타민이 일종의 마법이라는 인식을 완전히 굳힌 계기였다. 식품 생산자들은 핫도그와 맥주를 비롯해 가능한 모든 매개물에 비타민 D를 첨가하기 시작했다(그 결과, 이런 맥주 광고까지 등장했다. "열 받아서 곤두선 신경을 진정시키고 지친 정신을 깨워주는 시원하고 톡 쏘는 맛을 제공합니다. 햇빛 비타민 D가 들어 있는 맥주, 슐리츠.").

비타민 D는 궁극적으로 장과 신장이 칼슘을 흡수하게 한다. 그런데 혈액에 칼슘이 너무 많이 흡수되면 심장에 흐르는 전류를 교란해 부정맥을 일으킬 수 있다. 게다가 시간이 지나면서 혈관 벽에 축적된 칼슘 때문에 혈관이 딱딱해져 쉽게 막힐 수 있다(그러면 심장마비가 온다). 신장은 초과된 칼슘을 배출하려고 하지만 그중 일부는 신장에 남아 축적돼 결석이 될 것이다. 이 결석들은 소변으로 내보내야 하는데, 어떤 이들은 그것을 출산과 맞먹는 느낌이라고 말한다.

1950년대에 영국 어린이들의 혈중 칼슘 농도가 너무 높다는 사실이 밝혀지자 여러 나라에서 우유에 비타민 D 첨가를 중단했다.[17] 영국에서는 대부분의 식품에 비타민 D 강화를 금지했으며 다른 유럽 국가들에서도 마가린과 시리얼 같은 특정한 기본 식품들에만 허용함으로써 비타민 D가 통제 불가능한 수준이 되지 않도록 막았다. 많은 유럽 국가에서는 지금까지도 우유에 비타민 D를 첨가하지 않는다.

나이가 들어감에 따라 체내 미네랄 농도가 떨어지면서 뼈는 정말로 더 약해진다. 현대인들이 전례 없는 나이까지 살다 보니 뼈도 점점 더 약해지고 부러지기 쉬운 것이다. 실제로 칼슘이 함유된 음식을 먹으면 나이든 뼈를 강화하는 데 도움이 된다. 인은 그런 칼슘 유지에 도움을 준다. 비타민 D는 충분히 섭취해도 피부가 햇빛에 노출되어야 그 반응으로 비타민 D가 대부분 생성된다.

하지만 우유는 어떤 신념, 이 경우에는 우유가 뼈를 튼튼하게 해준다는 믿음을 중심으로 어떻게 수급 체계가 생겨날 수 있는지, 그리고 과학이 그런 신념을 한없이 지속시키는 데 어떻게 기여할 수 있는지를 보여주는 사례다. 현재의 세계 식량 체계 안에서 많은 사람이 칼슘과 인산염을 (그리고 일부 국가에서는 비타민 D를) 얻으려고 유제품에 참으로 많이 의존한다. 그런 의미에서 유제품은 '중요'하다.

하지만 유제품은 우리가 만든 식량 체계 안에서만 중요할 뿐이다. 칼슘과 인, 비타민 D 모두 유제품 외에 다른 경로로도 쉽게 얻을 수 있다. 비타민 D는 심지어 오늘날에도 많은 강화식품에 들어 있다. 다른 많은 식품도 우유만큼이나 칼슘과 인을 함유한다(칼슘은 시금치, 브로콜리, 참깨, 진짜 오트밀 등에 들어 있고, 인은 콩, 아티초크, 렌틸콩, 아보카도 등에 들어 있다). 하지만 미국이나 영국, 핀란드, 덴마크처럼 우유 소비량이 가장 많으면서 골다공증 발병률도 가장 높은 나라들에서 그런 영양소들을 얻는 더 나은 방법으로 우유를 고집하는 점은 의문이다. 이는 상관관계를 나타낼 뿐이지만, 우유가 뼈를 보호하는 역할을 한다는 (혹은 하지 않는다는) 것을 암시한다.

내 경험에 비추어 볼 때, 사람이 우유를 '마셔야 한다'고 권장하는 사람들은 특히, 거의 예외 없이 유업계 관계자들이다(2015년에 미국에서만 360억 달러의 매출을 올렸다).[18] 네브래스카주의 크레이턴대학교 명예교수인 로버트 히니Robert Heaney●는 우유를 옹호하는 일로 거의 일생을 보냈으며 우유는 뼈 건강에 효과가 있어 보이는 유일한 방법이라고 설명했다. 그는 대중매체에서 유제품을 추천하는 말을 가끔 흘렸는데 나는 그 내용이 이상하다고 생각했다. 예를 들면 2015년 〈타임Time〉

● 2016년에 작고함

주간지 뉴스 기사에서 히니는 탄산수에 대해 얘기하면서 이런 발언을 했다. "탄산수는 해롭지 않습니다. 하지만 탄산수가 우유 같은 유익한 음료를 대신한다면 그건 좋지 않습니다."(모든 건강 조언이 결국 우유 섭취에 미치는 영향과 관련지으면서 비슷하게 이루어질 수 있다. 말하자면 이런 식이다. "격렬한 운동은 심장에 좋다. 단, 그 때문에 우유 섭취량이 줄지 않아야 한다.")

크레이턴대학교 웹사이트에 들어가 보면, 히니가 유당 불내증은 적절히 잘 견뎌내면 극복할 수 있다며 흥미로운 주장을 펴는 부분이 나온다.[19] "심한 유당 불내증 증세를 호소하는 사람도 우유를 마시는 양을 점차 늘려가다 보면 거의 언제나 증상 없이 하루에 우유를 세 잔씩 마시는 수준까지 좋아질 수 있다." 그러니 "유당 불내증이 뼈 건강에 필요한 영양소들을 충분히 얻는 데 지장을 주지 않게 해야 한다".

히니는 유업계의 고문이었고, 유업계 또한 히니의 연구에 자금을 지원했다. 크레이턴대학교 골다공증 연구센터Osteoporosis Research Center 홈페이지에는 바람결에 금발과 은발이 섞인 머리가 뒤로 날리는 나이 지긋한 여성이 큰 잔에 든 우유를 마시면서 미소 짓는 모습이 나와 있었다. 위에 언급한 과학 논평은 자금 지원이 직접적으로 이루어진 것 같지는 않고 히니의 연구 결과가 일곱 군데에 인용돼 있다.

보스턴에서 영양학자들의 합의 회의에서 단상에 올라 유일하게 우유를 방어한 사람은 오스틴에 있는 텍사스대학교 소아학과장 스티븐 에이브럼스Steven Abrams였다. 그의 연구 또한 유업계의 재정 지원을 받아왔으며 그도 유업계의 고문으로 고용됐다(그는 현재 유가공업자 교육 프로그램 단체인 밀크펩MilkPEP의 고문이며, 이 단체는 우유회사들이 자금을 대서 '우유 소비 증가에 전력을 기울이는' 곳이다). 그래도 에이브럼스는 조심스럽게 발언한다. 보스턴 회의에서 가장 멀리 갔던 발언은 우유를 마시는 게 '유제품을 먹기로 선택한 사람들에게는 건강한 식생활일 수 있다'는 것이었다. 그는 다음과 같은 중요한 가정들도 제시했다. '우리 식단에서 우유와 유제품을 들어내면 어떤 일이 벌어지겠는가? 어린이들의 칼슘 섭취가 현저히 감소할 것이다. 비타민 D 섭취도 감소하고, 칼륨 섭취도 감소할 것이다.'

그건 사실이다. 모든 사람이 우유를 탄산음료로 바꾸고 과일과 채소를 계속 먹지 않는다고 가정하면 말이다. 하지만 그의 추측은 매우 중요하다. 정부가 유업계에 보조금을 계속 지급하는 방안의 입법화를 이끌어낸 공식적인 합의 위원회에도 에이브럼스가 속해 있었기 때문이다. 미국 보건복지부는 5년마다 모든 영양 연구를 검토하기 위해 전문가 위원회를 소집한다. 2015년도에 학계의 영양학자 14명으로 구성된 위원회는 관련된 모든 연구 자료를 자세히 살펴보고는 최적의 건강 증진 식단에 관한 571쪽짜리 보고서를 작성했다.[20] 그 보고서에는 국민 건강을 위한 최적의 식단 권고안이 나와 있었다. 증거의 비중으

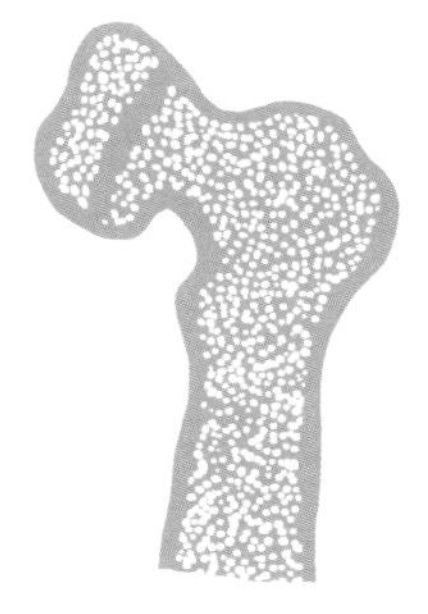

일반적인 뼈

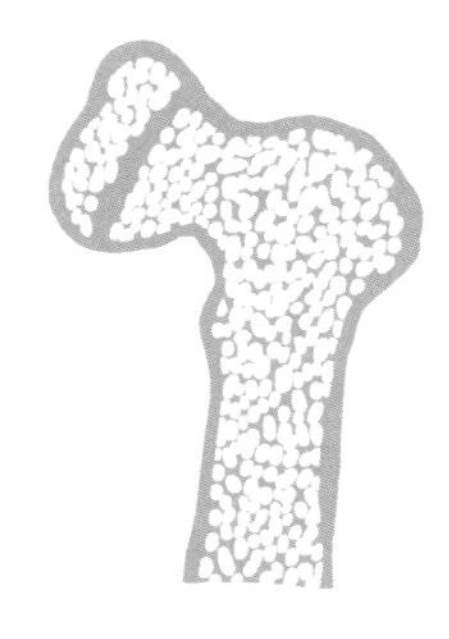

골다공증이 있는 뼈

로 보면, 자연 상태로 전체를 먹는 과일과 채소, 통곡물, 견과류, 콩류가 좋다는 결론이 또 나온다. 유제품을 하나의 가능한 영양 공급원 이상으로 언급한 내용은 거의 없었다.

하지만 이런 권고는 그저 권고일 뿐이다. 연방정부가 내놓는 '미국인을 위한 식생활 지침Dietary Guidelines for Americans'은 최종적으로 미국 농무부가 발행한다. 관례에 따르면 농무부는 전문가들의 보고서를 참조해야 한다. 하지만 궁극적으로 농무부의 주된 관심사는 국가 농업 경제의 번영이다. 이런 기관이 미국인들에게 무엇을 먹으면 가장 좋을지 조언한다는 것은 결코 작은 이해충돌이 아니다. 이는 공중 보건 측면에서 '가장'까지는 아니어도 하나의 근본적인 이해충돌이다.

농무부는 새로운 권고안을 별로 받아들이지 않았다. 그들은 훨씬 멀리 갔다. 2015년에 그 식생활 지침을 놓고 청문회가 진행되는 동안, 농업 분과위원회의 의원들은 우유에 반대하는 의제를 가진 것으로 여겨지는 과학자들을 위원단으로 선정했다며 보건복지부 장관인 실비아 매슈스 버웰Sylvia Matthews Burwell을 노골적으로 질책했다(오히려 그 전문가 위원회에는 유업계의 지원을 받아온 에이브럼스가 있었으니 의원들이 말하는 것과 상반되는 이해충돌이 있었는데 말이다).

그렇게 거침없이 말하는 의원들은 예상대로 낙농업이 경제의 중요한 부분이자, 이해관계자들이 강력하게 로비를 펼치는 주 소속이었다. 그래서 유제품 섭취는 미국인을 위한 2015~2020년 식생활 지침의 핵심 요소로 남게 됐다. 거기에는 모든 성인이 날마다 세 컵 분량의 유제품을 섭취해야 한다는 권고가 나와 있다.

이 지침은 경험상의 법칙을 훨씬 넘어선다. 영양 캠페인 활성화를 위해 세금을 어떻게 쓸 것인지 결정하는 것이다('갓밀크Got Milk?'● 캠페인이 그 예다. 이 캠페인은 유가공업자들의 단체인 밀크펩과 연방정부가 자금을 지원한다. 우리 세금이 그런 광고에 쓰이고 있다는 사실을 알고 있는가?). 훨씬 더 중요한 사실은 정부의 영양 지침이 여성·유아·어린이를 위한 특별 영양보충 프로그램WIC, Special Supplemental Nutrition Program for Women, Infants, and Children과 저소득 가정의 아이들을 위한 학교 급식 프로그램 같은 지원책들을 통해 가장 가난한 미국인들에게 가는 수십억 달러를 좌지우지한다는 점이다. 전국 어느 구내식당에서나 우유가 눈에 띄는 데는 바로 이런 이유가 있다.

하버드 보건대학원의 영양학·역학 교수이자 정부의 자문 위원회에서 활동했던 프랭크 후 역시 분통을 터뜨린다. 그는 그 위원회가 연구 자료를 엄격히 검토하도록 이끌라고 요청받았으나 농무부로부터 편견을 갖고 있다는 비난만 받았다. 자신의 연구가 우유를 멀리하라는 권고를 뒷받침하고 더군다나 이해충돌과는 무관한 결과를 우선시하는 후에게 그런 비난은 특히 좌절감을 안겼다. 그는 유지방이 건강에 미치는 영향을 다른 동물성 식품의 지방과 비교하는 연구를 했을 때는 별 차이점을 발견하지 못했다. 하지만 사람들이 유지방을 식물성 지방으로 대체했을 때 심혈관 질환이 두드러지게 감소하는 결과를 보았다(다시 말하지만, 심혈관 질환은 주요 사망 원인이다).

그러나 연방정부는 겉으로는 우리의 건강을 위한다는 명분으로 낙농업과 유업에는 막대한 지원을 하면서 과일과 채소 생산에는 거의 아

● 1993년 미국에서 처음 시작돼 20년 넘게 진행된 우유 소비 촉진 광고 캠페인으로, 유명인들을 모델로 기용해 대중적 인기를 끌고 우유 소비량을 늘림

무 지원도 하지 않는다. 그렇다고 해서 국가의 기존 정치–농업 기반 구조에 가장 좋은 식품을 우리 식생활의 기초로 삼는 것이 잘못됐다는 말은 아니다. 다만 그런 식품은 많은 사람이 의식적으로 선택한다고 얘기하는 유행 식단은 아니다.

우리는 고기를 먹도록 만들어졌나요?

우리는 뭐든지 하도록 만들어지지 않았다. 우리 몸은 다른 일련의 작용에 대한 반응으로서 존재하는 작용의 집합체다.

알아요. 저는 그냥 보통 사람처럼 말하는 거예요.
다시 말하면, 제가 팔레오 식단을 따라야 할까요?

무슨 말인지 안다. 나도 보통 사람이다.

철학자라면 우리가 돌을 먹으면 안 된다는 관찰에서 시작할지도 모르겠다. 만약 우리가 돌을 먹으려 한다면 돌 때문에 치아가 깨지고 체내의 산과 효소는 돌을 소화시키지 못하니 쓸모가 없다. 돌은 우리 몸을 그대로 통과한다. 그렇게 몸에서 빠져나온 돌들이 변기에 부딪치는 소리가 나면, 화장실 옆 칸에 있는 사람이 우리에게 괜찮으냐고 물어볼지도 모른다.

따라서 우리가 돌을 먹도록 '만들어지지' 않았다는 것은 분명하다. 그 연장선상에서 얘기하면, 사람이 먹도록 만들어지지 않은 것들이 있으며 돌이 바로 그런 물질이다. 그럼, 좀 덜 극단적인 예를 들어보겠다. 분명히 우리 대부분은 유제품의 유당을 소화할 수 있게 진화하지 않았다. 현재 급성장 중인 '조상들의 건강' 연구 분야는 우리 모두 자기 몸의 가장 적합한 사용법을 1만 년 동안의 인류 진화에서 배워야 한다는 생각에 바탕을 둔다. 만약 몸에서 어떤 것들을 잘 소화하지 못한다면 아마도 다른 것들을 먹는 게 가장 좋다는 의미일 것이다.

고기 문제는 돌이나 유당 문제보다 불분명하다. 가령 유당 불내증이 있는 사람은 누가 장난으로 준 우유를 입에 댔다가는 바로 구역질을 하지만, 고기를 먹고서 당장 증상을 겪는 이는 거의 없기 때문이다.

여기서 중요한 차이는, 어떤 음식을 소화 흡수하는 것과 그 음식이 몸에 좋은 것은 별개라는 점이다. 그리고 돌이나 독버섯과 달리 단기적으로는 소화 흡수가 되지만 장기적으로는 몸을 해치는 음식들이 있다. 예를 들어, 우리가 컵케이크 때문에 심하게 아프지는 않다는 점에서 우리 몸은 컵케이크를 먹도록 '만들어진' 것처럼 보일 수 있다. 그러나 실상은 그 반대다. 컵케이크는 뇌가 쾌락을 일으키는 도파민을 분비하게 만든다. 게다가 우리는 컵케이크가 혈당 수치를 조절하는 췌장의 기능을 장기간에 걸쳐 손상시킴으로써 심장마비와 뇌졸중을 일으킬 수 있다는 것도 알고 있다.

신체 구조를 근거로 몸에 좋은 것을 추론하는 것은 새로운 발상이 아니다. 2,000년 전 그리스의 역사학자 플루타르크는 "육식을 하며 살아가도록 만들어진 동물들 가운데 어느 것도 인간의 신체와 전혀 닮지 않았다"는 것을 발견했다(자, 이제 누가 보통 사람처럼 말하지 않는지 한번 보자).[21] 플루타르크는 이렇게 추론했다. "인간은 구부러진 부리도 없고,

| 무엇이 비만을 일으키는가? |

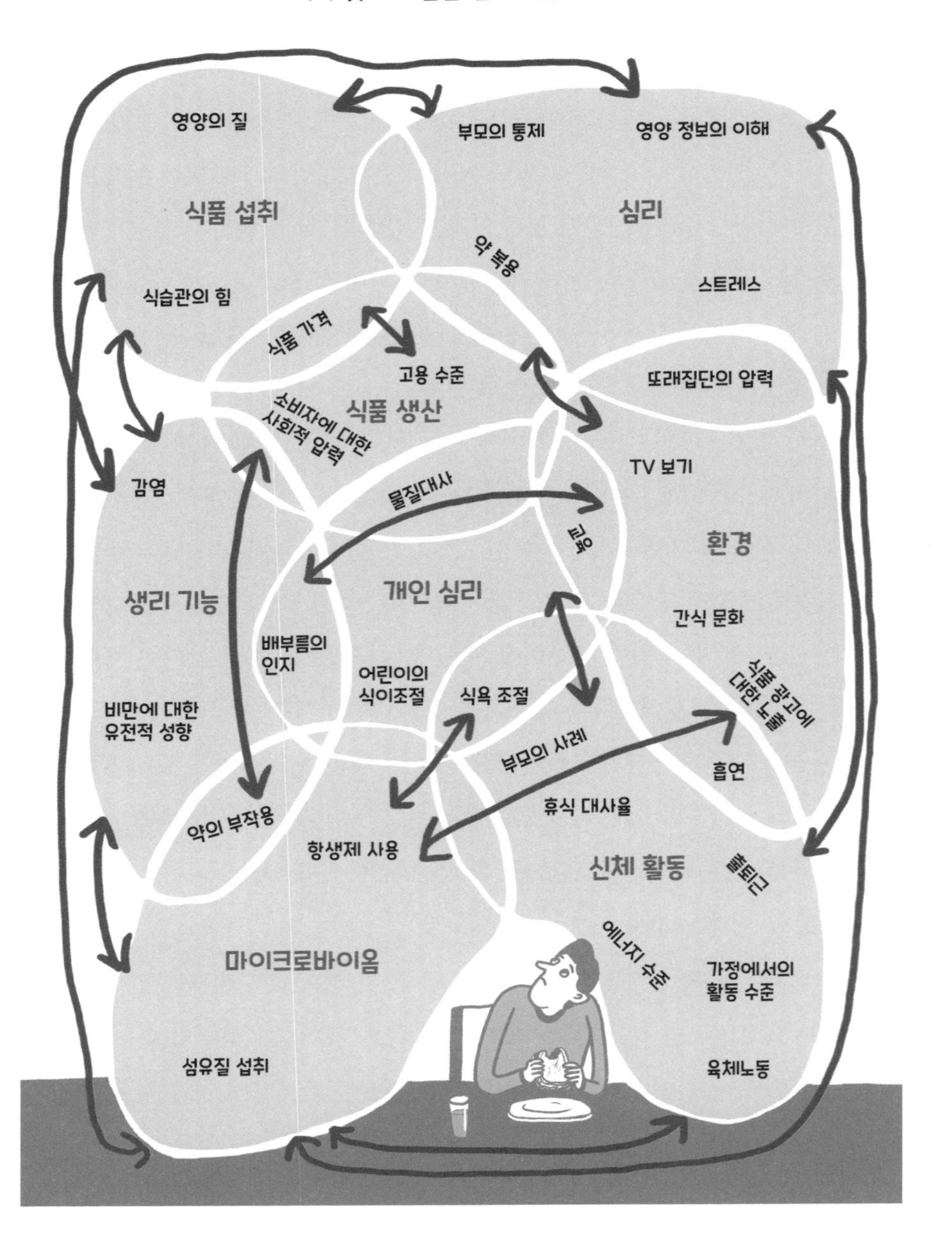

날카로운 손발톱도 없고, 뾰족한 이빨도 없으며, 크고 질긴 육질을 씹어서 소화시킬 만큼 피가 뜨겁거나 위장이 강력하지도 않다. 반면, 치아는 매끄럽고, 입은 용량이 적고, 혀는 부드러우며, 소화기관은 둔하므로 자연은 인간에게 육식을 엄격히 금하고 있다."

이는 인체 해부에 대한 최초의 기록이 나오기 3세기 전의 추론이었다. 고대 그리스의 의사들은 인체를 해부했을 때 인간의 장이 몸길이의 열두 배나 된다는 것을 발견했다. 긴 창자는 초식동물이 섬유질로 된 식물을 소화하는 데 필요한 특징이다. 반면 늑대나 곰 같은 육식동물의 창자는 인간보다 몇 배 짧으며 자기 몸길이의 세 배 정도밖에 되지 않는다. 그리고 위산은 인간보다 몇 배나 강하고, 턱도 더 강하다. 플루타르크가 보기에는 인간에게 섬유질을 잘게 부스러뜨리는 넓은 어금니가 존재하는 것도 분명했다. 인간의 침에 효소가 들어 있고 그 효소가 식물이 위장으로 들어가기도 전에 식물의 소화를 돕는다는 사실은 나중에야 밝혀졌지만 말이다. 기본적으로 우리가 자연적인 신체 조직이라고 연장해 생각하는 장내 미생물은 섬유질이 많은 (식물성) 음식에서는 번성하는 것으로 보이는 반면, 섬유질이 적은 음식에서는 빠르게 대대적으로 멸종하고 다양성이 상실되고 만다.

그 가운데 어떤 사실도 우리가 고기를 먹는 것을 '금지'하지는 않지만, 그런 사실들은 우리가 육식동물보다 초식동물과 더 비슷하다는 것을 의미한다. 많은 초식동물처럼 우리도 윗니와 아랫니가 가지런히 맞물리는 구조를 정말 갖고 있다. 그런데 이런 명제를 약간 혼란스러워하는 사람들이 더러 있다. 소목장 주인에서 지속 가능한 농업의 옹호자로 거듭난 개혁적인 운동가 하워드 라이먼Howard Lyman은 자신의 책에 쓰기를, 사람들이 자기 '송곳니'를 가리키면서 육식을 주장하면 라이먼 자신은 그들에게 그 송곳니를 사용해 '살아 있는 무스•의 살을 한 번 뜯어보라'고 권한다고 했다.[22] 그러고는 "나는 많은 사람에게 그렇게 해보라고 부추겼는데 실제로 입에 무스의 살을 물고서 돌아온 사람은 한 명도 없었다"라고 기술했다.

당연히 그런 사고방식, 즉 모든 현대성을 거부하는 생각에는 뚜렷한 한계가 있다. 예를 들면 우리는 대부분 근시인데 이는 안경을 '쓰지 말아야 한다'는 뜻이 아니다. 최근에 내가 컬럼비아대학교의 미생물학자 이안 립킨Ian Lipkin의 연구실을 방문했을 때 그는 그런 사고방식이 사람들이 백신을 거부하도록 유도하는 유형의 추론이라고 경고했다. 그런데 그런 논리는 심지어 밥 드니로 같은 지성인들에게도 솔깃하다고 했다(내가 "로버트 드니로와 아는 사이세요?"라고 묻자, 그는 "오, 밥••이요?"라고 반문했다). 2016년에 드니로는 한 영화를 옹호했는데, 그 영화는 공중 보건 역사상 가장 명백하게 대단히 유익한 방침 가운데 하나인 백신에 반대하면서 사람들에게 그 위험성을 경고하는 내용이었다. 또 다른 극단적인 예를 들어보면, 우리가 비상 탈출구나 스마트폰, 엑스레이를 이용하도록 '타고났다'고 주장하기는 어렵다고 보는 사고방식이다.

마지막 예로 든 엑스레이는 스탠리 보이드 이턴이 잘 아는 분야다. 말씨가 부드러운 이턴은 1964년에 하버드 의대를 졸업했으며 에모리대학교 영상의학 교수로서 수년간 엑스레이 사진을 (나중에는 CT 사

• 북아메리카에 사는 큰 사슴
•• 로버트의 애칭

진과 MRI 사진을) 면밀히 검토했다. 그렇게 수많은 질병을 관찰하는 과정에서 그는 음식이 건강 유지에 어떤 역할을 하는지 연구하고 싶다는 자신의 열정을 발견했다. 우리는 보스턴 회의에서 서로 통했던 부분을 논의했다.

이턴은 영양 분야가 연구하기 너무 어려워서 아직 알려진 바가 거의 없으며 기본적으로 과학철학자 토머스 쿤Thomas Kuhn이 말한 대로 '아직 과학적 합의가 이루어지지 않은 신흥 학문'이라고 생각한다. 이 분야는 사람들 간의 질병 분포를 설명하는 어떤 통합적 원칙들에 따라 작동하지 않는다. 이 분야의 속성은 총체적인 해부학과 문화사에 대한 이해다. 이턴은 진화생물학자 테오도시우스 도브잔스키Theodosius Dobzhansky의 유명한 말을 인용한다. "생물학은 진화의 관점에서 보지 않으면 아무것도 말이 되지 않는다." 따라서 이턴은 주로 역사를 근거로 사람들이 어떻게 먹어야 하는가에 관해 결론을 내렸으며 그 결론은 우리가 고기를 먹어야 한다는 것이다.

1985년 이턴은 동료 멜빈 코너Melvin Konner와 함께 〈뉴잉글랜드의학저널〉에 논문을 한 편 발표했는데, 그 논문은 훗날 그들이 상상도 하지 못할 규모로 만연할 무지의 토대가 됐다. 논문 제목은 '구석기 시대의 영양, 그 특성과 의미에 대한 고찰'이었다. 이 논문은 현재 팔레오 식단이라고 알려진 식이요법의 기초 자료가 됐다(하지만 그 주제에 관해 식이요법 대중서를 일곱 권이나 계속 써낸 사람은 이턴의 동료인 로렌 코데인Loren Cordain이었다. 이턴은 코데인이 '기업가로서의 목표'를 더 지향하며 쓴 책이라고 했다).

팔레오 식단은 이턴이 영양학의 사라진 패러다임이라고 제시하는 것에 바탕을 둔다. 다시 말해, 우리 몸의 진화에 기반을 둔 식생활로 현대의 질병을 예방하려는 시도라 할 수 있다. 이턴과 그의 후손에게 그것은 우리 이전의 인류가 구석기 시대에 먹었던 음식에 착안한다는 뜻이며 그 시기는 260만 년 전에서 시작해 '호모 사피엔스'가 처음 등장한 10만 년 전까지를 말한다. 지금 이턴이 설명하는 바의 골자는 현대인들의 식단에서 아주 많은 부분을 차지하는 정제 곡물과 당 첨가물을 멀리하자는 것이다. 왜냐하면 그런 식품들은 '우리의 생명 활동에 완전히 이질적이기' 때문이다(이턴은 '옛 인류'도 오랫동안 꿀을 먹었지만, 벌집에 든 꿀을 먹었기 때문에 과일을 자연 그대로 통째 먹을 때처럼 섬유질을 섭취할 수 있었다고 설명한다. 듣자 하니, 우리의 무딘 치아로도 벌집을 잘근잘근 씹어 먹을 수 있나 보다).

오늘날 판매되는 수많은 식품은 주로 녹말과 당분인데 그에 비해 고기는 인간의 장에 덜 이질적인 편이라고 이턴은 말한다. 물론 그 얘기는 어떤 식품이 가령 오레오Oreo 시리얼보다 인체에 덜 이질적이라는 사실만으로 생물학적 조화를 보여준다는 의미가 아니다. 더구나 현실적으로도 당장 매머드를 주문할 수 없는 식량 환경에서 구석기인들처럼 먹기는 지극히 어려운 일이다. 수세기 동안의 번식과 변화무쌍한 지구 생태계 덕분에 오늘날 우리 음식에 들어가는 대부분의 동식물은 그것들의 조상과는 다르다. 현 인류가 '호모 에렉투스'와 다른 것처럼 말이다. 호모 에렉투스는 그들이 살던 시대 중간쯤에서야 불을 사용하는 법을 알아냈다. 우리의 신체도 내부의 마이크로바이옴과 마찬가지로 유전적·후성적 변화를 거쳤다. 하지만 원시 조상들처럼 먹는 것이 현명하다는 이 개념은 오늘날의 거대한 닭들과 길들인 소들을 실컷 먹어야 한다는 의미로 널리 해석되고 말았다.

이 해석에서 가장 주목할 점은, 그 내용이 구석기 시대로 거슬러 올라가 엄청난 역사의 흐름을 이해하는 데 바탕을 두고 있으나 과거를 돌아볼 '뿐'이라는 것이다. 그것은 미래를 고려하고 있지 않다.

그래서 어쩌다 팔레오 운동의 창시자가 된 이턴은 이런 해석을 어처구니없는 오류라고 여기며 반대 의견을 표명하게 됐다. 그는 구석기인들이 과일과 채소를 현대인들보다 세 배쯤 많이 먹었다고 추정한다. 그런데 많은 사람이 바로 이 점을 간과하다 보니, 이턴과 동료들이 우리가 고기를 먹게끔 진화됐다고 한 이야기를 듣고는 당장 최대한 많은 동물을 먹으러 달려가는 것이다. 구석기 시대에는 '호모 사피엔스' 무리가 여기저기 흩어져 있었다. 지금은 그 수가 거의 80억이다. 이턴은 80억 명이 고기 위주의 식생활을 하는 것은 (그렇게 많은 고기를 생산하는 데 필요한 땅과 물, 그리고 그 과정이 환경에 미치는 영향을 근거로) 불가능하다고 분명히 말했다.

이턴은 보스턴에서 자신이 그 회의의 '핵심'이라고 여기는 부분에 대해 완전한 채식주의자들, 그중에서도 특히 유명한 채식 옹호자들인 딘 오니시와 T. 콜린 캠벨과 함께 곧장 뜻을 같이했다. 그 내용은 '2050년 무렵에는 식량이 지금보다 70퍼센트 더' 필요할 것이라는 간단한 사실이었다(이 수치는 늘 어디서나 튀어나온다. 그런데 환경과학자들과도 얘기해보니 UN의 전망에 따르면 세계 인구가 2050년까지 96억으로 늘어날 것이라고 한다. 이는 35년 동안 인구가 35퍼센트 증가한다는 얘기다. 그건 말도 안 되고 완전히 지속 불가능한 상황이지만 어쨌거나 공식적인 숫자는 70퍼센트가 아니다).

살이 '빠질' 때 어떤 일이 벌어지나요?

중성지방이 대부분 이산화탄소로 전환돼 호흡을 통해 밖으로 빠져나간다.

"저는 완전한 채식주의나 거기에 가까운 팔레오 식단이 있다고 생각합니다." 이턴은 보스턴 회의 연단에서 지성적인 평화를 선언했다. 그날 하루가 끝나갈 즈음에는 '팔레오-비건Paleo-vegan'이라는 용어가 많이 등장했다. 단백질은 주로 식물이나 일부 합성식품에서 얻어야 할 것이다. 만약 인구가 그런 규모로 증가하면 육류가 너무 많은 식단이 질병을 일으키는지는 (오니시와 캠벨은 확실히 그렇다고 믿지만) 따지고 말 것도 없기 때문이다. 그런 상황이 되면 차라리 다이아몬드를 먹는 게 건강에 효과가 있는지 논쟁하는 편이 나을 것이다.

구석기 시대 중기의 인류처럼 먹는 것은 불가능할지라도 기능생물학을 활용해 현대의 건강 정보를 제공한다는 발상은 호기심을 자아낸다. 오클라호마대학교의 인류학자 크리스티나 워리너Christina Warinner는 고대 인류가 남긴 배설물이나 찌꺼기를 연구한다. 그녀는 분자인류학과 마이크로바이옴 연구소의 책임자로, 고대 인류의 DNA를 세계에서 가장 많이 수집했다. 워리너는 고대인들의 치태(치아 플라크는 기본적으로 우리가 살아 있을 때 형성되는 화석이다)나 분석糞石이라고 부르는 화석화한 대변 덩어리에서 2만 년 전의 유전 정보를 분석함으로써 그들의 마이크로바이옴이 어떻게 생겼는지는 물론, 그들이 어떤 유기물을 먹었는지도 알 수 있다. 그녀는 내게 이렇게 설명했다. "고대인들의 음식은 섬유질이 상당히 많아서 [그들의 분석 안에 있는] 자연 식물 조각들과 씨앗들을 실제로 볼 수 있어요. 그래서 그런 유전자 자료를 얻으면 종들을 구별할 수 있답니다."

"'팔레오 식단'은 TV나 뉴스, 책에 나오긴 하지만 정작 고고학적 기록상에서는 근거가 없어요." 워리너는 그렇게 말한다. 그것과 더불어 그녀가 발견한 연관성은 현대의 식단이 현대인의 질병의 근원임을 참으로 분명히 보여준다. 고대인들이 거의 사오십 대 이상까지 살지 못했고 건강의 전형이 아닌 것은 사실이다. 하지만 그들이 심혈관 질환으로 죽었다는 증거는 좀처럼, 아니 전혀 보이지 않는다. 그들은 오늘날에는 거의 근절된 전염병이나 사고로 죽는 경우가 많았다. 워리너는 이렇게 설명했다. "거기에 중요한 연관성이 있다고 생각해요. 지금의 도시화·산업화된 생활방식에 원인이 있어요. 그래서 장내 다양성이 사라지고 있고 그 결과 우리는 대사질환에 더 민감하고 취약해지는 거죠."

워리너는 2010년에 하버드대학교에서 인류학 박사학위를 받았을 때만 해도 자신이 식이 전문가가 된다는 상상은 해본 적이 없었다. 하지만 사람들이 최근에 현대적 질병들에 대한 답을 역사에서 찾는 데 매달리고, DNA 염기서열 분석 기술의 급속한 발전으로 인류의 건강 역사를 전례 없이 상세히 연구할 수 있게 되면서 워리너 같은 인류학자들이 의학에서 중요한 역할을 맡게 됐다. 그들은 기본적으로 몇 주나 몇 달이 아니라 수천 년간 지속되는 세계적인 실험에서 자료를 수집하고 있다.

이처럼 진화의 시간 척도로 인간의 변화를 살펴봄으로써 워리너는 주요 질병이 언제 발생했고 인간의 어떤 구체적 행동이 그런 질병의 원인이 되고 있는지 밝혀낼 수 있다. 우리는 사막과 북극에서 살아남을 수 있을 정도로 적응력과 회복력이 뛰어나다고 증명된 종이다. 5만 년 전 우리는 지구상에서 유일한 인간 종이 아니었다. 그러나 마지막 빙하기가 끝날 무렵에는 그렇게 됐다. 우리는 왜 유일하게 살아남은 종일까? 네안데르탈인과 데니소바인, '호모 에렉투스'는 멸종했는데 우리 인류는 왜 살아남았을까?

"그 답은 아마도 우리에게 놀라운 식이 유연성dietary flexibility이 있기 때문이 아닐까 싶어요." 워리너는 내게 그렇게 말했다. 하지만 그 식이 유연성에는 한계가 있다고 설명했다. "우리 식생활은 어느 시점에 그토록 많이 바뀌어서 몸이 따라가질 못하는 걸까요? 제 생각엔 가공식품 산업이 생겨나면서 그런 일이 벌어진 것 같아요. 그게 어느 정도 한

계점인 듯한데, 우리의 건강을 보면 그걸 알 수 있죠."

산업화가 심해지다 보니 섬유질이 혼합 가공물에서 떨어져 나갈 때가 많다. 워리너는 '식이섬유의 핵심은 미생물'이라고 말했다. 섬유질 섭취가 줄어들면 미생물 군집의 다양성이 떨어지고 이는 '전반적인 건강을 보여주는 수많은 결과와 관련'돼 있다.

고기에는 섬유질이 없다. 따라서 그런 논리에 따른 이로운 식단에서는 고기가 기껏해야 약간 포함된다. 하지만 고기 생산이 우리를 멸종의 길로 이끌 뿐이라면 고기의 정확한 비율이나 종류 따위는 왈가왈부할 것도 없다. 심지어 이턴도 현재 그런 상황인 것 같다고 말한다. 그는 세계 인구가 2100년쯤에는 100억에서 110억에 이를 거라는 일반적인 추정을 인정하면서 미래 세대에 대해 이렇게 말한다. "그들은 '존재'할 거예요. 다만 지구의 다른 생명체들은 사라지고 말겠죠. 그러나 그 원인이 되는 문제를 해결하기 위한 완화 조치를 동시다발적으로 취한다면 우리는 인구를 줄일 수 있습니다."

바로 이 지점에서 대중적인 팔레오 운동은 디스토피아적이 된다.

"2200년까지 1억 명의 인간이 번성하는 일도 완전히 가능합니다. 단지 존재하는 게 아니라 번성하는 겁니다. 그러면 지구의 다른 생명체들도 돌아오겠죠."

이는 사람들에게 육식을 줄이라고 설득하는 것이 어렵다면 인구 통제를 납득시키려고 노력해야 한다는 논리다. 이턴은 소수의 영양학자들을 대상으로 한 강연을 이런 말로 끝맺었다. "지금 우리는 지속 불가능한 상황에 놓여 있습니다. 저는 우리가 중간 조치로서 가까운 미래에 적응하고, 먼 미래가 최적이 되길 희망하면서 완화를 권고합니다."

그가 선호하는 완화 방법은 '자발적으로' 최대 한 자녀 갖기다. 완전한 채식주의자인 오니시가 손을 들더니 이턴에게 그 말은 우리가 인구를 줄이는 만큼 고기를 먹을 수 있다는 뜻이냐고 물었다. 그러고는 "그건 육식 문제에 대한 설득력 있는 주장이 아니에요"라고 질타했다.

그러자 이턴은 "아마 당신에게는 아니겠죠"라고 대답했다. 이턴의 등 뒤에 있는 화면에서 안심 스테이크 이미지가 어렴풋이 보였다.

4장 마시기

수분 보충

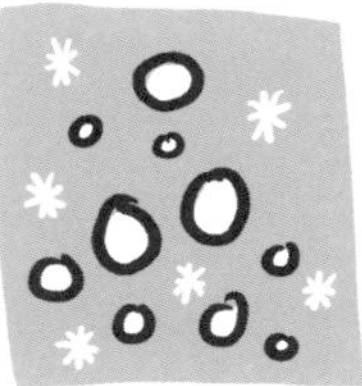

사업가 E. J. 영E. J. Young은 1897년 오하이오주에서 석유를 채굴하려고 시추하다가 다른 것을 맞닥뜨렸다. 바로, 수백만 년 전에 말라버린 고대 호수의 흔적이었다. 거기에 남아 있는 것은 석유가 아니라 광물질인 소금이었다. 그곳은 미국에서 알려진 어느 곳보다도 드넓고 거대한 소금 암석층이었다. 그래서 영은 현명한 결정을 내려 소금 사업에 뛰어들었다.

소금 위의 도시 리트먼Rittman은 철도가 놓이던 시절에 탄생했다는 점에서 중서부의 다른 많은 도시와 다르지 않았다(도시명도 철도 경영 임원의 이름을 딴 것이었다). 그래서 영은 소금 상자를 제조하는 회사를 하나 만들기만 하면 됐다. 그리고 철도가 손쉬운 운송 수단이 되어준 덕에 막강한 소금왕이 됐다. 1948년 영의 소금 사업체는 오늘날 대부분의 사람들이 그 이름을 아는 회사가 됐는데, 그 회사는 바로 '모턴 소금Morton Salt'이다.

그 상표에는 우산을 쓴 한 소녀가 그려져 있고 "어떤 날씨에도 달라붙거나 굳지 않는다"라는 문구가 나온다.[1] 여름철 습도 탓에 소금이 덩어리지다 보니 모턴은 탄산마그네슘을 첨가해 7월에도 계속 소금을 '뿌릴' 수 있다는 메시지로 상품을 차별화했다.

화학 작용은 효과가 있었고 그 이미지가 지속돼 모턴 소금은 지금도 세계에서 가장 큰 자연 소금 공장의 본고장인 리트먼 아래의 암석층에서 대부분 채취되며 수많은 세계인의 주방과 식탁을 빛내고 있다. 하지만 영은 자신의 사업 수완을 유감없이 발휘하던 때에도, 수많은 사람들을 살리기 위해 자사의 나트륨을 그들의 혈관에 주입하게 되리라고는 예견하지 못했던 것 같다.

오늘날 존재하는 가장 중요한 의료 조치 가운데 세계에서 가장 인기 있는 처방은 소금물이다. 무균수 1리터에 소금 9그램을 넣으면 수십억 달러의 매출을 일으키는 상품이 된다. 바로 생리식염수다. 생리식염수는 대부분의 병원에서 입원 환자 대부분에게 주입되며 모턴은 그 소금을 공급하는 주요 업체다. 우리의 입을 거치지 않은 것이 혈류 속으로 바로 들어가는 셈이다. "모턴은 미국의 생활방식이다"라는 그 회사의 마케팅 문구에는 진실이 담겨 있다.

주요 생산업체 가운데 하나인 제약회사 백스터 인터내셔널Baxter International은 하루에만 100만 개가 넘는 생리식염수를 매일 출하한다.[2] 화물 운반대에 적재된 식염수는 재난 지역에 가장 먼저 운송되는 물품에 속한다. 세계적으로 수요가 너무 많은 나머지, 지난 2년 동안 대부분의 기간에 미국식품의약국은 생리식염수 부족을 선언했다.

생리식염수 한 팩이 보통 1달러 정도인데 공급 부족으로 말미암아 최근에는 종합병원이나 의원에서 간혹 200달러까지 청구하는 행위가 세간의 이목을 끌었다. 그 수액을 투여하는 비용까지 포함하면 그 가격은 평소 한 팩 가격의 1,000배까지 치솟기도 한다. 2013년 뉴욕주 화이트플레인스White Plains의 어느 병원에서는 최소한으로 짧게 입원했던 한 식중독 환자에게 입원비로 생리식염수 여섯 팩 값 546달러를 포함해 6,844달러를 청구했다는 사실이 〈뉴욕타임스〉에 보도됐다.[3] 그 병원에서 생리식염수 여섯 팩을 구매한 비용은 5.16달러 정도였을 텐데 말이다.

이 값비싼 소금물 봉지가 계속 부족한 와중에 미국병원약사회American Society of Health-System Pharmacists는 의료 시설에서 가능할 때마다 '경구 수분보충oral hydration'을 활용하자는 기발한 의견을 내놓았다. 물론 경구 수분보충은 '마시기'를 의미하는 의학 전문 용어다.

대부분의 의사들이 혈관을 통해 사람들에게 수분을 공급하는 기술을 열심히 훈련받긴 했지만, 가장 잘 마시는 방법의 문제는 아무래도 뭔가 조언할 자격이 있는 것 같은 유명인들이나 회사들이 제멋대로 해석하고 있다. 가령 테일러 스위프트가 윗입술에 우유를 일자로 묻힌 채 생긋 웃거나, 리애나가 코코넛워터 팩을 들고 있거나, 마이클 조던이 "나의 상대는 없다, 게토레이!"라고 광고되는 레몬라임 맛 게토레이 병을 들고 카메라를 향해 씩 웃으면 그런 설명이 되는 것이다.

병원 안에서는 수분 보충이 최우선으로 중요하며 매우 치밀하게 이루어진다. 의사들은 나트륨 농도를 측정하고 생리식염수액이 혈관으로 똑똑 떨어지는 속도를 정확히 계산한다. 반면, 병원 밖은 그야말로 혼란의 도가니다. 우리는 순수성과 행복을 구매하려고 탐색하는 과정에서 음료회사들이 우리의 신장을 연루시키기에 적당하다고 보는 방식을 근거로 수분을 보충한다. 그러면 우리는 무엇을 어떻게 마셔야 할까?

하루에 물을 여덟 잔씩 마셔야 하나요?

미국의 영부인으로서 훌륭한 공중 보건 이력•을 쌓아가던 미셸 오바마는 2013년에 '드링크업 Drink Up'이라는 캠페인을 옹호했다. 그 전제는 간단했다. "물을 더 많이 마시자." 표면적인 이유는 그 캠페인이 진행

• 2010년부터 아동비만 예방과 건강 증진을 위한 '렛츠무브 Let's Move' 캠페인을 추진함

되는 동안 백악관의 영양정책 자문가 샘 카스Sam Kass가 지적했듯이 '미국인의 40퍼센트가 물을 일일 섭취 권장량의 절반도 마시지 않는다'는 것이다.

그런데 그런 추산은 어려운 일이다. 물 섭취 권장량이란 것이 없기 때문이다. 〈애틀랜틱〉에 드링크업 캠페인에 관한 기사를 쓴 이후로 나는 수분보충 연구자들에게 답을 좀 달라고 간청하고 있지만 아무도 물을 어느 정도 마셔야 하는지 알려주려는 시도조차 하지 않는다. 우리가 탄산음료와 주스를 너무 많이 마시며 그게 비만과 그에 따르는 질병의 주원인이라는 것이 그들의 주된 주장이다. 하지만 드링크업 캠페인은 펩시코PepsiCo가 공동 후원했으며 그 회사는 생수와 '기능성 물' 뿐만 아니라 탄산음료도 판매한다.

어쩌면 그런 사실이 미셸 오바마와 샘 카스가 탄산음료 문제에 관한 질문을 교묘하게 비껴간 이유일 수도 있고 아닐 수도 있다. 그들은 이렇게 말했다. "우리는 완전히 긍정적으로 바라봅니다. 사람들에게 물을 마시라고 권할 뿐이지, 다른 음료에 대해서는 부정적이지 않습니다."

하지만 탄산음료와 주스 판매에 참으로 많은 돈이 들어가고 유명인사들이 기용되는 상황에서 문화적 영향력이 있는 사람들은 정말로 그와 상반된 부정적인 소리를 낼 필요가 있다. '물은 많이 마실수록 좋다'는 말만으로 건강 문제를 직접 일으키지는 않겠지만, 말을 생략하면 문제를 일으킨다. 그뿐만 아니라 수분 보충이 어떻게 이루어지는지에 대한 해묵은 오해도 한없이 지속시킨다. 내가 알아낸 바로는 그런 오인이 수분보충 전문가들을 격분시키거나 짜증나게 한다.

“하루에 여덟 잔씩은 싫은데요.” 사우스캐롤라이나대학교의 생리학자 수전 이어진Susan Yeargin이 내게 말했다. 그곳에서 운동훈련 교육 프로그램을 맡고 있는 그녀는 수분 보충과 열 관련 질환을 연구한다. “경험상의 법칙으로 보면 그건 좋지 않아요.” 이 젊은 과학자는 운동선수 트레이너들을 위한 한 지도 영상에서 얼음물 목욕으로 몸의 고열을 내리는 법을 설명한다. 그 영상에서 그녀는 이렇게 말한다. “목표는 물을 최대한 차갑게 하는 것입니다. 따뜻한 물로 시작하면 그저 얼음을 계속 추가하고만 싶거든요.”

얼음물 목욕보다 더 좋은 방법은 애초에 고열, 즉 열사병을 예방하는 것이다. 그러려면 필수적인 것이 적절한 수분 섭취다. 땀은 피부에서 열을 빠르게 전도시켜 몸을 식힌다. 그런데 몸이 탈수 상태가 되면 땀이 덜 나고 체온이 지나치게 급상승한다.

이어진은 운동선수들에게 본인들의 소변색을 계속 관찰하면 몸의 수분 상태를 측정하는 데 도움이 된다고 조언한다. “옅은 노란색은 수분이 있음을 뜻하고, 밝은 노란색은 수분이 모자람을 나타내며, 사과주스 같은 진한 노란색은 진짜 탈수 상태임을 의미합니다. 옅은 노란색을 유지하려면 수분을 섭취해야 해요.” 한 쌍의 콩처럼 생긴 신장은 물과 전해질, 질소를 배출함으로써 체내 전해질 수치를 일정하게 유지한다. 그 농도의 변화는 소변색에 반영되며 실제로 소변의 색깔은 (그리고 맛은) 수세기 동안 인간의 건강을 대변해주었다.

H_2O는 우리 몸 안의 여느 물질과 마찬가지로 인체 방정식에 더해지는 화학 물질이다. 우리 가운데 많은 이들이 뭐든 많을수록 좋은 법이라고 생각하며 그렇게 되도록 하라고 배웠듯이 이 물질을 떼어놓을

이유가 없다. 그런데 심지어 물도 치사량이 있을 수 있다.

혹시 피의 맛을 본 적이 있는 사람이라면, 피가 짭짤하다는 걸 안다. 그 염도는 가장 중요한 신체 수치 가운데 하나다. 수분 보충은 몸에 물을 공급하는 이야기가 아니다. 그것은 몸의 균형 유지에 필요한 물질들을 공급하는 이야기다.

땀이 나는 것을 어떻게 받아들일 것인가?

땀이 난다는 것은 우리가 몸의 가장 중요하고 정교한 기능을 쉽게 자각하는 모습을 보여주는 완벽한 예다. 땀을 흘리면 탈수 상태로 이어져 치명적일 수도 있지만 땀을 흘리지 못해 몸이 과열되면 죽음은 훨씬 더 일찍 찾아왔을 것이다. 땀이 나는 이유는 젖은 피부가 마른 피부보다 열이 빨리 식어서다. 피부의 표면에 있는 그 체액은 몸에서 열

을 내보내준다. 기온이 10도인 바깥에 나가는 것은 별일 아니지만, 수온이 10도인 호수 속으로 뛰어드는 일은 힘들다. 이게 다 물이 공기보다 체온을 더 빨리 빼어가기 때문이다. 피부에서 나는 땀은 냉각을 촉진한다. 그러니 땀을 닦지 않는 편이 낫다. 그냥 땀이 그 자리에 남아서 고이도록 놔두자. 그것은 우리가 어떤 일을 겪더라도 몸이 균형을 이루게 해주는 훌륭한 물리 작용이다.

우리가 먹고, 마시고, 땀 흘리고, 소변을 봄에도 불구하고 신장은 그 일을 경이롭게 해낸다. 소금을 먹으면 우리 몸은 혈중 나트륨 농도가 너무 높아지는 것을 막기 위해 수분을 보유하려 한다(그래서 갈증이 나는 것이다). 신장은 거의 언제나 혈중 나트륨 농도를 혈장 1리터당 나트륨 140밀리몰millimole•로 그럭저럭 유지한다. 그 농도가 너무 높거나 낮아지지 않게 막는 것이 수분 보충의 핵심 원리이며, 따라서 생명 유지의 핵심 원리가 된다.

우리가 땀을 많이 흘려 염분이 빠져나가거나 물을 너무 많이 마시면 혈중 나트륨 수치가 떨어지기 시작한다. 그러면 저나트륨혈증hypo-natremia이라고 하는 위험한 상태가 돼 무기력, 불안, 혼란, 졸음 증상이 나타나고, 심한 경우에는 발작과 사망에까지 이를 수 있다.

부유한 나라들에서는 가끔 극단적인 물 중독 사례가 뉴스에 등장한다. 예를 들면, 죽음도 무서워하지 않고 덤비는 마라톤 주자들이나 동

• 농도의 단위, 1밀리몰은 1몰의 1,000분의 1임

아리 가입 서약으로 '갤런 챌린지 Gallon Challenge(물 1갤런, 즉 3.8리터를 최대한 빨리 단숨에 들이키는 도전)'를 하다가 치명적인 뇌부종이 발생하는 학생들이다. 그러나 물 중독 증상을 일으키는 가장 흔한 원인은 의사들이 '심인성 다음증 psychogenic polydipsia(psychogenic은 '마음에서 비롯된다'는 뜻이고, polydipsia는 '많이 마신다'는 뜻이다)'이라고 일컫는 현상이다. 이 '강박적인' 물 마시기는 정신과 환자의 6~20퍼센트에서 나타난다고 보고된다.[4] 특히 일명 거식증인 신경성 식욕부진증 anorexia nervosa이나 정신병적 우울증 psychotic depression, 양극성 정신병 bipolar psychosis 진단을 받은 사람들에게서 흔히 볼 수 있다. 물 마시기 충동은 때때로 이런 정신장애에서 나타나는 한 증상이다.

하지만 때로는 물 중독 자체가 정신 증상의 원인이 되기도 한다. 만약 혈중 나트륨을 희석할 만큼 물을 마시면 그 결과로 뇌세포가 부풀어 오른다. 그 과정에서 물 중독은 정신질환이나 양극성 장애처럼 보일 수 있다.

아일랜드의 의사들인 멀리사 길 Melissa Gill과 맥다라 맥콜리 MacDara McCauley는 한 의학저널에서 그런 당혹스러운 사례를 하나 소개하면서 미래의 의사들이 똑같은 실수를 저지르지 않길 바라는 마음으로 자신들이 '대재앙'이라고 여겼던 교훈적인 이야기를 공유했다.[5] 그 내용은 다음과 같다. 알코올 중독이자 양극성 장애가 있는 43세 남성이 반강제로 그들의 병원에 이송됐다. 병원에 끌려오기 전, 그는 '아들의 얼굴에 담배 연기를 내뿜고 가족의 반려동물을 발로 차는 등의 평소 그답지 않은 행동'을 보였다. 그는 사람들이 자신에 대해 이야기하고 있다는 망상에 빠지며 기력이 없고 집중하기가 힘들다고 길과 맥콜리에게 말했다. 두 의사의 사례 보고서에는 환자가 '통찰력이 결핍'돼 있고 '어쩔 줄을 모르는' 듯 보였다고 적혀 있다.

길과 맥콜리는 자신들도 어쩔 줄을 몰라서 일단 환자가 양극성 장애 때문에 이미 복용 중이던 노르트립틸린nortriptyline과 조피클론zopiclone 외에 항정신병 약물인 리스페리돈risperidone을 추가로 처방했다. 하지만 두 의사는 그의 상태가 '크게 악화'되는 것에 계속 주목했다. 그는 목욕을 거부했으며 '성기를 수차례 노출'했다. 의료진은 그를 격리시키고 약물요법을 새롭게 바꿨다. 하지만 그의 상태는 계속 나빠졌다.

마침내 한 간호사가 그 남성이 물을 상당히 많이 마시고 있다는 점을 주목했다. 문제 해결이 그토록 어려운 사례가 아니었다면 그런 관찰은 쉽게 무시당했을 것이다. 그래서 의료진이 환자의 나트륨 수치를 검사해보니 아니나 다를까, 낮은 수치가 나왔다. 가벼운 저나트륨혈증이 있었던 것이다.

남자의 상태는 계속 악화됐다. 그는 병원 직원들과 다른 환자들에게 신체를 노출하고 병동에서 공공연히 소변을 보면서 하느님이 그렇게 하라고 지시했다고 말했다. 그러고 나서는 강직–간대성 발작tonic-clonic seizure●을 일으켰다. 이는 사람들을 병원으로 데려오는 저나트륨혈증의 가장 흔한 증상이다.

응급 CT 촬영을 해보니 남자의 뇌가 부어 있는 것으로 나타났다. 그리고 그의 나트륨 수치는 당장 최저 임계치로 떨어졌다. 정상 범위의 하한선은 보통 130인데, 이 남자의 수치는 108이었다.

● 근육의 수축과 이완이 번갈아가며 잇따라 일어나는 발작

남자를 중환자실로 급히 보낸 길과 맥콜리는 그의 수분 섭취를 조절하는 아주 중요한 작업에 들어갔다. 이처럼 세심한 주의를 요하는 상태에서 그들은 남자의 나트륨 수치가 너무 빨리 올라가지 않도록 극도로 조심해야 했다. 급속한 변화는 뇌간의 세포를 파괴하면서 치명적일 수 있기 때문이다. 나트륨 수치가 차츰 정상으로 돌아오자 남자는 일관성을 되찾았다. 이제 자위행위도 하지 않았다. 그는 퇴원할 수 있었고 집에 가서도 계속 발작 없이 지냈다.

이 사례는 우리 몸에서 나트륨과 수분의 수치가 떨어질 때 어떻게 잘못될 수 있는지 보여주는 극단적인 예다. 심인성 다음증의 정확한 원인은 아무도 모르지만, 하나의 가설은 심리적 스트레스와 급성 정신병이 신체의 '삼투압 조절 중추osmostat'를 재설정할 수 있다는 것이다. 삼투압 조절 중추는 개념적으로 혈중 나트륨의 온도 조절 장치인 셈이다. 어떤 이들은 갈증이 도파민 수치와 관련 있으며 그 수치는 여러 약물의 영향으로 바뀐다고 믿는다. 한편, 올란자핀olanzapine 같은 항정신병 약물은 사람을 발작 상태에 빠뜨릴 수도 있다.

물론 이런 극단적인 사례는 거의 없다고 봐야 한다. 수전 이어진을 비롯한 전문가들은 대부분의 상황에서 적어도 가끔은 음식을 먹고 그 음식에 염분이 어느 정도 들어 있는 한, 물만으로 수분 공급이 충분하다는 것을 분명히 해둔다. 우리의 신장이 농축된 진한 색의 소변이나 희석된 맑은 소변을 배출함으로써 몸의 나트륨 농도를 충분히 높게 유지할 것이기 때문이다.

그런데 어떤 이들은 수분 보충 수단으로 물만 맹목적으로 지지하는 사람들을 보면서 더욱 분개한다. 의사인 에두아르도 돌훈Eduardo Dolhun

은 재난 지역을 경험하고 생명을 위협하는 탈수증을 겪고서 알게 된 것이 있다고 한다. 그는 우리 주변 곳곳에 물을 과다 복용하는 미묘한 사례들이 있다고 여기게 됐다. 특히 사람들이 장기간 운동을 하거나 더운 날 바깥에 머물 때 땀을 흘려 몸에서 염분과 수분이 빠져나오는데도 물만 몇 병씩 엄청나게 마시는 경우다.

"사람들이 그토록 많은 물을 마시는 걸 중단하면 모든 게 균형을 이룰 겁니다." 그는 그렇게 주장하면서 이런 말을 덧붙인다. "마사이 족이 물병을 들고 뛰는 걸 봤어요?"

샌프란시스코에서 가정의학과 의사로 일하는 돌훈은 스탠퍼드대학교에서 '민족과 의학'이라는 과목의 지도를 도우면서 의대생들에게 환자 돌봄에서 인종과 문화의 역할에 대해 교육한다. 그는 자신을 인도주의자이자 재난구조 전문가라고 설명한다. 자신의 '인생의 사명'인 수분 보충에 대해 얘기할 때는 목소리가 떨린다. "하루에 물 여덟 잔씩이라니, 대체 누구 엉덩이에서 그런 생각이 나왔는지 모르겠군요."

돌훈이 '스마트워터'나 '게토레이'라는 단어를 꺼내는 사람에게 해주는 얘기에 비하면 이 말은 그나마 약과다.

그럼 스포츠 음료를 마셔야 할까요?

에두아르도 돌훈은 1993년 메이오클리닉 Mayo Clinic● 의대생 시절에 과

● 미국 미네소타주 로체스터에 본원을 둔 종합병원이며 세계 최고 병원으로 꼽힘

테말라로 자원봉사 활동을 갔었다. 막상 가서 보니 그곳은 콜롬비아에서부터 올라온 전염병이 한창 퍼지고 있었다. 그 전염병은 해마다 10만 명의 목숨을 앗아가는 폭발적인 세균성 질병인 '콜레라'였다. "콜레라는 인체를 가장 빠르게 탈수시킨다고 알려진 병입니다." 돌훈이 말했다.

콜레라는 모든 탈수 기준이 기본적으로 다 적용되는 메커니즘이다. 이 질병은 간단하다. 사람을 탈수시켜서 죽인다. 콜레라는 대장을 구조적으로 손상시키는 게 아니라 단순히 체액이 흘러나가서 인체가 텅 빌 때까지 그 통로를 영구적으로 '열어'놓는다.

하지만 콜레라에 걸려도 수분을 어느 정도 계속 유지할 수 있으면 병은 며칠 안에 사라질 것이다. 이런 사실은 소름 끼치는 전염병들이 창궐한 수세기 동안에 우리의 신체 지식의 한계를 시험하면서 역사상 가장 어려운 문제 중 하나를 입증했다. 오늘날 소울사이클SoulCycle● 스튜디오에서 '전해질electrolyte'이 유행어가 된 것은 전적으로 콜레라를 이해하려고 진행한 연구 때문이다. 콜레라 연구를 계기로 게토레이는 물에 설탕과 소금을 집어넣는 것에 과학적 근거를 갖게 된다. 따라서 시카고의 위커 파크Wicker Park에서 핫요가를 하거나 캘리포니아주 오클랜드에서 크로스핏을 하는 동안에 무엇을 마시면 가장 좋을지 이해하려는 것뿐이라 해도 콜레라를 이해하면서 시작하는 것이 타당하다.

콜레라는 뚜렷한 경계를 그리며 세계를 갈라놓는다. 한쪽은 깨끗한 물이 있는 지역들로, 콜레라가 아무에게도 영향을 주지 않고 아주 옛날 모습을 한 곳이다. 이곳에서 콜레라는 1971년에 나온 컴퓨터 게임

● 사이클과 에어로빅 동작을 결합한 실내 자전거 운동인 스피닝 센터 프랜차이즈로 뉴욕시에 본사가 있음

인 '오리건 트레일Oregon Trail'● 얘기를 할 때나 언급된다. 경계의 나머지 한쪽은 깨끗한 물을 신뢰할 수 없는 지역들로, 해마다 콜레라가 수백만 명을 집단 감염시키는 곳이다. 거기서는 콜레라에 감염되면, 탈수 증세가 아주 순식간에 진행돼 몇 시간 안에 눈이 쑥 들어가고, 피부가 쭈글쭈글해진다. 가부장적인 의학 교과서에서는 '세탁부의 손가락'을 갖게 된다는 표현이 나온다. 치료를 받지 못한 상태로 몇 시간에서 며칠까지 지나면 그중 절반은 목숨을 잃는다.[6] 1994년 르완다 대학살이 벌어지는 동안 한 난민 캠프에서는 콜레라가 유발하는 설사로 사망한 비율이 48퍼센트에 달했고, 1만 2,000명이 넘는 후투족이 탈수증으로 목숨을 잃었다. 경구 수분보충이 적절히 이루어졌으면 거의 다 살릴 수 있었을 텐데 말이다.

돌훈이 하이티와 필리핀, 네팔에서 응급의료대원으로 활동한 경험에 비추어 보면, 순수한 물을 마시는 탈수증 환자들은 죽음을 재촉할 뿐이다. 돌훈은 게토레이도 전혀 나을 게 없다고 여긴다. "[임상에서] 탈수 증상이 있는 사람에게 게토레이를 주는 의사는 의료과실로 봐야 합니다." 그는 탄원하듯이 말했다. "알겠어요? 의료과실이라고요."

수전 이어진은 여름에 열사병에 걸리는 사우스캐롤라이나의 운동선수들에게 게토레이를 너무 많이 마시는 것은 물을 너무 많이 마시는 것만큼이나 위험하다고 조언한다. 그 혼합물의 나트륨 농도가 너무 낮기 때문에 '게토레이를 벌컥벌컥 마시면 여전히 저나트륨혈증에 걸릴 위험이 있다'는 것이다.

● 미국 서부개척 시대를 배경으로 모험을 떠나는 내용의 오래된 교육용 비디오 게임으로 엄청난 인기를 끔

교통수단의 발달과 세계 무역의 증가로 말미암아 갠지스강 삼각주 지대의 오래된 질병이 인도 아대륙을 벗어나 전 세계로 퍼지면서 콜레라는 지난 200년 동안 수천만 명의 목숨을 앗아갔다. 세계적으로 대유행한 콜레라가 1850년대 초에 영국을 강타해 존 스노우John Snow라는 의사가 자신의 환자들이 죽어가는 곳과 그들이 물을 얻는 곳의 위치를 지도로 만들어보기 전까지는 아무도 영문을 몰랐다. 스노우는 콜레라가 수인성 감염원이라고 추론했다. 세균론이 아직 대중적이지 않던 시기여서, 미생물이 전염병의 원인일 수 있다는 그의 주장은 세균론을 부정하는 사람들의 거센 저항에 부딪쳤다.

그러나 그로부터 30년이 지나서 미생물학자 로베르트 코흐Robert Koch가 '콜레라균'을 밝혀냈을 때 스노우가 옳았다는 것이 증명됐다. 이때는 코흐가 탄저병과 결핵을 일으키는 균들을 발견한 지 얼마 안 된 시점이자, 임질과 매독 배후의 균들이 곧 발견되기 전이었다. 산성을 띠는 위는 질병을 일으키는 대부분의 세균을 죽여서 우리를 보호하며, 장의 점막도 마찬가지로 작용한다. 하지만 콜레라균은 이리저리 휩쓸고 다니는 꼬리 모양의 거대한 편모로 진화해서는, 장의 상피세포들에 붙어서 독소를 분비해 수분과 나트륨이 시간당 2리터까지의 속도로 몸에서 빠져나가게 한다. 환자들은 가운데 구멍을 낸 간이침대에 반듯이 누워 있어야 했고 그 구멍 아래에는 양동이가 놓여 있었다.[7] 치료 방법은 환자들에게 수분을 공급하면서 기다리는 것이었고, 그런 치료가 적절히 이루어지지 않으면 환자들은 목숨을 잃었다.

1920년대에 생리식염수액이 바늘을 통해 혈관으로 직접 전달될 수 있다는 것, 즉 정맥주사로 수분을 공급할 수 있다는 사실의 발견은 콜레라 치료에 대단한 호재였다. 생리식염수는 피와 비슷한 맛이 나도록 만들어졌다. 바닷물보다는 덜 짜지만 우리가 마시고 싶어 하는 맛은 아니며 혈중 나트륨 농도에 맞춰져 있다. 돌훈이 표현한 대로 '생리식염주사액은 본질적으로 염분 공급 메커니즘'이다.

하지만 사람의 혈관에 무언가를 주입하려 할 때는 서둘러선 안 된다. 그 과정에서 계산을 해야 하고, 무균 생산 시설과 멸균 주사기를 갖춰야 하며, 숙련된 관리도 필요하다. 그런데 콜레라로 황폐해진 많은 지역에서 그것은 실질적인 해결책이 아니었다. 1982년까지만 해도 콜레라는 전염성 설사증의 주원인이 돼 해마다 5세 미만 아동 약 500만 명의 목숨을 앗아갔다.

그러나 10년이 지나서는 그 수가 300만 명으로 떨어졌다. 2012년 7월, 세계보건기구는 콜레라로 사망한 사람은 12만 명 정도뿐이라고 추산했다. 그렇다면 불과 30년 만에 사망자 수가 엄청나게 줄어든 이유는 무엇이었을까?

컬럼비아대학교의 공중 보건학 교수였던 조슈아 럭신Joshua Ruxin의 표현대로 '마법의 해결책'은 '경구수액요법oral rehydration therapy'이라는 방법이었다.[8] 바꾸어 말하면, 마시는 방법이다. 하지만 물이나 게토레이를 마시는 것은 분명 아니다. 그렇다면 무엇을 마셔야 할까?

콜레라에 걸린 사람들에게 애초에 순수한 물을 줘서 치료하려고 하면 죽음으로 더 일찍 이끌 뿐이었다. 앞서 양극성 장애가 있던 아일랜드 환자의 사례처럼 물이 혈중 나트륨 농도가 치명적으로 낮아지게 촉진하기 때문이다. 그런 사실에서 우리는 수분 보충이 전적으로 당과 전해질의 농도 문제임을 알게 됐다. 그런 농도들을 모두 균형 있게 유지하는 것은 물리적 힘인 확산에 달려 있다. 확산이란 농축액과 물을 섞으면 그 결과로 희석된 용액이 되는 원리다. 예를 들어, 와인이 든 잔에 커피를 한 샷 부으면 그 결과는 커피 와인이 되는 것이다(만약 확산 작용이 없다면 와인이 든 잔에 커피 한 덩어리가 둥둥 떠다니기만 할 텐데, 그런 결과는 상상이 잘 안 된다).

"경구 수분보충을 할 때 가장 큰 실수는 모두가 전해질을 더 넣으려 한다는 겁니다." 존스홉킨스 의대 교수인 윌리엄 그리너프William Greenough가 내게 말했다. 만약 농축된 전해질 용액을 장속에 들이부으면 확산 작용이 일어나서 나트륨 농도가 낮아질 때까지 수분이 몸에서 빠져나와 장속으로 들어간다. 잘 기억해둬야 할 중요한 점은 '장이 매우 잘 새는 막'이기 때문에 이런 확산 작용이 일어나는 것이라고 그리너프는 강조했다. 몸속에 커피 한 샷을 들이붓는 것은 와인이 든 잔에 커피 한 샷을 들이붓는 것이나 다름없다. 그 성분들이 장벽을 가로질러 양방향으로 이동하면서 균형이 잡힌다.

이것이 바로 '스포츠 음료'가 우리를 탈수시킬 때의 과정이다. 정상적인 상태에서는 체세포 내 수분에서 염분과 당의 농도가 낮다. 그런데 농도가 높은 음료를 마시면 확산 작용이 일어나면서 체세포에서 수분이 빠져나와 장속으로 들어가 농도를 균일하게 맞춘다. 따라서 어떤 액체를 마시더라도 그 액체는 사실상 우리 몸에서 수분을 빼낼 수 있다.

수분 보충의 핵심은 50년 전 간단해 보이는 발견에서 나왔다. 당을 연구하는 캐나다의 생리학자들은 1958년에 말 그대로 기니피그의 장으로 시험해 포도당이 장의 막을 홀로 통과하지 못한다는 것을 발견했

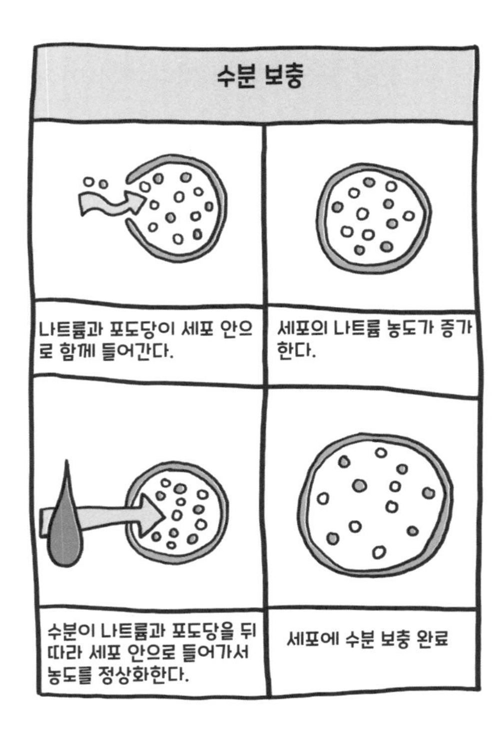

다.[9] 포도당은 짝을 지어 이동해야 했는데 그 상대가 나트륨이었다. 이는 당을 연구하는 다른 생리학자인 미국의 로버트 크레인Robert Crane이 그 작용 원리를 밝히는 데 영감을 주었다. 크레인은 나트륨과 포도당을 동시에 체세포 안팎으로 드나들게 하는 일련의 작은 관문을 장세포에서 발견했다. 그가 나트륨-포도당 수송 펌프와 장세포 내 작은 관문을 발견한 사건은 수분 보충에 혁명을 일으켰다. 1978년 세계적인 의학 학술지 〈랜싯The Lancet〉의 한 사설에서는 그 발견을 "아마도 금세기의 가장 중요한 의학 발전"이라고 칭했다.

물론 교과서에 나오는 많은 의학적 발견의 역사는 발견자, 대개 '남성'이 밝혀낸 것을 저개발 국가의 고통 받는 사람들과 나누려는 자비롭고 지성적인 의도에 바탕을 둔다. 이런 남성들은 영웅으로 그려진다. 그런데 이런 구세주 이야기는 세상의 많은 곳에서 백인 남성들이 내미는 구원의 손길이 필요하다고 잘못 상정하는 경향이 있다. 그리고 사람들이 정말로 도움이 필요할 때 대개 그들이 겪는 고통의 원인을 간과하거나 무시한다. 즉 이 경우에는 '왜 그토록 많은 사람이 탈수증으로 죽어갔을까'라는 물음이 빠져 있다.

왜 그렇게 많은 사람이 탈수증으로 사망하나요?

1898년 미국·스페인 전쟁이 끝나고 파리 조약이 체결될 때 미국은 스페인에 2,000만 달러를 주고 필리핀을 점유했다. 그 협의에 필리핀 사람들은 빠져 있었다. 그해에 그보다 앞서 필리핀 사람들은 독립을 선언한 상태였다.

파리 조약이 체결되기 몇 달 전만 해도 필리핀 혁명가들은 스페인을 필리핀 제도諸島에서 몰아내려고 미군과 함께 싸웠기에 미국인들이 자신들의 해방자라고 믿었던 것으로 보인다. 필리핀의 저항으로 8월에는 마닐라가 해방됐었다. 그래서 필리핀 혁명가들은 미군이 자신들을 추방하려고 몰려왔을 때 깜짝 놀랐다. 1899년 2월 4일 저녁, 마닐라에서 미군 보초 두 명이 필리핀 남자 한 명에게 총격을 가했고, 양국 간의 긴장은 마닐라 전투를 촉발했다.

바로 다음 날, 휴전을 위한 외교적 시도가 있었으나 미군정 장관인 엘웰 오티스Elwell Otis 장군이 전투가 '단호하게 끝까지' 계속되어야 한다고 답하면서 교섭을 거부했다. 그리하여 미군은 4년 동안 필리핀 사람들과 전쟁을 벌였다. 미군이 민간인들을 밀집지역으로 몰아넣으면서 생활환경은 비참해졌고, 아니나 다를까 콜레라가 발생해 약 20만 명이 목숨을 잃었다. 전사자보다도 훨씬 많은 수였다. 역사가 데이비드 실비David Silbey는 그 광경을 세상의 종말 같다고 설명한다.[10] 콜레라 전염병이 말 그대로 메뚜기떼 습격까지 동반해 절정에 달하면서 나라가 '야만과 혼란 속으로 빠져들고' 있었다.

미국은 수십 년간 이 식민지를 방치하다가 결국 필리핀 연방 구성에 동의했다. 이제 필리핀은 완전히 독립적인 국가로 전환될 터였다. 하지만 2차 세계대전 때문에 그 계획은 무산됐다. 독립은 고사하고, 일본이 진주만을 폭격한 지 몇 시간도 안 돼 일제의 공격까지 받게 됐다. 일본은 미군을 신속히 몰아내고 필리핀을 점령했다. 이 잔혹한 전쟁 기간 동안, 일본은 '바탄 죽음의 행진Bataan Death March'•을 포함해 전쟁범죄를 72건이나 저질렀고, 약 100만 명의 필리핀 사람들을 살해했으며, 국토를 더욱 황폐하게 만들었다. 종전 후 마닐라 조약이 체결되면서 필리핀은 마침내 독립을 쟁취했지만 기반시설은 전무한 상황이었다. 그 결과 1961년에 특히 위험한 새로운 변종 콜레라가 발생했다.

이런 까닭에 용감한 미국인들은 경구수액요법을 이용해 구제에 나서야 했다.

• 1942년 4월, 일본군이 미군과 필리핀군 포로 7만 6,000여 명을 100킬로미터 이상 강제로 행군시키고 학대하면서 1만여 명을 학살한 사건

미해군은 로버트 필립스Robert Phillips 박사를 타이페이에서 마닐라로 보냈고, 필립스는 그곳의 샌라자로병원에 콜레라 진료소를 열었다. 그는 이전에 대만과 그 밖의 지역에서 수년을 머무는 동안 정맥주사로 수분 보충을 할 수 없는 환경에서 환자들을 치료해야 했기에 경구수액요법을 실험했었다. 그는 몸에서 나트륨이 지나치게 떨어지지 않도록 막는 것이 매우 중요하다는 걸 알고 있었다. 문제는 물에 나트륨을 넣었는데도 몸에 흡수되지 않는 것 같다는 점이었다. 환자들은 여전히 목숨을 잃었다. 필립스가 크레인의 발견을 실제로 적용해 전해질 용액에 포도당을 추가해본 것은 마닐라에서였다. 바로 이 순간 수분보충법에 영원한 변화가 찾아왔으며, 그런 변화는 '금세기의 가장 중요한 의학 발전'이라는 칭호를 얻게 됐다.

1962년 8월, 필립스와 의료진은 포도당과 나트륨이 든 경구용 전해질 용액으로 환자 셋을 치료했는데, 세 명 모두 회복했다. 이런 결과는 나트륨-포도당이 몸에 흡수되는 효과를 최초로 입증하는 듯 보였다. 의료진은 이 새로운 용액을 더 많은 사람에게 적용해보기 위해 임상 시험에 들어갔다. 그 시도는 성급했지만, 생리식염주사액이 없는 상황에서 남은 건 죽음뿐이었다.

그때 그곳에서 콜레라를 실제로 치료할 수 있는 유일한 방법은 단지 현장에서의 경구 수분보충 여부였다. 그리고 환자들의 가정에서 친구나 가족, 그 밖에 포도당과 소금, 물을 섞을 수 있을 정도로 몸이 성하다면 누가 됐든, 수천 명이 그렇게 할 수 있는지가 관건이었다.

데이비드 날린David Nalin과 리처드 캐시Richard Cash는 수분 보충이 완전히 입으로만 이루어지는 조건에서 나트륨-포도당 용액만을 사용해 콜레라 환자들을 치료하기 시작했다고 최초로 기록된 의사들이었다. 1968년 4월에 실시된 이 치료의 결과는 그해 8월 〈랜싯〉에 발표됐다.

하지만 그 방법은 1971년 파키스탄군이 동파키스탄(현 방글라데시)을 공격해 900만 명을 국경 너머 인도로 쫓아내기 전까지는 여전히 전염병 치료법으로서의 가설에 불과했다. 국가 간 분쟁이 불씨가 돼 국경을 따라 생겨난 난민촌에는 또다시 콜레라가 발생했다. 당시 하버드 레지던트였던 청년 윌리엄 그리너프와 캘커타의 몇몇 의사들은 이 질병의 확산을 막으려고 애썼다. 그 의료팀은 30리터 분량의 생리식염주사액을 챙겨 락슈미-나라얀간지 황마 공장 근처의 시탈락시아강을 따라 한 난민촌까지 걸어서 이동했다. 막상 도착해 보니, 작은 수용소 안에 5,000명의 사람들이 모여 있었다. 그들이 가져간 생리식염주사액은 30분쯤 지나서 바닥이 났다.

"당시 유일한 대책은 아픈 사람들을 우물에서 떼어놓는 거였어요." 그리너프는 그렇게 말하면서 전쟁 중에 가족들 간에 그러기가 특히 어려운 일이었다고 회상한다. 난민들의 사망률은 대략 40퍼센트였다.

그래도 절박했던 의사들은 경구수액요법에 대한 얘기를 들었다. 당시 그리너프는 콜레라에 걸린 사람이 잃는 체액량을 고려하면 경구수분보충은 '상당히 기이한 생각'이라고 말했다고 한다. 하지만 선택의 여지가 거의 없는 상황에서 그리너프와 동료 노버트 허쉬혼Norbert Hirschhorn은 필립스의 용액을 조금 수정해 적용해봤다. 그들은 쇼크 상태로 도착한 사람들처럼 대단히 심각한 경우나 생리식염주사액이 거의 다 떨어져서 추가해야 할 때만 그 방법을 썼다. 허쉬혼은 경구용 용액의 농도가 인체의 세포내액보다 높거나 낮지 않도록 확실하게 주의했다. 그해 겨울, 의료팀은 모든 사례에서 그 나트륨-포도당 용액 덕에 사람들이 수분을 흡수하고 유지할 수 있음을 증명했다. 그래서 그 용액을 점점 더 많이 사용했다. 1년도 안 돼 다카병원의 콜레라 사망률은 1퍼센트 미만이 됐다.

난민촌에서 그리너프의 의료팀은 정맥주사를 전혀 놓지 않고도 약 40퍼센트였던 콜레라 사망률을 3퍼센트로 떨어뜨렸다. 경구수액요법은 심지어 탈수증이 너무 심해 쇼크 상태에 빠진 중증 환자에게도 효과가 있었다.

이런 결과는 세계보건기구와 유니세프UNICEF의 주목을 받았고, 그 기구들은 전 세계에 경구용 수액을 공급하는 주요 글로벌 추진계획을 시행했다. "기초 과학에서 실용 단계로 넘어가는 일이 정말 깜짝 놀랄 만한 속도로 일어나더군요." 그리너프는 그렇게 회상한다. 1964년 현장에서 사용된 방법이 10년도 채 안 돼 글로벌 프로그램이 된 것이다. "일단 사람들이 이 수액을 마시고도 죽지 않을 수 있다는 걸 알게 되니, 맛은 그리 훌륭하지 않아도 꽤 빨리 받아들여지더라고요."

1980년대까지 대체로 이 간단한 해결책 덕분에 4세 미만 유아 사망은 매년 약 800만 명에서 200만 명으로 떨어졌고, 지금은 100만 명 미만 수준이다.

그런데도 부유한 지역의 많은 곳에서는 침묵이 흘렀고, 지금도 그렇다. 사람들이 대부분 경구용 수액을 잘 모를 뿐만 아니라 의사들은 거의 언제나 수분 보충을 위한 정맥주사를 대신 처방한다. 그리너프, 돌훈, 럭신을 비롯한 다른 의사들은 그 이유에 대해 직설을 퍼붓는다.

"이유야 꽤 간단하죠." 그리너프는 이렇게 설명한다. "누가 탈수증으로 응급실에 오면 저는 그 환자를 앉혀서 마실 것을 주는데, 거기에 비용을 청구할 순 없어요. 하지만 정맥주사는 수액을 만드는 사람들도 많은 돈을 벌고, 주삿바늘을 만드는 사람들도 많은 돈을 벌고, 수액이 지나가는 관을 만드는 사람들도 많은 돈을 벌고, 병원들도 돈을 벌고, 의사들도 돈을 벌죠. 그러니 모두가 경구용 수액에 반대할 수밖에요."

럭신은 경구 수분보충이 발견됨으로써 '의료계의 편견과 더불어 의료계의 첨단 기술에 대한 경외심이 어떻게 생명을 구하는 발견을 지연할 수 있는지' 조명됐다고 추측한다. 허쉬혼은 영국 BBC 방송에서 경구수액요법에 대해 이야기하면서 '그것의 간단함이 그 자체로 적'이라고 말했다.

"TV나 다른 대중매체에서 누가 뭘 마시는 장면을 보는 건 재미있지가 않습니다. 누군가 응급실에 왔는데 혈압이 낮아서 의료진이 몰려오고, 그 환자가 쇼크 상태에서 정맥주사를 맞고 CT도 찍어줘야, 이제 흥미로워지는 거죠. 하지만 그럴 필요가 없거든요." 그리너프가 말했다.

존스홉킨스 베이뷰의료원에서 지금도 담당의로 계속 진료하는 그리너프는 병원에 입원하는 사람들의 15퍼센트 정도는 경구 수분보충을 적절히 하면 입원할 필요가 없었을 것으로 추정한다.

가령 철인삼종경기를 할 때처럼 자기 몸을 신체적 한계 상황으로 밀어 넣어 장시간 음식 없이 버텨야 하는 게 아니라면, 물 대신 나트륨-포도당 용액을 마셔도 여분의 열량을 줄여주지는 않을 것이며 아마 틀림없이 몸에 해롭게 일일 나트륨 총량을 늘리기만 할 것이다. 심한 탈수증인 경우를 제외하면 물이 효과가 있다. 물을 마시고 소금과 탄수화물이 들어 있는 음식을 먹으면 몸 안에 자신만의 경구용 수액

공장을 갖는 셈이다.

이런 과학은 설사로 인한 탈수증이 여전히 전 세계 5세 미만 아동의 사망을 막을 수 있는 두 번째 요인이라는 점에서 진짜 중요하다. 콜레라 중증 환자는 물을 마시거나 소독을 하거나 다른 방법을 써도 생존하지 못한다. 부유한 나라들에서의 해결책은 그런 환자들의 혈관에 주삿바늘을 꽂아 수분을 계속 공급하는 것이다. 이는 논리적이라기보다는 관습적이다. 생리식염주사액과 더불어 그 투여법을 아는 사람들이 부족한 곳에서는 나트륨, 칼륨, 포도당 팩들이 국경없는의사회Doctors Without Borders에서 '페니실린 이후로 가장 중요한 의학 발전'이라고 칭하는 것으로 판명됐다.

경구용 수액은 옹호자들이 필요할 뿐 아니라, 우리 몸에 무엇을 넣어줘야 하는지 이해하는 기준으로서도 중요하다. 게토레이는 문화적으로 표준이 된다. 그런데 페디어라이트Pedialyte처럼 이름만 알려진 정도인 경구용 수액은 그렇지 못하다. 나는 경구용 수액을 스스로 시험해보는 내내, 그러니까 뉴욕에서 가장 뜨거운 여름철에 그것을 구입할 수 있을 때마다 사서 써보고는 사람들에게 그 얘기를 해줬는데, "오, 그거 괜찮은 것 같네"라는 식의 반응을 보인 사람은 단 한 명도 없었다.

그것은 어쩌면 설탕과 소금과 물을 정량으로 혼합한 용액을 FDA에서 '의료용 식품medical food'•으로 분류하기 때문인지도 모른다. 약국에서 페디어라이트를 사면 그 제품은 리터당 6달러 정도이며 기침 물약처럼 뚜껑을 쉽게 열 수 없는 플라스틱 용기 안에 밀봉돼 있다. 약국 안

• 특별한 영양 공급이 필요한 환자를 위해 만들어진 식품

의 다른 진열대에는 뚜껑을 바로 열 수 있는 비의약품 음료들도 있다. 그런데 어떤 식품을 페디어라이트처럼 의약품으로 간주한다면 나머지 식품들도 다 그렇게 하지 않는 게 이상하지 않은가?

정신과 의사인 한 친구와 저녁을 먹는 자리에서 나의 경구용 수액 실험 이야기를 들려주자 그녀는 하하 웃으면서 "넌 항상 좀 아스퍼거 증후군• 같더라"라고 말했다(나는 "그렇지 않으면 왜 누군가가 패러다임에 의문을 제기하겠어?"라고 소리치면서 일어나 탁자를 엎고 싶었지만, 참았다). 더 중요한 점은, 의사인 그녀가 경구용 수액에 대해 한 번도 들어본 적이 없었음을 시인한 것이었다. 물에 섞을 설탕·소금 팩을 나눠주는 일에는 의사들이 성취에 대한 자부심을 느끼는 집중 훈련이 필요 없다. 그것은 오히려 그런 훈련 과정과 상충한다.

"경구용 수액은 가난한 나라의 치료법으로 여겨지고 있습니다." 그리너프는 또 이런 말을 덧붙였다. "이 방법은 인체가 수천 년 동안 발전시켜온 훌륭한 메커니즘입니다. … 하지만 어느 순간에 우리가 건강에 3조 달러를 쓰는 데 넌더리가 나면 그 방법을 사용하겠죠."

스마트워터는 어떨까요?

에두아르도 돌훈의 입에서 '스마트워터Smartwater'란 말이 나올 때는 그 소리가 마치 그의 혀를 뚫어버리는 것 같다. 편의점 생수 매출로 보

• 의사소통과 대인관계에 문제가 있고, 관심 분야가 한정되고 정형화된 행동을 보이는 증후군

면 스마트워터는 시장에서 가장 비싼 가격에도 불구하고 2015년에 3억 5,000만 달러를 기록하며 모든 경쟁자를 앞지르는데, 그 이유는 과연 무엇일까?

"누군가 스마트워터라는 기가 막힌 이름을 생각해낸 거죠." 돌훈이 답했다.

게다가 누군가 제니퍼 애니스턴이 우리 주변 어디서나 그것을 마시는 모습을, 그것도 종종 거의 벗은 모습으로 마시는 이미지들을 게시했다. 그 광고는 그 상품이 '전해질을 강화한' 물이라고 주장한다. 사실 거기에는 나트륨이 전혀 들어 있지 않은데도 말이다.

"전해질을 강화했다고요? 그게 무슨 뜻이죠? 그건 헛소리예요." 돌훈이 외치듯 말했다.

스마트워터는 염화칼슘과 염화마그네슘, 중탄산칼륨이 소량 들어 있는 물이다. 그리고 이 성분들은 '맛을 위해' 첨가됐다고 작은 글씨로 적혀 있다. 나트륨 함량은 제로다. '홀푸드 365'• 자체 브랜드로 판매되는 '일렉트로라이트 워터Electrolyte Water'라는 이름의 비슷한 상품에는 '적절한 수분 보충이 전반적인 건강에 중요하다!'라는 마케팅 문구가 사용된다. 그 말은 맞다. 하지만 이 제품에 든 전해질로 적절한 수분 보충이 이루어진다는 암시는 오해의 소지가 있다. 돌훈은 그것을 이런 식으로 표현했다. "전해질은 필라델피아의 수돗물에 더 많이 들어 있습니다."

실제로 많은 수돗물에는 스마트워터에 비해 두 배쯤 많은 전해질 성분이 들어 있다. 수돗물에 전해질이 너무 많으면 색깔이 좀 불투명

• 미국의 유기농 식품 체인 홀푸드의 보급형 매장으로, 기존 '홀푸드 마켓'보다 소규모로 저렴한 제품을 판매함

해져서 사람들이 불평을 늘어놓는다. 그러나 코카콜라사나 그 자회사이자 스마트워터의 제조업체인 글라소가 스마트워터를 '전해질을 강화한' 물로 판매할 수 있는 것은, 엄밀히 따지면 그 말이 거짓은 아니기 때문이다.

돌훈은 의사와 암환자가 대화하는 상황을 가정하며 둘 사이에 오갈 법한 이야기를 들려준다.

의사 '화학요법을 강화한' 링거로 화학요법을 받으시겠어요?

환자 그게 무슨 말이죠?

의사 아, 저도 모릅니다. 저희는 그저 [암세포를 죽이는 독성이 강한 항암제인] 시스플라틴을 좀 투여하려고 합니다.

환자 그런데 어느 정도로요?

의사 그냥 저희를 믿으세요. 저희는 그냥 얼마큼 투여할 겁니다.

탈수증으로 죽은 사람들을 지켜본 적이 있는 사람에게는 아마도 돌훈의 시나리오가 그에 비하면 덜 황당할 것이다. 스마트워터는 우리 대부분에게 여느 생수와 마찬가지로 돈 낭비일 뿐이며 환경 면에서도 속 터지는 일이다. 광고에서는 스마트워터가 '자연이 물을 정화하는 방식에서 영감을 받은' 공정에서 나온 '증류수'라고 떠벌린다.

그러면 물을 끓였다는 말인가?

코카콜라사는 그런 증류법의 의미를 이렇게 밝힌다.[11] '열을 사용해 물을 기화한다(그래, 물을 끓인 게 맞다). 그러면 수증기는 냉각되고 물은 정화된 상태로 다시 응축된다.' 이것은 물의 순환이다. 알고 보니 앞서 나온 확산처럼 중학교에서 배우는 이 과학 개념도 사람들의 돈을 빼앗는 데 사용되지 않도록 하기 위해 알아둘 가치가 있다. 그런 설명에는 물을 끓이는 것이 단순히 걸러내는 것과는 다르게 에너지 집약적인 과정이라는 사실이 빠져 있다. 따라서 그런 제조 방식은 자연에서 '영감'을 얻었는지는 모르겠지만 끓인 물을 담은 플라스틱병과 마찬가지로 자연 친화적이지 않다.

주스는 건강에 좋은가요?

과일과 채소의 즙을 내는 것은 세속적인 소유물들의 즙을 내는 것만큼이나 논리적이다. 셔츠의 즙을 낼 수 있다면 얼마나 더 많은 셔츠로 옷장을 채울 수 있을지 상상해보라. 자동차의 즙을 내면 갑자기 차고 두 자리에 마흔 대의 차를 가진 사람이 되는 것이다.

주스는 '가공' 식품을 싫어하는 사람들에게조차 호감을 살 수 있는 특권적 지위를 누린다. 터프츠대학교의 영양학·정책 대학원장인 다리우시 모자파리안은 그런 음식을 모두 싸잡아서 비난하지 말라고 경고한다. 비록 그의 연구 결과도 미국인이 섭취하는 열량의 58퍼센트가 '초가공' 식품이라고 부를 만한 식품에서 나오며 그것이 대사질환의 원인임이 명백하다는 것을 보여주지만 말이다. '가공'은 너무나 광범위한 용어여서 거의 모든 음식이 가공되는 세계에서는 실질적인 말이 아니다. 하지만 그 개념에는 분명히 뭔가 있다.

착즙은 단일한 가공 방식으로 구분되며, 과일과 채소의 섬유질을 제거하는 공정이다. 만약 식품 표시사항에서 볼 수 있는 숫자가 하나뿐이고 그 정보로 그 식품이 질적으로 건강에 도움이 되는지 가늠해야 한다면 나는 섬유질을 꼽을 것이다. 음식에서 일부러 섬유질을 제거하는 게 이상할뿐더러, 영양 면에서 확실히 나쁘다고 말할 수 있는 몇 안 되는 행위 중 하나이기 때문이다.

착즙은 영양에 대한 20세기 환원주의적 사고방식으로 보면 말이 된다. 1900년대 전반기에 우리는 비타민을 막 발견했고 '너무 많이' 먹는다는 개념은 거의 들어본 적 없는 경제 불황에서 벗어났다. 만약 하루에 사과 한 개가 좋다면 하루에 사과 백 개는 틀림없이 더 좋으리라는 사고방식이었다.• 주스를 만들면 더 많은 비타민을 더 적은 용량으로 얻는다. 이를테면 오렌지 스무 개와 맞먹는 비타민을 오렌지 한 개의 용량으로 얻는 것이다. 그런데 그런 식품은 우주비행사들에게 주자.

대공황 이후의 건강에 대한 사고방식을 비판하기는 쉽다. 영양 '과다'에 대한 환상이 있던 시대를 살아본 적이 없으니 내가 너무 비판적이면 안 되겠지만, 그래도 그런 생각에 비판을 좀 해보겠다.

배 속에 액상 당분(주스)을 들이부으면 많은 양이 간과 혈액으로 전달된다. 췌장은 혈당을 낮추려고 정신없이 인슐린을 분비한다. 그러면 혈당 부하가 끝났는데도 인슐린이 아직 남아 있어서 혈당이 낮아진다. 그 결과, 기분이 나빠지고 단 것을 갈망하게 된다. 이처럼 우리는

• 미시간대학교 연구자들은 사과를 매일 먹는 사람들이 병원에 갈 가능성이 낮은지를 조사했는데 아무런 상관관계도 발견하지 못했다. 따라서 하루에 사과 한 개로는 의사를 멀리할 수 없다는 것을 알게 됐다. 이 심란한 연구는 미국의사협회 내과학학회지JAMA Internal Medicine '만우절' 호에 실린 내용이었다. 이래서 유머에 대한 연구가 필요한 것이다. 그리고 모든 것이 이 질문으로 귀결된다. '의사를 멀리하는 게 좋을까?' 때때로 가장 아픈 사람들이 의사를 가장 안 만난다. 그 이유를 보면, 보건 의료 서비스 접근성이 좋지 않아서 그런 경우도 있고, 종종 무자비했던 역사적 선례에 뿌리를 둔 문화적 혐오 때문에 그럴 수도 있으며, 자신이 아프고 도움이 필요하다는 사실을 부정하며 사는 것이 가장 쉬워서 그러기도 한다.—지은이 주

주스를 너무 많이 마셔서 쉽게 비만이 되고 당뇨에 걸릴 수 있다. 노스캐롤라이나대학교의 저명한 영양학 교수인 배리 폽킨 Barry Popkin은 현재 주스에 대한 경각심을 일깨우는 데 주로 전념하고 있다. 주스를 탄산음료만큼이나 나쁘게 여긴다고 내게 얘기한 사람이 많았는데 그도 그중 한 명이다. 그 두 종류의 음료는 같은 회사에서 생산되는 경우가 많다. 코카콜라사는 2001년에 오드왈라 Odwalla•를 인수했고 펩시코는 2007년에 네이키드 주스 Naked Juice••를 인수했다.

탄수화물에 대한 비난이 빠른 시일 안에 사라지지 않을 것이기에 터프츠대학교의 다리우시 모자파리안과 동료들은 '좋은 탄수화물'과 '나쁜 탄수화물'을 구별하는 경험상의 법칙을 고안했다. 모자파리안은 한 걸음 더 나아가, 현재 '탄수화물'이라고 널리 지칭되는 범주 내에서 뭔가 최소한의 구분이라도 할 수 있게 장려하자고 제안한다.

그것은 '탄수화물'에 적혀 있는 숫자를 확인하고 그것을 '섬유질'에 표시된 숫자와 비교해보는 방법이다. 그러면 '고품질의 탄수화물 식품'의 경우, 섬유질 함량이 적어도 탄수화물의 20퍼센트는 될 것이다.

그런데 그 방법은 식품 포장을 집어 든 다음에 뒤집어서 영양 표시 사항을 봐야 하기 때문에 많은 사람이 실천하지 못할 것이다. 더구나 산수를 해야 한다는 점에서 더욱 절망적이다.

섬유질은 혼합물 안에 보충된 것보다는 식품에 내재하는 것이 이상적이다. 가령 안에 식이섬유 분말이 든 젤리곰은 이런 수치 표시만 보면 공교롭게도 '고품질' 식품으로 여겨질 텐데, 이런 숫자놀음으로 포

• 1980년 캘리포니아에서 설립된 과일 주스, 스무디, 에너지바 등을 판매하는 식품회사

•• 1983년 캘리포니아에서 설립된 주스·스무디 식품회사

장 안에 든 대부분의 내용물을 기본적으로 알아보지 못하게 하는 것이 분명했다.

사정이 이러하니 우리가 사람들에게 식물성 식품을 자연 그대로 전체를 먹으라고 권하는 일은 또다시 후퇴하고 만다.

오랫동안 말도 많고 탈도 많던 다이어트 프로그램인 '웨이트 워처스Weight Watchers'는 최근에 과일 점수를 0으로 낮추면서 진일보했다. 이 프로그램에서는 점수가 나쁜 것을 의미한다. 그래서 사람들은 이제 과일을 실컷 먹을 수 있다. 예일대학교 예방연구센터 이사인 데이비드 카츠는 내게 과일과 채소를 자연 그대로의 전체 식품으로 너무 많이 먹어서 비만이 된 사람이 있으면 한번 보여달라고 몇 번이나 말했다. 가령 사과 스무 개를 먹으면 배가 섬유질로 차서 힘들어진다. 과일과 채소를 자연 그대로 전체를 먹으면 시간이 더 오래 걸리므로 우리 몸이 뇌에게 배가 부르다고 알릴 시간을 주게 된다. 설령 사과 스무 개를 다 먹을 수 있다 해도 그때 걸리는 시간을 섬유질이 장에서 당 흡수를 늦추는 효과와 합쳐보면, 그것이 혈당에 미치는 영향은 사과 주스 한 컵을 마실 때와는 완전히 다를 것이다.

주스를 마시는 사람들 사이에 '당 첨가물'을 피해야 한다는 인식이 생기기 시작하자 웰치스Welch's는 최근에 오드왈라와 네이키드 주스처럼 자사 포도 주스가 '무가당'이라는 사실을 알리는 마케팅을 집중적으로 펼쳤다. 그런데 그런 행위는 땅콩버터에 '땅콩 무첨가'라고 표시하는 것이나 다름없다. 웰치스 포도 주스에는 단위 용량당 당이 코카콜라만큼이나 함유돼 있다. 거기에 당을 더 첨가했다가는 웰치스 젤리처럼 걸쭉한 시럽 형태의 제품이 되고 말 것이다.

모자파리안의 경험상의 법칙에 부연해 내 경험상의 법칙을 나누려 한다. 혹시 뭔가를 마시고 있는데 컵 안의 음료를 먹으려는 벌새들을 쫓아내야 한다면, 당이 거기에 얼마나 '첨가'됐는지, 포도에서 얼마나 추출됐는지는 중요하지 않다.

아울러 벌새들이 음료를 마시게 그냥 두자. 벌새는 사람처럼 에너지를 저장할 수 없으므로 당을 끊임없이 섭취할 '필요'가 있다. 벌새처럼 분당 1,000번씩 양팔을 파닥거려보면 알 수 있다.

왜 비타민워터가 있을까요?

1996년 어느 날, 파산 직전이었던 기업가 J. 다리우스 비코프J. Darius Bikoff는 '녹초'가 되자 미국인답게 비타민 C 보충제에 손을 뻗었다.[12] 그는 미네랄워터도 함께 마셨는데, 그때가 바로 돌파구가 된 순간이었다고 얘기한다. 당시 눈앞에 있던 피자헛 타코벨 매장을 발명한 사람처럼 '비타민과 물을 합치면 어떻게 될까?' 하는 생각을 해본 것이다.

비코프는 '글라소Glacéau'라는 이름의 ('에너지 브랜드Energy Brands'라고도 알려진) 회사를 차렸다. 그 이름은 빙하glacier를 연상시키지만 실제 수원은 코네티컷의 지하수였다. 그가 만든 제품인 비타민워터는 당, 착색제 그리고 다양한 비타민 화합물을 하나씩 합친 결과였다. 그 제품은 2000년에 시장에 출시됐다. 그리고 다양한 제조 공식에 따라 '리바이브revive, 파워-씨power-c, 에너지energy, 포커스focus, 에센셜essential'이라는 이름이 붙었다. 제품 슬로건은 '비타민 + 물 = 당신에게 필요한 모든 것'이었다(당이나 착색에 대해서는 언급하지 않았다).

사람들이 탄산음료나 주스보다 물을 마시는 게 더 분별 있다고 여기기 시작하자, 음료 산업에서 가장 빠르게 성장하는 부문은 '기능성 물'이라고 알려진 아주 흥미로운 제품군이 됐다. 국제생수협회International Bottled Water Association는 이런 제품들을 '불소나 진액, 보충제가 첨가된' 물이라고 정의했다.[13] 거기에는 당도 포함하게 됐다. 대부분의 수돗물은 광물질과 미생물을 제거하기 위해 정화되며 많은 경우에 불소로 강화된다. 하지만 이런 수돗물은 '기능성' 물이 아니므로 냉철한 사람들은 이런 의문을 품는다. 물은 대체 어느 지점에서 기능이 강화되는가? 그리고 더 중요한 것은, 기능성 물은 어느 지점에서 물이 아니라 탄산음료나 주스가 되는가?

이제는 코카콜라사에서 만드는 비타민워터는 병당 33그램의 당을 함유한다. 코카콜라 한 캔에 들어가는 39그램보다 약간 적은 양이다. 그런데 상품명에 '물(워터)'이라는 말이 떡하니 들어가 있으니 혼란스러울 수 있다.

1977년 병에 든 생수가 도입된 이후로 생수 산업은 미국에서만 연간 118억 달러 규모로 성장했다.[14] 처음 30년 동안 생수는 병에 든 탄산음료나 주스, 우유 등과 뚜렷이 구분되는 제품이었다.

2003년 글라소는 '물 전문가' 200명을 고용해 전국을 돌아다니며 비타민워터의 건강 효과를 사람들에게 교육하게 했다. 하지만 그렇게 발로 뛰는 활동은 제한적일 수밖에 없었다. 통상적으로 비싼 물을 마시는 고객층에서 벗어나기가 어려웠다. 그 회사는 사람들을 맹목적이면서도 대규모로 이끌 수 있는 누군가가 필요했다. 그런데 3년 전 비타민워터가 출시되던 해에 우연히 어떤 사건이 일어났었다. 청소년 올림픽 복싱 선수에서 마약 거래상이 됐다가 아마추어 래퍼로 변신한 커티스 잭슨Curtis Jackson이 뉴욕 퀸스Queens에 있는 할머니댁 앞마당에 서 있다가 총을 여러 발 맞은 것이다. 그래도 잭슨은 살아남아서 '피프티센트50 Cent'라는 이름으로 음악 활동에 매진해 3년 뒤에는 첫 정규 음반《겟 리치 오어 다이 트라잉Get Rich or Die Tryin'(부자가 되거나 되려다가 죽거나)》을 발매하게 됐다. 결과론적으로 보면, 주문 같은 그 제목대로 잭슨이 기능성 물 공급자와의 협력에 마음이 열려 있었으니 글라소에게는 행운이었다.

그 음반의 대표곡 '인 다 클럽In Da Club'이 2003년 '빌보드' 차트 정상에 오르자, 체력 단련에 신경 쓰는 이 래퍼에게 하루아침에 세계적으로 충성 팬들이 생겨났다. 그런 현상은 비타민워터 마케팅 임원인 로한 오자의 눈에 띄었다. 두 사람은 만나서 피프티센트 팬층의 마음을 끌 수 있는 제품을 만들기로 합의했다. 래퍼 피프티센트는 어렸을 때 퀸스 거리 모퉁이의 작은 식료품점에서 파는 25센트짜리 '쿼터 워터quarter water'를 마시며 자랐다. 대개 드럼통처럼 생긴 플라스틱병에 담아 한 잔씩 빼내는 일종의 일반 쿨에이드인 쿼터 워터는 비타민워터나 주스와 당도가 비슷하다. 잭슨에게는 쿼터 워터에서 비타민워터로의 전환이 어렵지 않았다.[15] 훗날 그는 '그 회사가 물을 맛있게 만드는 일을 아주 잘해서' 그들에게 끌렸다고 했다. 쿼터 워터를 마시던 시절에 그가 고른 맛은 언제나 포도였다. 그래서 그 개발팀은 새로운 혼합음료의 맛을 포도로 정해 '비타민워터 포뮬러 50'을 탄생시켰다.

비타민워터를 계속 보증하고 광고하는 대가로 피프티센트는 글라소의 상당한 지분을 받았다. 곧이어 그는 그전까지 고급 물이 흘러 들어가지 않았던 동네들의 옥외 광고판과 버스 정류장 포스터에 등장했다. 그리고 브랜드 크로스오버를 구현한 한 광고에서는 교향악단의 지휘자로 나와 처음에 베토벤의 9번 교향곡을 지휘하다가 '인 다 클럽'의 오케스트라 편곡을 선보인다. 지휘대 위에는 보라색의 비타민워터 포퓰러 50이 한 병 놓여 있다. BET 어워드BET Awards● 행사에서 피프티센트는 시상식에 이어지는 공연 무대에 올라 노래를 끝내고는 허공 위로 주먹을 뻗으며 작별 인사로 "비타민워터, 신사숙녀 여러분, 비타민워터"라고 외치면서 공연을 마무리했다.

2006년, 글라소 창업자 비코프는 맨해튼에 있는 370제곱미터(약 112평)의 펜트하우스를 560만 달러에 구입했다.[16] 2007년에는 글라소를 코카콜라사에 41억 달러를 받고 팔았다. 〈워싱턴포스트〉와 〈포브스〉에서 피프티센트가 1억 달러를 벌었다고 보도하면서 그 거래는 힙합 역사에서도 기록을 세웠다. 그해 여름, 피프티센트는 "아이 겟 머니I Get Money"라는 곡을 발표했다. 거기에는 이런 랩 가사가 나온다. '난 쿼터 워터를 병에 담아 2달러에 팔았지. 코카콜라가 와서는 그걸 수십억에 사갔지. 뭐야, XX?'

이는 공익과학센터Center for Science in the Public Interest가 코카콜라사를 상대로 기만적인 마케팅 행위에 대한 집단 소송을 제기했을 때 강조한 핵심이었다. 그 소비자 옹호 단체는 글라소 비타민워터에 대한 소송을 7년 동안 진행하면서 이런 특정한 당 함유 제품의 이름과 마케팅이 오인을 일으킨다고 주장했다.

● 블랙 엔터테인먼트 텔레비전 네트워크에서 매년 아프리카계 미국인과 다른 소수 민족 연예인들을 대상으로 진행하는 시상식

공익과학센터의 상임 이사인 마이크 제이콥슨Mike Jacobson이 내게 그 소송 이야기를 들려줬을 때 그의 말에서 피로감이 묻어났다. "그들은 '레스큐rescue', '에너지', '포커스', '리바이브' 같은 말들을 내세우고 있었어요. 그 제품은 실제로 설탕물에 불과한데 말이죠. 보통의 비타민이 들어 있어도 그걸로는 새로운 활력을 주지 못합니다. 회복이나 집중에 도움이 되지 않아요. 모조리 허위죠." 그가 봤을 때 압권은 몇 년 전 코카콜라사의 변호사들이 '어떤 소비자도 당연히 비타민워터가 건강 음료라고 착각할 수 없다'고 주장한 것이었다.

2010년, 판사는 비타민워터에 '건강'이라는 단어를 구체적으로 사용하는 것은 FDA 규정에 위반된다고 정말 판결을 내렸다.[17] 비타민워터는 '영양이 풍부하다'고 말하는 광고가 '오인'을 불러일으킨다는 것이 밝혀지자 영국에서는 광고가 금지됐다. 글라소는 법적으로 사용 금지 명령을 받은 다른 특정 단어들에 대해서도 한 걸음 물러날 수밖에 없었고, 비타민워터 표시사항에 '감미료 첨가'라는 문구도 포함해야 했다. 그 회사는 기능적 효과를 분명하게 말하지 않으면서 조심스럽게 암시하는 표현을 계속 사용하고 있다. 최신 버전에는 '트란퀼로tranquilo', '커넥트connect', '스파크spark', '스터 – 디stur-D'라는 이름이 붙어 있다. 게다가 펩시코가 소비SoBe• 가당 음료를 '라이프워터Lifewater'라고 포장한 것은 위법이라며 펩시코를 고소해 공세를 펼치기도 했다.

코카콜라사는 '프루트워터Fruitwater'라는 제품을 팔면서 막상 사이트에서는 '과일이나 과즙이 들어 있지 않은 형태로 만들어졌다'고 인

• 음료회사 South Beach Beverage Company의 브랜드명으로, 2000년에 펩시코에 인수됨

정한다. 이는 "아차, 과일이나 과즙은 없어요"라고 말하는 것보다는 좀 더 방어할 수 있겠지만, 그것을 왜 프루트워터라고 부르는지는 여전히 의아하다. 나는 제이콥슨에게 '워터'라는 말을 사용하는 것에 대한 고소도 고려해봤냐고 물었다. 그는 물의 정의를 내리기가 더 어렵다고 했다. 엄밀히 말하면 물은 이런 주스나 탄산음료의 주요 성분이다. 맥주나 커피에서도 그렇듯이.

그러니까 맥주는 '보리 워터', 커피는 '콩 워터'인 셈이다. 참, '오일 워터'는 마시면 안 된다. 그건 자동차용이니까.

탄산수를 마시면 일반 물을 마시는 것과 마찬가지인가요?

지난 몇 년간 탄산수의 상승세는 그 오랜 역사에서도 유례없는 일이었다. 탄산수는 산성이라 치아나 뼈에 좋지 않다고 수군대면서 비방하는 사람들이 아주 많다. 공중 보건을 위해서는 그런 사람들이 치아나 뼈가 없어서 헛소리를 내뱉지 못하면 우리가 더 잘 살 수 있을지도 모르겠다(이건 어디까지나 가정이니, 누구의 치아나 뼈도 없애지 말기 바란다).

'라크루아LaCroix' 상표의 알록달록한 캔들은 건강에 도움이 되어온 하나의 유행이다. 그것은 새로운 제품이 아니다. 내가 어렸을 때 위스콘신주 북부에서 친척분이 그것을 마시던 게 기억난다. 그렇지만 라크루아는 현재 로스앤젤레스와 뉴욕에서 가식적인 힙스터리즘hipsterism•

• 대중적인 흐름을 따르지 않고 자신만의 고유한 패션과 문화, 가치 등을 중시하는 힙스터족의 생활양식

이 아니라 냉소적인 젊은이들 사이에서 좀처럼 솟지 않는 진짜 열정이 따르는 맹목적인 숭배를 받고 있다. 마케팅이나 광고를 거의 하지 않는데도 불구하고 탄산수 매출은 지난 5년 동안 두 배로 뛰었으며 라크루아가 선두를 달리고 있다.

(잠시 그 의미를 명확히 짚고 넘어가자. 라크루아는 '천연향'만 이용하고 나트륨이 없다는 이유로 '탄산수seltzer'와는 다른 '스파클링 워터sparkling water'로 자체 정의하려고 한다. 사실 대부분의 '탄산수'에는 나트륨이 없다. 그리고 탄산이 든 물에 어떤 착향료도 넣지 않는다는 것이 '자연적'일 수 있다는 생각은 자연에 대한 오해다. 건강 가치는 사람들이 확인하는 식품 표시를 인정하느냐에 전적으로 달려 있다. 따라서 그런 자체 정의의 권리는 음료에까지 확장되지 않는다.)

탄산수는 자본주의가 그것을 떠받치고 있지는 않아도 실제로 저항의 얼굴을 하고 있다. 탄산수의 상승세는 건강에서의 포퓰리즘의 패러다임을 보여준다. 탄산음료에서 탄산수로의 전환은 세계 건강을, 그것도 사소하지 않게 향상해준다. 콜라 한 캔에는 설탕이 열 티스푼 들어 있다. 하버드 보건대학원에 따르면, 개인 식단에 탄산음료나 주스가 매일 한 캔 추가되면 몸무게가 매년 약 2.3킬로그램 증가하게 될 거라고 한다. 이렇게 식단에 추가된 열량이 역설적으로 우리를 더 배고프게 하는 데 쓰이기 때문이다. 당이 많이 든 음료를 식단에서 빼버리거나 물로 대체하면 많은 사람의 비만과 병을 줄일 수 있다.

만약 물을 탄산화하는 것 자체가 목적이라면 그럴 만한 가치가 있다. 물에 이산화탄소를 주입하면 그 결과로 탄산이 된다. 이 이름에 '산acid'이라는 말이 포함된다는 것은 부인하기 어렵다. 그러나 산은 '샌드위치'나 'TV 드라마'처럼 스펙트럼을 보여주는 단어다. 탄산은 아주 약한 산으로, 드라마로 치면 시카고 메디컬Chicago Hope• 같은 산이다. 침의 한 가지 역할은 이와 같은 산을 중화시켜 치아를 보호하는 것이다. 만약 입안에 황산이 계속 있으면 혀와 입천장을 부식시켜 파괴적인 화학적 화상을 일으키므로 침이 쓸모없어진다. 황산의 pH••는 0.3이다. 그 척도에서 0은 가장 강한 산이며, 7은 중성인 물이다.

탄산은 물에서 5.7pH다. 캔을 이제 막 땄을 때 그 안의 탄산수는 pH가 약간 더 낮겠지만 그래도 침은 그것을 처리할 수 있다.

탄산수를 벌컥벌컥 마실 때 발생하는 최악의 일은 배 속에 기포가 모여 반란을 일으켜서는 트림으로 돌아와 그것이 공개되는 것이다. 하지만 공기를 좀 삼키는 것은 뭔가를 마실 때 나타나는 정상적인 현상

| 탄산화 |

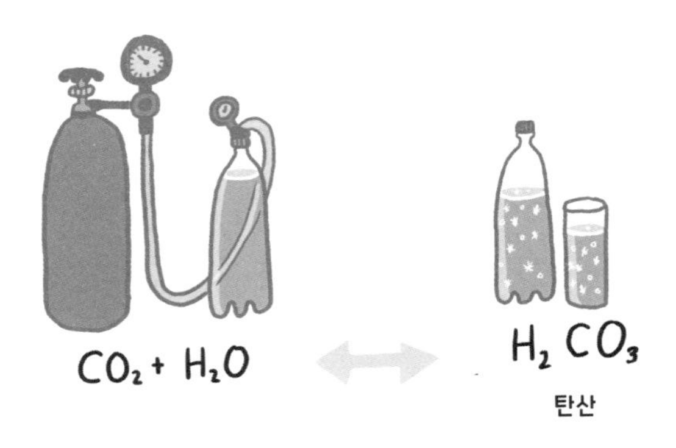

• 1994년부터 2000년까지 미국 CBS에서 방영된 의학 드라마
•• 수용액의 수소 이온 농도 지수로, 물의 산성이나 알칼리성의 정도를 나타내는 지표가 됨

이다. 트림을 많이 하는 사람들은 교양 있는 사람들보다 공기를 많이 삼켜서 그런 것이다.

중점을 둬야 하는 산은 탄산수가 아니라 탄산음료와 주스에 있는 인산과 구연산이다. 두 산의 pH 수치는 각각 1.5와 2.2다. 이는 탄산보다 황산에 더 가까운 수치다. 구연산과 인산은 탄산음료에 톡 쏘는 짜릿한 맛을 제공한다. 그런 맛은 르브론 제임스가 스프라이트를 꿀꺽꿀꺽 마시고 나서 카메라를 향해 우윳빛 치아를 드러내며 농구의 제왕다운 미소를 지어 보일 때 '상쾌함'으로 광고되는 부분이다. 그러나 NBA 영상을 주의 깊게 살펴본 사람이라면 제임스가 경기하는 동안에는 스프라이트를 마시지 않는다는 것을 눈치챌 것이다. 마치 상쾌함 따위는 신경 쓰지 않는 사람처럼 말이다.

탄산 '스포츠 음료'인 '올스포트All Sport'는 1990년대에 아주 잠깐만 존재의 기쁨을 누렸다. 펩시코가 올스포트를 대대적으로 마케팅해서 탄산음료를 '이틀에 한 번 하는 활동' 중에 마시는 일반 음료로 바꾸는 데 어느 정도 성공했음에도 불구하고, 인체는 생리적으로 탄산 스포츠 음료에 선을 그었다(이 음료는 현재 유통이 제한적이며 탄산은 넣지 않고 비타민 B를 첨가한 형태로 존재한다).

탄산음료를 벌컥벌컥 마실 때 탄산 가스가 지장을 주기도 하지만, 치아를 손상시키는 주범은 인산과 구연산이다. 자연 그대로의 깨끗한 치아 하나를 밤새도록 콜라에 담가두면 그 치아는 검게 그을린 울퉁불퉁한 숯덩이처럼 부서진다(나는 초등학생 때 과학 박람회에서 획기적인 실험 프로젝트로 그것을 입증했기 때문에 잘 알고 있다). 산을 생성하는 세균 군락은 물속에서는 오래 살아남지 못하므로 그 실험은 탄산음료의 당이 아

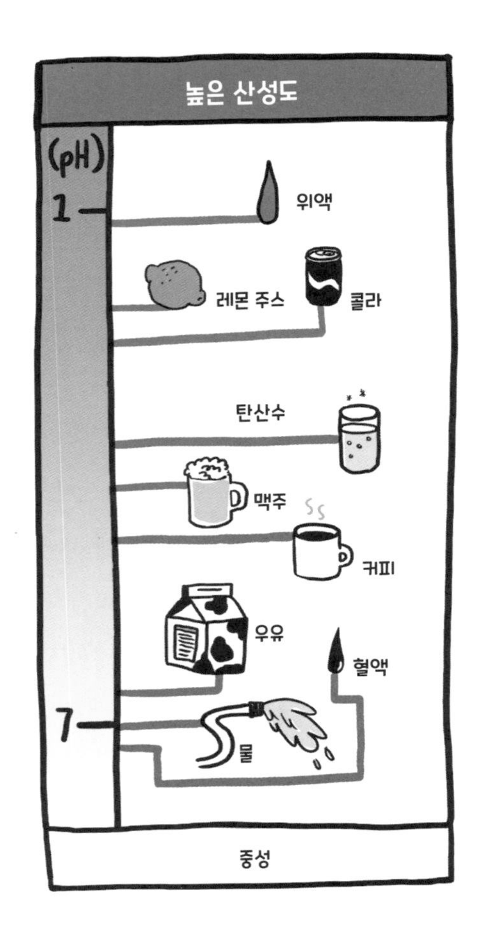

니라 산성이 미치는 영향만 보여준다. 탄산수는 치아를 더 느리게 부식시키며 검게 하지는 않을 것이다.

산성 음료에 대한 우려가 커짐에 따라 그에 대한 반응도 커졌다. 그것은 바로 산성과 반대되는 알칼리성 제품 시장이었다. 그런데 이른바 '알칼리 환원수'나 '알칼리수'를 마셔도 자기 몸의 산성이나 알칼리성의 정도를 변화시키지는 못할 것이다. 혈액의 pH는 7.4 정도로 엄격하게 조절된다. 둘 중 어느 쪽으로든 대략 0.2의 작은 변동만 생겨도 심각한 병이 된다. 6.9로 떨어지거나 7.9로 올라가면 치명적이다. 따라서 '알칼리 환원수'를 마셔도 혈액의 산성도가 바뀌지 않는 것이 실제로 좋다.

신장이 하는 일의 대부분은 우리의 pH 유지 활동을 철저히 관리하는 것이다. 신장이 그 일을 계속할 수 없는 경우, 예를 들어 (설사 때문에) 극심한 탈수증이 나타나거나, 중탄산염을 엄청나게 섭취하는 경우에는 뇌간이 혈액의 알칼리성 증가를 감지할 것이다. 그러면 뇌간은 호흡이 느려지도록 신호를 보내 이산화탄소를 유지하게 하고, 이산화탄소는 혈액을 산성화해 정상적인 pH를 회복하는 데 도움을 줄 것이다. 참으로 훌륭한 작용이다.

만약 우리 몸이 너무나 순응적이서 약한 알칼리성을 조금 섭취해도 체내 pH가 변한다면 탄산음료의 산성은 우리를 죽이고도 남을 것이다. 오히려 pH를 7.4 정도로 유지하는 능력은 나트륨 농도와 마찬가지로 인간의 회복력을 보여주는 가장 놀라운 사례 중 하나다.

양치질은 탄산음료를 마신 후에 해야 할까요, 그 전에 해야 할까요?

주스나 탄산음료 같은 산성 음료를 마신 직후의 양치질은 현명하지 않다고 연구 결과는 보여준다. 산 때문에 치아의 법랑질이 일시적으로 약해져서 그렇다는 것이다. 하지만 동시에 치아에 있는 당분을 방치하는 셈이어서 미생물들에게 먹이를 줘 입안을 더 산성화하는 것도 이상적이지는 않다. 나는 구강미생물학자인 개리 보리시에게 이런 긴박한 상황에서 어떻게 해야 하는지 물어봤다.

"아, 글쎄요. 저라면 그걸 제거하겠어요. 하지만 저도 모르겠군요. 답을 알려면 제대로 연구해야 할 거예요." 보리시는 이 문제가 난제임을 감안해 그렇게 답했다.

충치를 일으키는 주범은 입안의 연쇄 구균이 생성하는 산으로, 주로 젖산이다. 양치질은 이런 세균 군락들이 쌓여 플라크로 굳어지는 것을 방지한다. 하지만 입안 생태계를 무턱대고 제거하는 것이 명백히 경솔한 행위임을 고려하면 더 이상적인 방법은 이런 세균 군락들을 키우는 원천을 차단하는 것이다. 연쇄 구균은 산소와 당분으로 번성한다. 당은 줄곧 우리 음식의 일부였지만 오늘날처럼 정제된 형태로 이렇게 다량 포함된 적은 없었다. 입안의 산소를 빼내는 방법을 찾을 수 없다면 당의 존재를 줄이는 것이 상책이다(바꾸어 말하면, 우선 주스나 탄산음료부터 마시지 않는 것이다).

"그럼, 동물의 세계에서는 어떨까요?" 우리의 논의에 탄력을 받은 보리시는 이런 의문을 제기하며 그 가정을 이어갔다. "침팬지가 하루에 두 번 이를 닦던가요? 우리의 식습관과 생활방식이 바뀐 것 때문에 어느 정도로까지 문제가 됐을까요?"

주스와 탄산음료를 전부 피하는 것은 현실 세계에서 살아가는 많은 사람에게 비현실적이지만, 입안의 세균 군락들을 산과 당으로 둘러싸이게 내버려두는 것도 분명 바람직하지 않다. 최악의 사태는 우리가 이것을 결정하느라 아무것도 못 하게 되는 것이다. 그저 약장 앞에 서서 칫솔을 잡으려고 손을 뻗었다가 거뒀다가, 다시 손을 뻗었다가 거뒀다가 하다 보니 어느새 날이 새버렸다고나 할까.

우리는 치과 질환을 현대 사회 탓으로 돌리고 있지만, 이런 음료 중 어느 것도 우리 자신의 '자연' 위산이 일으킬 수 있는 치아 손상과는 비교가 되지 않음을 아는 게 중요하다. 폭식증에 걸렸거나 위식도 역류 질환으로 역류가 심한 사람들에게서 나타나는 잦은 구토는 치아를 순식간에 위험에 빠뜨린다. 심지어 위산에 잠깐만 노출돼도 치아의 절단면이 투명해지고, 법랑질이 사라지면서 변색이 일어나 이가 누렇게 된다. 이런 현상은 '치관 경질 붕괴 perimolysis('mylos'는 'molar(어금니)', 'lysis'는 'breaking down(붕괴)'이라는 뜻이다)'라고 알려져 있다. 섭식장애가 있는 많은 사람들이 표준 체중 미달은 아니기 때문에 치아 손상은 그런 장애로 도움이 필요한 사람에게서 의사나 가족, 친구가 알아챌 수 있는 첫 번째 신호가 될 수 있다.

치아 미백은 어떻게 작용하나요?

치아색의 주요인은 바로 우리가 선택하는 음료다. 치아의 법랑질은 흰색이 아니라 반투명이다. 그런데 우리가 탄산음료와 주스를 마시는 세월 동안 산 때문에 치아가 마모되면서 음료의 색소가 '백색'의 수산화인회석 hydroxyapatite 무기질층으로 스며들기가 점점 더 쉬워진다. 이런 색소를 표백하는 가장 일반적인 방법은 미용사들이 머리를 탈색하는 방법과 동일하다. 과산화수소를 발라서 색소를 산화시키는 것이다. 과산화수소는 일회용 미백 스트립에 발라져 있거나 값비싼 치아 맞춤 트레이에 같이 들어 있다.

또한 초저가 병에 담긴 과산화수소도 있다. 나는 이따금 그것을 입안에 물고 올각올각하다가 뱉는데, 그게 미생물 생태계에 좋은지는 잘 모르겠다. 아마도 좋지는 않을 것 같다. 나머지 일반적인 방안은 미백 치약으로, 작은 입자를 이용해 물리적 마찰을 일으켜서 치아 법랑질의 미세한 틈새에 있는 색소를 닦아내는 방법이다. 그런데 그것은 역효과가 날 수 있다. 도리어 치아의 법랑질을 훨씬 더 마모시켜서 색소가 그 안으로 더 많이 스며들어 치아가 더 쉽게 착색되고 마는 것이다(그래서 우리는 미백 치약을 더 많이 산다).

모든 사람이 노란 치아가 아름답다고 결정을 내리면 문제 해결이 더 쉬워질 텐데. 16세기 유럽의 일부 지역에서는 치아를 일부러 검게 만들었다. 모든 유행은 결국 돌아온다고 한다. 어쩌면 그보다 앞서나가는 게 더 쉬울지도 모르겠다.

불소는 어떻게 작용하나요?

불소는 토양과 암석에서 발견되는 광물질이다. 그것은 치아의 법랑질을 구성하는 고밀도의 수산화인회석 그물 속으로 들어가 작용해 산이 일으키는 붕괴를 치아가 더 잘 견디게 한다. 이 광물질은 일부 지하수에서도 발견되지만 정수 과정에서 제거되므로 미국에서는 식수에 불소를 첨가한다. 이런 체계는 1948년 미시간주 그랜드래피즈Grand Rapids의 학생들에게 처음 시험해본 이후 시행됐다. 그 연구는 15년간 진행될 예정이었지만 그 효과가 너무나 명백하게 유익해서 불과 11년 만에 연구가 중단되어야 했다. 누구에게나 불소를 제공하지 않는 것이 더는 윤리적이지 않았기 때문이다. 치근단 농양으로 죽는 일이 여전히 실제로 일어날 수 있던 시기에 그 발견은 중대했고 신속히 실행됐다.

불소는 우려의 상대성을 보여주는 아주 좋은 예다. 부유한 나라에서는 아이를 충치로 잃는 일을 거의 염려하지 않아도 되기 때문에 이제 어떤 부모들은 불소에 대해 걱정한다. 특권과 번영을 누리는 사람들은 겉으로 잘 드러나지 않는 성분들에 대해 걱정하면서 시간을 보낼 수 있다.

게다가 수돗물 불소화를 둘러싼 더 어두운 음모론은 공공사업에 대한 무조건적 반대에서도 나온다. 만약 토머스 제퍼슨이 미국 독립 선언문을 작성할 때 '생명, 자유 그리고 행복 추구'라는 문구에서 '생명' 대신 '건강'이라고 썼더라면, 아니면 '생명, 그러나 단지 심장이 뛰는 것 이상'이라고 썼더라면 상황이 어떻게 달라졌을지 나는 가끔 궁금하다. 그리고 사람들이 오로지 정치적 이념에 따라 반대하는 경향이 있는 듯한 공중 보건 사업에서는 그게 어떤 의미일지도 궁금하다.

사람들은 왜 유당에 내성이 없나요?

'유당 불내증'은 전 세계인의 세 명 중 두 명이 '유당에 내성이 없다'는 점에서 인종적·문화적 편견을 드러낸다. 거의 모두가 유당 불내증이었던 것도 그리 오래전 일이 아니다. 그 용어는 관점의 문제다.

유당은 포유류의 젖 분비에서 유래하기 때문에 그런 이름이 붙여진 당이다. 만약 유당 불내증이 병명을 비롯해 이것저것 다 갖춘 병이라면 그것은 우리가 소의 젖과 그 부산물을 무사히 먹을 수 있는 상태가 정상임을 암시한다. 그러나 사실 유당 '내성'이 더 희귀한 상태이며, 이는 우유를 마시는 게 신기한 일이지, 결코 필수가 아님을 의미한다.

… 알았어요. 그럼 어떤 사람들은 왜 유당에 내성이 있나요?

그 질문을 해줘서 감사하다. 대부분의 역사 기간에 사람들은 우유를 마실 수 없었다. 우유를 마시려고 하면 오늘날 '유당 불내증'이라 불리는 증상들인 복부 팽만, 메스꺼움, 설사가 발생했다. 더욱 심각한 문제는 야생의 소를 잡아 사람이 우유를 짤 수 있도록 소가 알아듣게 하는 일의 위험이었다.

대부분의 포유류처럼 인간도 모유를 먹는 생의 초기 단계에서만 젖을 소화할 수 있었다. 유당은 젖 고유의 당이며, 락타아제라는 효소가 위장에서 유당을 분해한다. 그러면 유당은 더 작은 당인 포도당과 갈락토오스로 바뀌어 장에 늘어선 세포들에 흡수될 수 있다.

하지만 일단 모유 수유가 중단되면 락타아제 생성도 멈춘다. 대체 왜 그런 걸까?

약 7,500년 전, 사람들이 소를 가축으로 기르기 시작한 헝가리에서 '락타아제 지속성LP, lactase persistence' 대립형질이라고 알려진 새로운 유전적 변이가 나타났다. 그 유전적 변이를 지닌 사람들은 성인이 될 때까지 계속 락타아제를 생성했다. 특히 1년 내내 농사나 수렵·채집이 어려운 추운 기후 지역에서는 사람들이 소의 젖을 마셔서, 그러지 않았으면 영양실조로 죽었을지도 모르는 곳에서 살아남을 수 있었다. 그 덕에 사람들은 툰드라에서도 번성했다. 그들은 아마도 우유를 마시는 와중에 서로 성관계를 했을 것이다. 그 결과로 유전자가 퍼졌다. 사람들은 체내에서 락타아제를 점점 더 많이 생성하게 되면서 점점 더 늦은 나이까지 유당에 '내성'을 지닐 수 있게 진화했다.

오늘날 우리가 락타아제를 얼마나 많이 생성하는지, 그리고 사는 동안 언제까지 생성하는지는 사람마다, 인구 집단마다 매우 다르다. 스웨덴에서는 성인의 거의 100퍼센트가 유당을 소화할 수 있다. 반면,

| 유당에 대한 내성 |

우유를 마실 수 있는 인구 비율

보츠와나에서는 그 수치가 10퍼센트에 가까운 정도다.

술은 정말 뇌세포를 죽이나요?

알코올은 의학 문헌에서 '신경독소neurotoxin'로 분류된다. 나는 '독소toxin'라는 용어를 싫어한다. 왜냐하면 모든 것이 독소이자 독소가 아니기 때문이다. 극단적인 경우에는 물도 신경독소다. 우리 몸에서 보통 발생하는 미량의 포름알데히드는 독소가 아니다. 옛 격언대로, 인생의 모든 것과 마찬가지로 술도 얼마나 하느냐에 따라 독이 된다.

사람들이 대부분 마시는 술의 양으로는 뇌세포를 죽이지 않는다. 그래도 과음하는 사람들은 뇌세포를 좀 잃을 것이다. 말초신경은 알코올 신경병증alcoholic neuropathy이라고 알려진 증세에도 관련돼 있다(위대한 헌터 S. 톰슨Hunter S. Thompson●에게도 이 증세가 있었다).[18]

특히 신경에 관해서라면, 세포를 죽이지 않아도 신경을 파괴할 수 있다. 알코올 남용에서 오는 인지적·정서적 결손은 뇌세포가 수축돼 뇌세포 간 의사소통 장애로 빚어진 결과다. 그런데 알코올 장애는 정말로 뇌세포를 죽인다. 며칠 전 케임브리지에 있는 어느 서점에 갔는데, 한 판매용 포스터에 어니스트 헤밍웨이의 사진과 함께 그가 쓴 이런 문구가 인용돼 있었다. "취해서 쓰고, 깨어나서 수정하라." 헤밍웨이는 알코올 의존증이 심했고 61세에 자기 머리에 엽총을 겨누었다.

● 미국의 저널리스트이자 작가이며 곤조 저널리즘의 창시자(1937-2005)

톰슨은 67세에 권총으로 생을 마감했다. 그런데도 어떤 부지런한 포스터 제작자는 그 인용 문구가 어떤 경고성 이야기가 아니라 창조적인 사람이 되길 열망하는 이들을 위한 장식용의 상투적 문구로 팔릴 수 있으리라 여긴다. 하지만 누군가는 술이 사실상 이 남자들의 뇌세포를 모조리 죽였다고 주장할 수도 있다.

알츠하이머병이나 파킨슨병 같은 진행성 뇌질환과 달리 알코올 중독자의 두뇌 쇠퇴는 당사자가 술을 끊으면 진행이 멈출 것이다. 회복 중인 어떤 알코올 중독자들은 뇌용량을 되찾는 것으로 나타났다. 하지만 그런 회복은 다른 세포들이 보완하는 형태로 찾아오며 아울러 기존의 신경세포들도 일부 정상 크기로 복원되는 것이다. 어쨌든 신경세포 자체는 한번 죽으면 완전히 사라진다.

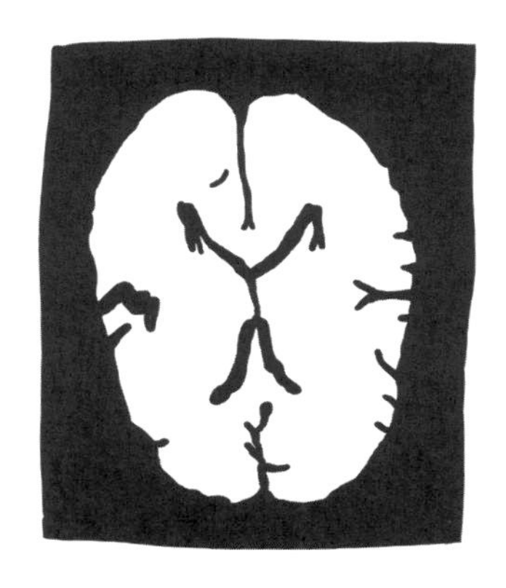

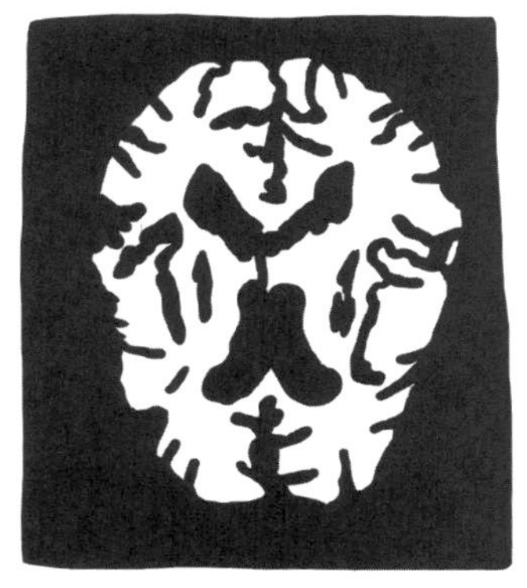

정상인의 뇌

알코올 중독자의 뇌

'내추럴' 와인이란 무엇인가요?

2015년에 내가 살았던 브루클린의 포트그린이라는 동네의 거리 모퉁이에는 와인 가게가 하나 있었는데, 그 가게는 길가에 세워둔 칠판에 '내추럴 와인natural wine'을 판매한다고 적어놓고 계속 광고했었다. 그 이후에 로스앤젤레스와 샌프란시스코에 갔을 때도 나는 거기서 그런 광고 문구를 봤다. 그런 유행에 한번 눈을 뜨고 나니 룰루레몬Lululemon● 과 레스토레이션 하드웨어RH, Restoration Hardware●● 매장이 있는 동네마다 내추럴 와인이 있는 듯했다.

그것이 내게는 마치 '내추럴 아이폰'을 파는 것 같은 느낌이었다. 와인은 포도 농사의 산물이다. 수확한 포도를 통에 넣어 으깨서 발효시킨 다음, 병에 담아 코르크 마개로 막고, 그 병들을 햇빛과 공기, 주위의 온도 변화로부터 보호하기 위해 불투명한 컨테이너에 실어서 운송한다. 그러니 자연이 와인을 파괴하려고 적극적으로 작용하지는 않더라도 와인과는 대립 관계인 듯 보인다.

나는 와인 가게들에 들어가서 그들이 말하는 천연 제품에 대해 물어봤다. 그들은 와인에 방부제, 구체적으로는 '아황산염sulfite'이라고 알려진 화학 물질이 전혀 들어가지 않으면 '천연(내추럴)'으로 본다고 했다. 아황산염은 운송과 보관 중에 와인이 부패하지 않게 막는 방부제다. 게다가 와인이 산화되지 않도록 안정적으로 유지해준다. 따라서 아황산염은 항산화 물질이다. 사람들이 와인 마시기를 건강 수단으로

● 캐나다의 프리미엄 기능성 스포츠웨어 브랜드
●● 미국의 고급 가구 및 생활소품 회사

정당화하려고 격찬하는 물질과 동일하다.

아황산염은 와인을 보존하기 위해 수세기 동안 사용됐다. 고대 로마인들이 와인통 속에 유황초를 태웠다는 증거도 있다. 그들은 그렇게 하면 와인이 식초로 산화되는 것을 막아준다는 사실을 깨달았기 때문이다(그 과정에서 실제로 몇몇 이황화 화합물이 만들어졌을 수도 있다). 훗날 사람들은 와인을 보존하려고 아황산가스를 이용해 와인에 거품을 일으켰다. 오늘날 사용되는 아황산염은 '메타중아황산칼륨potassium metabisulfite'이라는 합성 화합물의 형태로 100년 전쯤 와인 제조 과정에 도입됐다. 아황산염은 다른 많은 식품의 방부제로도 채택됐다고 화학자 제임스 코르나츠키James Kornacki는 설명한다. "하지만 특히 와인에서 아황산염이 정말 정말 필요합니다." ('유기농'이라고 표시된 와인은 대부분 유기농으로 재배된 포도에서 나오지만, 아황산염은 그 와인을 보존하는 데 사용되는 것 같았다.)

코르나츠키는 최근에 노스웨스턴대학교에서 후성유전학 박사 과정을 마쳤다. 그는 아황산염에 대해 처음 들었던 게 2003년에 한 친척이 '아황산염에 민감'하다고 공표했을 때라고 기억한다. "그분은 가족 파티에서 와인을 거절했어요. 그 당시엔 아황산염이 뭔지 아무도 몰랐죠. 저는 그게 괴상한 단어라고 생각했어요."

어떤 집단에서는 그 단어가 여전히 괴상하다. 아황산염에 민감하다고 주장하는 사람들이 점점 늘어나면서(광범위한 증상으로 나타나는 글루텐 과민증을 연상시킨다) 아황산염이 갑자기 많은 고통을 일으킨다는 생각을 무시하는 사람들도 비슷하게 늘고 있다. 그런 사람들은 와인보다 아황산염이 보통 수십 배에서 수백 배 함유된 건과일을 먹고 소화 흡수할 수 있는 사람이라면 아황산염이 문제가 되지 않는다고 말한다.

코르나츠키는 말린 과일의 아황산염 중 많은 부분이 다른 분자와 결합돼 있기에 와인의 아황산염보다 영향을 덜 줄 수도 있다는 점에서 그 문제는 더 미묘한 차이가 있다고 믿는다. 또한 그것과 상관없이 자신이 아황산염에 민감하다고 믿는 사람들에게는 아황산염을 제거할 방법이 있어야 한다고 말한다. 그러나 아황산염으로 와인을 보존하는 것은 여전히 필요하다. 그렇게 하지 않으면 포도밭이나 내추럴 와인 가게 근처에 사는 사람들만 와인을 구할 수 있기 때문이다. 코르나츠키는 와인을 망치지 않으면서 아황산염을 빼내는 방법을 모색하기 시작했다. 그의 비전은 마지막 순간에 아황산염을 제거할 수 있는 제품을 소비자에게 판매하는 것이었다.

현재 시판되는 그런 와인들은 거기에 소량의 과산화수소를 첨가해 아황산염을 제거할 수 있는 제품이다. 과산화수소가 아황산염과 반응해 아황산염을 황산으로 변환하는 것이다. 과산화수소의 사용량은 극히 적지만, 그 개념은 와인 순수주의자들에게는 통하기 어렵다. 그래서 코르나츠키의 해결책은 기계적인 방법으로, 필터를 사용하는 것이다. 구체적으로 설명하면, 와인이 필터를 통과할 때 아황산염과 공유결합을 형성하는 필터가 아황산염을 빨아들이는 방식이다.

그런 발상은 사람들에게 호소력이 있는 듯하다. 2015년 코르나츠키는 크라우드펀딩 서비스인 킥스타터Kickstarter에서 이 제품의 탄생을 위한 기부를 요청해 목표액 10만 달러를 넘겨 15만 7,404달러를 모금했다. 나는 그에게 '샤크 탱크Shark Tank'•에 한번 나가보지 그랬냐고

• 미국 ABC 방송의 창업 지원 리얼리티 쇼로, 참가자들이 사업가들에게 자신의 사업 아이디어를 발표해 평가와 투자 결정이 이루어지는 방식

물었다. 그는 그 프로그램을 정말 싫어해서 거기에 출연하려면 먼저 스스로 타협해야 할 거라고 말했다. 아울러 그는 판매 수치와 홍보도 사전에 준비해야 할 것이다. 나는 그에게 모든 사람이 와인에서 아황산염을 빼내야 한다고 생각하는지 물었다. 그가 "그렇기도 하고 아니기도 해요"라고 대답하자 내 머릿속에서 그는 샤크 탱크 탈락이었다. 그는 이렇게 설명했다. "만약 어떤 사람에게 지금까지 문제가 없었다면 그건 그 사람에게 달린 문제일 겁니다. 저는 궁극적으로 억겁의 세월 동안 우리와 함께 진화하지 않은 화학 물질들은 우리 환경에서 없애야 한다고 생각해요."

그렇다면 와인도 없애야 하고, 기본적으로 모든 것을 없애야 한다.

알레르기 전문의인 메리 토빈Mary Tobin에 따르면, 약 1퍼센트의 사람들에게 아황산염 알레르기가 있다고 한다. 이는 알레르기 반응의 교과서적 증상인 가려움, 화끈거림, 두드러기를 유발한다. 드물긴 하지만 중증 전신 알레르기 반응인 아나필락시스anaphylaxis로 이어지는 경우도 있다. 그런 사람들에게는 아황산염이 해롭다. 우리가 그 사실을 알게 된 것은 1980년대에 아황산염이 일부 녹색잎채소에 사용되고 있을 때였다. 사람들이 알레르기 반응을 보이자 FDA가 개입해 신선농산물에 아황산염 방부제 사용을 금지했다. 인종차별주의자였던 상원의원 스트롬 서먼드Strom Thurmond는 금주론자이기도 했는데, 그는 1988년에 와인에 대한 '경고 라벨'이라고 자신이 명명한 법안을 통과시키는데 성공했다. 와인보다 아황산염이 훨씬 많이 들어 있는 건과일처럼 다른 식품에도 '아황산염 함유'라고 표시할 필요가 없는데 말이다.

그런 경고는 땅콩버터에 '견과류 함유'라고 표시하는 것과 비슷하다. 최근에 〈시카고 트리뷴Chicago Tribune〉의 와인 칼럼니스트는 유럽에 휴가를 다녀와서는 그곳 와인에는 아황산염이 들어 있지 않아 아무 문제없이 와인을 마셨다며 장광설을 늘어놓는 사람들을 두고 호통을 쳤다. 그는 '전 세계' 와인에 아황산염이 들어 있다는 사실을 그들에게 상기시킨 거라고 말했다. 유일한 차이점은 미국에서 판매되는 와인에는 '아황산염 함유'를 표시해야 한다는 것이다. 이는 그런 표시 문구가 자기충족적 예언이 될 수 있음을 암시한다. 뭔가 피해야 할 이유가 있을지 모른다는 것을 시사하는 표시가 있으면 아황산염과 같은 방부제들을 특히 악마로 만들기 쉽다. 그래서 이런 결론으로 쉽게 이어진다. "흠, 그것들을 피하는 게 낫겠군요. 그러니까, 그게 어떻게 해롭다는 거죠?"

… 그래요. 그럼 그냥 안전을 선택해 방부제는 피하는 게 어때요?

아황산염과 같은 방부제는 그 자체로 안전 대책이다. 그래서 이 질문은 "안전을 선택해 밧줄 없이 암벽등반을 하는 게 어때요?"라고 묻는 것이나 다름없다. 밧줄 때문에 손에 물집이 잡힐 수 있고 암벽 돌출부에 걸려 균형을 잃을 수도 있으니 말이다. 밧줄에 목이 졸릴 가능성도 있다.

내 말이 무시하는 투여서 미안하다. 우리 대부분은 지속적인 식량 공급을 당연하게 여기기 때문에 방부제가 밧줄처럼 보이지는 않는다. 하지만 예를 들어 아황산염은 우리가 전 세계에서 병에 담긴 와인을 구할 수 있는 이유다. 아황산염을 현대에 상업적으로 이용함으로써 와인의 민주화가 이루어졌다. 어떤 이들은 아황산염이 암벽등반 밧줄보다 사회에 더 크게 기여했다고 주장할 것이다.

아울러 아황산염은 와인을 수년 동안 지하 저장고에 놔두고 숙성시킬 수 있는 이유이기도 하다. 이런 점에서 아황산염은 와인을 상하지 않게 할뿐더러, 실제로 '더 좋아지게' 만든다. 와인에 아황산염을 첨가하지 않으면 와인을 냉장 보관해야 하는데, 이는 환경 문제를 고려하면 이상적이지 않다. 게다가 와인을 완전히 무균 상태로 만들어야 하는데, 그러면 궁극적으로 복잡한 와인 향미가 희생돼 포도 주스 같은 맛이 나는 제품이 되기 쉽다.

'내추럴' 와인의 딜레마는 더 시급한 공중 보건 문제에 집중하지 못하게 하는 문제나 사람들의 시간과 돈 낭비를 부추기는 문제보다 훨씬 크다. 현실적인 차원에서 식품 제조업자들이 방부제를 사용하지 않도록 장려하는 것은 식품의 변질과 부패를 의미하며 세계적으로 식량 부족 문제를 악화시킨다.

하지만 어쩌면 가장 중요한 것은 순수성에 입각한 결정이 쉽게 위험해질 수 있음을 상기시키는 일인 것 같다. 가장 극단적인 예를 들어, 유전학자들에게 그들 분야의 역사에 관해 물어보면 그들은 아마 자기 셔츠 칼라를 당기기 시작하면서 "여기 좀 덥네요. 여기 좀 덥지 않나요? 저만 그런가요?"라는 말이나 기타 등등의 말을 꺼낼지도 모른다. 왜냐하면 존경받는 많은 과학자들이 가난하거나 지적·신체적 장애가 있는 사람들을 강제로 살균해야 한다고 주장한 게 100년도 채 되지 않았기 때문이다. 그렇게 하면 인간 종이 정화되리라는 막연한 전제 아래 그런 일들이 자행됐다. 유전자가 인간 집단을 병들게 할까 봐 정말 우려한 사람들에게 그런 조치는 단순한 예방책이었다.

내추럴 와인은 우생학이 아니라, 명백히 순수성의 맹목적 숭배에서 생겨난 행동 스펙트럼상의 또 다른 요소일 뿐이다. 이런 극적인 비교에서 요점은, 그것이 우리 몸과 생명에 대해 위험하고 잘못된 믿음을 한없이 지속시키기 쉬운 접근방식이라는 것이다.

그런데 우리가 성sex에 대해 말하거나 말하지 않는 것보다 만연한 현상은 어디에도 없다.

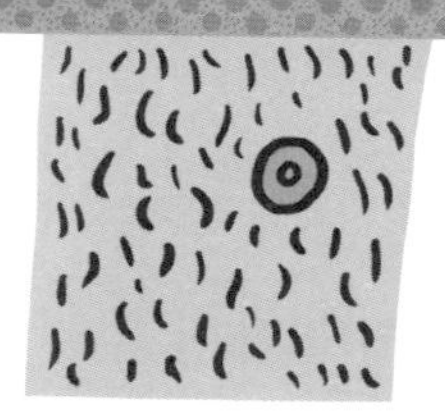

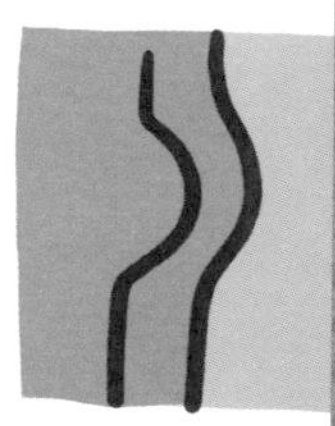

5장 관계

성

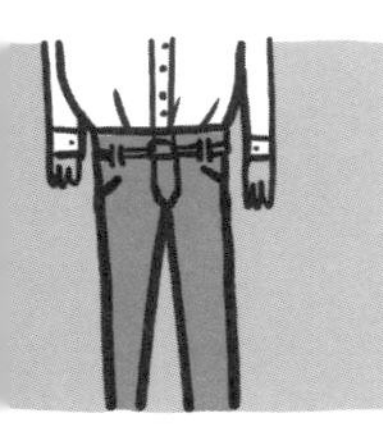

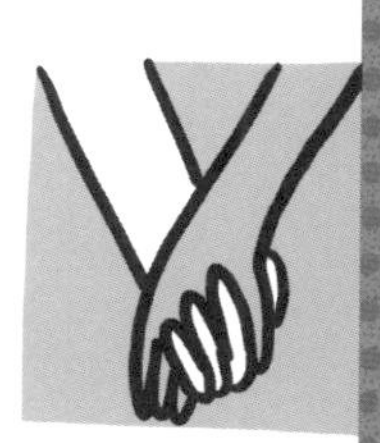

2011년 10월의 어느 날, 홀리 반 보스트Holly Van Voast는 코트를 벗어 유두를 드러냈다. 법정이 조용해졌다. 뉴욕시의 미드타운 지역법원 판사인 리타 멜라는 탈색한 금발의 피고 반 보스트에게 사과를 요청했다.

사과는 반 보스트에게 시시한 제안이었다. 그녀는 그랜드 센트럴역과 스태튼 아일랜드 페리 등지에서 상의를 벗고 나타난 혐의로 재판을 받고 있었기 때문이다. 아니, 엄밀히 말하면 그녀의 캐릭터인 하비 반 토스트Harvey Van Toast가 상의를 벗은 것이었다. 하비는 홀리와 많이 닮기는 했지만, 눈에 띄는 달리Dali 스타일의 콧수염•이 마스카라로 그려져 있다. 하비가 여러 장소에 등장한 것은 반 보스트가 사람들이 젖가슴에 보이는 반응을 연구하는 프로젝트의 일환이었다. 그날 반 보스트의 변호사 프랭클린 슈워츠는 판사 앞에서 상의를 벗은 의뢰인에게 그 자리에서의 상의 탈의의 합법성은 차치하고 법정 모독으로 구속될 수 있는 위험을 염두에 두라고 촉구했다.

89세의 슈워츠는 그 전날에 지정된 반 보스트의 국선 변호사였다. 그는 나중에 〈뉴욕타임스〉와의 인터뷰에서 법조인 경력 62년 동안 이런 재판은 한 번도 본 적이 없었다고 말했다.

반 보스트는 정말로 사과했고 풀려났다. 마지막에는 늘 풀려났다. 그녀는 거의 2년 동안 뉴욕 주변에서 상의를 벗은 채 지냈고, 종종 자동 반사적인 법 집행으로 체포되는 일이 잦았다. 예술 작업으로 시작한 일이 어느새 심리와 정의에 몰두하는 연구로 바뀌어 있었다.

"사람들이 911에 끊임없이 전화를 걸어댔어요. 소방 호스처럼 제

• 스페인의 초현실주의 화가 살바도르 달리의 트레이드마크인 위로 치켜올린 가늘고 긴 콧수염

게 의견을 쏟아내는 격이었죠. 당신 눈에도 보일 거예요. 그게 그냥 모든 사람의 마음에 걸렸던 거예요. 저는 걸어 다니는 로르샤흐 검사Rorschach test●였답니다." 반 보스트가 내게 말했다.

반 보스트는 세인트패트릭 성당을 비롯해 여러 곳에서 다시 체포돼 경찰에 십여 차례 연행됐다. 보통은 뉴욕에서 여성 유두 노출이 합법이라고 설명해 연행 도중에 경찰차에서 내릴 수 있었다. 막상 그런 구실로 많은 여성이 불법적으로 구금됐지만 반 보스트의 말이 맞았다. 유두 노출은 1992년 주州 대법원 판결 이후로 허용됐다. '러모나 산토렐리Ramona Santorelli · 메리 루 슐로스Mary Lou Schloss 형사 사건'에서 피고들이 로체스터 공원에서 '유륜●●의 상단 아래 가슴 부분'을 노출한 혐의로 체포된 것을 두고 그 법령은 차별적이라는 판결이 났기 때문이다. 판결문은 그 법이 여성의 '개인적이거나 은밀한 신체 부위'는 규정하면서 남성의 신체는 가슴의 특정 부위를 포함해 규정하지 않는다는 점을 지적했다. 당시 검찰 측은 이 사건에 중요한 정부 이익이 걸려 있으며 성별 구분이 그 이익과 실질적으로 관련 있다는 점을 증명해야 하는 부담을 안고 있었는데 결국 입증하지 못했다.

나는 어쩌다 한 번도 마주친 적이 없지만, '야외에서 상의를 벗고 싸구려 통속소설을 읽는 여학생 모임Outdoor Co-ed Topless Pulp Fiction Appreciation Society'이라는 문학 동아리가 브루클린의 프로스펙트 파크Prospect Park에서 가끔 모인다. 내가 사는 아파트에서 멀지 않은 곳이다. 그 여성들은 사람들의 시선을 사로잡는데 저속한 싸구려 소설을 읽어서만

● 잉크 얼룩 카드 10장을 이용해 심리 상태, 성격 등을 알아보는 투사 심리 검사

●● 유두 둘레에 있는 어두운색의 동그란 부위

은 아니다. 그들은 '프리 더 니플Free the Nipple(여성의 가슴 노출을 허하라)'이라는 운동에 참여하고 있다. 마일리 사이러스Miley Cyrus와 레나 던햄Lena Dunham 같은 유명인들이 옹호해온 이 운동은 특정 유두가 불법이어야 한다고 믿도록 유도하는 동일한 편견을 바로잡으려고 힘쓴다. 그 와중에 페이스북과 인스타그램에서 여성의 유두 노출을 금지하는 정책은 이 운동에 기름을 부었다. 2015년에는 '동일 임금'이나 '성 평등'보다 '프리 더 니플'이 구글에서 더 많이 검색됐다. 따라서 이 사상은 여러모로 유두보다 크다. 말하자면, 유두는 생물학과 사회학의 교차점인 셈이다. 그렇다면 이 신체 조직은 왜 그렇게 많은 것을 의미할까? 그것은 왜 품위와 적나라함의 경계선인가? 특히 누구에게나 있는 것이어서 그런 것 같다.

남자는 왜 젖꼭지가 있을까요?

2005년 〈뉴욕타임스〉 베스트셀러 1위였던 《남자는 왜 젖꼭지가 있을까?Why Do Men Have Nipples?》에서 작가 마크 레이너Mark Leyner와 공동저자인 의사 빌리 골드버그Billy Goldberg는 많은 사람의 호기심을 자극했다. 그들은 이 질문을 간략히 다루면서 그것이 우리 모두 태아였을 때의 기본형인 '여성 원형female template'과 관련 있다고 대답한다. 이 개념은 우리 중 일부에게서 남성의 성염색체가 '활동을 시작'하기 전까지는 모두가 여성으로서 생명이 시작된다는 것이다.

이것은 수세기를 지배해온 사고였다. 그러니까 남성성은 능동적인 과정인 반면에 여성성은 기본형이라는 아리스토텔레스적 관념 말이다. 스탠퍼드대학교의 과학사 교수인 론다 시빙어Londa Schiebinger는 성이 그보다 더 평등하다는 것을 현대인들이 알고 있다고 설명했다. 배아 발달에서는 모든 단계가 능동적인 과정이다. 남성의 젖꼭지는 흔적도 아니고, 진화의 자연스러운 부산물(기능이 없는 장식)도 아니지만, 우리가 근본적으로 얼마나 비슷한지를 보여주는 완벽한 예다.

나 역시 의대생이었을 때 여성성이 기본형이라는 개념을 배웠다.

"유감스럽지만 당신이 받은 의대 교과 과정은 2,000년 전의 지식을 바탕으로 하고 있어요." 시빙어는 최대한 겸손하게 말했다. 스탠퍼드에서도 인간생물학을 강의하는 많은 수업에서 똑같이 가르친다고 한다. "대학이 아직 따라잡지 못하고 있어요. 우리는 그 이야기를 전파하려고 노력하고 있지만 그게 항상 현장으로 들어가는 건 아니더라고요."

어느 병원이든 유방촬영검사과 현장으로 과감히 들어가보면 온종일 남자들이 드나드는 광경을 보게 될 것이다. 내 경험에 비추어 보면 그 남자들은 종종 선글라스를 쓰고 있다. 그들이 변태 같은 사람이어서가 아니라 유방촬영 검사를 받으려고 거기에 있는 것이다. 남자들은 보통 그 검사를 받는다고 얘기하지 않지만 유방암의 1퍼센트는 남성에게서 발견된다. 남자들이 정말로 유방암에 걸리면 그것 때문에 죽을 가능성이 더 크다. 왜냐하면 남자들은 검사를 받지 않기 때문이다. 게다가 유방암에 대해 얘기하는 행위는 '남성 규범Male Code'에 속하지 않는다.

남성 규범은 펜실베이니아대학교의 정신의학과 임상교수인 로버트 가필드Robert Garfield가 사용한 용어다. "예로부터 훌륭한 남자가 된다는 것은 어떻게 보면 타인과 연결된 인간이 되는 것과 상반됩니다."

그는 내게 그렇게 말하며 설명을 이어갔다. "성공한 남자는 감정을 절제해 속마음을 드러내지 않고, 자신의 위치를 지키며, 매사 통제하는 등의 모습을 보이죠. 그런데 자신의 정체성이 그렇게 둘러싸여 있어서 다른 것들, 예를 들면 연결하고, 공개하고, 취약성을 드러내고, 통제를 포기하는 등의 행동을 하지 못하면, 그런 능력들이 발달하지 않습니다. 저는 남자들이 이 점에 특별히 주목해야 한다고 생각해요. 그런 행동들은 사회적으로 정의된 남성 규범에 역행하고 있으니까요."

남성 유방암은 우리 모두 가슴과 유두를 갖고 있다는 사실을 인정해야 하는 '가장 사소한' 이유를 보여주는 사례인지도 모른다. 심지어 가슴이 가장 납작한 남자에게도 유방 세포가 적어도 몇 개는 있다. 하지만 젖이 나올 정도로 유방 조직을 발달시킬 확률은 유방 성장 촉진 호르몬인 에스트로겐을 분비하는 난소가 있는 사람들에게서 훨씬 더 높다. 유방 세포의 증식 정도는 매우 건강한 사람들 사이에서도 1,000배나 차이 날 수 있다. 그런데 그렇게 큰 차이가 나는 신체 부위는 거의 없다. 귀, 손, 난소, 음경, 척추 등의 신체 부위에서는 사람들에게서 가장 큰 것과 가장 작은 것의 크기가 두 배 이상 차이 나기 쉽지 않다.

이런 차이는 가장 중요하지 않은 부분에서 과장되고 막상 가장 관련이 있을 때는 간과되는 경향이 있다. 예컨대, 스탠퍼드대학교의 론다 시빙어는 혁신에서 보이는 성별의 영향 연구에 특히 전념하는 한 연구센터를 이끌고 있다. '기본 상태 가설default state hypothesis'은 그녀가 열중하는 연구 과제 가운데 하나다. 여성을 기본형으로 여기다 보니 성별의 경로 연구는 이루어지지 않았기 때문이다. "그건 인체에 관한 문제예요. 우리는 모두 똑같은 기본 설계나 구조를 지니고 있어요. 그런데 곧이어 유전·호르몬·환경의 영향이 단계별로 연속적으로 발생하면서 사람들을 한 방향으로 움직이기도 하고, 다른 방향으로 움직이기도 하는 거죠."

임신 후 처음 몇 주 동안에는 누구나 성별의 모습이 전혀 없었다. 우리는 모두 같은 방식으로 시작했다. 세포 하나에서 세포 두 개가 되고, 그 이후에는 세포 덩어리가 생기고, 또 세포관이 생기고, 그러고 나면 머리와 함께 등뼈가 생겨나고, 기타 등등.

반면 오랫동안 지배적이었던 성차별 관점에서 본 발달은 기본적으로 이렇게 진행됐다. 배아 내부에서 몇몇 원시생식세포가 생식융기라는 영역으로 이동하며 이곳은 배아에 Y 염색체가 없는 한 난소가 될 것이다. 구체적으로 말하면, Y 염색체에서 1990년에 발견돼 'SRY' 유전자라고 알려진 한 부분이 태아의 성과 관련된 운명을 결정한다. SRY 유전자의 존재는 생식샘 세포들에게 세르톨리 세포Sertoli cell가 되라고 알려주고, 그렇게 생겨난 세르톨리 세포는 곧 남성성의 발달을 명령하는 신호를 생성한다. 그렇게 테스토스테론이 만들어지면 그 영향으로 음순이 융합돼 음낭이 되고, 음핵은 음경으로 확장되며, 유방의 완전한 형성이 중단된다. 원시생식세포는 난자가 아니라 정자로 발달하기 시작한다.

1994년에 이르러서야 비로소 연구자들은, '여성'으로 발달했으나 XY 염색체를 지닌 사람들이 있다는 사실을 알아낸다.[1] 그런 이들의 Y 염색체에는 온전한 'SRY' 부분이 있었다. 이 XY 여성들에게 'DAX1' 이라는 유전자가 '항정소anti-testis 유전자로 작용할 수 있어' 남성의 경로를 적극적으로 억누른다는 것은 나중에 밝혀졌다.

난소 형성이 능동적인 과정이라는 사실은 교묘한 언어 표현이 아니다. 'SRY'가 없으면 제 기능을 하는 난소를 만들기에 충분하지 않다. 게다가 X 염색체도 두 개가 필요하다. 터너 증후군이 있는 여성은 X 염색체가 하나밖에 없는데, 여성으로 발달하고 난소도 만들기 시작하지만, 난소에 두 번째 X 염색체가 없어서 '제 기능을 하지 못하게' 된다.

한편, XX 남성들은 생식세포가 없어도 '제 기능을 하는', 즉 호르몬을 분비하는 정소를 발달시킬 수 있는 것으로 나타났다. 그런가 하면 실제로 유전자는 'SRY'가 존재해도 남성의 발달을 무효로 만들 수 있다. 성별은 많은 유전자의 상호작용에 달려 있다. 그래서 'SRY'는 'SOX9'이라는 유전자를 자극함으로써 남성의 경로를 적극적으로 촉진하지만, 여성의 경우에는 베타-카테닌B-catenin 같은 단백질이 'SOX9'을 억압함으로써 여성의 경로를 적극적으로 촉진한다.

유두는 공통적인 발달 경로의 부분, 모든 사람의 근원인 핵심 원형을 증명한다. 유두와 미발달한 가슴은 태아의 성별이 구분되는 시점에 앞서 형성된다. 사춘기 무렵의 여성에게서는 유방 조직이 증식하는 경향이 있지만, 그런 현상은 에스트로겐을 복용하기 시작한 남성에게도 나타날 것이다. 모든 사람은 필요한 기계 장치를 가지고 있다. 다만 그 기계 장치는 호르몬에 따라 다르게 작동된다.

이런 까닭에, 많은 나라에서 남성은 공공장소에서 유두를 마음대로 보여줘도 되지만 여성은 그랬다가는 수감될 수 있다는 사실이 특히 이상해진다. 미국 남성들은 1930년대에 많은 주에서 법이 통과돼 이 권리를 얻었다. 반면 여성의 몸은 전국적으로 검열된다. '토플리스의 날Go Topless Day'•에는 특히 그렇다. 이날은 '여성 평등의 날Women's Equality Day(8월 26일이며, 1971년부터 공휴일은 아니더라도 국가적으로 공인된 날짜임)'과 가장 가까운 8월의 일요일로 정해진다. 미국에서는 개별 주가 유두 노출을 포함한 '공중도덕' 문제에 관할권을 갖는다. 따라서 아기에게 수유하던 어머니가 주 경계를 넘다가 체포되는 상황이 벌어질 수 있다. 나는 유두 친화적인 일리노이주와 유두 적대적인 인디애나주의 경계에서 1.6킬로미터 떨어진 지역에서 자랐는데 그곳에서는 '여성의 유두'를 드러내는 행위가 B급 경범죄에 해당한다. 페이스북은 인터넷계의 인디애나주다.

법적으로 유두 노출이 허용되는 곳에서조차 여성들은 반 보스트를 법정에 세웠던 '풍기문란 행위'라는 뻥 뚫린 법 제도의 허점 때문에 구금되는 일이 다반사다. 반 보스트는 경찰이 외설죄로 자신을 체포했다가 본인들이 틀렸다는 것을 깨달으면 때때로 다른 혐의를 적용했다고 회상한다. 또 어떤 때는 위생 문제로 기록했다고 한다. 하지만 2013년 2월 그녀가 또 잘못 체포된 후에야 비로소 뉴욕시 경찰은 '공공장소에서 단순히 가슴을 노출'했다는 이유로 여성들을 체포하거나 구금하지 말라는 법원의 공문을 받았다.[2]

남녀의 유두를 구별하는 요인은 심지어 그 아래의 유방 조직의 양도 아니다. 많은 남성이, 특히 비만인 경우에는 여성보다 그 양이 더 많다. 또한 법 집행관이 개인의 염색체를 보고서 누구의 유두가 여성이고 누구의 유두는 남성인지 판단할 수도 없다. 따라서 여성의 유두는

• 여성해방 운동의 일환으로 전 세계 여러 나라의 여성들이 공공장소에서 가슴을 노출하는 행사

맥락의 문제다. 유두와 결합해 풍기문란을 구성하는 것은 바로 여성성을 인식하는 개념이다.

성을 포함해 각 생리적 결과에 점점 더 복잡한 연속 단계의 유전자 신호 분자와 정확한 타이밍이 필요하다는 점이 발생학 연구자들에게 매년 더 명확해짐에 따라, 시빙어에게도 '성이 기본적으로 연속체'라는 점이 더욱 분명해진다. 세계 인구의 1퍼센트는 남성이나 여성이 아니라 간성間性 intersex으로 추정된다. 그것은 대략적인 추정치다. 왜냐하면 많은 유아가 즉각적인 수술이나 호르몬 치료를 받음으로써 양자택일을 강요당하기 때문이다. 아울러 산부인과 의사가 작성해야 하는 서류 탓에 정확한 수치는 더욱 혼란스럽다. 출생 증명서에 남성, 여성, 또는 기타를 표시할 수 있는 국가는 독일뿐이다. 시빙어는 이렇게 말한다. "대부분 지역에서는 둘 중 하나에 표시할 수밖에 없어요. 그 두 개가 현실을 나타내지 않을 수도 있는데 말이죠. 대체 왜 그럴까요?"

우리가 복잡함에서 질서를 만들어내는 경향이 있어서일까? 그런 경향은 자궁에서 더 많은 테스토스테론에 노출되는 뇌, 즉 '남성의 뇌'와 특히 관련된 특성이다. 하지만 비슷한 성격의 테스토스테론 영향이 성전환 중에 보일 수 있으며, 한 달도 안 돼 두뇌에 변화가 있었다는 기록도 있다. 가령 언어 처리를 담당한다고 알려진 브로카 영역과 베르니케 영역은 때때로 눈에 띄게 더 작아진다. 오스트리아 비엔나의과대학교의 교수 안드레아스 한Andreas Hahn에 따르면, 테스토스테론 수치가 높을수록 아이들에게서는 어휘력이 떨어지고 테스토스테론을 복용해 여성에서 남성으로 성전환하는 사람들에게서는 언어 유창성이 감소하는데 이런 현상이 테스토스테론과 관련이 있다는 것이다.[3]

또한 그런 차이는 호르몬과 타고난 형질을 초월하여, 성별이 있는 세상에서 수년간 거울 자아looking-glass self[●]를 통해 자기 인식에도 영향을 준다. 최근에 성전환한 케이틀린 제너Caitlyn Jenner[●●]가 2015년에 자신의 리얼리티 쇼 프로그램에서 "제 뇌는 남성적이라기보다는 훨씬 더 여성적입니다"라고 얘기했을 때, 그녀가 공개적으로 소외 집단에 공감하는 용기를 보여주는 모습에 많은 이들이 박수를 보냈다. 그러나 저널리스트인 엘리너 버킷Elinor Burkett은 〈뉴욕타임스〉 칼럼을 통해 제너의 여러 발언 중에서도 특히 뇌에 관한 언급에 이의를 제기했다. 버킷은 여성의 뇌에 대한 제너의 주장이 여성으로 취급되는 세상을 두루 여행해보지 않고서는, 다시 말해 '어떤 경험을 쌓고, 어떤 모욕을 견디고, 자신을 한 사람으로 대해주는 문화에서 어떤 예우를 누려보지' 않고서는 도저히 사실일 리가 없다고 썼다. 그리고 여성성이 생물학적으로 필수는 아니지만 '여성을 종속시키는 사회 구조'이며 하루아침에 주장할 수 있는 것이 아니라고 논박했다.

한편, 남성성은 사회를 위해 딱히 놀라운 일을 하고 있지는 않다. 로버트 가필드는 남자들이 '남성 규범'을 초월해 우정을 쌓고 (분노가 아니라) 감정을 표현하도록 돕는 심리치료를 하면서 우리가 남자답다고 여기는 많은 부분이 쉽게 바뀔 수 있다는 것을 발견했다. 뭐, 항상 쉽지만은 않지만 말이다. 그는 《해리 포터》의 등장인물인 '디멘터Dementor'[●●●]라는 존재를 비유로 내게 이렇게 설명했다. "그들은 사람 주위를

● 타인의 눈에 비친 나를 인식하는 것

●● 미국의 전 육상 선수이자 1976년 캐나다 몬트리올 올림픽 10종 경기 금메달리스트

●●● 검은 망토를 입고 아즈카반 감옥을 지키는 간수들

빙빙 돌며 그 사람의 생명력을 빨아들이죠. 사회적 고정관념은 남자들에게서 이런 디멘터로 작용합니다. 그리고 디멘터들 가운데 하나는 제가 '호모포보Homophobo'라고 이름을 붙였는데요. 그것은 남자들이 서로 관심을 보이며 온정과 감탄을 표현하면 게이로 여겨지는 문화적 금기 때문에 그러지 못하도록 겁을 주는 문화적 고정관념입니다."

남자들은 여자들보다 의사를 만날 가능성이 훨씬 작아서, 병원 방문 횟수가 여자들보다 매년 1억 3,400만 회 더 적다. "이 모든 게 남성 규범으로 돌아옵니다. 이를테면, 강하고, 독립적이고, 육체적으로 강인해야 하며, 아프거나 괴로워도 그런 모습을 보이지 말라는 거죠. 점점 나아지고는 있지만 여전히 큰 문제예요." 가필드가 말했다.

가필드는 자신이 이혼하면서 성인기에 기본적으로 친구가 없는 처지가 된 후로 남남男男 관계의 사회적 역학을 연구해야겠다는 영감을 받았다. 소파 옮기는 일을 도와주거나 스포츠 경기를 같이 보는 정도의 친구들은 있었지만 정작 마음을 나눌 수 있는 친구는 한 명도 없었기 때문이다. 자신의 불안을 극복한 그는 현재 필라델피아에서 ('우정 연구실Friendship Lab'이라고 부르는) 남성 지원 모임들을 운영한다. 이 남성들은 자신이 엄격하고 냉담할 것이라는 예상에서 벗어나려고 노력한다. 그 모임의 회원인 한 외과 의사는 내게 익명을 전제로 이야기했는데, 그 이유가 자신이 그 모임에 가입했다는 사실이 사람들에게 알려지길 바라지 않아서였다(거기에는 정말 많은 막이 존재했다. 그리고 설상가상으로 그에게는 흥미로운 얘깃거리가 하나도 없었다).

정서적으로 열려 있으며 우정을 나누는 친한 친구가 있는 사람과 그렇지 못한 사람의 건강은 엄청난 차이가 있고 그 영향이 두루두루

미친다고 가필드는 설명한다. "정신적·신체적 질병에서 회복되는 기간, 회복탄력성과 내성, 불치병 진단을 받았을 때의 생존 기간 등 이 모든 것들이 좋은 사회적 유대관계가 없는 남자들에게서 더 나쁜 결과가 나옵니다. 그런 남자들은 첫 심장마비가 올 확률이 50퍼센트 더 높고, 그것 때문에 사망할 확률은 두 배로 높습니다."

심장질환에 '걸릴' 확률은 남성이 여성보다 높긴 하지만, 심장질환으로 사망할 확률은 여성이 남성보다 수십 년 동안 두드러지게 높았다. 미국심장협회American Heart Association는 그 원인이 심장질환을 '남성 질환'으로 보는 문화 주도적 개념화에 있다고 봤으며 그것이 의사들의 오진과 '심장마비에 걸릴 가능성이 없는' 여성들의 간과로 이어졌다고 분석했다.

시빙어가 보기에는 이것이야말로 성별 주도적인 무지 배양의 전형적인 사례다. 그래서 그녀는 그런 비슷한 맹점이 생기지 않게 주의하려고 성에 기반을 둔 신체적 변화를 이해하려고 노력한다. 구체적으로 말하면, 신체적 차이를 강조하는 것이 적절하고 중요한 부위와 역효과를 내는 부위를 알아내려고 한다. 시빙어는 스탠퍼드의 동료들과 함께 뇌에서의 생물학적 성sex과 사회적 성gender의 차이를 연구하려고 시도했지만 '그 작업이 너무 복잡하고 문제가 많아서 실제로 전혀 수행할 수 없었고, 그건 전쟁이나 다름없었다'는 얘기를 들려줬다. 그러고는 잠시 멈췄다가 이렇게 말했다. "그런데 무릎이 흥미롭더라고요."

무릎은 흥미롭다. 짐머 바이오메트Zimmer Biomet라는 회사는 현재 여성용으로 특별히 만든 무릎용 인공관절을 판매하는데, 제품명이 '짐머 젠더 솔루션 고굴곡 무릎Zimmer Gender Solutions High-Flex Knee'이다. 그 회사

| 유골의 성별을 구분하는 법 |

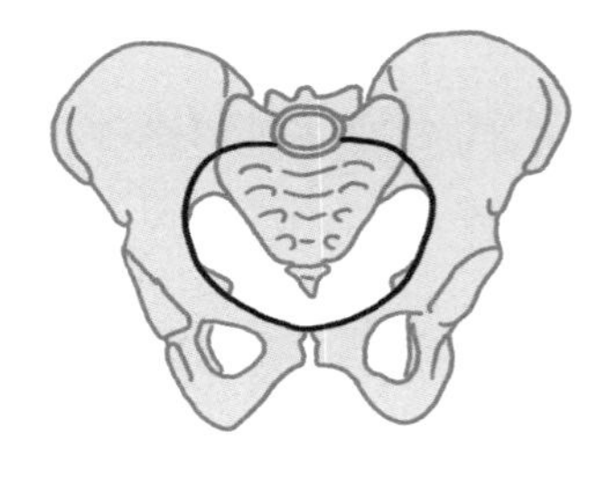

여성형 골반 (여)

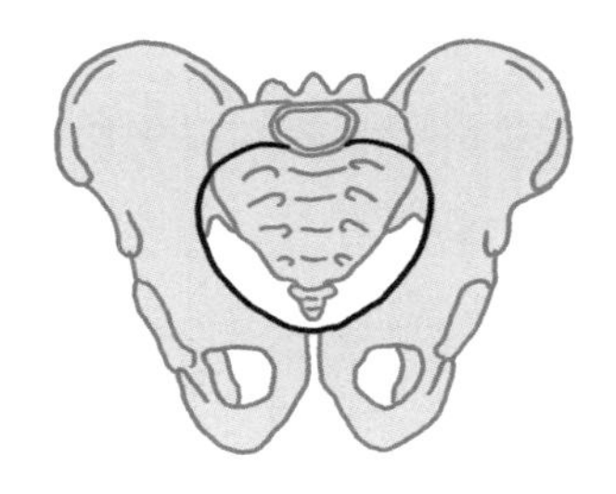

남성형 골반 (남)

는 자사 사이트에 "무릎에 관해서라면 남녀가 다르다"라고 솔직히 명시해놓았다.

왜 그럴까? 사실 고고학자들은 한 가지 요소를 근거로 유골의 성별을 한눈에 알아낼 수 있는데, 그것은 바로 골반의 모양이다. 여성의 골반은 출산 시 아기가 나올 수 있도록 거의 언제나 넓은 편이다. 그 폭의 의미는, 여성의 대퇴골 각도가 무릎을 향해 약간 더 안쪽으로 기울어 있어서 남성보다 평균적으로 약간 다른 각도가 생겨난다는 것이다. 그 회사는 짐머 젠더 솔루션 무릎이 대퇴골 각도의 차이뿐 아니라 여성의 무릎이 일반적으로 더 작다는 점을 설명해준다고 주장한다.

"처음엔 제가 너무 들떴었죠." 시빙어는 새로운 무릎 보철물에 대해 알게 된 순간을 회상하며 그 얘기를 들려줬다. 그녀는 스탠퍼드 의대 안을 돌아다니며 "이것 좀 보세요. 여성을 위한 무릎 인공관절이래요!"라고 하면서 그것에 대해 열심히 이야기했다. 하지만 정형외과 전문가들에게 그 물건을 보여줬을 때는 전전긍긍했다. 그들의 얘기를 들어보니, 여성 무릎의 특별한 각도를 고려한 것은 둘째로 치고, 그런 각도가 개인의 키보다 중요하지는 않았다. 아마도 훨씬 더 중요한 요소는 의사의 경험, 병원의 의료 관련 감염에 대한 평가, 그리고 환자의 재활 치료 의지일 것이다. 차이를 밝히는 일은 때때로 생산적이지만, 그렇지 않을 때도 있다.

"우리는 다르면서도 평등할 수 있어야 해요"라고 말하는 시빙어는 임금 격차를 비롯해 지속적인 구조적 성차별이 광범위하고 근본적인 남녀 차이에 대한 관념의 산물임을 언제나 의식한다. 그 차이는 미묘하다. "평등은 우리 모두 똑같다는 것으로 귀결될 때가 아주 많죠."

우리 모두 성별이 미분화한 배아로 똑같이 시작된다는 생각과 더불어, '기본형'인 성의 경로는 없지만 오히려 무한한 방식으로 여겨질 수 있는 무한한 범위의 신체적 특성을 낳는 화학적 신호들의 정교한 환경이 있다는 생각으로 통일된다면 말이다.

젖꼭지는 왜 성적 대상인가요?

여성의 상의 탈의가 불법인 폴란드에서 인류학자 아그니에슈카 M. 젤라즈니에비치Agnieszka M. Zelazniewicz와 보구스와프 파브워프스키Boguslaw Pawlowski는 인간이 젖가슴에 끌리는 것의 본질을 광범위하게 연구해왔다. 그들은 한 학술지에 이렇게 썼다.[4] '여성의 큰 젖가슴'은 아이를 낳는 능력을 나타내므로 이성애자 남성에게 '매력적으로 인식되어야' 한다. 아이가 젖가슴에서 나오지는 않지만 잘록한 허리와 큰 엉덩이,

큰 젖가슴이 있는 여성은 출산과 관련된 호르몬 수치가 높은 경향이 있다. 또한 큰 젖가슴은 '더 나은 유전적 특질의 신호'일 수도 있다.

그러나 그들의 연구 결과를 보면 클수록 좋은 것은 아니었다. 남성들에게 가장 매력적인 브래지어 컵의 크기는 C와 D로, 그 둘은 더 작은 A와 B뿐 아니라 훨씬 더 큰 E도 제쳤다. 그 인류학자들은 가슴 크기가 임신과 수유 기간 동안에 증가한다고 추정하며 이렇게 써놓았다. "너무 큰 젖가슴은, 여성이 지금 가임 상태가 아니며, 따라서 특히 단기 짝에게는 덜 매력적임을 나타낼 가능성이 있다." 그들은 남성들이 가슴이 가장 큰 여성들을 '정절을 지키지 않을 것이라는 이유'로도 차별할 수 있다는 견해를 제시한다. 다른 연구 결과를 봐도, 가슴이 큰 여성은 더 문란하고 '성적으로 개방'돼 있다고 인식된다.[5] 반면 가슴이 작은 여성은 도덕적이고 겸손할 뿐만 아니라 유능하고 야심 차고 지적이라고 인식된다. 다른 연구자들은 가슴이 큰 여성에 대한 남성의 선호도가 아주 훨씬 더 자의적일 수 있다는 것을 발견했다. 그 연구에서는 조사 대상인 남성들이 두 개의 흉상 중에서 더 마음에 드는 것을 얘기할 당시 배가 고팠는지 아니었는지가 결과를 좌우했다. 이는 일종의 자원의 희소성 가설이며, 그 맥락에서 일상의 기본 욕구가 잘 채워지지 않은 남성은 가슴이 큰 여성을 선호하는 경향이 있다.

뉴욕시에서 상의를 벗은 채 2년을 보낸 홀리 반 보스트는 더 보편적이면서도 간결한 지혜를 들려준다. "보세요. 모두가 젖꼭지를 좋아해요. 젖꼭지는 매혹적이거든요. 우리는 아기였던 시절에 그걸 찾으라고 배웠어요. 사람들은 그걸 좋아하도록 설계돼 있죠." 그녀는 지하철이나 공원에서 자신의 가슴을 보고 심각하게, 때로는 격렬하게 화를 내는 모든 사람에 관해 이야기할 때는 몇 문장마다 '인지 부조화congnitive dissonance'•라는 용어를 사용한다. 최악의 반응은 아이를 데리고 있던 한 여자가 반 보스트를 경찰 바리케이드 안으로 밀어 넣으면서 이렇게 말한 것이었다. "어디서든 당신처럼 젖꼭지가 싫다는 듯이 행동하는 건 어처구니가 없어요. 난 레즈비언은 아니지만, 젖꼭지는 유혹적이거든요."

화를 내는 남자들은 젖가슴을 자신의 음경에 자주 비유했다. "만약 내 거시기를 내놓고 돌아다니면 어떻게 되는 거지?"라는 취지의 말들이었다. 반 보스트는 사람들이 젖가슴을 곧잘 음경에 빗대서 말하는 것을 보고 매우 놀랐다. 음경과 젖가슴을 동등하게 놓는 것은 해부학적이라기보다는 문화적이다. 음경의 해부학적인 비유 대상은 음핵일 텐데. 그녀는 젖가슴을 성적 대상으로 보는 것을 남성 심리학의 투사로 이해하게 됐다. 어떤 신체 부위든 성적 대상화에는 수줍음과 판단이 딸려 있으며 그것은 성에 대한 억압이 만연한 결과다. 이는 건강에 뚜렷한 영향을 끼친다. 예를 들어 가슴축소 수술은 가슴확대 수술보다 더 흔하며, 목과 허리의 통증을 치료·예방하고 수면의 질과 운동 능력을 향상하는 데 효과적인 것으로 입증됐다.[6] 그럼에도 모든 가슴 수술을 둘러싼 오명 탓에 축소 수술은 종종 보험이 적용되지 않는다. 반 보스트는 이 유두 격차를 진정으로 해결하려면 대중적인 '프리 더 니플' 캠페인 때처럼 여성들이 워싱턴에서 웃통을 벗은 채 행진할 게 아니라 단지 일상에서 웃통을 벗은 채 동네를 돌아다니면 된다고 결론 내렸다. 하지만 그러려면 강단과 용기가 필요할 것이다. 반 보스트는 유

• 자신의 신념, 생각, 행동 따위가 서로 모순돼 양립할 수 없다고 느끼는 불균형 상태

두 노출 활동가들이 '역사가 여성에게 준 짐들의 표면에서 헤엄치면서 놀라운 양의 조롱과 모욕을 감수'하고 있다고 말한다. 하지만 그녀는 특유의 대처 능력을 갖추었다. "저는 이런 일들을 처리할 능력이 있는데, 대부분의 여자들은 없더라고요. 왜 그런지 모르겠어요. 정말 모르겠어요. 마치 제가 젖꼭지의 튜링 Alan Turing●이 된 것 같아요."

그러나 그녀는 힘이 있음에도 불구하고 2013년에 유두 노출을 그만뒀다. 사람들의 인지 부조화를 견딜 수 없었기 때문이다. 그녀는 자신을 여러 차례 부당하게 체포한 뉴욕경찰을 상대로 낸 소송에서 이겨 7만 7,000달러의 위자료를 받았고 뉴욕 북부에 있는 도시인 스케넥터디 Schenectady로 이주했다.

반 보스트는 이렇게 얘기했다. "우리 사회에는 거대한 권력 투쟁들이 있어요. 상의를 벗는 행위는 그런 투쟁들이 좀 더 분명하게 보이는 한 방법일 뿐이었어요."

음경은 왜 그런 모습인가요?

사람에게서 음경 penis의 몸통과 귀두가 음핵 clitoris의 몸통과 귀두보다 그렇게 훨씬 큰 이유는 오랫동안 아무도 물어보지 않은 궁금증 같은 것이었다. 음경이 그저 별 특징 없는 원기둥이나 심지어 인공 수정 중에 사용되는 속이 빈 원뿔 같은 모양이 아니라 그 끝에 왜 구근 모양의

● 영국의 천재 수학자로, 2차 대전 당시 독일군의 암호를 해독해 연합군의 승리를 이끈 전쟁 영웅이자 컴퓨터와 인공지능 분야의 선구자였으나 동성애자란 이유로 엄청난 박해를 받은 인물

귀두가 달려 있는지 이해하는 데 중요한 진전을 이룬 책은 바로 저널리스트 제시 베링Jesse Bering이 쓴《음경은 왜 그렇게 생겼어요?Why Is the Penis Shaped Like That?》다. 그는 책에서 '정액 대체 이론Semen Displacement Theory'을 거론한다.

유튜브에서 몇 분 이상 머물다 보면 누구나 알게 되듯이 많은 동물이 음경을 가지고 있다. 하지만 그중 많은 동물이 인간 수컷만큼 끈질기게 또는 적극적으로 음경을 밀어 넣었다 뺐다 하지 않는다. 어떻게 보면 그런 행위는 상상력이 부족한 남성의 머리와 전통에서 나왔다. 그렇지만 또 어떤 면에서는 생리적 욕구다. 음경이 들락날락할 때 왜 남녀가 기분이 좋은 걸까? 사자처럼 그저 음경을 안에 넣어둔 채로 할 일을 해서 정액이 축적될 때까지 아주 가만히 있으면 안 될까?

그 이유는 귀두가 구근 모양인 이유와 마찬가지일지도 모른다. 정액 대체 이론은 귀두 포피와 귀두관이 반복적으로 밀어 넣는 동작과 결합해 질관에서 정액을 빼내는 일을 한다고 상정한다. 그런데 왜 그렇게 할까? 남자들의 정말 숱한 행동들에는 똑같은 이유가 있다. 그것은 바로 짝짓기가 경쟁하는 스포츠라는 점이다. 그러니까 다른 남자가 최근에 이 특정 여자의 질에 정액을 축적해놨을지도 모른다는 생각이다. 따라서 이 남자와 그의 음경이 할 일은 두 가지다. 자신의 정액을 축적하는 것은 물론, 그 과정에서 다른 모든 정액을 제거하는 것이다.

혹시 일부일처제에 대한 생리학적 반론이 있다면 그것은 아마도 정액 대체 이론일 것이다. 이렇게 음경은 정액을 퍼내는 일종의 삽으로서 효과가 더 좋다는 낭만적인 이유 때문에 크기가 클수록 유리하다.

알바니에 있는 뉴욕주립대학교의 심리학자 고든 갤럽Gordon Gallup은

이 이론의 작용 원리를 시험했다.[7] 사람들이 다수의 파트너와 무방비로 연속해 관계를 맺게 하는 방법은 아니었다. 그는 인공 음경을 사용했는데, 효과가 있는 것 같았다.

어떤 이들은 이런 궁금증이 들지도 모르겠다. "음경이 결국 자기 정액을 제거하는 셈이 될 수도 있다면 역효과를 불러오지 않을까?"

그럴 가능성은 희박하다. '밤새도록' 계속 '사랑을 나눈다'는 숱한 노래 가사의 암시와 달리, 대부분의 발기는 사정 직후에 사라지기 때문이다. 이런 사실을 노래로 부르면 인기를 얻기 힘들다. 사정 후의 음경은 추가 자극을 싫어하게 되는 경향이 있다는 사실도 마찬가지다. 자칫하면 조금 전에 남자가 그것을 달성하려고 엄청나게 노력했을 정도로 즐거웠던 일이 불쾌해지고 만다.

정액 대체 이론이 유효하다면, 생식의 관점에서는 말이 될 것이다. 남자는 자신의 노력이 물거품이 되지 않도록 정액 제거자가 자신의 축적물에서 멀리 떨어져 있기를 바라야 한다. 그러니 어쩌면 그냥 쿨쿨 자버리는 게 상책일 수도 있다.

조루의 기준은 몇 분인가요?

이성애자 간 성교의 평균 지속시간은 3분에서 13분이며, 대개 남성이 사정하고서 무기력해지면 끝난다. 다른 종들은 심지어 이만큼의 시간도 쓰지 않는다. 사자는 평균 1분도 채 되지 않는다. 마모셋 원숭이는 삽입 후 5초 안에 사정한다.[8] 만약 마모셋 원숭이들에게 그 이유를 물어보면, 그들은 포식자 새들에게서 가족을 보호하고 사냥하는 일로 다시 돌아가는 편이 오히려 더 낫다고 대답할 것이다.

그래도 자연선택은 '상품'을 가장 빨리 쌓아놓는 남성에게 유리해야 하지 않을까(그런데 정액을 과연 '상품'이라고 불러야 할까)? 만일 정액 대체 이론이 남성 음경의 터무니없는 모양과 크기를 설명해준다고 믿는다면, 긴 성교 시간은 질관을 샅샅이 뒤지려는 잠재의식 속 본능일 수도 있다. 그렇다면 그러고 나서야만 상품을 쌓아둬야 한다. 뉴질랜드 웰링턴빅토리아대학교의 생물학 교수인 앨런 딕슨Alan Dixson은 실제로 인간이 '깊이 삽입하는 양상'으로 오래 지속되는 성관계를 특히 좋아하는 현상에 대한 이런 설명을 사실로 상정했다.

남자는 왜 오르가슴을 여러 번 느끼지 못할까요?

사우스캐롤라이나주 찰스턴 시내의 메리어트 호텔에서 열린 2016년 국제여성성건강연구학회International Society for the Study of Women's Sexual Health 모임에 과학자들이 모였다. 그 자리에서 연구자들은 그들이 일컫는 명칭인 '여성의 쾌락'에 관해 자국을 대표하는 가장 큰 연구 결과를 발표했다. 그 표현은 '오르가슴orgasm'이라는 말을 비켜 가려는 게 아니라 골반저근 수축이 성적 쾌락의 유일한 요소가 아님을 조심스럽게 지적하려는 시도다. 인디애나대학교의 유명한 킨제이연구소Kinsey Institute의 연구자인 데비 허베닉Debby Herbenick은 여성들이 오르가슴 없이도 즐거운 경험을 할 수 있다고 내게 장담했다.

말벌을 연구하러 인디애나대학교에 왔다가 결국에는 인간의 성생활에 관한 세계 최고의 연구자가 된 인물이 있다. 바로 알프레드 킨제이Alfred Kinsey다. 그는 1953년에 펴낸 저서《여성의 성적 행동Sexual Behavior in the Human Female》에서 여성들은 대부분 오르가슴을 여러 번 느끼는 능력이 있다고 알렸다. 당시 (남성이 대부분이었던) 과학계에 이것은 폭로나 다름없었다. 세인트루이스에 있는 워싱턴대학교의 버지니아 존슨Virginia Johnson과 윌리엄 매스터스William Masters는 킨제이의 설문조사 결과를 확실히 증명해나가기 시작했다. 실험실에서 바이브레이터vibrator로 자극을 받은 여성들은 보통 몇 분 안에 오르가슴을 몇 번이나 느꼈다. 50번을 느낀 여성도 있었다.[9]

'여성의 성적 쾌락에 관한 연구'에는 3년 동안 2,000명이 넘는 여성들과 진행한 심층 인터뷰가 포함됐으며 오늘날 여성의 47퍼센트가 오르가슴을 여러 번 느낀다는 결과가 나와 있었다. "우리의 감으로는 더 많은 여성에게서 가능할 것 같아요." 허베닉은 그렇게 말하며 이런 이야기도 들려줬다. "하지만 종종 파트너 문제가 있어요. 어떤 여성들은 너무 예민해 오르가슴을 한 번 느끼고 나서는 계속 느끼지 못하고요. 또 어떤 여성들은 한 번 느끼고는 '그걸로 충분해'라는 식이죠."

여성들은 첫 번째 오르가슴을 느끼고 나면 대부분 다른 기술로 두 번째 오르가슴에 도달한다는 것을 발견한다고 허베닉은 설명한다. 첫 번째 오르가슴 이후 민감도가 매우 높아져서 정확히 똑같은 동작을 하면 불편하거나 심지어 아플 수 있기 때문이다. 그렇다고 해서 이것을 오르가슴을 여러 번 느낄 수 없다는 표시로 받아들인다면 오해다. 오르가슴은 단지 다른 방식으로 생겨날 것이다. 두 번째, 세 번째 혹은 마흔 번째 연속으로 발생하는 오르가슴은 대개 강도가 증가한 결과가 아니라 직접적인 압력이 줄고 움직임이 느려진 결과다.

여성에게 이런 능력이 있는 것이 일반적인 반면, 남성에게는 대부분 불응기가 있다. 그러나 '잇따라 사정할 정도로 발기가 계속 가능한 소수의 남성'이 있다고 허베닉은 말한다. 하지만 그런 경우에는 뒤이은 사정에서 정자 수가 극적으로 감소한다. 이것은 기능적인 사정이 아니라 자부심과 탐닉의 사정이다. 만약 남성이 오르가슴을 반복해 느끼는 능력이 있다면 기능생물학적 관점에서 볼 때 그것에는 아무 논리가 없을 것이다. 인체는 한 번에 실어 보낼 정자 양보다 더 많이 저장할 능력이 거의 없다. 체내에서는 정자가 죽으며 빠르게 변형된다. 고환이 몸 아래에 매달려 있어야 하는 이유도 정자가 체온보다 약간 낮은 온도에서만 생성될 수 있어서다. 일단 생성된 정자는 한정량만 저장 가능하며 며칠만 살 수 있다. 따라서 첫 번째 오르가슴만으로도 임신으로 이어질 만큼의 정자가 생성된다면 남성이 오르가슴을 여러 번 느낄 이유가 뭐가 있겠는가? 그런데 진짜 제한요인은 정자의 보잘것없는 수명이다. (남성들이여, 여러 번의 속사포 같은 오르가슴을 원한다면 정자를 저장할 더 나은 시스템을 발전시켜라. 아마도 그 모습은 사타구니에 꿰매놓은 자루가 되려나? 모르겠다. 그러니까 벤처 투자가들이 있는 거지.)

생식세포를 저장하는 데 그런 문제가 없는 여성들은, 난자가 유아기 때부터 존재하고 안전한 곳에 저장되므로 오르가슴을 자유롭게 무한히 느껴야 한다. 그러나 허베닉을 비롯해 많은 연구자가 여성의 그런 잠재력이 종종 실현되지 않는다고 몹시 아쉬워한다. 성생활이 활발한 여성과 그렇지 않은 여성의 일반적인 차이는 생리적 문제보다 사회적 문제일 때가 많다. 파트너와 편안하게 터놓고 대화할 수 있다고 느끼는 여성은 훨씬 더 자주 만족한다. 오르가슴을 여러 번 느끼는 것은 아주 좋지만, 허베닉이 시급히 지적하는 점은 만족스럽지 않은 성관계가 표준이 될 때 파트너와 확실히 상의할 수 있어야 한다는 것이다. 게다가 그 연구 결과를 보면, 성적 쾌락을 주는 요인에 대해 파트너와 구체적으로 대화할 수 있다고 느끼는 여성들은 파트너와의 관계에서 행복할 가능성이 무려 '여덟 배'나 높았다. 다시 말하지만, 여덟 배가 높다. 성적 쾌락에 대해 이야기하는 것을 금기시하는 문화는 '가족의 가치'를 진정으로 지켜낼 수 없다.

허베닉은 그것을 이렇게 표현했다. "가족의 중요한 가치는 성적 쾌락에 대해 터놓고 얘기하는 것이에요."

자꾸 달라붙는 전 애인에게 내가 임질 진단을 받았다고 (전화로) 어떻게 책임감 있게 알릴 것인가?

"개인이 성매개감염 STI, sexually transmitted infection 진단을 받았을 때 최근에 성적 접촉을 한 모든 사람에게 알려야 할 법적 의무가 있는 지역은 일부에 불과하다. 비록 특정 접촉자가 병에 걸린 것을 알게 돼 뭔가 복수했다는 쾌감이 들었더라도 상대방에게 알리는 일은 언제나 책임감 있는 행동이다. 왜냐하면 매독 전염은 아무도 모르는 사이에 발생하며 전화나 문자, 이메일을 한 통 보내거나 과일바구니 선물 배달 서비스를 이용해서 알렸다면 예방할 수도 있었기 때문이다. 섹스 이야기를 더는 하고 싶지 않은 사람에게 곧바로 연락할 수 있는 쉬운 대안으로 익명의 알림 서비스를 이용할 수도 있다. '돈스프레드잇닷컴DontSpreadIt.com' 같은 사이트에서 제공되는 서비스는 무료다. 다만, 장난으로 그런 서비스를 이용하면 안 된다.

평균 음핵의 크기는 어느 정도인가요?

론다 시빙어는 스탠퍼드대학교에서 성에 관한 수업을 수년간 진행하면서 남학생의 '대부분'이 '자기 음경의 길이와 지름을, 그것도 축 늘어져 있을 때 수치와 발기했을 때 수치를 다 말해줄 수 있다'는 것에 주목했다.[10] 한편, 여학생들은 자기 음핵이 얼마나 큰지도, 여성들의 음핵 크기가 어떻게 변하는지도 '전혀 모르는' 경향이 있다. 2015년 과

| 남녀의 발기 조직 |

귀두
해면체
전정구
각(다리)
음경
음핵

학잡지 〈사이언스〉에 "평균 음경의 크기는 얼마인가?"라는 제목의 기사가 실렸을 때 그 기사는 〈사이언스〉 웹사이트에서 몇 달 동안 가장 인기 있는 기사들 가운데 하나로 남아 있었다(전 세계 남성 15,521명이 포함된 17건의 연구 검토를 근거로 발기한 음경의 길이는 13.1센티미터, 둘레는 11.7센티미터였다. 그게 중요하진 않다. 뭐, 그렇지 않다면 말이다).

잘 알려지지 않은 사실은 평균 음핵의 크기가 음경과 그리 차이 나지 않는다는 것이다. 시빙어가 보기에 그 사실은 사람들이 대부분 그것을 모른다는 사실보다 중요하지 않다.

16세기에 세계 곳곳의 주요 도시마다 남근상을 세우느라 바빴을 때 프랑스의 유명한 외과 의사이자 해부학자인 앙브루아즈 파레Ambroise Paré는 음핵을 '음란한 부위'라고만 언급했다. 그와 동시대 인물인 이탈리아의 외과 의사 레알도 콜롬보Realdo Colombo는 음핵을 발견했다고 주장했다. 유럽의 무역상들이 옛날부터 사람이 거주했던 아메리카 대륙을 발견한 일이나 마찬가지였다. 콜롬보는 음핵을 '여성의 환희의 근원'이라고 부르며 음경의 작은 버전에 비유했다. 그런 관점은 수세기 동안 전파됐으며 오늘날에도 여전히 발생학 수업 시간에 등장한다.

시빙어는 이것이야말로 문화가 우연히 무지를 만들어내는 방식을 보여주는 완벽한 예라고 여긴다. 남녀 모두 여성보다는 남성의 신체 구조를 더 많이 알고 있다. 사회가 그렇게 유지시키는 것이다. 그야말로 음핵에 대한 무지 배양이다.

여성해방 운동이 진행되는 동안 1971년이 되어서야 비로소 보스턴의 한 여성 단체가 참고서 격인 《우리 몸, 우리 자신Our Bodies, Ourselves》을 편찬했다. '자기 자신에 대해 공부하고, 그 결과를 의사와 소통하고,

의료계에 문제를 제기해 여성이 받는 의료 서비스를 바꾸고 개선하길 바라는 여성들을 위한 모범'이 되는 책이었다. 이 책은 아직도 여러 언어로 출간돼, 음핵이 손에 잘 잡히는 음경 이상의 것(성 연구자들인 버지니아 존슨과 윌리엄 매스터스가 불과 몇 년 앞서 발표한 내용)이지만 귀두(콜롬보가 음경의 머리에 빗대어 설명한 부위)뿐 아니라 훨씬 더 큰 몸통과 다리로 구성돼 외음부 피부 아래로까지 연장되는 독특한 기관이라는 지식을 전 세계에 전파하고 있다. 따라서 자신의 음핵을 측정하는 것은 불가능하며 실제 평균 음핵의 크기를 알려면 많은 시신을 이용해야 할 것이다. 하지만 설령 그렇게 하더라도 알아내기는 어려울 것이다. 음핵도 음경과 마찬가지로 자극을 받으면 피가 몰리는 거의 해면 조직이다 보니 자극을 받을 수 있는 인체에서 연구하는 것이 가장 좋기 때문이다.

최근에는 연구자들이 MRI를 활용해 자극을 받지 않은 음핵의 부피가 대략 1.5밀리미터에서 5.5밀리미터 정도라는 것을 알 수 있었다. 그런데 음핵이 자극을 받으면 부피가 거의 곱절로 커지면서 질벽 앞면의 신경 밀집 부위의 압력이 증가한다. 음핵귀두만도 평균 너비가 2.4~4.4밀리미터, 길이는 3.7~6.5밀리미터가 된다.[11] 음핵이 작은 축에 속하는 여성일수록 오르가슴을 덜 느끼는 경향이 있다.[12] 반면 그런 상관관계가 남성에게는 존재하지 않는다. 하지만 음핵 크기에 대한 어떤 기사도 〈사이언스〉 독자들의 관심을 자극하는 것 같지 않았다.

시빙어가 말하는 요점은 크기가 중요하다는 것이 아니라, 어디에나 존재하는 음경에 대한 대화와 찬양과는 대조적으로 음핵에 대한 무지가 문화에 내재돼 강하게 박혀 있다는 것이다(사람들이 정말로 여성의 성기를 말할 때는 '질vagina'을 가리키는 경향이 있는데, 질은 전혀 다른 기관이다).

여러모로 같은 남녀의 성기에 대한 이런 모순적인 태도는 많은 사회적 병폐를 설명해주고, 그런 병폐는 그런 모순적인 태도를 설명해준다.

지스팟은 존재하나요?

이 개념은 1981년 독일의 산부인과 의사이자 남성인 에른스트 그레펜베르크Ernst Gräfenberg의 성에서 첫 글자를 따 명명됐다. 30년 전 그레펜베르크는 성적 자극 시 요도의 역할을 살펴보는 과정에서 그 개념을 거론했다. 그는 지스팟G-spot을 '요도의 경로와 나란한' 질벽의 앞면에 있는 '성감대'라고 설명했다.

노스웨스턴대학교의 부인과 임상교수인 로렌 슈트라이허Lauren Streicher는 오늘날 부인과학 분야의 종사자 대다수가 여성에게 대부분 지스팟이 존재함을 믿는다고 내게 말했다. 그 존재를 부정하는 것은 여성의 성적 쾌락과 해방을 부정한다는 비판의 화살을 맞겠다는 뜻이다. 그런데 남성 음낭의 존재에 대해서는 아무도 토론하지 않는다(어떤 이들은 자신의 트럭 뒤에 음낭 장식을 매달고 다닐 정도로 음낭의 존재를 정말 강하게 믿는다). 하지만 남성의 음낭과 달리 지스팟에 명확히 해당하는 조직 부위는 부검이나 의료영상을 활용한 연구로 밝혀진 적이 지금까지 분명 없었다.[13] 그런데 '요도 해면체urethral sponge'라고 알려진 조직이 그 부근에 정말 있으며, 음핵과 음경처럼 성적 자극을 받는 동안에는 혈액으로 가득 차서 자전거 타이어처럼 뚜렷하게 골이 진 질감이 있다고 한다(아무리 그래도 그렇지, 자전거 타이어에 비유하지는 마세요). 어떤 이들은 이렇게 혈액이 몰리는 현상이 직접적인 성적 흥분의 일환이 아니라 성관계를 하는 동안 방광을 비우지 못하도록 요도를 단단히 죄고 있는 간단한 문제이며 누구나 좋아하는 현상은 아니라고 믿는다.

남성의 음경에서도 같은 일이 벌어진다. 바로 이런 까닭에 남자들은 대부분 흥분 상태에서 소변을 보지 못한다. '새벽 발기' 현상도 같은 이유에서 생겨난다. 수면 중 몸의 근육들이 자발적으로 이완되는 동안에 음경이나 요도 해면체를 혈액으로 채우는 것은 배뇨를 막으려는 필사적인 노력일 수 있다(배뇨는 소변의 임상 용어다. 혹시 차를 마시면서 이런 얘기를 해야 한다면 '배뇨'라는 용어를 쓰면 된다).

성기에 혈액이 몰리는 현상을 사랑이나 심지어 성적 흥분으로 오인하면 안 되는 것과 마찬가지로, '성감대'의 존재가 독특한 성기를 의미하지는 않는다. 론다 시빙어는 다른 '지스팟'이 회음부와 직장直腸 사이에도 자리 잡고 있다고 지적한다. 그곳은 발기 조직에서 신경이 많은 한 부분이다. 때때로 '회음부 해면체perineal sponge'라고도 불리며, 질벽의 뒷면을 따라서나 직장을 통해(아마도 항문 성교 중의 오르가슴을 설명해 줄 것이다) 접근할 수 있다.

지스팟의 개념을 비난하는 전문가들조차 그 영역에 뭔가 중요한 것이 있다는 것은 인정한다. 지스팟 부정론자이자 켄터키주의 여성비뇨기과 의사인 수전 오클리Susan Oakley는 지스팟이 그 자체로 실체가 아니라 음핵을 자극하는 작용 원리의 연장이라고 강력히 주장한다. 그녀는 그것을 '씨스팟C-spot'이라고 부른다. 그러나 다른 부정론자들은 지스팟 개념이 사람들을 한 특정 영역에 너무 과도하게 집중하도록 유도할 수 있는 지나친 단순화라고 신중하게 지적한다.[14]

이런 생각들은 이탈리아 로마대학교의 내분비학자 엠마누엘레 잔니니Emmanuele Jannini가 이끄는 지스팟 관련 연구의 철저한 검토에서 합쳐진다.[15] 그 검토에서는 골반의 해부 구조가 역동적이라고 설명하며 '전설적인' 지스팟은 한 조직 부위가 아니라 음핵, 요도, 질벽 앞면의 일련의 상호작용으로 보는 것이 가장 좋다고 상정한다. 이른바 '음핵－요도－질 복합체clito-urethro-vaginal complex(CUV 복합체)'인 이 메커니즘은 '삽입 동안에 적절히 자극되면 오르가슴 반응을 유발할 수 있는 가변적이고 다면적인 형태·기능적 영역'이다.

'CUV 복합체'는 지스팟보다 미묘한 느낌을 준다. 더구나 남성의 이름을 따지도 않았다. 그래도 그레펜베르크에게 좀 공평한 얘기를 하면, 그는 자신의 고환 덕분에 누린 문화적 이점을 이용해 '자궁 내 피임기구IUD, intrauterine device'를 정말 최초로 발명해 여성의 성적 독립성을 증진한 인물이다. 그런 명예도 대부분 피임약에게 돌아가기 일쑤지만 그의 피임기구는 오늘날에도 여전히 더 신뢰할 수 있고 저렴한 방편이 되고 있다. 그런데 그는 그런 업적으로 부를 얻고 찬사를 받은 게 아니라 독일에 히틀러의 제3제국Third Reich이 들어서면서 투옥되는 신세가 되고 말았다. 하지만 4년 후, 가족계획연맹Planned Parenthood의 설립자이자 산아제한 운동을 이끄는 미국의 여성 운동가인 마거릿 생어Margaret Sanger가 나치와 협상해 그를 구출했고, 감옥에서 풀려난 그는 시베리아를 거쳐서 미국에 도착했다.

그레펜베르크는 뉴욕에 있는 생어의 '조사 연구국'(미국의 최초 산아제한 클리닉)에서 일하게 됐고 알프레드 킨제이의 초기 연구도 자원했다. 혹시라도 여성의 몸에 붙인 이름의 시조에서 남성성이 용납될 수 있다면 그 사례는 그레펜베르크의 지스팟일 것이다. 그 명칭에는 다른 장점도 있다. 아마도 '회음부 해면체'보다는 단어에 대한 거부감을 줄여줄 것 같기 때문이다(회음부 해면체가 성경 말씀만큼 거부감을 주지는 않는 건 확실하다). 그런데 이런 '신비'와 침묵의 문제에서 무엇보다 중요한 점은 사람들이 거부감을 극복한다는 것이다. 그런 일은 단어를 듣고 말함으로써 일어난다.

왜 여성용 비아그라는 없나요?

2015년 여름, 한 청원서에 '여성용 비아그라'라고 광고하는 어떤 약을 지지하는 사람들이 6만 명 이상 서명했다. '플리반세린flibanserin'이라는 화학명의 그 약은 안전성과 효능이 입증되지 않았다는 이유로 FDA 승인이 두 차례 거부된 적이 있었다. 그 청원에 서명한 사람들은 일부 여성인권 단체들과 제약회사 스프라우트 파마슈티컬스Sprout Pharmaceuticals의 지원을 받는 '이븐 더 스코어Even the Score'•라는 운동에 참여하며 제약 승인에 더욱 불공평한 요인들이 작용하고 있다고 주장했다.

그 청원서에는 이런 내용이 적혀 있었다. "여성들은 기다릴 만큼 기다렸다. 2015년에는 성기능장애 치료제 이용 문제에 관해서라면 성 평등이 기준이 되어야 한다."

그런 저항 정신이 필수적이긴 하지만, 그 내용은 비아그라가 음핵

• '동점을 만들라'라는 뜻으로, FDA가 남성의 성기능장애 치료제는 26건 승인해준 데 반해 여성을 위한 약은 한 건도 승인한 적이 없다는 문제를 제기하며 승인을 요구한 캠페인

에도 음경에서와 같은 효과가 있다는 점이 간과됐다. 그리고 성기에 혈액이 몰리게 하는 것은 '성기능장애'에 대한 편협한 접근이라는 점도 무시됐다.

웹엠디WebMD●에서 발기 생리작용을 검색해보면 오로지 음경에 대한 정보만을 얻을 수 있다. 그 정보는 부정확하지는 않지만 완전하지 않다. 음경은 상품이 이동하는 작은 요도를 감싼 미화된 해면체다. 웹엠디에서 음경의 발기는 음경 몸통을 따라 늘어서 있는 '해면체'라는 해면 모양의 조직에 혈액이 가득 찰 때 일어난다고 하면 그 말은 믿어도 된다.

음경에 혈액을 공급하는 관에 죽상동맥경화증이 생길 때처럼 혈류장애가 발생하면 음경이 발기되지 않는다. 이런 과정은 심장에서도 똑같이 일어나 다른 어떤 질병보다도 사람들의 목숨을 더 많이 앗아간다. 비아그라(실데나필sildenafil)는 연구자들이 혈관을 확장시켜 혈압을 낮추는 약물을 찾던 중에 발견됐다. 그것은 심혈관 질환제로는 별 효과가 없었지만 시험 대상자들의 음경에 혈액이 몰리게 함으로써 해면체를 혈액으로 채우는 데는 정말로 큰 성공을 거뒀다. 역사상 상업적으로 가장 성공한 약들 가운데 하나가 탄생한 것이다. 시장에 출시된 첫해의 매출액은 12억 달러가 넘었다.

음핵의 신비는 불가사의가 아니므로 당연히 우리는 여성에게도 해면체가 있다는 사실을 안다. 여성도 남성과 마찬가지로 발기를 한다. 그런데 음핵은 거의 체내에 있기 때문에 여성의 발기를 연구하려면 첨단 의

● 미국에서 설립된 건강·의학 정보 및 뉴스 사이트

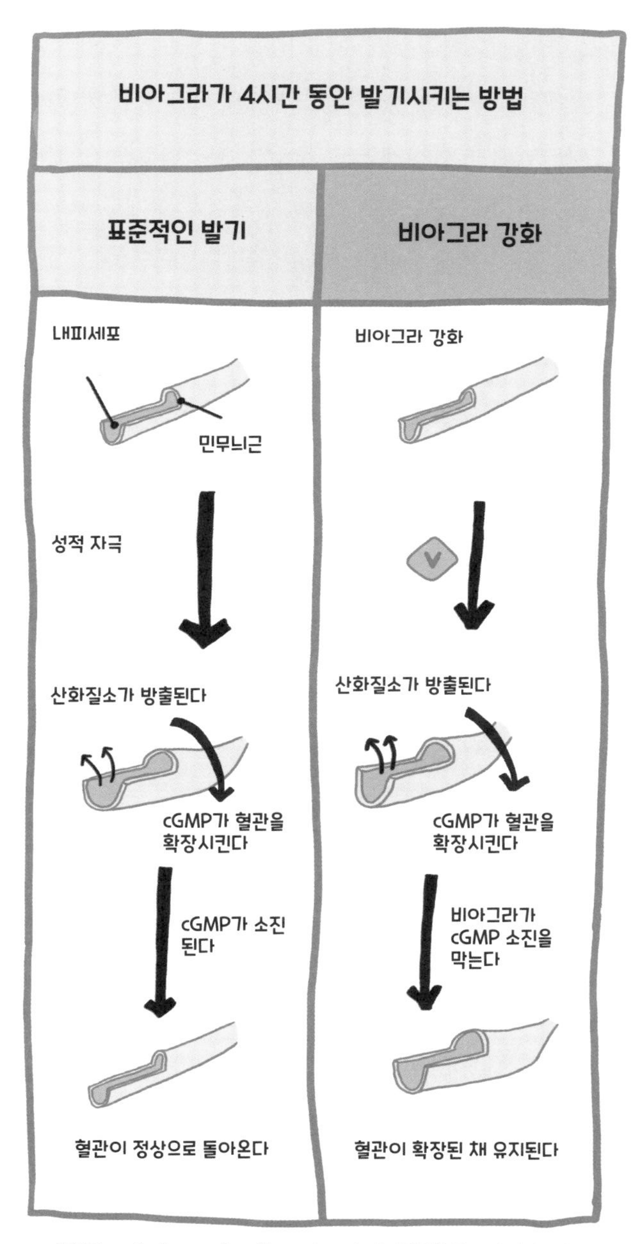

cGMP: cyclic Guanosine Monophosphate(고리형 구아노신 일인산염)

료영상 물리학이 필요하다. 최근에 MRI를 이용한 연구에서 여성들에게 '선정적인 영상'을 보게 했더니 음핵의 부피가 평균 90퍼센트 증가한 것으로 나타났다.[16] 음경에는 조직층이 하나 더 있어서 발기된 음경이 발기된 음핵보다 더 단단하지만, 발기 과정은 실제로 보편적이다.

나는 비아그라가 기분전환의 효과가 있다고 단언하는 여성들을 알고 있다. 비록 그들이 그 약을 합법적으로 구한 것은 아니지만 말이다(사실 불법 구매는 위험하다. 심혈관계에 지대한 영향을 끼쳐서 사망을 일으킨 적도 있는 심각한 약이기 때문이다). 비아그라가 여성의 성적 경험을 향상해줄 수 있다는 것은 2003년으로 거슬러 올라가 임상 시험에서 실증됐다.[17] 당시 UCLA의 비뇨기학 연구자들은 예상대로 그 약이 로라 버먼 연구원이 말한 '따뜻하고, 짜릿하고, 충만한 느낌'을 증가시켰다는 것을 발견했다. 그러므로 '여성용 비아그라'를 찾는 행위는 발기가 인간성의 보편적 요소라는 생각에서 멀어지게 한다.

비아그라가 실패하는 경우는 수많은 알약과 개념적으로 비슷하다. 성적 흥분은 심리적·신경적·호르몬적·혈관적 요소들로 이루어진 환경의 산물이다. 비아그라는 그 가운데 혈관적 요소에만 영향을 줄 뿐이다. 마음에는 영향을 주지 않으면서 섹스하고 싶게 만든다. 테스토스테론에는 영향을 주지 않으면서 (시알리스Cialis 광고에서 암시하는 것처럼) 더욱 남자답게 만들지만 (시알리스 광고에서 확실히 암시하는 것처럼) 음경을 확실히 더 커지게 만들지는 않는다. 비아그라는 그저 혈관 확장에 기여해 음경과 음핵에 혈액을 채워줄 뿐, 오히려 정신과 육체를 분리한다.

FDA 승인을 받고 나서 2015년 8월 뉴스에서 '여성용 비아그라'

로 보도된 플리반세린은 완전히 다른 제약적 접근방식을 취한 의약품이다. 상표명이 '애디Addyi'인 그 약은 스프라우트 파마슈티컬스의 제품이며 오직 뇌에서만 작용한다. 애디는 '다기능성 세로토닌 작용제 및 길항제'로 분류되는데, 이는 신경전달물질인 세로토닌의 수치에 우리가 완전히 알지는 못하는 여러 방식으로 영향을 준다는 것을 의미한다.[18] 물론 세로토닌은 항우울제, 항불안제, 항정신병제로 판매되는 많은 의약품이 목표로 삼는 동일한 신경전달물질이다. 심지어 제약회사인 스프라우트도 애디가 어떻게 효과를 내는지 알지 못하지만, 그들은 세 번째 시도에서 FDA를 설득할 수 있을 만큼의 사례를 정말로 축적했다. 그 사례들을 보면 '전반적인 성욕감퇴장애HSDD, hypoactive sexual desire disorder'라는 의학적 병명이 있던 일부 여성이 성욕 개선 효과를 정말로 봤다고 나온다.

그 제약회사가 실시한 연구에서 애디는 날마다 성 건강상의 이점을 보여주지는 못했다. 그러자 그 회사는 FDA에게 월 단위의 효과를 고려해달라고 설득하면서 애디가 '만족스러운 성적 경험'의 횟수를 정말로 늘린 듯 보였고 그 수치는 월 0.5~1회라고 했다.[19] 또한 그 정도면 그 약을 '효과적'이라고 보기에 충분하다고 했다. 애디를 복용하는 사람들은 술을 마시면 의식을 잃을 수 있으므로 어떤 술도 전혀 마시지 말라는 경고를 받는다(이상하게도 그 회사는 약과 알코올의 상호작용을 남성에게만 시험했다).[20]

비영리 여성운동 단체인 '아우어바디즈 아우어셀브즈Our Bodies Ourselves'의 공동 창립자인 주디 노시지언Judy Norsigian과 국민건강연구센터National Center for Health Research의 회장인 다이애나 주커먼Diana Zuckerman

은 애디에 대해 이렇게 완곡하게 표현했다. "자발적인 의식 상실은 제쳐놓고, 이 분홍 알약이 존재해 여성들의 상태가 나아지리라는 증거가 '매우 부족'하다."[21] 그들은 '이븐 더 스코어' 청원을 여성주의를 가장해 적절한 약품 안전성 시험을 교묘히 피해가려는 허울이라고 말했다.[22] 게다가 전국여성건강네트워크National Women's Health Network와 제이콥스여성건강연구소Jacobs Institute of Women's Health에서도 FDA의 애디 승인에 반대하는 입장을 공개적으로 밝혔다.

한편, 화이자Pfizer는 2004년에 비아그라를 여성에게 팔겠다는 생각을 공개적으로 접었다.[23] 당시 〈뉴욕타임스〉에 보도된 대로, 여성이 '남성보다 훨씬 더 복잡하다'는 이유에서였다. 여성에게서 더 흔히 나타나는 성욕 저하 문제는 성기에 혈액을 채움으로써 해결되지 않는다. 이 문제는 단순한 혈류 부족보다 한층 더 복잡하기에, 단순히 혈액을 성기 쪽으로 돌리기 위해 원인을 간과하면 위험해진다. 성욕 향상이라는 목적에 맞는 가장 참된 '여성용 비아그라'는 여성의 성 건강을 문화적 우선순위에 두는 것이지, 알약 하나로 나오지는 않을 것이다.

꽉 끼는 바지는 얼마나 위험한가요?

2015년 여름, 호주의 한 진원지로부터 스키니진에 대한 공포가 24시간 만에 주요 매체를 통해 전 세계로 날아들었다.[24] AP통신의 보도 내용은 다음과 같았다. 꽉 끼는 바지를 입은 어느 35세 여성이 친구가 짐 나르는 것을 도와주느라 바쁜 하루를 보내고 나서 발에 감각을 잃었다. 그러고는 다리를 절뚝거리다가, 발을 움직일 수 없는 사람들이 곧 잘 그렇듯이 그만 넘어지고 말았다. 그리고 몇 시간을 땅바닥에 꼼짝 없이 붙어서 일어나지 못했다. 그 여자는 로열애들레이드병원으로 실려 갔고, 의사들은 수술로 바지를 제거해야 했다.

"우리는 이 환자가 신경과 근육에 그토록 심한 손상을 입은 걸 보고 놀랐습니다." 당시 주치의였던 토마스 킴버는 그렇게 말했다. 킴버와 동료들은 장시간 압박으로 그 여자의 신경들이 서로 교신하지 못하는 상태, 이를테면 팔이 저릴 때의 극단적인 상황이 됐을 뿐 아니라, 익스

| 심각한 내출혈이 잘 일어나는 동맥 |

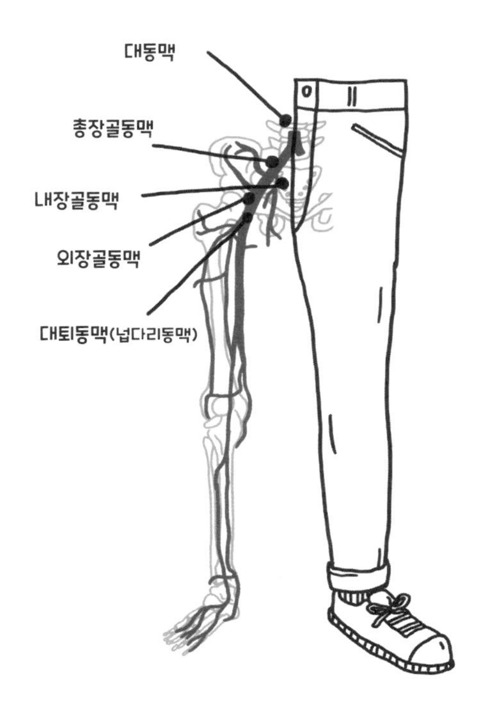

트림 스포츠 선수들에게서도 흔히 나타나는 횡문근융해증rhabdomyolysis•이라는 증상이 진행돼 다리의 근육 세포도 어느 정도 파괴된 것이라고 판정했다.

병원에 입원해 나흘을 보내고 다리가 무감각한 상태로 며칠이 더 지나자, 그 여자는 완전히 회복했다. 이 경우는 여전히 단 한 번의 괴이한 사례로 남아 있다. 의학저널들을 뒤지다 보면 거의 모든 의복이 사람을 다치게 한 이야기를 발견하게 된다. 그런데 심지어 이와 반대되는 사례도 있었다. 그럼, 스키니진의 초창기에 해당하는 1983년에 그 옷이 한 남자의 목숨을 구한 것으로 보이는 사례를 한번 살펴보자.

22세 청년이 교통사고로 골반이 으스러져서 런던의 웨스트민스터 병원으로 급히 이송됐다.[25] 훗날 의사들이 영국의학저널BMJ에 발표한 내용에 따르면, 당시 그 청년은 '꽉 끼는 청바지'를 입고 '폭이 7.5센티미터인 허리띠'를 하고 있었다. 골반뼈가 엄청나게 부서졌는데도 의식이 깨어 있었고 의료진과 대화도 했다. 그래서 25분 동안 의사들은 그가 '안정된 상태'라고 여겼다. 그러니까 그의 청바지를 벗겨내기 전까지는 그랬다. 그런데 청바지가 몸에서 제거되자마자 남자의 맥박이 뛰지 않았다.

의사들이 그를 급히 수술실로 옮겨 골반을 절개해보니 커다란 핏덩이들이 보이고 주요 혈관들에서 피가 계속 솟구쳤다. 대개 골반 부상 환자가 단순히 '내출혈'이라고 흔히 일컫는 증상으로 사망하게 되는 원인이 바로 이 (장골)동맥 손상이다. 마찬가지로 자동차 추돌로 골반

• 횡문근(가로무늬 근섬유로 이루어진 근육)이 손상되면서 세포 속의 근육 성분이 혈액으로 녹아드는 질환

이 으스러진 사람들은 살아서 병원에 도착하지 못할 때가 많다. 그러나 이 경우에는, 마치 상처의 출혈을 막으려면 그 부위를 압박하라고 배운 사람처럼, 꽉 조이는 청바지가 그렇게 지혈을 하고 응혈을 도왔던 것이다.

의사들은 상처 부위를 지혈할 수 있었고 결국 그 남자는 회복했다. 의사들은 더 나아가, 사례 보고서에서 외상 환자가 응급실에 도착하면 당장 옷을 잘라서 벗겨내는 것이 표준적인 관행이긴 하지만 그게 항상 현명하지는 않을 수도 있다고 동료 의사들에게 알렸다. 실제로 일부 군부대에서는 중상을 당한 후에 하반신 전체를 압박할 수 있도록 속에 공기를 주입해 팽창시키는 '쇼크 방지용 바지'를 배치해놓는다. 이렇게 하면 설령 부상병이 두 다리를 잃게 되더라도 뇌에 계속 공급할 수 있을 만큼의 혈액은 남아 있을 것이다. 그 의사들은 이 영국 청년의 사례처럼 "몸에 꼭 맞는 의복이 비슷한 기능을 수행할 수도 있으므로 중상 관리 측면에서 의복의 역할은 매우 중요할 수 있다"라고 썼다.

치료상 꽉 끼는 바지가 향후 도움이 될 수 있다 해도 가장 광범위한 건강 효과는 심리적인 것일지도 모른다. 뉴욕대학병원 성형외과에서 배포한 보도자료에 따르면, 꽉 끼는 바지의 유행은 소음순 축소 수술, 즉 소음순 성형술을 극적으로 증가시켰다.

그래, 나도 내가 이런 말을 하게 될 줄은 몰랐다. 하지만 뉴욕대학교 랑곤의료원의 홍보 담당자에게서 받은 이메일의 제목은 자못 명확했다. "꽉 끼는 바지가 성형수술을 유행시키고 있다." 나는 얼른 클릭해 내용을 봤다. 그리고 그렇게 소음순 수술 증가에 대해 알게 됐다.

미국미용성형외과학회American Society for Aesthetic Plastic Surgery에서 나온 수치에 따르면, 2013년에서 2014년 사이에만도 국내 소음순 수술은 '49퍼센트'가 증가했다. 그런데 그 이유가, 흠, 바지라고? 그 홍보 담당자는 내게 뉴욕대학병원 성형외과 전문의자 교수인 알렉시스 헤이즌Alexes Hazen에게서 자초지종을 들어보라고 권했다. 헤이즌은 음순의 모양과 크기 교정의 실질적인 전문가가 된 인물이었다. 나는 헤이즌에게 연락했다. 그녀의 얘기를 들어보니, '그게 정말 고통스러워 보이는 종류의 수술'이라고 한다. 성기의 감각신경 밀도가 거의 어느 신체 부위보다도 높기 때문이라는 설명도 뒤따랐다. 그렇긴 해도, 실제로 회복은 빠르다고 한다.

"하지만 그게 바지 문제는 아니에요. 아니죠." 그녀는 그렇게 말했다. 어라, 그건 내가 예상한 말이 아니었다. 홍보 담당자는 그녀가 기자들에게 그 이야기를 들려주는 데 관심이 있을 거라 짐작한다고 내게 말했었다. "저는 그게 꽉 끼는 바지 때문이라고 생각하지 않아요." 헤이즌은 또 그렇게 말하고는 이야기를 이어갔다. "사람들은 오랫동안 꽉 끼는 청바지를 입어왔고 운동할 때도 스판덱스 소재를 입잖아요. 제 생각에, 문제는 음모예요."

그래서 우리는 이제 음모에 대해 논하고 있었다. 골반에 관한 전문지식을 갖춘 성형외과 의사로서 헤이즌은 결국 미적 동향을 파악하게 된다. 그녀는 수술 급증 현상이 유행병처럼 번지는 소음순의 자연스러운 성장(그건 말도 안 된다)에 대한 반응이라고 믿어야 할 이유를 전혀 발견하지 못했다고 한다. 오히려 그녀를 바쁘게 하는 진료는 '15년이나 20년 전에는 여성들에게 음모가 있었는데 요즘 젊은 여성들에게는 음모가 거의 없다'는 사실에 전적으로 달려 있다.

헤이즌은 병원의 홍보 문구가 과장된 표현이라는 것을 인정한다. 그런데 그것은 겉보기에 기술이 의료 서비스를 주도하는 뚜렷한 사례다. 구체적으로는 두 가지 기술이 음순을 주목받게 한다. 첫 번째 기술은 레이저 제모다. 이것은 현재 음부에서 '아주 정말 흔하게' 이루어진다고 한다. 그 기술은 음순의 위상을 예전엔 상대적으로 보이지 않던 것에서 지금은 상당히 보이는 것으로 격상시켰다.

나머지 기술 하나는 인터넷이다. 많은 이들이 주장하듯이 인터넷은 사람들이 포르노를 쉽게 접하게 한다. 헤이즌은 소음순 수술 유행에 포르노의 역할이 지대하다고 말해도 절대 과장이 아니라고 한다. 그 산업은 매우 특정한 미적 이상을 만들어내고 오랫동안 지속시켰다. 하지만 이제는 헤이즌 말마따나 '인터넷에서 고양이와 관련된 것을 검색하다가 종국에는 포르노 사이트로 빠질 수 있기' 때문에 성기의 평화를 느끼는 마음속으로 특정한 미적 이상이 슬금슬금 들어오는 것을 막기 어렵다.

우리가 '미용'이라고 칭하는 성형수술 동향에 대한 거의 모든 기사 내용처럼 소음순 수술은 그런 꼬리표를 달고 시작한 것이 아님을 아는 게 중요하다. 헤이즌은 이렇게 말했다. "자전거 타기 같은 특정한 활동을 하거나 요가 바지 같은 특정한 옷을 입을 때 소음순 때문에 불편함을 느끼는 사람들이 항상 몇 퍼센트는 있을 거예요. 저는 그런 소음순을 기형이라기보다는 그저 과도하게 큰 소음순이라고 말해요."

최근 몇 년 동안의 성형수술 증가는 거의 미용 동기가 있는 사람들 사이에서만 있었지만, 소음순 성형술은 몇십 년 동안 훨씬 소수를 대상으로 신체적 고통을 완화하기 위해 시행됐었다. 뉴욕대학병원에서는 소음순 수술 환자의 10퍼센트 정도는 고통과 불편을 이유로 수술을 받는다. 내가 이야기를 나눠본 대부분의 성형외과 의사와 마찬가지로 헤이즌도 신체적 고통이 실존적 불안보다 정당하다는 뜻으로 말하는 것은 아니라고 급히 덧붙인다. 일차적인 기능상의 이유가 일차적인 미용상의 이유보다 꼭 정당한 것만은 아니다. 의사들의 말처럼, "외모도 정서적으로 불편을 초래할 수 있다".

그런 목적의 소음순 성형은 정말로 효과가 있는 듯 보인다.[26] 한 연구에서는 수술한 지 석 달 만에 환자의 91퍼센트에서 '성기외관 만족도Genital Appearance Satisfaction'라고 알려진 지표가 개선됐다는 결과가 나왔다. 이 척도는 자기 보고서self-report에 의존한다. 플라세보 대조군은 없었다. 조사 대상자 모두 자신이 수술을 받았다는 점, 그리고 소음순에 대한 느낌이 나아지게 돼 있다는 점을 알고 있었다. 자신이 느끼게 돼 있는 기분을 아는 것과 자신이 느끼게 돼 있는 기분대로 '느끼길 바라는' 것은 강력한 힘이다.

하지만 소음순 수술의 증가는 기술이 심리를 주도하고 의학이 되는 이야기만은 아니다. 그것은 광고가 무지를 주도하는 이야기이기도 하다. 닐슨 조사에 따르면, 뉴욕대학교 랑곤의료원은 2014년에 광고비로 2,200만 달러를 썼다.[27] 이 병원은 큰 병원들의 소비자 대상 광고가 급증하는 상황에서 전국을 주도하고 있다. 그런 광고 행위는 옛날에는 돌팔이 의사가 부리는 수작의 징표로 직업상 금기였지만 지금은 예삿일이 돼 빠르게 증가하고 있다.

그 광고비는 광고판과 광고 방송뿐만 아니라 기자들에게 영향을 미치려는 시도에도 쓰인다. 나는 꽉 끼는 바지에 대한 보도자료를 받았다. 뉴욕대학병원에서 돈을 받고 소음순 성형술에 관한 이야기를 퍼뜨리는 홍보 담당자가 보낸 것이었다. 그 목적은 내가 소음순 성형술의 놀라운 발전을 극찬하는 찬양 조의 기사를 반드시 쓰게 하는 것이 아니라 최소한 대중의 마음에 씨앗을 심는 것이다. 그 보도자료는 어떤 행위를 정상으로 만들려는 많은 씨앗 가운데 하나다. 결국 사람들은 소음순 수술을 받는 게 이상한 것 같다는 생각을 떨쳐낸다.

그리고 마침내 이렇게 생각한다. '흠, 나도 수술이 필요하려나?'

어찌 보면 온몸에 영향을 주는 요가 바지와 성기 불만족이라는 고민거리가 사람들의 관심을 끌고 클릭을 유도하는 이야기를 만들어낸 것은 당연하다. 앞에 나온 호주 여성의 이야기를 계기로 전 세계 언론 매체에서 사람들에게 스키니진의 위험성을 경고한 것도 똑같은 심리에서 나왔다. 여기서 교훈으로 삼아야 할 이야기는 바지에 관한 것이 아니라 언론 매체에 관한 것이다.

나는 그 홍보 담당자에게 다시 연락해 소음순 성형술의 급증이 꽉 끼는 바지 때문이라는 생각을 어디서 얻었느냐고 물었다. 그리고 그게 뉴욕대학병원 제일의 소음순 성형 의사에게서 나오지 않았다면 대체 누구에게서 나왔는지, 근거가 되는 연구 자료가 있기는 한지도 물었다.

홍보 담당자는 "제가 요가 바지와 소음순 성형술의 연관성에 대한 통계를 더 보내드릴 수 있도록 해볼게요"라고 대답하더니 이런 말을 덧붙였다. "그런데 그것을 정확히 평가하기가 어려울 수도 있어요."

나는 다시 이전에 받은 이메일들을 살펴보면서 어쩌면 이게 다 꿈이었나 하는 생각이 들었다. 혹시 내 바지가 너무 꽉 끼었던 건가, 아니면 충분히 꽉 끼지 않았던 건가 싶기도 했다.

우리 아이가 자기 몸과 성을 긍정적으로 이해하도록 도우려면 무엇을 할 수 있을까요?

제 생각에는 그게 이른바 '성을 긍정하는 육아sex-positive parenting'인 것 같거든요. 저도 아이들이 종종 성은 나쁜 것이라고 배우고, 음경이나 질 같은 말들이 어떤 반응을 얻는다는 것을 알게 돼서 주의를 끌려고 그런 말들을 사용한다는 걸 알아요. 아이들이 자기 몸을 두려워하지 않게 하면서 어떻게 그 경계를 가르칠 수 있을까요? 저는 그게 어린아이들이 자기 몸을 만질 때 꾸짖고 그만하라고 말하는 대신, 사적인 장소에서 해도 되는 행동과 공공장소에서 해도 되는 행동을 분명히 하는 문제라고 생각하거든요. 이 질문에는 대답하지 않으셔도 돼요. 제가 이미 답을 해버렸네요.

나는 성sex을 긍정하는 육아 개념에 관심이 많다. 아울러 색소폰sax을 긍정하는 육아에도 관심이 많은데, 이 육아법에서는 어린아이가 공공장소에서 색소폰을 연주할 때 아이 손에서 그것을 확 떼어내기보다는 실제로 격려해줘야 한다.

자궁 외 임신이 어떻게 어깨 통증을 일으키나요?

자궁 외 임신은 엄밀히 말하면 자궁 밖 다른 곳에서 임신이 된 상태를 의미한다. 난자는 난소에서 떠내려와 나팔관(난관)을 거쳐 자궁 안으로 들어가게 돼 있다. 그런데 난자가 도중에 나팔관 안에 걸린 상태로

정상적인 임신

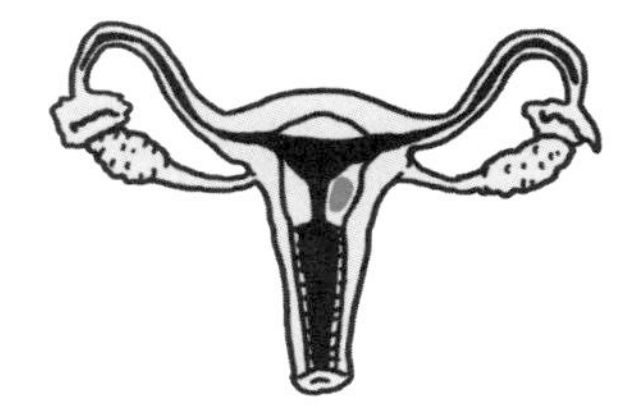

자궁 외 임신

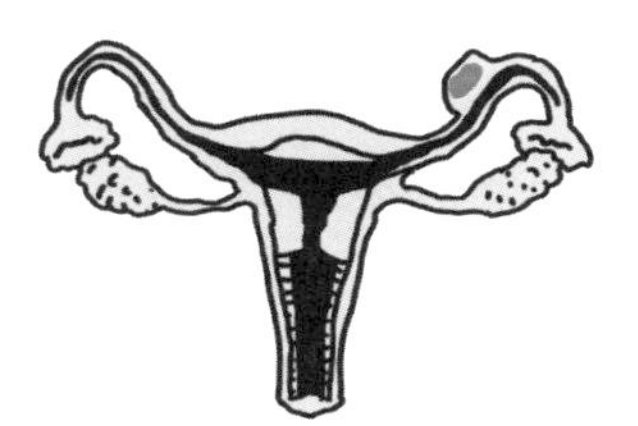

태아가 살아남을 수 없다
산모의 생명을 위협하는
합병증을 일으킬 가능성이 있다

수정되면 나팔관 벽에 착상하는 수가 있다.
이는 아이가 살아서 태어날 수 있는 임신이 결코 아니며 종종 산모의 생명에 위협이 된다. 자궁 외 임신 부위는 한번 파열되면 복강 안으로 피가 쏟아진다. 이때 내장기관은 대부분 통증을 느끼지 못하지만, 어깨에 감각을 전달하는 신경이 혈액으로 자극될 수 있는 부위인 횡격막을 따라서도 작용한다. 이런 자궁 외 임신은 미국에서만도 해마다 약 20만 건이 발생한다. 어깨 통증은 때때로 이런 의료적 응급 상황에 나타나는 첫 번째 징후다.

의사들은 성전환에 대해 교육과 수련을 받나요?

라일 “캑” 쿡Lyle “Cac” Cook● 은 미국의 컨트리 가수 윌리 넬슨에게서 훔

● ‘캑(병)’이라는 별칭을 성인 ‘쿡(요리사라는 뜻이 있음)’ 앞에 붙여서 ‘병을 요리하는 사람’이라는 이름이 됨

친 것 아닌가 싶은 잿빛 말총머리를 하고 있다. 하지만 쿡은 도둑질하는 유형의 사람은 아닌 것 같다. 그의 동료들은 그를 '닥터 쿡'이라고 내게 소개했지만, 그가 나와 악수하면서 웃는 얼굴로 제일 먼저 한 말이 "저는 의사가 아니에요"였기 때문이다.

2014년 무렵 쿡은 캘리포니아주의 치코Chico라는 소도시에서 자신의 진료소를 운영하며 이름을 날리고 있었다. 작은 지역 사회에서 그런 명성은 순식간에 찾아왔다. 그는 트랜스젠더 환자 진료라는 일종의 전문 분야에서 성장하게 된 의사 보조사PA, physician assistant다. 일차진료 의사 부족 문제가 가장 심각한 많은 지역에서는 의사 보조사들이 거의 자주적인 위치에서 환자 진료의 폭넓은 역할을 맡는다.

특히 트랜스젠더 환자 진료는 그가 원래 하려고 했던 분야는 아니었다. 첫 번째 환자가 그의 진료실을 찾은 게 불과 2년 전 일이었다. 트랜스젠더 딸의 진료를 위해 병원을 찾던 어머니가 환자를 데려온 것이었다. 쿡은 어떻게 해야 할지 전혀 몰랐다. 2007년에 대학원 과정을 마치기 전까지 수업 시간이나 병원 실습에서 트랜스젠더의 건강과 관련된 내용은 접한 적이 없었다(트랜스젠더 건강 영역은 나 역시 2009년에 의학 전문의 과정을 마치고 의사 면허를 따려고 했을 때 능력을 입증해야 하는 분야가 아니었다. 하지만 지금은 일부 학교에서 그 분야를 의대 교과 과정에 통합하기 시작했다). 남성으로 태어났지만 딸이 된 자식과 함께 찾아온 여성을 도와야겠다는 동기가 생긴 쿡은 세계트랜스젠더건강협회World Professional Association for Transgender Health에서 발행한 자료들을 통독했다. 하지만 이런 상황에는 완전히 준비돼 있지 않았기에 남쪽으로 차를 몰아 샌프란시스코까지 가서 트랜스젠더 환자들을 치료해온 한 의사를 계속 따라

다니면서 자신의 환자에게 무엇을 해야 할지, 그리고 심지어 무슨 말을 해야 할지도 배웠다.

"이 분야는 항상 존재했지만 딱히 이렇다 할 명칭은 없었어요." 쿡은 현재 그가 진료 일을 보는 사우스로스앤젤레스 세인트존스병원의 트랜스젠더 건강 프로그램을 위한 안쪽 업무 공간에서 그때를 회상하며 내게 말했다. 그로부터 몇 년이 지나 그는 전국에서 거의 어떤 의료인보다도 트랜스젠더 환자를 많이 만나본 사람이 됐다. "제가 듣는 이야기들에서 비슷한 점은, 특히 나이 든 환자들에게서 그런 경향이 있는데, 그들이 자신이 어떻게 느끼는지에 대해 한마디도 하지 않았다는 거예요. 그들은 자기가 정상인 것처럼 느꼈으니까요. 누가 그들이 비정상이라고 지적하면 그제야 그들은 당황하면서 '나는 잘못됐어', '내게 뭔가 문제가 있어'라고 깨달았어요. 우리는 태어날 때부터 사내아이나 여자아이라는 말을 들어요. 아기가 나올 때 누군가의 입에서 가장 먼저 나오는 말이죠."

작심한 쿡은 트랜스젠더 환자들을 치료하고 있던 새크라멘토의 한 의료진과 비공식적으로 수련을 시작했다. 그래서 금요일 저녁마다 치코에서 교대 진료를 마친 뒤에 한 시간 반을 운전해 주도洲都인 새크라멘토로 가서 그 의료진과 함께 환자들을 만났다.

마침내 그는 그 젊은 여성 환자에게 에스트로겐 치료를 제공하는 일이 편안해졌다. 그리고 곧이어 그에게 진료를 받으려고 찾아오는 트랜스젠더들이 다섯 명에서 열 명, 스무 명으로 늘어났다. 인구 8만 명의 치코라는 작은 지역 사회인데도 긴급한 진료를 받으러 오는 트랜스젠더 환자들이 금세 50명이 됐다. 그들은 그전까지 치료를 받지 못했거나, 아니면 차로 세 시간 반 거리인 샌프란시스코나 새크라멘토까지 가서 정기 진료를 받고 있었다. 쿡은 그런 현실을 이 의료 서비스가 정말 얼마나 필요한지를 보여주는 징표로 여기고는 큰 관심을 가졌다.

그러던 중 쿡의 환자 중 한 명이 로스앤젤레스로 이사했는데, 자신을 진료해줄 사람을 찾지 못해 어찌할 줄을 몰라 치코에 있는 쿡에게 다시 연락했다. "저는 그렇게 큰 도시인 LA에는 정말 가고 싶지 않았어요." 쿡은 내게 그렇게 말하면서 이야기를 이어갔다. "하지만 조사를 좀 해보고는 그곳에서의 엄청난 필요성을 깨달았죠. 아내와 저는 그 문제를 상의해 그게 우리가 해야 할 일이라고 판단했어요."

현재 쿡은 세인트존스병원에서 트랜스젠더 환자 진료에 모든 시간을 쓴다. 그는 호르몬제를 투여하고, 수술받을 수 있는 곳을 소개해주며, 일반적인 건강 문제를 상담하고 치료한다. 예를 들면, 2015년 9월에 내가 그를 따라다니면서 진료 과정을 지켜보던 어느 날 그는 한 환자에게 당뇨가 있다는 사실을 알려줘야 했다.

세인트존스병원의 원장이자 CEO인 짐 만지아에게는 이 진료소에서 쿡을 제외한 전 직원이 트랜스젠더라는 점이 중요했다. 이곳의 운영자인 다이애나 펠리스 올리비아Diana Feliz Olivia의 이야기는 공통의 정체성이 왜 그렇게 중요한지를 말해준다.

올리비아는 컬럼비아대학교에서 사회사업 석사 과정을 마치고 나서 뉴욕 퀸스 지역에 있는 히스패닉에이즈재단Hispanic AIDS Foundation의 트랜스젠더 프로그램 코디네이터가 됐다. 그녀는 한동안 그 일을 했다. 하지만 할렘Harlem에 살고 있었기 때문에 퀸스로 통근하는 일은 고역이었다. 그리고 마음 한편에는 맨해튼에서 살면서 일하고 싶다는 바람이 늘 있었다. 캘리포니아주 프레즈노Fresno에서 자란 올리비아는 '완전한 뉴욕살이'를 하고 싶었다(그녀는 그런 마음을 이렇게 표현했다. "약간은 사라 제시카 파커●가 돼보고 싶었어요.").

그러던 차에 때마침 뉴욕시에서 가장 큰 HIV 옹호 단체인 '하우징 웍스Housing Works'●●에서 트랜스젠더 프로그램 코디네이터를 찾는다는 구인 공고가 떴다. 그래서 그 일을 맡은 올리비아는 2년 동안 완전한 뉴욕살이를 경험했다. 그런데 그때 프레즈노에 있는 어머니에게서 예상치 못했던 연락이 왔다. 올리비아는 당시 어머니가 '이제 모녀 관계를 시작할 준비가 됐다'고 말한 것을 생생하게 기억한다. 2003년 올리비아가 트랜스젠더로 커밍아웃했을 때 어머니는 그 사실을 받아들이지 못했었다. "저는 캘리포니아를 떠나야 했어요. 엄마가 아들을 잃고 딸을 얻은 현실을 감당할 수 있도록 말이죠." 올리비아는 그때의 기억을 떠올리며 그렇게 말했다.

어머니가 올리비아에게 캘리포니아로 돌아와달라고 했을 때 올리비아는 맨해튼 드림을 포기하고 어머니와 함께하기 위해 고향으로 돌아갔다. 그녀는 시골 농장 노동자들에게 의료 서비스를 제공하는 연방정부 인증 의료기관에서 일을 시작했다. 3년이 지나자 가족 간의 상처도 치유됐고, 마침 만지아에게서 세인트존스병원의 트랜스젠더 건강 프로그램을 이끌어달라는 제의가 들어왔다. 올리비아는 그것이 일생일대의 기회임을 알았다. 그래서 그 팀을 이끌기 위해 LA로 이사

● TV 시리즈 <섹스 앤 더 시티>의 주연 배우

●● 에이즈에 노출된 수많은 노숙자에게 안정적인 주거 공간을 지원하는 비영리 단체로, 시민들의 기증 서적과 물품으로 서점과 중고품 가게 체인을 운영함

했다.

올리비아는 라틴계 트랜스젠더 1세대라는 자신의 정체성이 이 진료소의 성공에 결정적이라고 믿는다. 그녀는 환자들이 처음에는 병원에 오기가 두려웠을 수도 있지만 막상 와보면 이렇게 생각할 거라고 했다. "흠, 여기엔 나처럼 보이고, 나처럼 말하고, 나처럼 행동하는 사람이 있네." 올리비아는 이런 말을 덧붙였다. "환자들은 병원에 자신과 비슷해 보이는 직원들과 의료인들이 있을 때 더 환영받고 더 안전하다고 느낀답니다."

구강성교로도 매독에 걸릴 수 있나요?

여기서는 트랜스젠더 진료소에서 익명을 요구한 한 환자를 클레어라는 가명으로 부를 것이다. 클레어는 자신의 검사를 위해 마련된, 형광등이 켜진 방에서 티슈로 덮인 탁자에 앉아 쿡과 나를 올려다보면서도 쾌활함을 전염시키는 여성이었다. 그녀는 침대에서 막 나온 것 같은 자신의 몰골에 대해 변명하면서 "저는 오늘 아침엔 수염 난 여자예요"라는 농담을 툭 던졌다.

몇 주 전, 클레어는 입이 하얗게 변했다. 그녀는 아구창鵝口瘡 oral thrush이라고 자가 진단을 내렸는데, 입안이 심하게 허예지는 증상의 가장 흔한 이유가 단연 아구창이었기 때문이다. 그 병의 원인은 곰팡이균인 '칸디다 알비칸스candida albicans'의 과도한 증식이다. 이 균은 정상적인 구강 마이크로바이옴이 손상됐을 때 구강 전체로 퍼진다. 그래서 곰팡이 플라크가 입안을 온통 허옇게 칠해놓는다.

사람 입안의 축축하고 어두운 막은 실제로 곰팡이에게 훌륭한 서식지다. 그런데 곰팡이가 끊임없이 증식하지 않는 이유는, 이를테면 우리 입안이 말을 내뱉는 둥그런 블루치즈처럼 되지 않는 이유는 두 가지다. 첫째는 수십억의 세균이 영양분을 차지하려고 그 곰팡이균과 경쟁한다는 것이고, 둘째는 우리의 면역계도 칸디다균의 과도한 증식을 억제한다는 것이다. 하지만 면역계가 손상됐을 때나 정상 세균이 고갈되거나 취약할 때, 이런 일은 항생제 복용 후에 자주 발생하는데, 칸디다균이 '승자'가 될 수 있다. 그러면 칸디다균은 혀와 양 볼 안쪽에 달라붙는 허연 생물막 biofilm을 만들어내면서 승리를 자축한다. 그 생물막은 수분을 빨아들이고 입안을 건조하게 하고서는 식도를 따라 내려가기 시작한다.

클레어는 그런 일이 발생하기 전에 세인트존스병원에 와서 쿡에게 가글용 항진균제를 처방받았다. 그리고 여전히 대중적인 '항칸디다 식단 anti-candida diet'을 계속 유지했다. 이 식이요법은 수년 동안 과학적으로 철저히 배격당했음에도 불구하고 인터넷으로 널리 퍼진 솔깃한 질병 퇴치 식단 가운데 하나다. 이 식단은 그 곰팡이균이 살아남으려면 당분이 필요하다는 생각에 근거를 둔다. 그래서 '칸디다균을 굶어 죽게' 하려고 생채소와 건강한 기름류만 먹어야 하며 어떤 명확하지 않은 이유로 카페인도 삼가야 한다.[28] 이는 마치 영양상의 화학요법 같아서, 그 곰팡이균은 죽되 사람은 죽지 않을 때까지 사람을 허기지고 낙이 없는 극한으로 몰아붙인다.

값싸고 효과적인 항진균 치료가 존재하는데 그러고 있다니 안타깝다. 저렴한 가글제를 쓰면 며칠 동안 매일 두 번 1분씩 입을 헹구기만 하면 된다. 그러는 기간에도 적당한 열량의 균형 잡힌 식사를 계속 즐길 수 있다. 게다가 커피를 마셔도 된다. 가글용 항진균제 성분은 입안이 곰팡이로 가득한 상태와 마찬가지로 '부자연스럽지' 않다.

가글제를 사용하고 나서 클레어의 구강은 분홍색으로 돌아왔고, 그 안의 미생물 생태계도 균형을 되찾았다. 하지만 아구창에 대한 수많은 이야기가 그렇듯이, 이 이야기도 실제로 아구창에 관한 것이 아니었다. 곰팡이균은 대개 전조다. 그 후로 클레어는 발진이 생겼는데, 손바닥과 발바닥에도 생겼다는 점에서 드문 경우였다. 내가 클레어를 만나기 이틀 전에 그녀는 이미 병원에 와서 쿡에게 그 증상을 보여줬었다. 쿡은 사려 깊게 혈액 검사를 했다. 클레어는 '정말 아주 심한' 근육통을 좀 앓고 있었지만 그것 말고는 괜찮았다. 쿡은 그녀에게 라임병과 매독 검사를 했다. 그 후 그녀에게 전화를 걸어 검사 결과를 알려주고는 병원에 다시 와야 한다고 말했다.

"저에게 매독 양성 반응이 나왔어요." 클레어는 그렇게 말하고는 불안해하며 내게 그 이야기를 들려줬다. "그건 말도 안 되는 결과였어요. 저는 적극적으로 성관계를 하는 사람이 아니거든요." 그녀가 마지막으로 성적 접촉을 한 것은 6개월 전쯤이었다. "저는 이야기를 좀 나눴던 남자와 정말로 가볍게 놀았어요. 완전히 삽입하는 섹스는 절대 아니었고요. 완전히 까놓고 의학적으로 말하면, 저는 그를 고작 30초 정도 입안에 물고 있었어요. 우리는 같이 술을 마셨고, 4주 동안 만났어요. 제가 매독에 대해 조사했는데, 보아하니 그걸로도 충분히 가능하더라고요. 만약 사정 전에 쿠퍼액이 나왔다면요. 그런데 말이죠. 그가 갑자기 연락을 끊고 사라졌지 뭐예요. 그날 밤 이후로요."

매독은 구강성교를 통해 감염될 수 있다. 남성 간에 감염되는 경우가 대부분이다 보니 매독은 개인의 해부학적 성이 의사의 진단 과정에서 정보가 될 수 있는 질병이다(마찬가지로 전자 의료 기록 시스템도 종종 쿡에게 여성으로 입력된 모든 환자를 대상으로 자궁경부암 검사를 권하라고 잘못 알려준다).[29]

발진은 매독의 두 번째 단계에서 나타나는데, 클레어는 그것을 알고 있었다. 요즘 환자의 전형인 그녀는 자신이 받은 특정 진단에 대해 하룻밤 사이에 전문가가 됐다. "우리가 지금 그걸 발견해서 정말 다행이에요." 그녀는 내게 그렇게 말했다.

스피로헤타spirochaeta과에 속하는 세균이 일으키는 매독은 그것이 기록된 역사만큼이나 오랫동안 인류와 함께해왔다. 지금도 매년 그 병에 걸리는 미국인만 해도 5만 명이 넘는다.[30] 그리고 미국의 매독 환자 수는 지난 10년 동안 거의 곱절이 됐다.

"첫 단계에서 나타나는 증상이 전부 발생했다는 걸 이제야 깨닫네요. 탈모도 기억나세요?" 그녀는 쿡을 쳐다보면서 계속 말했다. "저는 탈모도 증상일 수 있다는 건 상상도 못 했어요. 스트레스 때문이라고 생각했죠."

그 또한 그렇게 넘길 수 있는 일이었다. 클레어는 처음에 하마터면 매독 검사를 거부할 뻔했다. 왜냐하면 그게 '자신이 저주하는 그 역겨운 말'인 '매독'일 리 없었기 때문이다. 하지만 지금 그녀는 '감사한 마음 이상'이라고 말한다. 그녀는 자신의 증상이 매독일지도 모른다는 애초의 소견을 듣고 비웃었던 일에 대해 나머지 병원 직원들에게 사과를 전해달라고 쿡에게 부탁했다. "왜냐하면 제가 정말 너무나 골치 아픈 상황에 놓일 수도 있었으니까요. 이젠 자존심이고 뭐고 전부 기꺼이 내려놓을래요."

첫 번째와 두 번째 단계의 매독 치료에는 간단하고 효과적인 방법이 있다. 바로 페니실린이다. 쿡은 처방전을 써줄 준비가 돼 있었지만 클레어에게 그와 관련된 질문이 하나 있었다. 클레어는 예전에 아목시실린amoxicillin을 복용하고 나서 입 주변에 여드름이 난 적이 있었다. 그때는 여드름이었던 것 같은데 어쩌면 두드러기였을까, 의문이 든 것이다. 그녀는 그게 아목시실린과 관련이 있는지, 그러면 알레르기 때문에 페니실린을 복용할 수 없다는 뜻이 되는지 물었다.

"가장 최악의 사태는 뭔가요?" 그녀가 물었다.

"음, 죽는 거겠죠?" 쿡은 약간 농담조로 대답했다. 그건 사실이지만 그럴 가능성은 없다. 대략 열 명 중 한 명꼴로 페니실린 알레르기가 있다고 보고되지만 실제로 그런 사람들은 훨씬 적다. 의사들은 단지 안전을 위해 그런 의학적 병명을 많이 붙여준다. 그런 두드러기를 사진으로 찍어놓지 않은 환자를 맞닥뜨렸을 때 특히 그렇다(이 책에서 내가 전하고 싶은 조언이 하나 있다면, '향후 참고용으로 자신의 두드러기 사진을 찍어두라'는 것이다. 핀터레스트Pinterest●에 올리는 것은 선택사항이다).

아목시실린은 페니실린과 비슷하게 작용한다는 점에서 같은 계열의 항생제다. 의사들은 항생제 계열 중 하나에 알레르기가 있으면 그 계열에 모조리 알레르기가 있다는 의미로 가정하라고 교육받는다.

● 미국의 이미지 검색·공유 소셜미디어 플랫폼

실제로 페니실린 알레르기라는 의학적 병명이 붙은 사람들은 대부분 아목시실린을 복용하거나 심지어 페니실린 자체를 복용한 후에도 이상 반응을 거의 겪지 않는다. 다만 나중에 심각한 합병증이 발생할 수도 있어서 조심하는 것이다. 소수이긴 하지만 면역계가 격렬히 흥분하는 일이 생기는 사람들에게는 항페니실린antipenicillin 반응이 갑자기 폭발적으로 일어나면서 우연히 목구멍이 막히고 심장이 멈출 수 있다.

매독을 치료하기 위해 페니실린을 사용하는 것은 귓병을 치료하기 위해 일주일 동안 경구용 페니실린을 소량 복용하는 것과는 다르다. 매독 치료용 페니실린은 근육에 단 한 번 주사된다. 효과를 보기 위해 일주일 치 복용량이 한 번에 들어가는 것이다. 이 경우에 알레르기 증상은 더 심해질 테지만 페니실린 치료는 중단되지 않는다.

결국 클레어와 쿡은 가능성이 있지만 실제론 그렇지 않은 발진이 페니실린을 포기할 만큼의 근거가 되지는 않는다고 결론을 내렸다. 다른 항생제들은 효과가 있긴 하지만 자체적인 위험이 따른다. 클레어는 페니실린 처방전을 들고 활기찬 발걸음으로 떠났다. 헤어질 때 그녀는 내게 자신이 얼마나 멋진지에 대해 써달라고 부탁했다. 내가 의대생이었을 때 소문대로라면 내 동료 중 하나가 건강 검진 중에 한 환자의 가슴을 칭찬했다가 퇴학당한 일이 있었다. 따라서 그 문제는 나의 의학적 평가 영역 밖이긴 하지만, 클레어가 자신의 경험을 완전히 솔직하게 공유해준 덕에 다른 사람들이 성매개감염에 대해 지금보다 더 많이 알 수 있게 해주었으므로 그녀는 멋졌다.

제 생식기의 세포들이 어떻게 다른 사람의 뇌를 만드나요?

지금 아기 얘기를 하는 건가요?

… 네, 아기요.

나는 이것이 우리가 어떻게 재생되는지에 대한 질문으로 시작된다고 생각한다. 예를 들어 적혈구는 90일 동안만 살다가 죽는다. 그런데 "우리는 왜 혈액이 바닥나지 않을까?"

러시아에서 미국으로 망명한 조직학자 알렉산더 막시모프Alexander Maksimov는 자신이 찾던 대상을 끝내 찾아내지는 못했지만, 우리가 평생 다른 종류의 세포에서 나오는 '줄기세포stem cell'를 지니고 다녀야 한다고 생각했다. 1908년에 그는 다른 종류의 세포가 될 수 있는 세포를 가리키는 바로 그 용어를 만들어냈다.

일단 우리가 골수에 줄기세포가 있다는 것은 알았다 해도 자궁 안에 있는 아주 작은 세포 덩어리 하나가 어떻게 심장과 뇌와 뼈를 가진 사람이 되는지는 전혀 설명하지 못하고 있었다. 그러다가 1981년이 되어서야 비로소 샌프란시스코에 있는 캘리포니아대학교의 발생생물학자 게일 마틴Gail Martin이 어떤 종류의 체세포도 될 수 있는 유형의 세포가 존재한다는 것을 발견했다. 이렇게 최초로 알려진 줄기세포는 많은 능력을 지녔다는 의미의 '다능성pluripotent 또는 만능' 줄기세포였다(혹시 더 포괄적으로 사용될 만한 단어가 있다면 그 수식어를 붙여줘야 할 것이다).

줄기세포는 빈 석판이다. 줄기세포 하나가 손톱이 돼 잘려나갈 수도 있고, 심장박동조율세포가 돼 남아 있을 수도 있다. 뇌세포가 되지 않고 지루한 담낭세포가 돼 (비유라기보다는 말 그대로) 담즙을 저장하고 퍼내는 일을 할 수도 있다.

호르몬의 영향을 받는 환경이 세포들에게 특정한 구조와 기능을 발달시키라고 알려주기 전까지는 우리 모두 완전히 줄기세포인 배아로 시작한다. 그런 환경은 핵심이자, 신흥 분야인 '후성유전학epigenetics'의 영역이다. 후성유전학은 유전자의 발현 과정에 영향을 미치는 환경의 역할을 조사하는 학문이다. 예를 들면, 동일 유전자를 지닌 쌍둥이가 어쩌면 그렇게 다른 모습이 될 수 있는지, 모든 인간은 어떻게 DNA를 99퍼센트 공유하면서도 그렇게 저마다 특별할 수 있는지 등의 문제를 연구하는 것이다. 개성은 유전자 자체보다도 유전자가 작동하게 되는 방식(어떤 배열과 중요도로 활성화 또는 비활성화하는지)과 훨씬 더 관련돼 있다. 후성유전적 영향이 매우 강력하다 보니, 정확히 동일한 DNA를 가진 세포들이 신경, 뼈, 근육 등이 될 수 있다.

하지만 이 세포들은 줄기세포로 다시 돌아가지 않고 필연적으로 노쇠를 겪는다. 노쇠는 아프고 허약한 상태로 떨어진다는 것을 함축하는 노화의 생물학적 용어다. 바로 이런 까닭에 아기가 늙어가는 두 몸의 산물임에도 불구하고 노화의 징후가 전혀 보이지 않는 장기들을 가지고 있다는 사실이 참으로 흥미롭다.

그 비결은 우리가 난소와 정소에 생식세포라고 알려진 세포들을 지니고 있다는 것이다. 그 생식세포들은 난자세포와 정자세포를 만들어내는데, 그 두 세포가 결합해 줄기세포를 형성한다. 그리고 그 생식세포들은 노화를 겪지 않는다.

노화는 일반적으로 '텔로미어telomere(염색체 말단의 뚜껑 같은 부분)'의 길이가 짧아지는 현상으로 보인다. 텔로미어는 세포가 분열할 때마다 점차 줄어든다. 결국 텔로미어가 짧아질 대로 짧아지면 그 세포는 더 분열하지 못하고 죽는다. 그러나 생식세포 내 텔로미어는 짧아지지 않는다. 세포 안에 텔로미어를 복구하는 효소가 들어 있기 때문이다. '텔로머레이스telomerase'라 불리는 그 효소는 우리 몸의 다른 모든 세포에서는 거의 발견되지 않는다.

생식세포들은 언제나 새로운 염색체로 죽음과 불멸의 연결 고리를 보여준다. 이제는 누가 "불멸의 열쇠가 바로 여기에 있습니다"라고 알리면서 손짓으로 자기 사타구니 안쪽의 생식세포를 가리키면 그것은 틀릴 수도 있지만 틀리지 않을 수도 있다.

그래서 우리 몸이 늙지 않는 세포들을 만들 수 있고 정말로 만들어 낸다면 왜 모든 세포에 대해 그렇게 하지 않을까?(최소한 얼굴에 있는 세포라도 좀 하지.)

그리고 죽지 않는 세포가 물리적으로 가능하다는 것을 알게 된 마당에 우리는 모든 세포를 죽지 않게 하는 방법을 찾을 수 있을까?

그리고 만약 그럴 수 있다면 그렇게 해야 할까?

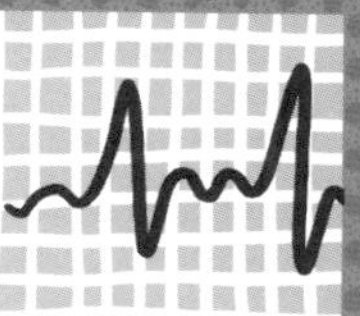
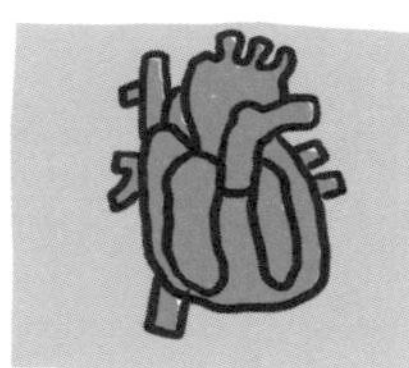

6장

지속

죽음

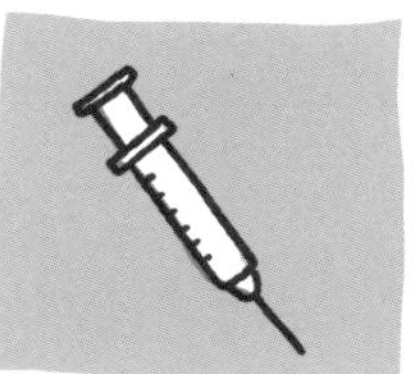

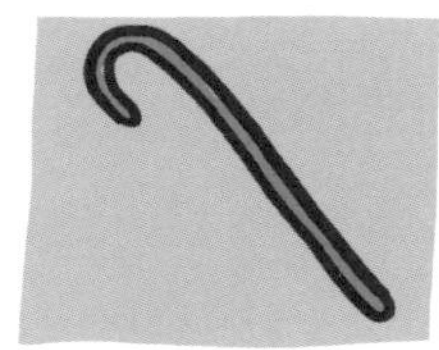

어느 흐린 일요일 아침, 맨해튼 어퍼웨스트사이드Upper West Side에 꼬마 친구들이 라피 코펠런 주위로 모여들었다. 아직 3월 초여서, 방긋 웃고 있는 분홍빛 얼굴 피부만 드러낸 채 옷을 잔뜩 껴입은 라피의 모습은 마시멜로 같았다. 라피는 일곱 살치고는 키가 작다. 먹는 일은 언제나 고역이었다. 음식을 삼키면 식도가 손상되고 그렇게 생긴 상처로 식도가 좁아진다. 라피의 몸집 정도 되는 사람이라면 보통 식도 지름이 16밀리미터이지만, 라피의 식도는 2밀리미터까지 좁아진다. 그래서 거의 몇 달마다 '풍선확장술balloon dilation'이라고 알려진 시술을 받기 위해 입원한다. 그러면 시술명 그대로 관상동맥에 하는 것과 비슷하게 소화기내과 의사가 라피의 목구멍에 의료용 풍선을 떨어뜨리고 부풀려서 라피의 식도 직경을 강제로 늘린다. 그런 다음, 일단 풍선에 바람을 빼고 그것을 제거하면 음식이 목구멍을 통과할 수 있게 된다. 적어도 식도 조직에 다시 상처가 나서 식도가 좁아지기 전까지는 그렇다.

라피는 이모의 손을 잡고 축제 인파를 헤치며 나아갔다. 아직 겨울바람이 허드슨강에 채찍을 휘두르고 있었지만, 100명쯤 되는 사람들이 자선 모금을 위한 '펀런fun run' 행사에 참여했다. 그들은 수포성 표피박리증 연구 기금을 모으려고 그곳에 왔다. 많은 이들이 라피와 그 가족을 잘 알고 있었다. 사람들은 '라피의 달리기Rafi's Run'라고 불리는 행사를 위해 마련된 흰 티셔츠를 입고 있었는데, 그 티셔츠는 연대의 의미로 안쪽을 바깥으로 뒤집어서 글씨를 인쇄한 형태로 디자인됐다. 티셔츠 안쪽을 따라 이어진 솔기가 라피의 살갗을 벗겨낼 수 있기 때문이다.

브렛 코펠런은 5년 전에 이 달리기 행사를 시작했다. 그의 딸이 이

만큼 오래 살게 된 것은 예상치 못한 일이었다. 콜라겐은 우리 몸 어디에나 있는 단백질이어서 수포성 표피박리증의 증세처럼 그것이 파괴되거나 사라지면 거의 모든 신체 부위에 고통이 찾아온다. 라피가 태어났을 때 브렛은 '치료의 희망'은 보이지 않고 '평생의 고통'과 '재정적 파탄'이 머릿속에 그려졌다고 했다. 그는 전 세계에 있는 모든 연구자를 개인적으로 만나서 역사상 시행됐던 모든 임상 시험에 관해 배워나가기 시작했다(그것은 달성 가능한 목표였다).

"이 병에 걸린 아이들은 유사합지증pseudosyndactyly이라고 하는 증세 때문에, 그러니까 손가락들이 서로 붙어버려서 결국 양손을 못 쓰게 돼요. 수술을 받으면 손가락 사이가 벌어지고 손가락이 펴집니다. 하지만 그렇게 하려면 수술 과정에서 피부를 어느 정도 잃을 수밖에 없답니다." 브렛이 내게 들려줬다.

게다가 라피에게는 빈혈과 심장비대증도 있다. 브렛은 미네소타대학교의 소아학 교수이자 골수이식 시험을 하는 존 와그너John Wagner를 찾아냈다. 이보다 희망적인 것은 없다고 본 코펠런 가족은 맨해튼에서 미네아폴리스로 이사했다. 2009년 10월, 라피는 전 세계에서 '골수를 완전히 억제'하고서 골수이식을 받은 여덟 번째 아이가 됐다. 이 얘기는 라피가 골수 줄기세포를 죽일 정도의 화학요법을 받고 나서 일단 골수가 죽은 다음에 와그너가 (독일에서 태어난) 신생아에게서 기증받은 탯줄 혈액(제대혈)을 라피에게 주입했다는 뜻이다.

"너무나 끔찍한 과정이었어요." 브렛은 그때 일을 떠올리며 말한다. 라피는 자신의 면역계가 사라진 기간에 림프종에 걸렸고 폐렴으로 거의 죽을 뻔도 했다. 그렇게 약 1년 반을 병원에서 보냈다. 그래도 라피의 몸은 새로운 세포들을 거부하지 않았고, 그 세포들은 Ⅶ형 콜라겐을 생성하기 시작했다. 그러나 뭔가 확실치 않은 이유로 그 양이 충분하지 않았다. "라피에게 좀 덜 심한 형태의 병을 준 셈이 됐죠." 브렛은 그렇게 말하면서 이런 말을 덧붙였다. "애초에 우린 라피와 9년을 함께할 수 있을 거라 생각했는데, 어쩌면 시간을 몇 년 더 사게 된 건지도 모르겠어요."

그들은 뉴욕으로 다시 이사했다. 그리고 브렛은 2011년에 수포성 표피박리증 연구협회를 운영하는 데 전념했다. 라피의 달리기 행사 수익금 중 일부는 미네소타대학교로 돌아갔는데, 그곳의 연구자들은 최근에 대단히 획기적인 발전을 이뤄냈다. 수포성 표피박리증 환자의 세포에서 유전자 코드(유전 암호)를 편집해 돌연변이가 일어난 DNA 부분을 교체할 수 있게 된 것이다.

그렇게 대체된 세포들은 Ⅶ형 콜라겐을 정상적인 양으로 생성하기 시작했다. 브렛은 이 연구 분야의 잠재력에 대해 나에게 열변을 토했다. 흔히 '유전자 치료gene therapy'라고 알려진 이 요법은 환자의 DNA를 바꾸기 위해 가령 HIV(인간 면역 결핍 바이러스) 같은 레트로바이러스retrovirus에서 발견된 기술을 차용하게 된다. 라피의 경우에는 돌연변이가 일어난 유전자를 제거하고 Ⅶ형 콜라겐을 생성할 수 있게 해줄 유전자를 대신 넣어주는 것을 의미한다. 미네소타대학교에서 이 방법은 효과가 있었지만, 단지 실험실의 미생물 배양 접시 안에서만 그랬다. 이제 다음 단계는 이 새로운 세포를 인체 내부에 어떻게 전달할지를 알아내는 것이다.

2016년 초, 유전자 치료를 활용하는 몇 신생 벤처기업 가운데 하나인 크리스퍼 테라퓨틱스CRISPR Therapeutics는 1,050억 달러 규모의 독일 제약회사 바이엘Bayer과 합작법인을 설립해 치료제 개발에 착수했다. 그들의 원대한 목표는 인체 세포 어디든 필요한 곳에 유전자 편집gene-editing 기술을 적용하는 것이다. 만약 그 기술이 효과가 있다면 의학 역사상 가장 중요한 발전 가운데 하나가 될 것이다. 원래 가정대로 진행된다면, '크리스퍼CRISPR'라고 부르는 RNA 염기서열이 인체의 특정 DNA 염기서열에 가서 달라붙고, RNA에 붙어 있던 '카스9Cas9'라고 하는 단백질이 그 DNA 염기서열을 잘라낸다. 그다음에는 '유전자 드라이브gene drive'● 기술을 활용해 DNA의 대체 부분을 삽입할 수 있다(아마도 대체 유전자의 운반체로는 바이러스가 이용될 것이다).

하지만 살아 있는 사람의 체내에 있는 질병 세포로 정확히 전달될 수 있고, 일단 그곳에 도착하면 비정상적인 유전자 코드를 정확히 식별해 대체할 수 있는 크리스퍼 약물은 아직 아무도 만들어내지 못했다. 그것은 엄청나게 더욱 복잡한 도전이다. 그래도 브렛은 낙관적이다.

"저는 유전자 치료가 묘책이라고 생각해요." 그는 내게 그렇게 말했다. 그의 가족이 그동안 겪은 모든 일에도 불구하고 브렛은 여전히 과학을 낙관적으로 바라본다. "의학에서는 지금이 아주 멋진 시기죠."

하지만 그사이에 코펠런 가족은 희망을 품고서 하루하루를 버틴다. "화장실에 가는 일이 큰 문제예요. 트라우마 수준이죠. 우리는 프리바이오틱스도 먹고 프로바이오틱스도 먹고 있지만, 과연 그게 효과가 있을지 대체 누가 알겠어요?" 라피는 여전히 날마다 가려움증을 감당하

● 특정 유전자가 자손에게 전달될 확률을 변경해 집단 전체의 유전형질을 바꾸는 것

고 있다. 가렵다고 긁으면 영락없이 살갗이 벗겨진다. 브렛은 음식 그릇에서 고개를 들고는 이렇게 말했다. "누가 가려움증약을 만들 수 있다면 그 사람은 분명 억만장자가 될 거예요."

제 심장은 뛰어야 한다는 걸 어떻게 알죠?

코드 제퍼슨Cord Jefferson의 심장이 침대 매트리스를 거쳐 베개까지 진동시키면서 새벽 3시에 주인을 깨웠다. 그 불규칙한 뜀박질은 아침까지 계속됐다. 그는 그런 현상을 재즈 드럼 독주에 비유했다. 해가 뜨자, 이 32세 코미디 작가는 우버 택시를 타고 브루클린 하이츠에 있는 응급의료센터로 갔다. 그곳에서 그의 심장은 분당 142회를 뛰고 있었는데, 이는 정상 심박수보다 두 배가 넘는 수치였다.

응급의료센터의 의사는 심장의 불규칙한 패턴을 인지하고는 제퍼슨에게 당장 큰 병원에 가봐야 한다고 말했다. 우버 택시를 탈 게 아니라 구급차를 불러서 말이다.

제퍼슨이 병원에 도착하자마자, 마취과 의사가 이 젊은 환자의 의식을 멀리 보내버렸다. 심장 전문의는 그의 가슴에 전기충격을 줘서 심장을 재시작하게 하는 것과 같은 의료 시술을 했다.

이런 조치는 효과가 있었다. 전기충격요법으로 제퍼슨의 심장박동은 정상 패턴으로 돌아왔다.

그날 오후 병원에서 걸어 나와 햇빛을 본 제퍼슨은 '심방세동(심방잔떨림) atrial fibrillation'이라는 새로운 진단을 받았고, 삶에 새롭게 다가가

| 심장 내부의 전기 경로 |

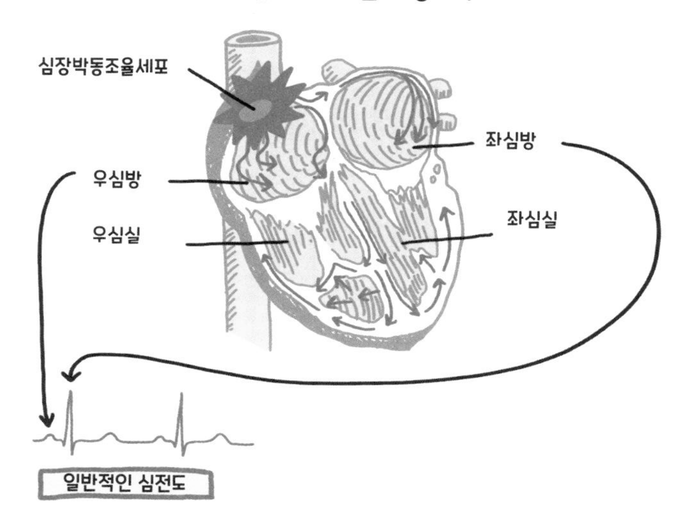

게 됐다. 그는 이런 경험이 자신이 극복할 수 있음을 깨닫는 시간이었다는 것을 글로 쓰기 시작했다. 대체로 건강하게 나고 자란 사람들에게는 이런 최초의 진단이 큰 변화를 가져오는 경향이 있다. 잠깐 동안일망정, 시간이 주어진 것처럼 느껴지지 않는다.

심방세동은 종종 이렇게 관점이 바뀌는 계기가 된다. 정상의 범위와 단계가 있는 세상에서 심장박동은 명확한 기준이 있는 하나의 기능이다. 그 외의 상태는 비정상적인 리듬, 즉 부정맥arrhythmia이다. 일반적인 부정맥 중에서 가장 심각한 유형은 심방세동이다.

심방세동은 가장 흔한 유형이기도 하다. 심방의 개별 근육 섬유에 조절되지 않는 수축이 일어나기 때문에 심방(심장 윗부분에 있는 두 개의 방)이 떨리는 상태에 따라 정의되며, 현재 이런 일을 겪는 사람들은 약

3퍼센트다. 우리가 아는 한에서 그 정도다. 자신의 심방에 잠깐만이라도 잔떨림이 단 한 번도 없었다고 말하기는 불가능하다. 세상에 태어난 날부터 매일 24시간 몸에 심장 모니터를 장착하고 있었다면 몰라도(혹시 그랬다면, 사람을 불러야 한다). 한 차례의 심방세동은 약간 어지럽거나, 불안하거나, 기운이 없는 상태로 그냥 지나가듯이 느껴졌을 수 있다.

이처럼 지극히 흔한 심장 기능 이상을 치료하는 기술이 표면적으로는 발전했을지라도, 세계보건기구에서 최근에 알아낸 바에 따르면 이런 병의 환자와 사망자가 해마다 계속 늘어나고 피로감처럼 그 정도를 알 수 없는 미묘한 증상들도 증가하고 있다.[141] 심방세동이 있는 사람은 뇌졸중에 걸릴 가능성이 다섯 배 높고, 젊은 나이에 사망할 가능성은 두 배 높다.[142] 새로운 환자들이 1990년대와 2000년대만 해도 약 3분의 1이 증가했으며 향후 50년 안에는 두 배가 될 것으로 전망된다.

이런 증가의 원인 중 하나는 사람들의 수명이 늘어났다는 것이다. 우리가 나이 들어갈수록 같이 나이 드는 심방은 잔떨림이 생길 가능성이 더 커진다. 하지만 세계보건기구에서 조사 연구를 이끌었던 심장 전문의 수미트 축Sumeet Chugh은 그런 병의 급증을 고령화만으로 완전히 설명할 수는 없다고 말한다. 심장 기능 이상은 비만, 대기 오염과도 관련 있었는데, 그것들은 생활습관과 환경으로 귀결되는 '몇 가지 다른 요인'에 속한다.[3]

심장이 예전과는 전혀 다르게 조화를 이루지 못하는 이유와 더불어, 점점 더 놀라운 치료법들이 나옴에도 불구하고 심장의 부조화로 우리가 목숨을 잃는 이유를 고찰해보면 현대 의학의 중요한 역설을 생각하게 된다. 우리의 심장은 수천 년 동안 진화하면서 미세 조정된 과정이 있었기 때문에 뛸 줄을 아는데, 우리가 그 과정을 그토록 대대적이고 조직적으로 약화시키는 방법을 알아낸 게 불과 지난 몇십 년 사이다. 그것을 예방하는 해결책이 우리 앞에 있건만, 우리는 그 대신 그 병의 치료에 바탕을 둔 체계를 만들어냈다. 그것은 대개 근본적인 원인은 다루지 않으면서 일시적으로 정상 상태를 회복하기 위해 큰 비용을 들이고 위험을 무릅써가며 사람들의 심장에 전기충격을 주고 심장을 지지는 방식이다.

관상동맥冠狀動脈, coronary artery은 왕관 모양으로 심장의 바깥을 따라 지나가기 때문에 그런 이름이 붙었다. 그런데 이 관상동맥을 딱딱하게 만들고 플라크가 가득 쌓이게끔 생활하면 이 혈관이 좁아지고, 그 결과로 혈류량이 줄어든다. 일단 관상동맥이 완전히 막히면 심장 영역에 혈액 공급이 끊긴다. 그리고 심장이 마비되면서 근육이 죽는다. 우리 각자는 물론, 우리가 아는 모든 사람이 이런 식으로 죽을 가능성이 가장 크다. 2014년에는 암이나 전염병, 전쟁으로 인한 사망자를 합친 것보다 이렇게 죽는 사람이 더 많을 것으로 예상됐다.[4]

이 모든 것이 심장의 중심으로 귀결되는데, 1센티미터 너비의 그 부위는 전기를 생산할 수 있는 특수세포군으로 이루어져 있다. '심장박동조율세포 pacemaker cell'라고 알려진 이 세포들은 심장에서 혈액이 들어오는 작은 방인 우심방 벽에 박혀서 살아간다. 그 세포들은 대략 1초마다 전기 파동을 만들어내며, 그 파동은 심장 근육을 통해 퍼지고 심근을 수축시킨다(흉벽에 인공 심장박동기를 이식하면, 매년 약 100만 명이 그런 수술을 받는데, 그 장치가 심장박동조율세포를 단순히 모방하거나 아니면 무시하는 전기 신호를 만들어낸다).

심방 벽의 근육들이 수축되면 심방은 그 아래에 있는 두 개의 방인 심실로 피를 흘려보낸다. 심실 벽은 근육이 세 겹으로 더 두꺼워서 혈액을 온몸 구석구석 발가락으로까지 밀어낼 수 있다(심지어 물구나무를 서고 있을 때도 5센티미터쯤 되는 좌심실이 혈액을 발가락까지 다다르게 한다).

여기에는 근육뿐만 아니라 완벽한 협응이 필요하다. 강력한 좌심실은 심장의 나머지 부위와 조화를 이루며 정확히 적시에 혈액을 밀어내야 한다. 이 복잡한 과정은 하루에 약 10만 번, 일 년으로 치면 3,500만 번 정도로 아주 미묘하게 일어나므로 우리는 그 리듬이 깨지기 전까지는 이 과정을 알아차리지 못한다. 제대로 진행되려면 이 모든 일이 발생해야 하는데도 불구하고, 잘못되는 경우가 얼마나 드문지를 보면 참으로 놀라울 따름이다.

심장 기능에 이상이 있을 때조차 우리 몸은 대부분의 불규칙한 양상을 한동안 견딜 수 있다. 하지만 심장박동이 계속 일정하지 않으면, 다시 말해 너무 느리거나 너무 빠르면 그 사람은 죽기 시작한다. 가장 중요하고도 일반적인 이유는 피가 항상 돌아야 한다는 단순한 사실이다. 피가 돌기를 멈추면, 액체인 피는 고체로 변한다. 그러면 굳은 덩어리들이 형성되는데, 그 응고된 혈액이 우리가 다쳤을 때는 생명을 구해준다. 그러나 때와 장소가 잘못돼 몸 안에서 그런 응고가 일어나면 우리는 목숨을 잃는다. 그 혈전들은 '언제나' 우리의 목숨을 앗아간다.

심장 리듬이 불규칙하면 심방에 울혈이 생긴다. 그러면 혈전들이 형성돼 심실로 빨려 들어가서는, 뇌에 혈액을 공급하는 동맥 속으로 포탄처럼 발사된다. 이 혈전이 혈관에 박혀 혈류를 차단하면 뇌조직이 죽게 되는데, 이것이 뇌졸중이다.

그 혈전이 매우 크면 우리는 몸이 땅에 닿기도 전에 죽을지도 모른다. 그보다 조금 더 작은 혈전이나 덜 치명적인 곳에 자리 잡은 혈전으로 마비가 오거나 치매에 걸리는 것보다는 그런 급사를 선호하는 사람들이 많다. 혈전이 아주 작으면, 일과성 뇌허혈 발작TIA, transient ischemic attack으로 알려진 기시감이나 건망증이 잠깐이라도 생길 수 있다.

이는 결국 심방세동이 심장을 고동치게 하지 않을 때나 아무 증상을 일으키지 않을 때조차 잔떨림을 가라앉히는 것이 중요하다는 얘기다. 문제는 그 방법이다.

급성 심장사란 무엇인가요?

비록 대학병원의 순위를 정하는 과정이 그다지 과학적이라 할 수는 없어도 미국의 시사주간지 〈US뉴스앤월드리포트U.S. News & World Report〉에서 심장학 및 심장 수술 부문에서 같은 병원을 21년 연속 국내 1위로 선정한 것은 어떤 의미가 있는 것 같다. 그 병원은 바로 '클리블랜드클리닉'이다.

이런 영예는 그 병원 웹사이트에서 철저하게 홍보되고 있다. 아울러 거기에는 급성 심장사라고 알려진 현상이 '미국 내 자연사의 가장 큰 원인'이라는 경고 내용도 있다. 급성 심장사로 사망하는 사람들은 매년 약 32만 5,000명에 이른다. 이들의 연령대는 대개 삼사십 대다. 그런데 급성 심장사의 실질적인 정의를 찾으면서 클리블랜드클리닉은 논점을 교묘히 피한다. "급성 심장사는 심장 기능 상실로 일어나는 갑작스럽고 예상치 못한 사망이다."(여보시오, 그럴 거면 웹사이트는 왜 만들었소?)

누가 그냥 돌연 죽었다는 얘기를 들으면 그 죽음은 급성 심장사로 분류되기 일쑤다. 그 원인은 여러 가지일 수 있으나 죄다 심장의 전기 시스템 이상으로 귀결된다. 대개는 심장이 경련을 일으킨다. 심실에서 금세 잔떨림이 시작되는데, 이는 크기가 더 작은 심방에서 일어나는 잔떨림보다 훨씬 더 심각하다. 이 시점에서 심장은 움직이고는 있어도 '뛰고' 있지는 않다. 엄밀히 말하면 심장 주인은 죽은 것이다. 이때 심장은 혈액을 뇌로 밀어내고 있지는 않지만, 당사자가 아주 잠깐 심장의 경련을 느끼면서 의식을 잃기 전에 가슴을 움켜쥐고 뭐라 중얼거릴 수 있을 만큼의 산소는 아직 뇌에 남아 있다.

그 이름에서 알 수 있듯이, 급성 심장사는 정말로 치명적인 경향이 있다. 바로 옆에 있는 사람이 전기충격으로 다시 살려내는 심장 제세동기(잔떨림 제거기)를 가지고 있지 않거나, 혹은 심장 제세동기를 가진 사람이 도착하거나 심장이 다시 뛸 때까지 자기 양손과 어깨를 사용해 죽은 사람의 심장을 작동시키는 방법을 알지 못하면 그렇다. 심폐소생술CPR은 이따금 효과가 있다. 이유야 어떻든 옆에 있던 사람에게서 심폐소생술을 받은 사람들 가운데 2~16퍼센트는 살아서 병원을 나갈 것이다.[5] 만약 병원에 있다가 심장이 뛰지 않아서 소생술을 받게 되면 약간 더 효과가 있어서 생존율이 18퍼센트쯤 된다('생존'은 심장이 스스로 뛰고 있고 뇌가 완전히 죽지 않은 상태를 가리키는 포괄적인 용어다).[6] 그리고 뇌에 산소가 없는 동안에도 사람들은 절대 지워지지 않는 뇌 손상을 대부분 어느 정도 겪는다.

… 그런데 심폐소생술이 왜 그보다 효과가 있다고 생각했을까요?

듀크대학교의 연구자들이 조사해보니 이런 오인은 TV 드라마 〈이알ER〉에서 비롯됐다.

1990년대에 〈ER〉을 시작으로 의학 드라마들이 급증했다. CBS에서는 NBC 〈ER〉의 아류작 같은 〈시카고 메디컬Chicago Hope〉을 내놓았는데, 〈ER〉에서 일약 스타가 된 조지 클루니와 소름이 돋을 정도로 닮은 애덤 아킨을 출연시킬 정도였다. 두 배우 다 뭔가 안다는 듯이 입을 다문 채 씨익 웃는 미소남들이었지만 아킨은 클루니처럼 사람들의 마음을 사로잡지는 못했다(아마도 보조개가 좀 부족해 그렇지 않았나 싶다).

〈ER〉은 Y2K•를 극복하고 2000년대에도 살아남아 다른 의학 드라마들을 낳았다. 그 예로, 〈ER〉의 셜록 홈스 버전인 〈하우스House〉와 〈ER〉의 섹시 버전인 〈그레이 아나토미Grey's Anatomy〉가 있으며, 〈그레이 아나토미〉는 지금도 계속 방영 중이라고 들었다.

대중적 표준이 된 1990년대 병원 드라마들에서 등장인물들이 죽었다가 심폐소생술로 되살아난 확률은 현실에서보다 네 배나 높았다. 듀크대학교 연구자들은 〈ER〉과 〈시카고 메디컬〉을 보면서 심폐소생술로 75퍼센트라는 환상적인 생존율이 나오고 생존자들이 정말 건강한 듯 여겨질 수 있는 방송분들을 많이 발견했다. 그 드라마들에서는 심폐소생술을 받은 사람들 세 명 중 두 명이 정상적인 뇌 기능을 보이면서 퇴원한 것이다.

• 밀레니엄 버그, 컴퓨터가 2000년 이후의 연도를 인식하지 못해 발생하는 오류

그런데 이런 일은 거의 일어나지 않는다. 일단 심장이 뛰지 않으면 목숨을 제대로 건질 확률이 낮다. "뭐, TV 드라마일 뿐인데"라며 그런 연구 결과를 대수롭지 않게 볼 수도 있겠지만, 많은 이들이 그런 장면들을 보면서 심장사를 배우고 알게 된다. 그럴 때가 아니면 우리는 그 문제를 별로 이야기하지 않기 때문이다. 그런데 죽는 과정에 대한 현실적인 예상은 되도록 자기 생각대로 죽는 것을 확실히 하는 데 매우 중요하다. 막상 미국인들은 대부분 그렇지 않지만 말이다.

이 TV 연구는 〈뉴잉글랜드의학저널〉에 당당히 실릴 만큼 중요했다.[7] 그 연구 보고서를 쓴 사람들은 이런 결론을 내렸다. "매체의 엄청난 영향력을 감안하면, 우리는 TV 프로그램 제작자들이 시민적 책임을 더욱 정확하게 인식하기를 바랄 수 있다. 하지만 아마도 그런 일은 일어나지 않을 것이다."

마지막 부분에서 그들은 옳았다. 법학자들은 'CSI 효과'를 그와 비슷하게 기록해놓았다.[8] 그 내용을 보면, 결국 범죄 수사물의 팬들은 자신이 실제로 배심원이 됐을 때 검사에 대해 비현실적인 기대를 품고 있다는 것을 깨닫는다. 마찬가지로 우리 자신의 죽음을 비현실적으로 이해하는 'ER 효과'가 만연한 듯하다. 만약 〈ER〉이 현실을 반영한다면 그 드라마는 많은 죽음과 더불어, 죽어가는 모습을 훨씬 더 많이 보여줬을 것이다. 그리고 생명 유지 장치 사용부터 요양원까지 점진적인 변화가 연속으로 나오면서 치매와 우울증 그리고 돌봄 시설과 병원 사이에 주고받는 아주 긴 약물 목록이 가득하며, 불가피한 임종 이야기를 모두가 회피하는 장면이 나왔을 것이다. 극의 중심 사건은 보험금 지급을 거부하는 보험회사와 오랫동안 질질 끄는 논쟁이었을 테고. 그러면 목요일 저녁마다 NBC에서 〈사인필드 Seinfeld〉와 〈프렌즈 Friends〉에 이어 '꼭 봐야 하는' TV 프로그램으로는 어울리지 않았을지도 모르겠다.

'현실 세계'에서 최상책은 당연히 급성 심장사를 겪지 않는 것이지만, 해마다 그럭저럭 넘어가는 사람들의 비율은 점점 줄고 있다. 심장의 전기 시스템이 어떻게 회복되고 재개되는지 이해하면 세계에서 가장 비싼 (미국의) 보건 의료제도의 동기를 이해하는 셈이다. 그 제도에는 우리의 목숨을 유지해줄 금전적 동기는 충분하나 우리의 건강을 유지해줄 금전적 동기는 거의 또는 아예 없다.

심장박동이 왜 엉망이 되나요?

현대 심장학은 '울프–파킨슨–화이트 증후군 Wolff-Parkinson-White syndrome(WPW 증후군)'이라고 불리는 병으로 대표되는 심장에 대한 접근을 중심으로 구축됐다.

급성 심장사의 드문 원인인 이 병의 명칭은 1930년에 그것을 설명한 심장 전문의 세 명의 이름을 따서 울프–파킨슨–화이트 증후군이 됐다. 그로부터 불과 6년 전, 네덜란드의 생리학자 빌럼 에인트호번 Willem Einthoven은 '심전도 electrocardiogram'를 고안한 공로로 노벨상을 받았었다(심전도가 독일어로는 'elektrokardiogramm'이기 때문에 'ECG' 대신 'EKG'라는 약자를 자주 쓴다). 심전도는 오늘날에도 여전히 의사들이 이용할 수 있는 가장 일반적이고도 (거의 틀림없이) 가장 유용한 검사다.

즉시 가능하면서도 값싸고 정확한 심전도는 심장으로 이동하는 전류를 도표로 보여준다. 피검사자의 가슴에 테이프로 부착한 전극들이 내부의 전류를 감지해 그 신호를 펜의 물리적인 움직임(지금은 디지털로 이루어진다)으로 변환하는 과정을 통해 이뤄진다. 에인트호번은 정상적인 심장에서 보이는 전기적 흐름도 추적해 정립했다.

울프, 파킨슨, 화이트, 이 세 의사는 '전기생리학electrophysiology'이라는 전기적 흐름과 관련된 새로운 의학 분야에 속하는 기술을 일찍 받아들인 사람들이었다. 이들은 비정상적인 전기 흐름에 해당하는 비정상적 심장박동을 관찰한 결과를 수집했다. 그렇게 추적된 비정상적인 심전도 하나는 그것의 상징인 '델타파delta wave'•로 알려지게 됐다. 지금은 전 세계 모든 의대생이 알아볼 수 있도록 가장 먼저 배우는 내용 가운데 하나다.

델타파는 심장박동이 좌심방의 심장박동조율세포에서 발생하는 전기에서 여전히 정상적으로 생겨나고 있지만 그 전기 신호가 심실로 내려가는 정상적인 경로로 이동하지 않고 지름길로 가고 있다는 것을 보여준다. 또한 전기 신호가 심실에 너무 일찍 도착해 심실을 조기 수축시킨다는 것을 의미했다. 이런 현상은 500명 중 한 명에게서 일어나는 경향이 있는데, 대부분은 괜찮으며 아마 그런 사실을 전혀 알지도 못할 것이다. 그러나 갑자기 죽는 사람들도 있다. 이 양극단 사이에 있는 사람들은 심방세동일 때처럼 이따금 가벼운 어지럼증이나 주변이 빙글빙글 도는 듯한 현기증을 느낀다.

이 증후군을 발견해 자신의 이름을 붙이게 된 세 의사 중 한 명인 폴

• 심전도의 QRS파 시작부에서 관찰되는 특징적인 파형이 그리스어 델타 Δ 자처럼 생겨서 붙여진 이름

더들리 화이트Paul Dudley White는 하버드대학교 교수이자 매사추세츠종합병원의 심장내과장이었다. 아울러 미국심장협회와 국제심장학회International Society of Cardiology 창립 멤버이기도 했다. 그는 세계적으로 빠르게 확산되는 심장질환에 대한 선구적인 업적을 인정받아 1964년에는 린든 존슨 대통령에게서 대통령 자유 훈장을 받았다. 화이트는 자신의 빛나는 경력을 쌓아가는 동안 사람들의 생활습관이 심장질환 대부분의 근원이라고 확신하게 됐다. 그래서 '예방 심장학preventive cardiology'이라는 전문 분야를 개발하고 주장했다.

하지만 심장학 분야가 이미 심장질환에 걸린 사람들을 치료하는 쪽으로 내달리고 있다 보니 기본적으로 예방이라는 개념은 수십 년 동안 뒷전으로 밀려났다. 심장병 환자들은 계속 증가했다. 치료는 더욱 정교해졌건만, 심장병으로 인한 고통과 사망은 증가했다. 거의 틀림없이 가장 선진적인 심장내과·흉부외과 기술을 보유하고 있는 이 나라는 전 세계에서 심장질환 분야의 선도자가 됐다.

그런데 어찌 보면 화이트의 조기 예방 주장에도 불구하고 의사들이 그런 접근방식을 채택하지 못한 것은 현재 화이트의 이름이 들어간 바로 그 증후군에서 원인을 찾을 수 있다.

심전도에서 델타파가 발견된 이후로 50여 년 동안 의사들은 그 앞에서 무력했다. 그들은 환자들이 실신과 더불어 때로는 치명적인 부정맥으로 고생하는 모습을 지켜봤다. 1960년대에 심장 전문의들은 카테터catheter라고 하는 가느다란 고무관을 사타구니의 대퇴동맥(넙다리동맥)으로 집어넣어 심장 속으로 들여보내서 그 현상을 연구하기 시작했다. 그게 자기 몸에서 어디쯤인지 알고 싶다면, 손가락으로 허벅지와 성기가 만나는 부분을 짚어서 동맥이 뛰는 부분을 찾으면 된다. 의사들은 그 지점을 바늘로 찔러 속이 빈 시스sheath●를 동맥(또는 경우에 따라 정맥)으로 삽입한 뒤, 긴 고무관을 집어넣어 혈관계를 거쳐 심장 속까지 올려보낼 수 있다. 현재 심장 전문의들은 그 고무관을 통해 심장 판막을 교체하고 막힌 혈관을 뚫는 등 많은 극단적인 시술을 할 수 있다.

그런데 이 고무관이 한 환자의 심장 내부를 지지는 일이 처음으로 발생했는데, 그 사고가 현대 의학에서 가장 중대한 발견 가운데 하나가 됐다.

그 해가 1978년이었다.[9] 그 남성 환자는 그전부터 WPW 증후군 때문에 의식을 잃는 일이 반복되면서 고통받고 있었다. 의사들은 심장의 전기 흐름을 더 자세히 살펴보기 위해 카테터를 그의 심장 속에 삽입하여, 심전도에 사용되는 외부 전극보다 정확하게 전류를 보여줄 수 있는 전극을 몸속으로 들여보냈다.

카테터 시술은 보통 아주 안전하다. 그러나 영국 옥스퍼드대학병원의 심장 전문의 킴 라자판Kim Rajappan의 설명에 따르면, 당시 몸속으로 들어간 활성 전극 두 개가 서로 접촉하는 사건이 벌어졌고, 그 결과 '고전압 방전'이 일어나 심장 주변 조직이 '손상'을 입고 말았다. 그 손상은 환자가 의식을 잃게 할 정도로 심각했다. 그런데 환자가 다시 눈을 뜨고 나서 보니 그의 심장박동이 완전히 정상이 돼 있었다. 그리고 환자의 증상들은 영구히 사라졌다.

그 의사들은 자신들이 환자의 심장을 지짐으로써 전기가 평소 이동

● 혈관의 출입구 역할을 하는, 칼집 모양의 의료 기구

| 사타구니를 통해 심장에 닿는 방법 |

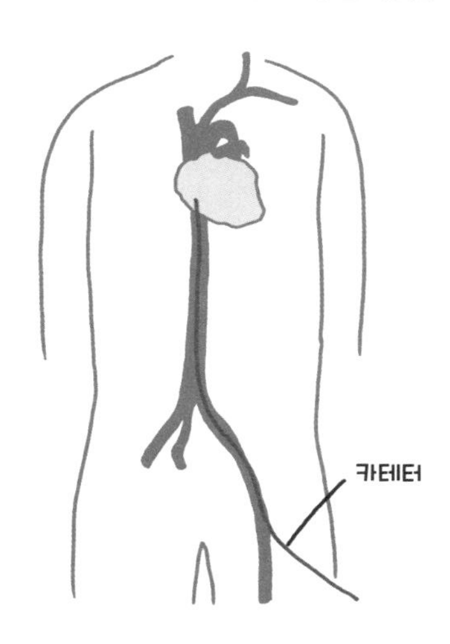

하던 경로를 차단했다는 것을 깨달았다. 라자판은 이 사고를 "더 정확히 말하면, 우연한 발견"이라고 얘기한다(이 사건은 심장학에 혁명을 일으켰다).[10]

그 우연한 전기 지짐술은 도화선이 돼 정식적인 방법을 모색하는 연구에 불이 붙었다. 의사들이 비정상적인 전류를 보내는 심장 부위만 전략적으로 지질 수 있다면, 예를 들어 WPW 증후군에서 전기가 이동하는 비정상적인 지름길만 태워버릴 수 있다면, 원론적으로 치료가 가능할 것이기 때문이다.

샌프란시스코의 열정적인 심장 전문의들이 팀을 꾸려 실험 연구를 진행했다.[11] 그들은 개를 열 마리 구해 개들의 사타구니를 통해 심장 속에 카테터를 집어넣어 그 경로로 전류를 흘려보냈다. 그 시도는 성공해 그들은 개들의 심장을 모두 지질 수 있었다('지지다'는 말이 무시무시하게 들린다면, 현재 알려진 '전극도자 절제술'이라는 용어를 쓰면 좀 낫다). 그 개들은 살아남았고, 심박수도 영구적으로 내려갔다. 그래서 그 의사들은 그 기술이 '심박수를 조절해야 하는 시험에 적합'하다고 여기게 됐다.

이 시술은 1980년대 초에 거의 즉시 사람들을 대상으로 널리 적용됐다. 이때 전극 하나는 환자의 피부에 부착하고 다른 하나는 심장 내부에 배치했다. 그런 다음, 의사들은 고전압 전류를 사용해 흉벽을 포함해 그 사이에 있는 조직을 지졌다. 그 작업이 완전히 정확하지는 않아서, 의사가 목표 지점을 놓칠 때는 합병증이 흔하게 나타났다. 그러면 심부전이 일어날 수 있었고, 일부 보고서에 나오듯이 의사가 '심장 파열'이라고 보는 결과가 초래될 수도 있었다.

하지만 치료 효과가 나타나자, 그 시술은 직접 심장을 열어 처치하는 개심수술보다 더 선호됐다. 전극도자 절제술이 나오기 전에는 비정상적인 경로를 파괴하는 유일한 방법이 흉골(복장뼈)을 갈라서 가슴을 열어 심장을 멈추게 하고는 메스로 심장을 여는 과정을 포함했다. 그래서 1980년대 중반 무렵, 전기생리학자들은 '최소한의 침습적' 시술을 선보이며 현대적 추세를 만들었고, 이런 시술을 받는 사람은 입원해 24시간이 지나면 아주 작은 상흔만 남은 채로 퇴원할 수 있었다. 이 상흔과 갈라진 흉골 사이에서의 선택은 환자가 보기에 전혀 고민할 것도 없는 문제다. 고전압 DC(직류) 전류가 불완전하긴 했지만 그래도 어느 정도 신뢰할 수 있게 WPW 증후군을 치료할 수 있어서 그 방식은 다른 유형의 부정맥에도 널리 사용됐다.

1987년에 의료기기회사들은 지금의 카테터를 생산하기 시작했는데, 이 제품은 전파를 이용해 카테터의 끝에 달린 전극을 가열해 한 치의 오차도 없이 정확하고 신속하게 목표 지점을 지질 수 있다. 미국심장협회에서는 이런 현대적 방식을 잠재적 소비자들에게 직설적으로 이렇게 설명한다. "고주파 에너지(마이크로파 열과 유사)가 빠르고 불규칙한 심장박동을 일으키는 심장 조직의 작은 부위를 파괴한다."

듣기 불편한 이야기일 수도 있겠지만, 심장 내부에는 통각 수용체가 없어서 환자들이 전극도자 절제술을 받는 동안에 의식이 있는 경우가 많다. 태양을 응시하는 행위가 고통 없이 망막을 소각하는 것과 마찬가지로 바로 지금 누군가 당신의 심장 내부를 지지고 있을 수 있다(사타구니에서 카테터가 나오는 것은 알아차릴 수도 있겠지만).

심장 전문의들은 WPW 증후군이 있는 사람들에게서 전기가 비정상적인 지름길로 흐르는 속도를 검사할 수 있다. 전기 신호가 빠르게 전달될수록 급성 심장사의 위험이 커지므로 전극도자 절제술을 해야 할 이유는 많아진다. WPW 증후군이나 다른 유사한 부정맥이 있는 수백만 명이 목숨을 잃을 수도 있었건만, 전략적인 지짐술을 통해 삶이 연장됐다. 대개는 치료된 상태가 평생 간다. 1998년 〈뉴욕타임스〉에는 이런 기사가 실렸다.[12] "전극도자 절제술은 일부 쇠약해지는 심장의 결함을 영구히 고쳐준다. 99퍼센트의 성공률을 보이는 이 시술은 약물치료가 필요 없게 해주며 종종 개심수술의 대안이 된다." 심장사 비율이 치솟고 있는 현실에서 전극도자 절제술은 거의 사실이라고 믿기에는 너무 좋은 듯 보였다.

··· 그럼, 이 모든 기술에도 불구하고 심장질환으로 죽어가는 사람이 왜 점점

더 많아질까요?

이 문제를 논하려면 심장에서 나타나는 가장 흔한 비정상적 리듬인 심방세동으로 다시 돌아가야 한다(코드 제퍼슨에게 찾아왔었고, 조기 사망의 위험은 두 배, 뇌졸중의 위험은 다섯 배로 증가시키며, 발병률이 앞으로도 계속 치솟을 바로 그 질환 말이다).

심방세동 진단이 급증하던 초기인 1998년, 프랑스 보르도의 전기생리학자들은 또 다른 혁명이 가까이 왔다는 희망을 줬다. 심장 전문의이자 전기생리학자인 미셸 아이사게르Michel Haïssaguerre와 동료들은 폐정맥 주변의 심장 조직에 전략적인 전극도자 절제술을 시행함으로써 심방세동 진단을 받은 환자 28명을 성공적으로 치료했다는 결과를 〈뉴잉글랜드의학저널〉에 발표했다.[13] 환자들은 이제 약물치료를 받을 필요가 없었고, 그 소식은 빠르게 퍼졌다.

그 방법이 다른 부정맥들에도 매우 성공적이다 보니 의사들은 그것이 점점 더 흔해지는 이 부정맥 질환에 효과가 있을 거라고 쉽게 믿었다. 거의 당장, 전 세계 의사들이 심방세동을 치료하기 위해 심장을 지지는 그 시술을 하기 시작했다.

미국의 전기생리학자인 존 맨드롤라John Mandrola도 그런 심장 전문의 가운데 한 명이었다. 그는 현재 켄터키주 루이빌Louisville에서 진료를 하며, 수년 전 이곳으로 옮겨오기 전에는 인디애나폴리스Indianapolis에 있는 보훈병원의 부정맥 센터장이었다. 인디애나주와 마찬가지로 켄터키주도 미국에서 비만율이 가장 높고 사람들이 가장 건강하지 않은 주에 속한다(2008년 내가 의대생이었을 때 인디애나폴리스 보훈병원에서 순환 근무를 한 적이 있는데, 그곳 로비에 담배자판기가 있었다).

2004년 맨드롤라는 변화의 물결을 타고서 심방세동 제거 시술을 시작했다. 루이빌에서 그가 일하고 있는 병원은 병상이 500개인데, 거의 10년간 전극도자 절제술 환자의 절반이 구체적으로 심방세동 때문에 그 시술을 받았다. 맨드롤라의 환자 중 한 명은 90분짜리 수술을 받고 경과를 지켜보기 위해 하룻밤 입원한 것에 10만 달러가 넘는 비용 청구서를 받자, 맨드롤라에게 불만을 제기했다.

보험회사들은 보통 2만 달러에서 3만 달러 정도로 병원비를 최종 정산하게 된다. 하지만 맨드롤라는 보험이 없는 사람이라면 병원비를 직접 협상해야 할 거라고 내게 알려줬다.

전극도자 절제술을 중심으로 새로운 수술 공간이 이미 많이 생겨났고, 이런 개설은 어느 병원 CEO라도 추진할 만한 건전한 재정 투자다. 전극도자 절제술용 카테터를 제조하는 선두 업체인 바이오센스 웹스터Biosense Webster는 앞으로 5년 후에는 그 시술 건수가 두 배로 뛸 것으로 추정한다. 그 회사의 전망에 따르면, 2020년에는 40만 건에 육박할 것이며 그중 3분의 2는 심방세동을 치료하기 위해 시행될 것이다.

돈 이야기는 금기인 의료계에서 이 정도의 지출은 흔한 일이다. 추가 수명에 가격을 매기는 행위는 미끄러운 비탈길의 오류•를 초래할 수 있다. 그러나 심지어 이렇게 큰 비용을 치르는 심방세동 제거 시술에 이점이 존재한다 해도 미미할 수 있다는 게 명백해지고 있으므로 이 경우는 본보기가 된다. 심장 전문의들은 자신들이 심방세동을 제거

• 한 가지 일이 일어나면 연쇄반응이 일어나 최악의 결과로 이어질 거라고 단정하는 과도한 추측과 비약의 오류

해온 10년의 세월을 되돌아보기 시작하면서 그 병 때문에 그저 '더 많은' 사람들이 죽을 뿐이라는 것을 알게 됐다.

LA에 있는 시더스-시나이의료원의 심장혈관센터장이자 영향력 있는 심장학 전문의인 산자이 카울Sanjay Kaul은 맨드롤라의 회의론에 동의한다. 그는 "그동안 성공률이 과장됐어요"라고 내게 말했다. 이 시점에서 그 시술이 심지어 질병률이나 사망률을 감소시켰다는 증거가 '불충분'하다는 것이다.

어떤 이들은 시술 후에 좋아진 것 같다고, 또 어떤 이들은 심방세동 횟수가 줄어들었다고 정말로 얘기하지만 전극도자 절제술이 뇌졸중이나 심부전증의 가능성을 실제로 감소시킨다는 것을 보여준 사람은 아직 없었다.[14] 2015년에 일리노이대학교의 심장학 전문의들은 오히려 그 시술 자체가 대략 환자 네 명 중 한 명에게 급성 심부전증을 유발했고 그중 거의 절반은 일주일도 지나지 않아 입원해야 했다는 사실을 알아냈다.[15] 맨드롤라는 그것을 두고 이렇게 말했다. "이건 만만한 시술이 아닙니다."

WPW 증후군이나 다른 부정맥들을 대상으로 하는 종래의 간단한 절제술과 달리, 심방세동 제거 시술은 심장을 지지는 부분이 보통 50군데가 넘는다. 전형적인 전기 문제를 없애는 핵심은 단순히 비정상적인 경로를 찾아내서 제거하는 것이었다. 하지만 심방세동에서는 아주 소수의 환자에게서만 비정상적인 전기 경로를 식별할 수 있다. 이 전기 신호는 심장 곳곳에서 생겨나는 듯하다. 따라서 전기생리학자들은 특정 목표 지점을 정확히 겨냥하기보다 여러 목표 지점을 되는대로 잡는 접근방식을 이용해 비정상적인 심장 리듬의 근원과 경로에 대한 정보를 근거로 어디를 지질지 추측한다.

“지난 십 년 동안 모두가 심방세동을 제거할 수 있는 그 한 가지 목표 지점을 찾고 있었어요.” 맨드롤라는 내게 그렇게 말하면서, 하지만 '자신들이 하는 일이 효과가 없는 듯 보이는' 이유를 알 수 없어 좌절감에 휩싸였을 뿐이라고 덧붙였다.

2014년부터 맨드롤라와 카울은 심방세동 제거 시술을 점점 줄이면서 늦추고 있다. 그 시술이 이렇게 오랫동안 지속되는 것은 의사, 환자, 병원뿐만 아니라 의료기기에 금전적 이익이 걸린 사람들도 그 시술이 효과가 있길 바랐기 때문이다. 시술에 필요한 기기들의 비용은 수만 달러에 이른다. 맨드롤라는 이 분야에 종사하는 나머지 사람들도 결국 생각이 바뀔 거라고 믿으며 이렇게 말한다. “정책입안자들이 이 시술의 희소한 이점 대비 비용과 위험을 살펴보면 '세상에, 이건 그만둬야 해'라고 말해야 할 겁니다.”

미네소타주 로체스터에 있는 메이오클리닉의 심장 전문의 더글러스 패커Douglas Packer는 이 시술을 해야 할지 아니면 아예 하지 말아야 할지를 증명하기로 결심했다. 그는 심방세동 환자 수천 명을 대상으로 하는 국제적 연구를 주도하고 있다. 일명 카바나CABANA 임상 시험이다(CABANA는 'catheter ablation versus antiarrhythmic drug[전극도자 절제술 대 부정맥 치료제]'의 약자인데, 가끔 이렇게 좀 억지스러운 약자들이 있다). 목적은 심방세동 전극도자 절제술이 뇌졸중과 사망률을 감소시키는지 밝혀내는 것이다. 연구 결과는 2018년에 나올 예정이며, 유럽에서도 다른 연구가 진행 중이다.[16]

이 문제가 이토록 미국 보건 의료제도 결함의 상징이 된 이유는 시술의 비용과 위험성뿐만이 아니다. 아울러 연구자들이 여러 경우에 심방세동을 치료하고 예방할 수 있어서 삶을 연장하고 개선해준다고 증명된 치료법을 발견했어도 그것을 활용하려고 움직이는 병원이 거의 없다는 사실이다.

호주의 로열애들레이드병원의 심장 전문의 프래시 샌더스Prash Sanders도 제자리걸음을 하고 있다는 데 동감한다. 그는 애들레이드대학 심혈관장애센터를 수년간 이끌면서 심방세동에 대해 감동을 줄 만한 성공을 거두지 못하고 있었다. 다른 많은 의사들처럼 그가 짐작하기에도 심방세동에서의 비정상적인 전기 경로는 매우 어려운 것으로 판명되고 있었다. 대부분의 환자를 보면 전기 신호가 다른 시간에 다른 곳에서 나오기 때문이다. 이는 심방세동이 단순히 비정상적인 전류의 장애가 아니라, 결과적으로 불규칙한 전류를 발생시키는 심방 전체의 증상이라는 것을 시사했다. 아울러 심방 질환 자체는 보통 훨씬 더 큰 몸의 전체적인 문제에 속한다.

샌더스는 프랑스에서 심방세동 전극도자 절제술의 원조인 미셸 아이사게르 아래에서 배우고 연구했다. 그래서 그가 그 시술에 대한 저항을 주도하게 된 것은 예상치 못한 일이었다. 사람들 심장에서 더 많은 곳을 계속 지지는 대신, 이를테면 시술 부위를 아마도 50군데에서 100군데로 늘리는 대신, 샌더스는 환자에게 심방세동이 생기기 전으로 생체시계를 돌려놓는 방법을 제안했다. 그의 논리는 이렇다. 30세 이하에서는 심방세동 질환이 거의 없다. 우선 심방이 이상한 전기 신호를 쏘기 시작하게 하는 요인들, 예를 들면 심방을 쫙 늘여서 지방이 스며들게 하는 요인들을 줄일 수 있으면 심방세동은 절로 나을 것이다.

호주에서 샌더스와 연구팀은 먼저 양들을 구해 비만으로 만들어 실험에 들어갔다. 비만과 심방세동의 상관관계는 사람과 양에게 똑같이 잘 입증돼 있어서 예상대로 많은 실험 양들이 심방세동을 일으켰다. 여기서 중요한 발견은 양들이 살을 빼고 돌아다니게 하자 양들의 심방이 치유되고 잔떨림이 저절로 사라졌다는 점이다.

실험 결과에 고무된 샌더스는 사람들에게 시험해보는 단계로 나아갔다. 사람들을 일부러 비만으로 만드는 일은 비윤리적인데, 과학을 위해 다행스럽게도 호주에는 심방세동 제거 시술을 받으려고 하는 긴 대기자 명단이 있었다. 샌더스는 명단에 있는 심방세동 환자들(다수가 비만이었다)에게 일차진료 의사들의 도움을 받으며 위험 요인을 줄여가는 집중 프로그램에 참여해보지 않겠냐고 권했다. 위험 요인에는 비만뿐 아니라 음주, 흡연, 신체 활동, 수면 등도 포함됐다. 그의 무작위 대조시험 결과는 〈미국의사협회지 Journal of the American Medical Association〉에 실렸으며 시험에 참여한 환자들에게서 심방세동과 그에 따른 증상들이 급감했음을 보여줬다.[17]

맨드롤라는 당시 거의 텅 빈 작은 회의장에 앉아 그 결과 발표를 들으면서 자신이 생각하기에 '최근 십 년 동안의 가장 중요한 심장학 연구'가 되어야 마땅할 내용에 충격을 받았다고 회상한다. 그에게 가장 인상 깊었던 부분은 사람들의 심방을 찍은 초음파 사진이었는데, 그 사진 속의 심장들은 자체 '개조'돼 눈에 띄게 지방이 줄고 쫙 펴진 모습이었다. 그는 켄터키로 돌아와 자신의 블로그에 이 연구가 '환자 치료에 대한 전체 사고방식을 틀림없이 바꿔놓을 것'이라고 썼다.

하지만 그 소식은 주요 뉴스가 되지 않았다. 그래도 샌더스가 2015년 연구에서 시술을 받은 사람들이 그런 생활습관의 개선을 더하면 심방세동에서 벗어날 확률이 여섯 배 증가한다는 결과를 보여줬을 때는 약간 더 관심을 받았다.[18]

돌이켜보면, 심방세동이 대개 단순한 비정상적 전기 경로가 아니라 심장질환의 포괄적인 증상이라는 생각은 말이 된다. 심방세동은 비만과 심혈관 질환뿐만 아니라 폐 공기증•, 당뇨, 알코올 중독, 갑상샘 항진증, 그리고 유육종증•• 같은 자가면역 질환 등의 다양한 질병과 깊은 관련이 있다. 내가 보스턴에서 인턴 과정을 밟는 동안, 실제로 어떤 병으로 입원한 환자든 간에 심방세동이 왔다는 호출을 한밤중에 받는 일들이 있었다. 그리고 환자의 진단 목록이 길면, 거기에 심방세동이 있으리라는 것은 거의 기정사실이었다. 그런데도 우리는 그것을 그저 부정맥의 일종이라 여기고는 심장의 전기 경로를 변경하는 전극도자 절제술과 약물치료로 다스려야 한다고 생각했다. 우리는 뒤로 물러서서 그 환자의 전체를 볼 필요가 있었다. 그리고 실제로 환자를 둘러싼 전체 세계도 봐야 했다.

"우리가 이 문제를 잘못 짚어왔다는 게 너무나 놀라울 뿐이에요. 그 문제는 정말 오랫동안 우리 눈앞에 있었는데 우리는 계속 알아보지 못했어요." 맨드롤라가 말했다.

무엇보다 심방세동이 사실 한 증상인데도 그게 마치 '핵심' 문제인

• 폐가 지나치게 팽창해 폐 꽈리가 파괴되는 질환

•• 폐, 림프샘, 눈, 침샘, 뼈, 지라, 심장, 신경 따위에 작은 육아종 덩어리가 생기는 원인불명의 질환으로, 사르코이드증이라고도 함

것처럼 의사들이 치료해왔다는 점이 근본적인 문제일지도 모른다. 실제로 45킬로그램 정도의 체중 감량이나 금연, 금주가 필요한 환자들에게 심방세동 제거 시술은 괴저성 감염에 '10만 달러짜리 반창고'를 붙이는 행위나 다름없을 수 있다. 행위별 수가제fee-for-service system는 병원들과 의사들이 '반창고'를 얼마나 많이 붙였는지에 따라 돈을 받는 것을 의미한다.

이것이 비용이 많이 드는 노력으로 나타나고, 다분히 숭고한 의도에도 불구하고 사람들을 위험에 빠뜨리고 더 근본적인 문제에 집중하지 못하게 했다는 사실이 밝혀져도 이런 일이 처음은 아닐 것이다. '비후성 심근증hypertrophic cardiomyopathy'이라고 알려진 흔한 질환이 있는데, 이 병은 심장 근육이 너무 커질 때 발생한다. 그러면 심실 내부의 압력이 비정상적으로 증가한다. 1990년대에 의사들은 몸 안에 심장박동조율기pacemaker를 심어서 그 병을 치료하기 시작했다. 초기의 일부 보고서에는 심박조율기가 심실 내부의 압력을 감소시키는 것처럼 나와 있었다. 그래서 환자의 가슴 내부 벽에 금속 기구를 부착하고 그 기구에 연결된 선들을 심장 근육 안으로 집어넣어 심장 본연의 박동조율기를 무시하는 이 방식이 널리 채택됐다.

하지만 1997년 무렵 메이오클리닉의 의사들은 그 수술을 되돌아보면서 일부 환자들에게서는 '증상이 그대로이거나, 심지어 더 나빠진다'는 것을 발견했다.[19] 따라서 이런 수술 방식은 널리 채택되기 전에 장기적인 연구가 이루어져야 한다. 그런데도 심박조율기 제조업체인 메드트로닉Medtronic의 독려로 그 수술은 시행됐다. 그러다가 수년이 지나서야, 그렇게 심장이 비대해진 사람들 가운데 소수만이 심박조율기를 달아야 한다는 연구 결론이 나오자 그 분야는 마침내 축소됐다.

최근에 고혈압 치료를 위한 수술에서도 똑같은 일이 벌어졌다. 2012년, 다름 아닌 건강 정보 TV 프로그램 〈닥터 오즈 쇼〉를 진행하는 메흐메트 오즈Mehmet Oz 박사가 시청자들에게 '판도를 완전히 바꿔 놓는' 치료법이라고 표현하면서 혈압을 낮추는 데 도움이 될 새로운 시술이 나왔다고 환호한 것이다. 실제로 그 시술은 〈랜싯〉에 실린 초기 보고서에 소수의 사례에서 약물치료만큼 효과가 있었다는 내용이 언급된 뒤로 3년 동안 인기를 끌었었다.[20]

고혈압 환자들이 신장신경을 마이크로파로 차단하는 시술로 도움을 받을 수 있다는 생각은 충분히 논리적이었다. 신장은 우리 몸에서 체액량을 유지하는 역할을 하는데, 고정된 공간에서 체액량이 증가하면 압력이 증가한다. 신장신경에 초점을 맞춰 체액량을 줄이는 개념은 1940년대로 거슬러 올라간다. 의사들은 종종 고혈압을 치료하기 위해 환자의 몸을 열어 (특히 신장을 통제하는) 내장신경을 절단했다. 이런 절개 시술은 종종 환자의 혈압을 낮추는 효과가 있었다. 하지만 발기부전이나 가끔의 실신, '보행 곤란'을 감수해야 할 때가 많았다.

당시 의사들은 대안이 거의 없었기 때문에 그 시술을 정당화했다. 고혈압은 순식간에 죽음을 초래할 수 있다. 그렇지 않을 때는 아주 서서히 치명적이다. 고혈압은 뇌졸중과 심장마비를 비롯해 온갖 증세를 유발하며 매년 900만 명의 목숨을 앗아간다.[21] 미국에서만도 성인 세 명 중 한 명꼴로 고혈압이며 460억 달러의 비용이 든다.[22] 대부분의 경우에는 식이요법과 운동, 스트레스 줄이기로 예방할 수 있다. 그러나 심장 전문의 마이클 더마스Michael Doumas는 2009년 〈랜싯〉에서 "고

혈압 관리 수준이 실망스러울 만큼 낮다"며, 따라서 "새로운 치료 전략의 필요성이 대두되면서 중재적 시술법•을 활용할 수 있어야 한다"고 주장했다.

메드트로닉은 이런 목적으로 '심플리시티 신장신경차단시스템Symplicity renal denervation system'이라는 제품을 시장에 내놓았고, 의사들은 신장신경을 지지기 시작했다. 2014년 즈음에는 4대륙 80개국 이상에서 그 시술이 이루어지고 있었다.[23]

같은 해에 〈뉴잉글랜드의학저널〉에 그 시술에 대한 최초의 대규모 연구 결과가 실렸는데 그 시술이 효과가 없다는 내용이었다. 그 분기에 메드트로닉은 약 2억 3,600만 달러를 잃었다.[24]

이 연구의 결정적인 차이점은 그 규모만이 아니라, 플라세보 효과를 제거했다는 것이다. 시술에서는 그러기가 어려운데 말이다. 일반적으로 어떤 시술을 받아본 사람이라면 그 사실을 안다. 그 연구자들은 가짜 알약에 해당하는 '가짜 시술'을 받은 사람들과 비교해 신장신경차단술을 시험해야 했다. 그러면 가짜 시술을 받는 사람도 일반적으로 그 시술을 받는 사람들처럼 수술실로 옮겨져 마취되고 절개가 이루어진다. 하지만 그것 말고는 아무 일도 없다. 530명의 환자가 가짜 시술을 받을 수도 있다는 동의서에 서명했다(가짜 시술이라는 발상 자체가 많은 이들에게 좀 섬뜩하다. 피부 절개는 가짜 알약 복용보다 해롭다. 하지만 수술의 플라세보 효과를 완전히 통제하려면 이 방법밖에 없다). 그로부터 6개월 뒤, 누가 진짜 시술을 받았고 누가 가짜 시술을 받았는지는 중요하지 않은

• 환자를 수술할 때 절개를 최소화하는 의료 기법

듯 보였다. 그들의 혈압은 차이가 없었다.

심장 전문의 산자이 카울은 신장신경차단술에서 벌어진 일이 심방세동 전극도자 절제술에서 똑같이 벌어져도 놀랍지 않을 거라고 내게 말했다.[25] 그리고 '환자들이 분명히 시술 이후에도 계속 심방세동이 있으며' 비록 가끔 증상이 줄어든다 해도 '그것은 플라세보 효과의 가능성을 시사한다'고 덧붙였다. 그러나 아무도 심방세동 제거 시술을 가짜 시술과 비교해보지 않았기 때문에 이 과도한 시술이 플라세보보다 나은지는 아직 알 수 없다. 그리고 그것을 구별해야 하는 부담은 궁극적으로 보험회사의 몫이 될 것이다. 카울도 인정하듯이 '그 시술에 보험이 적용되는 한, 병원들은 그것을 계속 수익 창출의 기회로 볼' 것이기 때문이다.

이 특정한 부정맥을 통해 우리는 현대의 보건 의료 서비스를 어지럽히는 딜레마를 본다. 지금의 제도는 자원의 사용이 조금이라도 타당한지에 바탕을 두지 않고 치료가 얼마나 정교한지를 근거로 삼아 그 치료를 보상한다. 그리고 건강 유지 개념을 무시할 뿐만 아니라, 그 개념과 '상반되는' 동기와 오랫동안 맞춰왔다. 지금처럼 많은 심장을 지지는 데 어떤 이점이 있다고 증명되더라도 그것을 비용과 대비해 평가하는 일은 어떻게 가능할까? 그 자원이 샌더스가 제안한 생활습관 개선 해결 방안으로 갔다면 더 많은 사람의 생명을 구하고 삶을 개선했을까?

카울은 내게 보낸 이메일에서 그 문제를 이렇게 표현했다. "과연 누가 그런 임상 시험을 후원하겠어요! 실제로 사람들의 건강 유지에 금전적 이익이 걸린 사람이 누가 있나요?"

맨드롤라는 내게 말했다. "의학에서는 허무감 같은 게 있을 수 있어요. '흠, 좋아. 그런데 이건 미국에서는 실제로 안 될 거야. 사람들이 그걸 찬성하지 않을 테니까.' 뭐, 이런 느낌이죠. 그들은 치료를 원해요. 그리고 체중 감량은 당장 효과가 나타나진 않거든요."

하지만 체중 감량은 즉각적인 해결책을 바라는 것 이상이다. 게다가 우리는 전문가들이 기관계organ system를 토대로 자신들의 경계를 정하는 의료 체계를 만들었다. 우리가 오래 살수록 맞닥뜨리게 되는 주요 질병들은 어느 특정한 장기의 질병이 아니라 더 큰 차원의 몸과 관련된 병이다. 뇌졸중이 뇌질환이 아니고 과민성 장증후군이 장질환이 아닌 것처럼 심방세동은 심장질환이 아니다. 우리가 몸과 사람들을 전체로 보지 못하면 우리 의료계는 총체적으로 실패하는 꼴이 된다.

심방세동이 그렇게 흔하다면 저에게도 있을까요?

세계심장연맹World Heart Federation에서 심방세동의 증가와 더불어, 심방세동이 조기 사망의 위험을 두 배로 증가시킨다는 사실을 주목했을 때, 그 단체는 '사람들에게 자기 심장 리듬의 이상 가능성을 찾아내도록 장려'하기 위해 '자가' 맥박 측정을 옹호하는 캠페인을 시작했다.[26] 그 방법은 간단하다. 자신의 맥을 짚어서 맥박이 불규칙하거나 분당 100회 이상으로 빨리 뛰는지 확인하면 된다. 물론, 심방세동이 있는 사람들은 대부분 그냥 가끔 불시에 그런 일을 겪는다. 따라서 확실히 알려면 계속 자기 맥을 짚어서 맥박을 재야 하는데, 이는 정신건강과 양립할 수 없다. 하지만 여유가 있을 때는, 당연히 맥박을 재보자. 맥을 짚어서 내 몸의 전기를 느끼자. 친구들의 맥도 짚어보면서 서로의 죽음을 깊이 생각해보자. 그것으로 게임도 만들어보자.

감기 치료약은 왜 없나요?

'감기 common cold'는 다양한 바이러스가 일으킬 수 있는 일련의 증상이다. 그래서 감기는 엄밀히 말하면 다양한 질환이다. 감기에 걸리면 우리의 면역계는 콧물, 기침, 무기력, 때로는 인후통 등 비슷한 증상을 만들어냄으로써 반응한다. 감기에는 치료약도 없을뿐더러, 진단 검사조차 없다. 진단 검사가 훨씬 더 급선무다. 지금은 바이러스의 DNA를 신속히 밝혀냄으로써 바이러스의 정체를 알 수 있다. 그리고 머지않아 이 기술은 연구실에서 나와 병원과 의원으로 들어갈지도 모른다. 점점 향상되는 DNA 염기서열 분석과 질량 분석법 mass spectrometry●으로 바이러스 배양 단계를 건너뛸 수 있기 때문이다. 그리고 미생물을 빠르고 정확히 확인해 유해 미생물만을 죽이는 올바른 항생제를 명백히 필요할 때만 정량을 사용할 수 있을 것이다.

비록 감기 바이러스 탓에 우리는 정말 많은 일을 놓치게 되지만 바이러스는 며칠 안에 거의 모두 자연히 소멸한다. 감기가 낫는 것이다. 그러니 과학자들은 대부분 차라리 더 시급하고 심각한 문제를 연구하

● 원자나 분자를 이온화한 후, 이온을 질량과 전하의 비에 따라 분리·검출하는 분석법

고 싶어 한다. 하지만 감기 바이러스의 '정체를 확인'해주는 빠른 검사야말로 정말 시급하고 심각하게 여겨야 할 문제일 수 있다. 만약 환자의 증상이 인체에 무해한 바이러스가 일으켰다는 것을 의사들이 확실히 알 수 있다면, 오만 가지 항생제를 그것이 실제로 필요한 사람들을 위해 아낄 수 있을 것이다. 그래서 수많은 생명을 구할 수 있을 것이다.

코감기에 걸릴 때마다 항생제가 꼭 필요한 것은 아니라고 어떻게 설득하면 좋을까요?

'바이오시스biosis'는 '생명 · 삶life'을 의미하므로 '항생제antibiotic'라는 용어는 판매를 위해 만든 것 같지는 않다. 그러나 지난 몇십 년 동안 그 말은 많은 이들에게 '어떤 병이든지 낫게 해주는 약'을 의미하게 됐다.

코감기는 거의 항상 바이러스 때문에 생긴다. 바이러스는 엄밀히 말하면 살아 있지 않다. 단백질에 싸인 DNA라 스스로 번식할 수 없다는 점에서 그렇다. 하지만 바이러스가 번식하려면 살아 있는 유기체를 감염시켜 유기체의 세포 조직을 강탈해야 한다. 그래서 대부분의 생물학자는 바이러스를 생명체로 보지 않는다. 살아 있지 않은 존재를 '반생명antilife'적 약물로 죽이려는 시도는 좀비를 목 졸라 죽이려는 행위나 다름없다.

바이러스에 효과가 없다는 것보다 더 나쁜 사실은, 항생제 남용이 우리 몸 안에서 '항거'하는 모든 생명체에게 막대한 피해를 준다는 것이다. 약물의 한 종류로서 항생제는 의학에서 가장 큰 발전일 수도 있지만, 우리가 그것을 사용할 때마다 우리에게 피해도 끼친다.

그런데 가장 큰 위험은 우리가 항생제를 사용할 때마다 균들이 항생제에서 살아남는 방법을 발전시키도록 균을 훈련하는 셈이라는 것이다. 스포츠를 좋아하는 사람들은 그것을 미식축구에 빗대며 이렇게 설명한다. 각 팀은 다른 팀들의 경기 장면을 연구해 덩치 큰 선수들이 더 빠르고 더 세게 서로 넘어뜨릴 수 있도록 할 것이다. 그렇게 시합하는 두 팀 가운데 한 팀은 상대 팀에게서 공을 빼앗지 못해 승리를 거두지 못할 것이다. 홈팀은 공을 가지고 엔드존으로 들어가 더 많은 득점을 올릴 것이다.

균들도 마찬가지다. 우리가 항생제를 사용하면 상대 팀에게 우리의 전술 노트를 보여주는 꼴이 된다. 그러면 상대 팀은 우리를 이길 방법을 빠르게 알아낼 수 있다.

그런 일은 많은 균 가운데서도 임질균에서 이미 발생하고 있다. 수년 동안 많은 의사들이 매우 흔한 감염으로 의심되는 모든 환자에게 불특정하면서도 효과가 뚜렷한 종류의 항생제를 처방했다. 그중 약 75퍼센트는 특별히 임질을 대상으로 한 항생제로 완전히 치료할 수 있는데도 말이다. 그와 동시에, 과거에는 임질을 쉽게 치료할 수 있었던 플루오로퀴놀론fluoroquinolone계 항생제가 무수한 병들에 널리 부적절하게 사용됐다. 그래서 임질은 그 항생제에서 살아남는 법을 배웠다. 그 후로 세팔로스포린cephalosporin계 항생제가 임질 치료의 표준이 됐지만, 현재 임질은 그 항생제에도 내성이 생기고 있다. 나는 2012년에 '슈퍼 임질Super Gonorrhea'에 관한 기사를 쓴 적이 있다. 기사 제목이 "슈퍼 임질이 나타났다 : – /"였는데, 표제에 이모티콘을 쓴 것은 〈애틀랜틱〉 역사상 최초의 기록이었다. 처음에는 이 기사가 선정적이라고 생각하는 사람들도 더러 있었다. 그러나 내가 그것을 심각하게 주목할 만한 질병이라고 여기지 않았다면 슈퍼 임질이라고 부르지 않았을 것이다(언론 매체에서는 현재 그 용어를 사용한다. 이것은 승리가 아닌 해명이다).

친구의 자녀가 임질에 걸릴 가능성은 없겠지만 소아과 의사들은 아이의 귓속을 들여다보지도 않고 항생제를 처방하고 누가 코감기에 걸렸다 하면 매번 항생제를 처방함으로써 비슷하게 불길한 시나리오를 만들어왔다. 우리의 전술 노트를 간수하지 않고, 상대편의 집으로 놀러가 그들의 잔디밭에서 연극을 하고 있었던 셈이다. 그래서 항생제에 내성이 있는 감염은 전 세계적으로 엄청난 문제가 됐다. 전 영국 총리 데이비드 캐머런은 항생제 남용이 부르는 세계적인 위험을 정량화하는 일을 전문가 집단에 의뢰했다. 항생제들이 효력을 잃고 항생제 사용으로 균들이 더욱 치명적인 변종으로 진화한다는 결과가 나오자 전문가들은 캐머런에게 암울한 전망을 내놓았다. 2050년 즈음에는 항생제에 내성이 있는 감염이 매년 모든 암을 합친 것보다 더 많은 사람의 목숨을 앗아가리라는 예상이었다.[27] 영국 정부의 최고의료책임자Chief Medical Officer인 데임 샐리 데이비스Dame Sally Davies 교수는 이를 '항생제 종말'이라 일컬었고 시민비상사태를 선포해야 한다고 주장했다. 이것은 영국판 비상사태다.

캐머런은 그 보고서에 대해 이렇게 응답했다. "우리가 행동하지 않으면, 앞으로 항생제는 효과가 없고 우리는 의학의 암흑기로 되돌아가는 거의 상상도 하지 못할 시나리오를 보고 있는 겁니다."[28] 그 이유는 우리 자만심과 근시안일 것이다(시민비상사태 사안도 포함된다).

이 소감에 전 세계의 과학자들도 공감했다. 미국 질병통제예방센터는 2016년에 항생제 내성균 감염으로 최소 2만 3,000명의 미국인이 사망할 것으로 추산했다. 아울러 사람들의 항생제 남용도 문제지만 지금까지 남용의 가장 큰 원인은 공장식으로 사육하는 동물들에게도 같은 항생제를 투여하는 것이라고 지적했다. 동물 사육장과 도살장의 주인들은 동물들이 아프지 않을 때도 동물들에게 항생제를 투여하면 살이 찐다는 사실을 오랫동안 알고 있었다. 이 동물 공장들은 동물들의 무게가 어떻게 형성되든지 간에 무게 단위로 보상받기 때문에, 항생제로 비만을 유도하는 방식이 수익 면에서 유리하다. 동물들이 살이 찌는 효과는 항생제의 부작용인 것 같다. 항생제는 동물들의 체내에서 음식이 통과하고 소화되는 과정을 정상적으로 촉진하는 마이크로바이옴을 교란하기 때문이다.

한편, 항생제는 제약회사들에게 수익률이 낮은 제품인 데다 기존 제품들이 이미 '아주 잘' 팔리고 있기 때문에 제약업계는 신제품 연구 개발에 투자하지 않았다. 내성균을 죽일 수 있는 새로운 항생제 공급은 거의 없다시피 했다. 그래서 항생제는 그것이 필요하지 않은 동물들과 사람들에게 낭비되면서도 정작 필요한 대상들에게는 충분히 제공되지 않는 실정이다.

따라서 아이가 코감기에 걸릴 때마다 항생제를 찾는 친구가 있다면, 나는 항생제가 아이의 장내 미생물을 고갈시킬 거라 말하라고 조언하겠다. 이 접근법의 좋은 점은 그 내용이 사실이라는 것이다. 그것은 항생제가 인체에 이롭지 않다는 점을 곧바로 상기시킨다. 부모들을 대상으로 프로바이오틱스 제품의 홍보와 판매가 급증하는 현상이 어떤 징표라면, 그것은 자녀가 튼튼한 마이크로바이옴을 갖기를 바라는 인식이 사람들에게 생겨났다는 뜻일 테니까. 그리고 개인별 마이크로바이옴으로 접근하는 방식은 사회적 차원의 어떤 거창한 주장보다도 효과가 더 좋은 경향이 있다.

당신의 조언을 들은 친구는 아마도 이렇게 생각할 것이다. "앞으로 3억 명이 항생제 남용으로 죽는다고? 조심해야 한다는 건 나도 알아. 하지만 내 아이의 마이크로바이옴에는 참견하지 마."

페니실린은 곰팡이로 만드나요?

한 세기 전, 스코틀랜드인 알렉산더 플레밍Alexander Fleming은 푸른곰팡이 '페니실리움penicillium'의 분비물을 채취했다. 그는 처음에 그것을 '곰팡이즙mould juice'이라고 부르다가 나중에는 '페니실린penicillin'이라고 명명했다. 애초에는 자신의 곰팡이즙이 그런 힘을 가지고 있는 줄 몰랐었다. 1928년 이전의 플레밍은 그저 곰팡이즙을 모으던 또 한 사람에 지나지 않았다. 훗날 그는 그때를 회상하며 이렇게 말했다. "1928년 9월 28일, 동이 트자마자 제가 눈을 떴을 때, 세균을 죽이는 항생제를 세계 최초로 발견해 의학 전반에 혁명을 일으킬 계획은 분명히 없었습니다. [나: 뭘 좀 아시는 분이구만.] 하지만 그게 정확히 내가 한 일입니다." 나중에 몇몇 제약회사들은 플레밍의 미생물을 집어 들어 먼지를 털어내고는 합성 페니실린을 만드는 방법을 알아냈다. 그래서 지금의 페니실린에는 곰팡이가 들어 있지 않다.

시퍼런 콧물이 나오면 항생제를 먹어야 한다는 뜻일까요?

아니다. 콧물 색깔은 세균 감염인지 아니면 바이러스 감염인지 말해주지 않는다. 그냥 콧물이 무슨 색인지를 알려줄 수 있을 뿐이다. 그것은 최후의 수단으로 쓸 대화 소재는 될 수 있다.

암의 원인은 무엇인가요?

1982년에 마스턴 리네핸Marston Linehan은 자신이 '신장암 유전자'를 발견했다고 생각했다. 그런 생각은 완전히 틀렸지만 그래도 건설적이었다. 그보다 10년 전, 부드러운 말투의 이 출중한 의사가 외과 수련의였을 때는 '신장암'이 하나의 질병으로 취급됐었다. 리네핸은 당시 신장 종양이 있던 사람에게 모두 '의사들이 똑같은 수술을 하고, 똑같은 약을 줬다'고 회상한다.

수술과 약물은 거의 효과가 없었다. 신장 종양이 3센티미터 이상인 사람이 2년 뒤에도 살아 있을 가능성은 20퍼센트 정도였다. 리네핸은 그 시절을 떠올리면서 "결과가 좋지 않았어요"라는 임상적 표현을 썼다.

암을 일으키는 유전자 개념은 초기 단계에 있었지만 리네핸은 유전자 코드에 표적이 되는 코드가 있다는 느낌이 들었다. 이때가 로절린드 프랭클린Rosalind Franklin과 레이먼드 고슬링Raymond Gosling이 최초로 촬영한 DNA 엑스레이 사진을 발표한 지 30년이 채 되지 않은 시점이었다. 그 사진은 구불구불한 형태를 띠며 세포 형성의 지침이 되는 DNA의 이중나선 구조를 증명했다. 이 DNA에 단 네 종류의 화학 물질이 둘씩 짝을 지어 '염기쌍으로 배열'되면서 인간들의 모든 차이가 결정됐다. 그 모든 것은 단지 2만여 개의 유전자 안에 배열돼 있었다. 리네핸은 이 유전자 중 하나, 그러니까 확실히 정량화할 수 있는 이 미세한 이중나선 구조의 독립된 개체에 구원이 있다고 믿는 많은 연구자 가운데 한 명이었다. 만약 그가 신장암 유전자를 찾을 수 있으면 '신장암의 경로'를 이해할 수 있을 터였다.

그런 생각은 인간 게놈의 염기서열이 해독돼 유전적 차이의 기초가 되는 인간 게놈 지도가 제공되기 수년 전에 나온 것이기도 했다. 리네핸은 그때를 회상하며 말한다. "그 시절에 사람들은 제게 '대체 뭘 하는 거야?'라고 물었죠." 하지만 아니나 다를까, 일단 신장염 환자들을 살펴보기 시작하니 한 염색체에서 이상이 발견됐다. 현재 메릴랜드주 베세즈다Bethesda의 미국 국립암연구소National Cancer Institute 비뇨기과 수술 부문의 책임자인 리네핸은 당시 자신이 신장암을 일으키는 '단일' 유전자를 찾았다고 믿은 게 젊은 시절의 경솔함 탓이었다고 말한다. "우리는 이제 신장암의 원인이 되는 유전자가 '적어도' 열여섯 가지라는 걸 압니다."

그가 개인적으로 발견한 유전자는 그중 몇 개였다. 다른 형태의 암들은 유전자 배열과 그 발현 양상이 환자의 생활방식, 환경과 협력해 30년 전 그의 상상을 초월하는 조직적인 모습으로 발생한다. 하지만 단일 유전자들이 예측 가능한 방식으로 일으킨다고 '예상되는' 소수의 암들에 관한 리네핸의 연구는 암이 '무엇인지', 그 미스터리를 밝히는 데 도움이 됐다.

1987년 4월 23일, 리네핸은 한 소녀의 신장을 수술했고 소녀는 다음 새해 첫날까지 살았는데, 그 일은 그에게 특별히 중요한 기억으로 남아 있다. 당시 그는 암세포를 떼어내 살려둔 채로 실험실에 보관했고, 동료들은 그 암세포의 DNA를 유사한 종양이 있는 환자 4,312명과 비교하는 작업을 했다. 그러다가 1996년에 영국의 한 연구팀과 공동 연구를 진행하면서 현재 'VHL'이라 불리는 바로 그 유전자를 발견한 것이다. VHL은 '투명세포clear cell'형이라고 알려진 흔한 종류의 신장암을 일으키는 원인이다.

그의 연구팀은 현재 'VHL'을 비롯한 여러 신장암 세포계를 배양접시에서 키우고 있으며 다양한 종류의 신장암에 걸리도록 유전자가 조작된 쥐들이 있는 우리를 700개나 유지하고 있다. 그런데도 이 종양들이 현실 세계에 있는 사람들에게 막상 어떻게 작용하는지는 물론이고, 가족들 간의 양상을 연구해 알아낸 바와도 비교할 내용이 아직 아무것도 없다고 한다.

한 예를 들면, 1989년에 버지니아주 샬러츠빌Charlottesville에서 리네핸을 만나러 베세즈다까지 온 젊은 여성이 있었다. 리네핸은 그 여성의 신장에서 거대한 종양을 제거했다. 하지만 여성은 7개월 뒤에 사망했다. 이듬해 그 여성의 어머니가 같은 종류의 암으로 보이는 병으로 사망했다. 리네핸은 딸의 종양에서 떼어낸 조각들을 현미경으로 자세히 살펴봤지만 어떤 종류의 암인지 알 수 없었다. 병리학자 동료들도 그전까지 한 번도 보지 못한 유형이라고 했다. 연구팀은 그 종양을 계속 분석했고, 2001년에 거기서 어떤 희귀 증후군과 관련된 유전자 돌연변이를 발견했다.[29] 리네핸은 그 희귀 증후군을 '유전적 평활근종증 신세포암HLRCC, hereditary leiomyomatosis and renal cell carcinoma'이라고 명명했는데, 그 병에 걸리면 특히 '유두모양암종papillary carcinoma'이라고 하는 공격적인 신장 종양이 생긴다. 이 유전자 돌연변이는 전 세계에 지금까지 대략 백 가족에게 있다고 알려져 있다.[30]

"인생에는 우리가 과거로 돌아가 다시 할 수 있었으면 하는 일들이 있죠." 리네핸은 날카로운 청회색 눈동자를 가늘게 뜨고서 내 어깨 너머 먼 곳을 바라보면서 말했다. "우리는 그 환자 가족의 소재를 찾지 않았어요. 만약 그때 제가 바로 차를 몰아 샬러츠빌에 가서 그곳 경찰서장을 찾아가 '이 가족을 찾을 수 있게 도와주셔야 합니다'라고 말했더라면 좋았을 텐데 말이죠." 18년 후에 그가 그 가족의 소재를 막상 다시 찾았을 때는 그 여성의 형제자매와 이모가 이미 사망한 뒤였다.

당시 종류가 다른 종양들을 유발하는 세포들 내부의 경로를 살펴보니 그 종양들은 다른 유전자들에서 왔을 뿐만 아니라 매우 다른 질병들이라는 점이 분명해졌다. 각각의 종양은 그 세포 대사 경로의 다른 지점에서 생긴 다른 문제의 결과였다. 따라서 그 문제들을 똑같이 취급하는 건 말도 안 되는 일이었다(이렇게 이해한다면, '암 치료'는 '전염병 치료'만큼이나 모호한 문제다).

암을 대사질환으로 여기는 것은 새로운 생각이 아니라, 유행이 지난 생각으로 수십 년간 취급됐었다. 1931년에 생리학자 오토 바르부르크Otto Warburg에게 노벨상을 안겨준 발상이기도 하다. 일반적으로 세포 내 미토콘드리아는 화합물인 피루브산pyruvate을 아데노신삼인산ATP, adenosine triphosphate으로 산화시켜 에너지를 생성한다. 그러나 세포는 산소가 없어도 마치 우리가 격렬한 운동을 할 때처럼 포도당을 발효시켜서 에너지를 생성할 수 있다. 이는 신체가 위험에 처할 경우를 대비한 백업backup 메커니즘이다. 바르부르크는 세포가 이런 무산소 호흡법으로 온종일 일하는 체제로 전환했을 때 암이 자랐다는 걸 보여줬다. 끊임없이 투쟁–도피 상태에 놓인 세포들처럼 암은 다른 세포들보다 크게 자라며 종양으로 부풀어 오르는 경향이 있었다. 그리고 연료가 되는 포도당을 조달하기 위해 인접한 조직들을 먹었다.

"이유가 뭐가 됐든 바르부르크의 연구는 억압을 좀 받았어요. 그리고 사람들은 그 연구가 얼마나 유력하고 중요한지 실제로 이해하지 못했죠. 한 20년 전까지만 해도 진짜 그랬답니다." 리네핸은 말했다.

암을 세포의 대사질환으로 이해하면 대사 경로의 다른 지점, 즉 활동이 과도하거나 저조한 다른 효소와 보조효소를 표적으로 삼은 약물을 만들 수 있게 된다.

예를 들어 리네핸이 HLRCC와 연관시킨 유전자는 크레브스 회로Krebs cycle(바르부르크의 실험실에서 일한 영국의 생화학자 한스 크레브스의 이름을 땄다)라고 알려진 대사 경로에 포함되는 효소를 암호화한다. 바르부르크가 세운 가설과 마찬가지로, 그 유전자 돌연변이는 이 공격적인 암들이 일반적인 에너지 생성 방식(미토콘드리아의 산화적 인산화oxidative phosphorylation)에서 벗어나 포도당의 발효 과정(호기적 해당aerobic glycolysis)이 최고조에 이르도록 전환시킨다. 이는 암세포들이 끊임없이 투쟁–도피 상태가 되는 꼴이다. 그러면 종양세포는 성장 속도 면에서 유리해진다. 하지만 이런 차이는 표적 역할을 하기도 한다. 다시 말해, 약물을 사용해 차단할 수 있는 경로가 되므로 우리는 비정상적인 (암)세포만 죽일 수 있다.

리네핸은 이미 이 일을 성공시켰다. 비록 그가 찾던 '신장암 유전자'를 발견하지는 못했지만, 유전학에 대한 이해로 이런 성공을 이끌었다. 'VHL' 유전자는 신장 종양의 원인이 되기도 하지만 여러 기능을 담당하고 있다. 그리고 신장 종양의 원인은 대부분 'VHL' 유전자가 아니다. 알고 보니 '신장암'은 암이 단순히 '특정 장소에서 성장한다'는 엉성한 이해를 바탕으로 함께 분류되는 다른 무수한 질병과 관련돼 있었다.

암은 햇빛부터 흡연에 이르기까지 무수한 환경적 요인으로 발생한다. 그 요인들이 염색체 안에 실타래로 뭉쳐 있는 DNA와도 상호작용하고, 그 DNA의 유전 정보가 단백질로 전환되는 (그래서 생명체가 만들어지는) 경로와도 상호작용하기 때문이다. "게다가 암의 발생 원인이 되는 유전자가 있는가 하면, 암의 확산에 관여하는 유전자도 있을 수 있답니다." 리네핸은 그런 변수도 지적한다. 때로는 환경에 상관없이 암이 생기도록 DNA가 설정되고, 때로는 환경이 암을 유발하기도 하며, DNA와 환경 사이의 모든 조합이 암을 일으키기도 한다.

1910년에 서른한 살의 페이턴 라우스Peyton Rous가 닭에게 암을 일으킬 수 있는 바이러스를 발견했다고 주장했을 때 사람들은 그 얘기를 웃어넘겼다. 처음에 암 '전염론'은 당시 기정사실로 받아들여진 암 '유전론'과 상충하는 듯 보였으며, 게다가 암의 환경적 원인론을 전개해도 서로 부딪쳤다. 그러나 라우스가 닭들을 바이러스에 노출시킨 지 불과 2주 만에 닭들이 암에 걸린 것은 틀림없는 사실이었다. 하지만 라우스 역시 어떻게 된 영문인지 설명할 수 없었다. 그는 자신이 발견한 바이러스를 '라우스 육종 바이러스Rous sarcoma virus'라고 명명했다(암을 유발하는 바이러스에 자기 이름을 붙이다니, 이건 심리학적 연구 대상이다). 암이 전염으로 발생할 수 있다는 라우스의 이론은 56년이 지나 그가 노벨상을 받기 전까지 비판을 받았었다.

1979년이 되어서야 비로소 바이러스학자 로버트 갤로(HIV를 발견한 과학자 중 한 명)의 실험에서는 인간에게 암을 유발한다고 알려진 바이러스 'HTLV-1'가 최초로 발견됐다. 'HTLV-1'은 전염을 일으킬 뿐만 아니라 인간 DNA 속까지 비집고 들어간다. 그 후로 암 유발 바이러스를 관찰하는 연구가 봇물 터지듯 급증했고 그 결과는 다음과 같다. 감염 단핵구증monocuclosis을 일으키는 엡스타인-바 바이러스EBV, Epstein-Barr virus는 B세포 림프종B-cell lymphoma과 비인두암nasopharyngeal cancer도 유발할 수 있다. C형간염 바이러스HCV, hepatitis C virus는 간암을 유발한다. 헤르페스 바이러스 8형herpes 8 virus은 카포시 육종Kaposi's sarcoma을 유발한다. 그리고 그중에서도 가장 많은 사람과 관련성이 있는 발견은 자궁경부암의 약 80퍼센트가 인유두종 바이러스HPV, human papilloma virus 때문에 발병한다는 것이었다. 그런데 HPV 백신이 이런 암들을 예방하고 백신을 이용하기도 쉽지만, 여전히 백신을 맞지 않는 사람이 많다(그 이유는 주로, 성생활에 관해 어느 정도 얘기해야 한다는 데 있다).

지금은 암의 유전, 환경, 전염에 대한 설명이 상충하지 않을뿐더러, 모두 하나의 정교하고 통합된 이론의 부분이라는 점이 명확해졌다. 이런 요인들은 세포가 분열하고 에너지를 사용하는 메커니즘을 총체적으로 바꿔놓기도 하고 유지하기도 한다. 우리가 '암'이라고 부르는 질병들의 유일한 공통분모는, 비정상적인 대사 경로를 지닌 세포들이 관여해 암세포가 아닌 세포들보다 더 빨리 또는 효율적으로 분열하고 성장한다는 것이다.

2015년 리네핸은 전 세계에 있는 동료 연구자 400명과 함께 많은 암 유전체의 집합인 이른바 '암 유전체 지도Cancer Genome Atlas' 프로젝트를 완수했다. 이 지도의 목적은 세포를 악성으로 만든다고 알려진 수천 가지의 대사 경로 변화에서 암세포와 비非암세포의 유전적 차이를 정확히 짚어내고, 비암세포에 해를 끼치지 않으면서 암세포의 대사 경로를 차단하는 맞춤 치료를 하는 것이다. 이 지도는 하나의 거대한 퍼즐이 아니라 수많은 거대한 퍼즐의 시작이며, 각 퍼즐은 바이러스와 생활습관이 포함되는 그림에 암 유전체를 맞춰 넣는 작업이다. 이처럼 지금은 모든 개인의 병리를 고유하게 여기는 상황으로 빠르게 흘러가고 있다.

만약 코를 잃게 되면 과학으로 코를 다시 만들 수 있을까요?

간부전증이나 신부전증이 있는 사람들, 심지어 심장이나 폐에 부전증이 있는 사람들도 이제는 태어날 때부터 있던 것이 아닌 다른 장기의 도움으로 수십 년을 살 수 있다. 하지만 전 세계에 수많은 장기 기증자들이 있음에도 불구하고 장기는 계속 부족한 실정이다. 장기 기증자에게 대가를 지불하면 된다는 생각을 흔히 품지만 그런 생각은 궁극적으로 부유한 사람들이 덜 부유한 사람들의 몸을 말 그대로 채취하는 구조로 이어진다.

| 인간의 장기를 만드는 방법 |

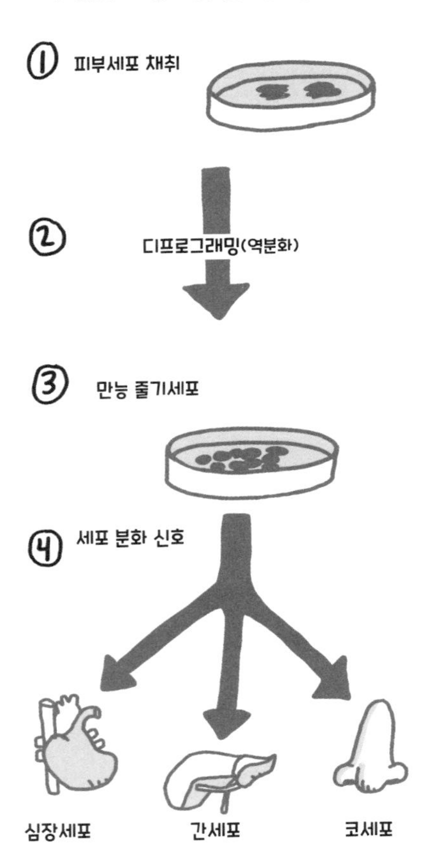

상황이 이러하니 우리는 운에 맡긴다. 큰 병원들은 장기이식팀을 24시간 대기로 운영하고 누가 시장에 장기를 내놓을 때마다 헬리콥터를 바로 띄워 공수할 수 있도록 준비돼 있다. 그런데 기증자에게서 이식된 장기는 수용자의 몸에서 종종 거부된다. 이는 불치병 환자들이 자신의 생명을 구할 장기를 이용할 수 있으리라는 희망에 매달리게 하

는, 값만 비싸고 신뢰할 수 없는 구조다. 하지만 머지않아 이것만이 유일한 방안이 아닌 날이 올지도 모른다.

1981년 게일 마틴이 최초로 줄기세포를 분리해내고서 '배아' 줄기세포라고 명명한 것은 그 세포가 쥐의 배아에서 나왔기 때문이다. 오늘날까지도 '줄기세포'라는 용어는 많은 이들에게 '배아'를 떠올리게 한다. 그래서 그 문제는 윤리적 딜레마가 됐다. 그러나 지금은 1981년이 아니기에 우리는 태아가 줄기세포를 찾을 수 있는 유일한 장소가 아니라는 것을 알고 있다. 줄기세포는 성인의 골수에서도 나오고 임신부 자궁 안의 양수에서도 나온다. 그리고 인체에 무해하게 표본을 채취할 수 있다. 무엇보다도 1981년과 다른 점은 나이든 일반 세포로도 줄기세포를 만들 수 있다는 것이다. '유도'만능 줄기세포induced pluripotent stem cell 개념은 의학에서 가장 중요한 것 중 하나다.

무한한 잠재력을 지닌 줄기세포 한 덩이가 되는 기쁨은 아주 잠깐이다. 그리고 뇌가 존재하기 전의 일이므로 우리는 그런 기쁨을 알 턱이 없다. 이제 곧 세상은 줄기세포인 우리에게 힘을 행사하면서, 척수가 될 관管을 만들고 뇌를 담을 머리가 될 낭囊을 만들라고 주장한다. 또한 근육을 지탱할 단단한 뼈가 되기 위해 칼슘으로 채워지고 골화骨化할 작은 연골들도 만들어 배열하라고 강력히 요구한다. 근육에는 적혈구로 채워진 관이 들어가고, 적혈구는 철분을 사용해 산소를 운반한다. 우리의 몸이 될 세포들은 모두 한때는 무엇이든 될 수 있었겠지만 일단 뭔가가 되고 나면 그것을 다시 바꾸는 일은 지극히 어렵다. 그러나 그것이 불가능하지는 않다.

그 예로 과학자들은 피부를 이용해 세포를 줄기세포로 되돌릴 수 있었다. 그러면 그 줄기세포는 간세포 등의 다른 세포가 될 수 있다. 그런 발상은 기본적으로 우리 몸의 어느 부분이라도 뭐든지 될 수 있다는 것이다. 우리의 세포는 모두 똑같은 염색체를 지닌다. 근육세포와 신장세포가 다른 이유는 오직 후성유전적 정보와 각인뿐이다. 그 과정을 재설정함으로써 분화된 세포는 다시 한 번 만능이 될 수 있다.

하지만 피부세포로 만든 간세포를 이용해 간 전체를 만들어 그 세포 주인의 망가져가는 간을 대체할 수 있을까? 우리가 코 전체도 만들 수 있을까? 어쩌면 가능할지도 모른다. 2015년 말에 한 연구팀은 피부세포를 '유도만능 줄기세포'로 환원해 그 줄기세포를 '미니 신장'으로 만들었다고 〈네이처〉에 발표했다.[31] 그것은 완전히 형성된 신장은 아니었고 부분적으로 형성된 '오가노이드organoid'•였다. 본인의 DNA가 들어 있는 줄기세포가 장기를 만드는 데 사용되려면 자기 몸이 이식에 따르는 거부반응의 위험 없이 그 장기를 쉽게 받아들이고 통합해야 한다. 이것은 많은 생명을 구하기 위한 중요한 단계다.

노화는 피할 수 없는 건가요?

노화는 흰머리나 주름, 딱딱해진 동맥으로 정의될 수 없다. 그런 특성들은 흔하지만 보편적이지는 않기 때문이다. 영화배우 스티브 마틴은 30대 중반에 머리가 희끗희끗해졌다. 반면 나는 서른두 살 때 신분증을

• 인간의 장기와 유사한 장기 유사체 또는 미니 장기

소지하지 않고 R등급 영화[•]를 보러 갔다가 하마터면 거절당할 뻔했다.

우리의 공통점은 아주 미세한 차원에 있다. 바로 세포 내 염색체 손상이다. 그것은 우리 모두에게 일어난다. 당시 극장 측에서 내 피부세포 표본을 채취해 공초점 레이저 주사 현미경으로 들여다봤다면 그런 현상을 볼 수 있었을 것이다.

따라서 용어를 구별하자면, 시간에 따른 신체 변화인 '노화aging'는 시간에 따른 점진적인 신체 손상인 '노쇠senescence'와 다르다는 게 핵심이다. 보통 우리는 노화가 쇠퇴와 더불어 질병 가능성을 포함한다는 사실을 받아들인다. 시간이 지나면서 살 만큼 살고 나면 우리 몸은 어쩔 수 없이 서서히 멈춰서고 말 테니까.

이것이 적어도 우리가 전통적으로 이해하고 있는 바다. 그런데 영국 출신으로 오브리 드 그레이Aubrey de Grey라는 최신과학기술 전문가는 전 세계를 돌아다니며 사람들에게 그것을 다시 따져보라고 촉구한다. 그는 노화가 진정 무엇을 의미하는지 아는 사람이 거의 없다고 주장한다(물론 본인은 빼고).

드 그레이는 중년의 므두셀라Methuselah[••] 같은 모습을 하고 있다. 수염이 남성의 젖꼭지 위치까지 내려오고, 뒤로 묶은 희끗희끗한 머리는 등 아래로 한참 내려간다. 2005년에 영국 옥스퍼드대학교의 한 강연에서 그가 말을 마치자 한 청중이 그에게 본인은 노화에 그렇게 반대하면서 왜 노인 같은 모습을 하고 있냐고 물었다. "왜냐면 제가 노인이니까요." 뭔가 다른 시대에 입었을 법한 청바지에 흰 티셔츠 차림으로

• 17세 이하는 부모나 성인을 동반해야만 관람할 수 있는 영화

•• 구약성서에서 노아의 할아버지로 969살까지 살았다고 전해지는 인물

구부정한 자세를 취하고 있던 드 그레이는 그렇게 딱 잘라 대답했다. 그리고 이렇게 덧붙였다. "저는 사실 158세입니다."

드 그레이는 최소 한 번 이상 다른 공개 포럼에서도 같은 말을 했지만 농담한 것처럼 보인다. 그러나 지금 살아 있는 많은 사람들이 1,000세 이상까지 살 거라고 말할 때는 진지하다. 일단 노화와 질병의 연관성을 '제거'할 수 있게 되면 수명이 급격히 늘어나리라고 그는 믿는다. 그의 계산에 따르면, 최초로 1,000세까지 사는 사람은 첫 150세까지 살고 난 뒤에 10세 정도의 상태로 새롭게 태어날 거라고 한다.

그런 생각은 완전히 전례가 없지는 않다. 아메리카 바닷가재와 바다뱀은 '생물학적으로 죽지 않는' 것처럼 보이는 동물에 속한다. 그 얘기는 가령 바닷가재가 사람들의 손에 산 채로 삶아져서 죽임을 당할 수는 있어도 나이와 관련된 원인으로 죽지는 않는다는 뜻이다. 바닷가재는 시간이 지나도 신체 능력이 줄어들지 않는다는 점에서 '노화'가 일어나지 않는다. 그러니 사람들도 그런 똑같은 능력을 획득하지 않을 이유가 없지 않은가?

이런 현상을 두고 신경생물학자 케일럽 핀치Caleb Finch는 '무시할 만한 노쇠negligible senescence'•라는 용어를 만들었다. 그리고 노화가 더는 삶의 질의 변수가 되지 않는 경지에 우리가 도달할 수 있다는 견해를 제시한다. 그 후로 드 그레이는 이 개념을 공개적으로 얘기하고 다니면서 노화나 노쇠를 피할 수 없는 것으로 받아들이지 않아도 된다는 인식을 심어주는 자칭 전도사가 됐다. 그의 목표는 '사람들이 정신을 딴 데 팔

• 생식 능력 감소, 기능 저하, 고령에 따른 사망률 증가와 같은 생물학적 노화(노쇠)의 증거가 드러나지 않는 생명체를 가리킴

고 있다는 것을 깨닫게 하는 것'이다. 그는 '정규 과학교육'을 받지 않은 인물인데도 불구하고 2009년에 '노화 과정과 싸우는 데 전념하는' 자선단체를 설립하고 그 단체의 최고과학책임자chief science officer가 됐다. 캘리포니아에 있는 'SENS Strategies for Engineered Negligible Senescence 연구재단'이라는 이름의 그 연구소는 페이팔 창업자이자 IT업계 선지자인 (그리고 뿌리는 멜라토닌제 '스프레이어블 슬립' 개발에도 투자한) 피터 틸에게서 자금 지원을 받았다. 자만심에 후하게 보상하는 실리콘밸리에서 드그레이는 인간 수명의 무한 연장이 기초가 되는 재단을 운영한다.

현대인들이 노화에 대해 대부분 생각하는 것처럼 노화는 '치료'될 수 있는 신체적 과정이 아니다. 부유한 나라들에서는 여전히 해마다 더 많은 사람이 '나이와 관련된' 질환으로 널리 알려진 알츠하이머병, 파킨슨병, 심혈관 질환, 대부분의 암 등으로 사망한다(SENS 연구재단은 웹사이트의 FAQ 코너에서 비록 나이와 관련된 질환을 피할 수는 없지만 적어도 현재로서는 "그래도 자기 몸을 챙기는 게 쓸모없다는 뜻이 아니다"라고 확언한다).

이제 질병 치료·예방에 관한 전통적인 연구는 '노화 방지antiaging'라는 전위적인 영역과 통합되고 있다.

노화 방지 개념은 날마다 우리 몸의 수많은 세포가 분열한다는 사실에서 시작된다. 세포 분열 과정에서 세포들의 DNA에는 손상이 축적된다. 제대로 된 세포라면 어느 시점에 자멸해야 한다는 것을 안다. 그런데 어떤 세포들은 오히려 종양으로 변한다. 하지만 또 어떤 세포들은 '조용히 밤을 받아들여' 죽지도 않고 계속 분열하지도 않는다. 이런 현상을 '세포 노화'라고 일컫는다. 그리고 이런 세포들이 바로 대부분 노화 방지 연구 대상이다.

드 그레이는 최초의 노화학 연구자는 아니지만, 노화 과정 '자체'가 중단되지 않으면 나이와 관련된 질환은 치료되지 않을 거라고 가장 끈질기게 주장해온 인물이다. 그가 대중적인 사상가들 가운데서도 두드러지는 점은 노화를 질병의 과정으로 봐야 한다고 주장하는 것이다. 그 과정은 처음에는 해가 되지 않지만 결국에는 우리를 압도한다. 노쇠는 문화적 관점에서 볼 때만 삶의 '정상'적인 부분이라고 드 그레이는 주장한다. 세포 차원에서 보면 노쇠는 실수의 결과다. 그러니 이런 실수를 바로잡거나 예방하려는 시도는 어떤 자아도취적 환상이 아니라, 기초 의생명과학의 기본 개념과 아주 잘 들어맞는다.

그러나 FDA는 노화를 의학적 상태나 병리적 과정으로 보지 않기 때문에 노화 '방지'나 '예방'을 위해 판매되는 제품들은 현재 의약품으로 규제되지 않는다. 시중에 나온 제품들은 건강보조식품계라는 야생 세계에 존재하기 때문에 그것들을 무엇으로서 이해해야 할지 알기가 어렵다.

이 시점에서 '많은 길을' 거슬러 올라가면 하버드대학교의 교수인 데이비드 싱클레어David Sinclair의 연구와 사업으로 '통한다'. 싱클레어는 2004년에 '시르투인sirtuin'이라는 효소를 발견해 명성을 얻었는데, 시르투인은 우리 세포 내 미토콘드리아의 에너지 생성에 관여하는 물질이다. 시르투인의 활동이 증가하면 아직은 명확하지 않은 어떤 작용 원리로 동물(벌레와 생쥐)의 수명이 늘어나는 것으로 나타났다. 시르투인의 활동을 증가시키는 한 가지 방법은 음식 섭취를 제한하는 것이다. 하지만 이것은 고루한 조언이며, 많은 이들에게 참말이지, 고려사항이 아니다. 그래서 건강보조식품회사들은 시르투인 효소의 활동을 촉진할 수 있는 알약을 만들려고 시도하고 있다(싱클레어는 '시르트리스Sirtris'라는 생명공학 회사를 설립했고, 몇 년 뒤에는 다국적 제약회사인 글락소스미스클라인GSK에 7억 2,000만 달러에 매각했다).

2013년에 싱클레어는 또 다른 노화 방지 화합물을 발견했다고 발표해 사업 관계자들뿐만 아니라 수상 경력이 있는 과학자들의 관심을 끌었다.[32] 그것은 '니코틴아마이드 아데닌 다이뉴클레오타이NAD, nicotinamide adenine dinucleotide'라는 보조효소로, 우리가 비타민이라고 부르는 대부분의 화학 물질과 비슷했다. 싱클레어는 NAD로 바뀌는 대사작용이 일어나는 어떤 화학 물질을 섭취한 쥐들이 더 젊어 보이는 조직을 갖게 됐다는 것을 발견했다. 동료 연구자들은 이 NAD 생성 화합물을 사람들에게 판매하는 사업에 재빨리 뛰어들어 2015년에 '엘리시움Elysium'이라는 건강보조식품회사를 설립했다. 벤처캐피털의 투자를 받는 그 신생기업은 건강보조식품회사들 가운데서도 눈에 띈다. MIT에서 싱클레어의 멘토였던 저명한 생물학 교수 레니 가렌티Lenny Guarente가 공동 창업자일 뿐 아니라, 노벨상 수상자 여섯 명, 그리고 (터프츠대학교의 영양학·정책 대학원장인 다리우시 모자파리안처럼 내가 알기로 세심하고 현명한) 다른 존경받는 연구자들이 자문위원으로 그 회사를 지원한다는 점에서 그렇다.

하지만 우리가 인체 내 NAD에 관해 알고 있는 내용은 NAD가 세포 내부의 에너지 생성 반응에 중요하다는 것, 그리고 나이가 들면서 우리 몸의 NAD 수치가 떨어진다는 것이 전부다. 이는 어쩌면 NAD가 노화에 어떤 역할을 하는 물질이라는 뜻일 수도 있다. 그래서 이 물질을 먹으면 아마도 부작용 없이 노화 과정이 지연되거나 역전된다는 의미가 될지도 모른다. 그러나 이렇게 '어쩌면'과 '아마도'로 시작하는 말은 입이 떡 벌어지는 거창한 얘기들이다. 엘리시움은 설치류를 대상으로 한 연구에서 사람을 위한 약물의 상업화로 넘어가는 극적인 전환을 보여준다. 그들의 모토는 '건강을 최적화하세요'지만, 60달러짜리 제품 설명의 맨 아래에는 모든 건강보조식품과 마찬가지로 법률에 따른 이런 표시 문구가 작은 글씨로 인쇄돼 있다. "이 제품은 질병을 진단·치료·예방하기 위한 것이 아닙니다."

2016년에 노화에 대한 신기한 발견이 또 있었다. 메이오클리닉의 과학자들이 쥐들의 노화 세포를 모두 제거해 젊어 보이게 할 수 있었던 것이다. 대런 베이커Darren Baker와 얀 판 되르선Jan van Deursen은 노화 세포가 'p16'이라고 알려진 단백질을 운반한다는 것을 발견했다. 따라서 이 논리에 맞게 그 과학자들은 'p16'이 들어 있는 세포를 모조리 죽이는 약을 만들었다. 일주일에 두 번씩 치료를 받은 쥐들은 같은 날 태어난 다른 쥐들보다 확실히 더 젊고 날씬해 보였고, 심장과 신장도 더 건강했으며, 백내장도 덜 걸렸다. 결국에는 그 쥐들도 병에 걸리긴 했지만 그래도 그 쥐들의 질병은 생애 말기에 압축돼 있었다. 사람들이 인생의 마지막 장에서 장기간 허약한 상태로 질질 끌려가는 결말과는 대조적이었다.

"이 논문의 내용이 틀림없다면, 늙은 생명체를 놓고서 생리적으로 더 젊게 만드는 방법이 갑자기 생긴 셈입니다."[33] 노스캐롤라이나대학교의 의학 및 유전학 교수인 노먼 샤플리스Norman Sharpless는 〈애틀랜틱〉에서 그런 견해를 밝혔다. "만약 그게 옳다면 말이죠. 제가 너무 과장하려는 게 아니라, 그것은 지금까지 이루어진 노화에 대한 가장 중요한 발견 가운데 하나입니다."

그리고 전 세계적으로 다른 연구자들도 노화 과정에 나타나는 다른 대상들을 연구하고 있다. 드 그레이의 SENS 연구재단은 인체 세포가 분해할 수 없는 '나이와 관련된 쓰레기'의 축적을 집중적으로 연구해왔다. 예를 들어 심장질환에 걸리면 백혈구가 산화 콜레스테롤을 분해하려고 해도 그러지 못한다. 그래서 혈액은 결국 산화 콜레스테롤로 가득 차게 되고, 그때 이른바 거품세포foam cell가 생겨나면서 죽상동맥경화증을 일으킨다. 드 그레이가 궁금한 점은 어떻게 하면 우리 세포가 산화 콜레스테롤을 분해할 수 있도록 도울 수 있을까였다. 그는 세균이 인간 사체를 얼마나 효율적으로 분해하는지 숙고한 뒤에 우리 몸이 일반적으로 제거하지 못하는 것들을 제거하도록 세균이 도울 수 있을지도 모른다고 추론했다. 마침내 그의 연구팀은 산화 콜레스테롤의 한 종류를 분해할 수 있는 세균을 하나 찾을 수 있었다. 2013년 테드엑스TEDx 강연에서 그는 이 발견이 '현존하는 어떤 심혈관 질환 치료보다도 한층, 훨씬 더 강력한 치료'로 이어지게 할 것이라고 약속했다.

참으로 낙관적인 생각이다. 가까운 미래에 1,000세까지 살 것이라는 드 그레이의 주장은 내가 이야기를 나눠본, 언젠가는 죽을 그 어떤 사람들의 견해도 훌쩍 뛰어넘는다. 하지만 그의 탐구는 세포의 노화를 이해하려는 합리적인 연구자들만이 아니라 나이와 관련된 암과 치매를 이해하려는 연구자들이 달성 가능한 수준에서 행하는 연구의 윤리적 의미를 놓고 주의를 환기한다. 우리가 '정말' 1,000세까지 사는 상황을 생각해보면, 노쇠를 무시할 수 있느냐가 아니라 그게 멋진 일이냐는 것이 당장 눈에 보이는 딜레마다. 그래서 우리는 지금 지나친 감상에 젖지 않으면서 건강과 장수와 관련된 우선순위를 재검토해봐야 한다. 우리가 이 문제에서 진정으로 바라는 것은 무엇인가?

인류는 10만 년을 존재해왔고 우리의 기대 수명은 그 세월의 0.1퍼센트에 해당하는 지난 100년 사이에 이미 거의 두 배가 됐다. 미국에서 현재 기대 수명은 78.7세이고, 1900년도에는 46.3세였다. 그에 따라 지난 두 세기에 걸쳐 세계 인구는 10억에서 70억으로 증가했다. 그런데 이런 증가세는 지속될 수 없다. 그 인구를 유지하는 결과로 지구는 식량과 에너지가 바닥나고 갈수록 사람이 살기 어려운 곳이 되고 말 것이다.

나는 의학을 공부하고 수련의 과정을 밟으면서, 그리고 도중에 그

| 만약 인구가 계속 급증한다면 |

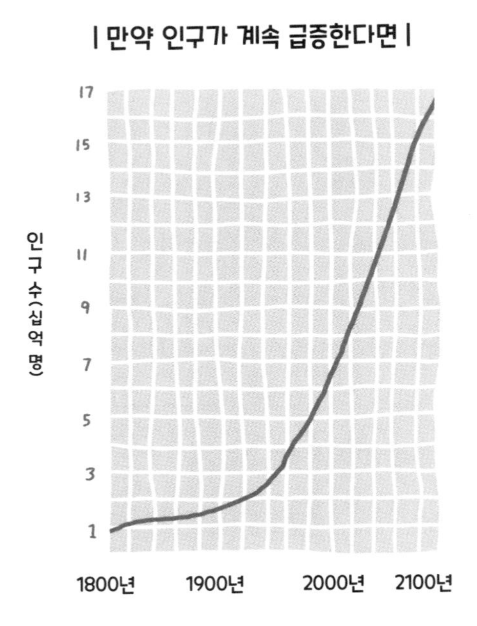

만둘까 고민했을 때도 이 문제에 대해 많이 생각했다. 질병을 치료하고 수명을 연장하는 연구가 과연 어느 시점에 실제로 부지불식간에 인류의 종말을 재촉하게 될까?

(그런데 병원에서 동료들에게 그것을 물어보고 다니면 이상한 사람인가?)

나이가 들어가면 왜 피부 속이 비칠까요?

나이가 들수록 피부는 말 그대로 더 얇아진다. 케라틴•이 분해돼 엘라스틴••과 교차 결합하기 때문이다. 피부가 매우 얇아지면 그 아래로 푸르스름한 정맥이 비친다. 그러나 정맥혈은 여전히 붉으며, 산소를 공급하는 동맥혈보다 어두운 색조를 띨 뿐이다. 피부와 피하조직을 통해 드러나는 정맥은 정말 푸르스름해 보인다(정맥은 보통 그렇게 보이는데, 당신의 정맥도 그렇게 보이길 바란다). 다만 정맥이 푸르게 보이는 것은 단지 푸른색 파장이 우리 망막에 그럭저럭 잘 도착했기 때문이다. 그런데 눈과 뇌에도 공급되는 똑같은 혈액은 우리의 눈과 뇌를 속인다. 사실 피부가 가장 얇은 곳은 눈 주위여서 눈 밑의 볼록한 부위가 어두워 보일 수 있다. 이론적으로는 눈 주위 피부가 매우 얇으면 눈 밑 볼록한 부위에 크고 검붉은 자국이 보일 수 있을 텐데, 그러면 훨씬 끔찍할 것이다. 뭐, 본인의 취향에 따라 괜찮을 수도 있겠지만.

• 피부, 모발, 손발톱 등의 주성분인 경질 단백질

•• 결합조직에 들어 있는 탄력성이 큰 단백질

인간의 수명은 충분한가요?

2016년 2월의 몹시 추웠던 어느 날 저녁 맨해튼에서 노화의 미래에 대해 세계적으로 거침없는 발언을 하는 네 인물이 한자리에 모여 우리 인간이 언제 죽어야 하는지를 놓고 공개 토론을 벌였다. 그들의 도전 과제는 인류의 존속에 기본이 되는 질문에 투표권을 가진 청중들이 그렇다, 아니다를 결정하도록 설득하는 것이었다. 그 질문은 바로 '인간의 수명은 충분한가?'였다.

토론자 모두 장수의 딜레마를 논쟁할 여유가 있는 사람들의 대표자답게, 정장을 차려입은 백인 남성들이었다. 이번에는 오브리 드 그레이마저 정장을 입고 와서 청중석을 향해 자신은 '노화를 물리치는 것이 인류가 직면한 가장 중요한 도전'이라 믿는다고 공언했다. 그는 토론장을 꽉 채운 청중에게 손짓하며 말했다. "뉴욕분들이 동의해주시는 것 같아 기쁩니다."

그러나 그곳은 토론하는 자리였기 때문에 아주 많은 사람이 그의 말에 동의하지 않았다. 그들이 이곳에 온 이유는 사람들이 계속 아프고 일찍 죽는 가운데 어떤 사람들은 급진적으로 수명을 늘리는 능력을 얻는 데 내재하는 문제들이 우려스러워서였다. 드 그레이의 토론 상대는 폴 루트 울프Paul Root Wolpe였다. 울프는 미국 항공우주국NASA의 최초 수석 생명윤리학자이자 신경윤리학neuroethics이라는 학문의 창시자다. 신경윤리학은 '신경과학 발전의 사회적·법적·윤리적·정책적 의미'를 살펴보는 학문 분야다.

우리가 200세 혹은 1,000세까지 살 수 있는가의 문제를 논하려면 우선 우리가 그 나이까지 살아야 하는가의 문제를 논해야 한다. 울프는 수명 연장 기술이 인간 존재의 의미를 어떻게 변화시킬지 생각해보지 않고서 그 기술을 포용하면 안 된다고 경고했다. 그의 토론 파트너는 호주 뉴캐슬대학교의 철학자 이안 그라운드Ian Ground였는데, 그라운드의 넥타이는 개회사가 진행되는 동안 이미 풀어져 있었다. 그라운드는 울프의 발언에 자세한 설명을 덧붙였다. "가령 우리가 좀 더 많았으면 좋겠다고 말하는 어떤 물건들이 있어요. 하지만 사실 그 물건들은 본질적으로 유한합니다. 그리고 '지금 재미있게 보고 있는 이 영화가 끝나지 않았으면 좋겠어'라고 말하는 상황이라면, 자막이 올라갈 때 정말 슬픕니다. 하지만 그렇다고 해서 결말이 절대 없는, 그래서 시작도 중간도 없는 영화를 보고 싶다는 뜻은 아닙니다. 그러면 그건 영화가 아닐 테니까요."

사회자가 수명 토론의 중심 질문을 큰 소리로 말하자마자 울프는 '기대 수명'은 증가했지만 '수명', 즉 가장 오래 사는 사람들의 나이는 실제로 증가하지 않았다는 중요한 차이를 거론하며 끼어들었다. 다시 말해, 수세기 동안 사람들은 90대까지, 심지어 100세까지 살았다. 그것이 오늘날에는 더 흔해졌을 따름이다. 기대 수명에서 늘어난 부분은 조기 사망의 원인이 되는 질병의 치료와 예방의 결과였으며, 이것은 매년 100세이나 110세까지 사는 사람들이 더 많아진다는 좋은 징조다. 하지만 그렇다고 해서 사람들이 200세까지 살게 될 것이라고 논리를 확장할 수는 '없다'. 울프는 그것을 이렇게 말했다. "우리가 그보다 오래 살 수는 없다고 우리 몸에 프로그램으로 설정된 것 같습니다."

그것을 해제하는 것은 브라이언 케네디Brian Kennedy의 영역이다. 케네디는 캘리포니아주 노바토에 있는 벅노화연구소Buck Institute for Research on Aging에서 장수에 영향을 미치는 세포 경로를 연구한다. 토론회가 열린 날 저녁, 그는 드 그레이와 한편이었다. 하지만 인간이 더 오래 살아야 하느냐는 질문을 받았을 때 케네디의 대답은 어정쩡했다.

"만약 제가 80세인데 침대에서 나오기가 힘들고 하루에 약을 스무 알씩 먹으면서 항상 아프고 집 밖에 나갈 수 없다면, 아마 저는 더 오래 살고 싶지 않을 겁니다." 그는 마치 그런 상황을 처음 생각해보는 것처럼 말했다.

노화연구소장인 케네디가 그런 상황을 고려해본 게 그때가 처음일 리 없었다. 그것은 오히려 그런 사고 과정을 통해 사람들을 끌어들이려는 의도적인 답변 같았다. 노화 전문가들은 어떤 삶도 언젠가는 끝내야 한다는 제안에 대한 사람들의 본능적인 반응을 잘 알고 있다. 일명 오바마 케어인 건강 보험개혁법 초안을 작성하는 과정에서 윤리학자들이 생애 말기 의료를 다루려 했을 때 바로 그 개념은 '사망선고 위원회death panel'•라는 말로 둔갑해서는 정부가 도를 넘었다며 정치적 논쟁거리가 되고 쉽게 만신창이가 되고 말았다. 정작 그 누구도 '사망선고 위원회'를 제안하거나 원한 일이 전혀 없었건만, 그 무지가 아주 쉽게 씨앗을 뿌리며 펴져 나간 것이다. 반면, 사회적 비용이 얼마가 들건, 환자가 어떤 고통을 받건 간에 모든 상황에서 모든 개인의 심장을 계속 뛰게 하려고 모든 의료기술을 맹목적으로 적용하는 정반대의 극단도 더는 윤리적이지 않다. 하지만 그것이 우리의 기본 생각이다. 케네디는 이런 기본 생각에 의문을 제기하는 것조차 세심하고 정확하게

• 개인의 사회적 생산성에 따라 의료 대상을 선별하는 관료 집단이라는 뜻으로, 공화당원인 전 알래스카 주지사가 오바마 정부의 건강 보험개혁법에 근거 없는 음모론을 제기하며 만들어낸 용어

접근해야 한다는 것을 깨달은 듯했다.

여기서 한 가지 규칙은 돈과 관련된 이야기는 삼가는 것이다. 돈을 언급하면 사람의 생명에 가격을 매기는 것처럼 보인다. 그래서 광범위한 통계를 언급하는 게 상책일 수 있다. 예를 들어, '미국은 이미 GDP의 19퍼센트를 보건 의료비로 지출하고 있으며 3조 달러에 달하는 그 비용은 사람들의 마지막 6개월 생애에 대부분 지출됐다'고 말하는 것이다. 이런 비용은 언제라도 증가할 태세이며 오랜 질병에 대한 막대한 투자다.

케네디는 그것을 이렇게 말했다. "우리는 사람들이 아플 때까지 기다렸다가 그들을 치료하고 낫게 하는 데 큰돈을 쓰려 하고 있어요. 그런데 노화에서 오는 만성질환을 보면 우리는 그런 질환에 대단히 무력합니다."

그러고 나서 케네디는 수명이 아니라 '건강수명 health span'을 늘리는 것이 목표가 되어야 한다고 주장했다. 그는 건강수명을 '적어도 질병이 거의 없고 여전히 신체 기능이 좋은 기간'이라고 정의했다. 이 대목에서는 드 그레이와 울프, 그라운드도 동감한다. 기대 수명은 대략 4년마다 1년씩 증가하고 있는데 건강수명은 그 증가세의 근처에도 이르지 못하고 있기 때문이다. 우리는 더 오래 살고 있어도 그 기간의 점점 더 많은 부분을 적어도 골골거리면서 보낸다. 만약 치료에 집중하는 노력의 절반만이라도 예방에 집중한다면 우리는 건강수명을 상당히 늘릴 수 있을 것이다.

드 그레이는 바로 이런 시각에서 노화를 무해한 과정이 아니라, 심혈관 질환, 당뇨, 대부분의 암과 같은 가장 큰 여러 질병의 주요 위험 요인으로 본다면서 이렇게 덧붙였다. "그 외에도 사람들이 두려워하는 알츠하이머병 같은 모든 신경퇴행성 증후군, 황반변성, 백내장 등 그런 질병들은 얼마든지 더 열거할 수 있습니다."

드 그레이는 매일 15만 명이 사망하고 그중 상당수가 노화와 관련돼 있기에, 노화를 정상적인 과정으로 계속 보는 것은 '도덕적으로 무책임한 행위'라고 강력히 주장했다.

그라운드는 우리가 무한정 오래 살 권리가 있다고 믿는 것은 인간이 아닌 다른 존재가 될 권리가 있다고 믿는 것이나 마찬가지라고 반박했다. "아시다시피 특히 죽는 문제에서는 자기가 인간이라는 게 참 거시기하다고 생각할 수 있어요." 그라운드는 웃으면서 말했다. 이쯤 되면 앞으로는 휴머니즘이 아니라 포스트 휴머니즘이나 트랜스 휴머니즘이다. 그라운드는 또 이렇게 덧붙였다. "자기가 요정이나 사이보그, 컴퓨터 프로그램이 되는 세상을 바랄 수 있겠지만, 그중 어느 것도 '나'일 수는 없죠."

물론 우리는 인간 존재의 의미를 계속 변화시키고 있다. 단지 그런 변화가 아주 서서히 일어나기에 그것을 당연하게 받아들인다. 신발과 의자가 발명된 것과 마찬가지로 인공 무릎, 콘택트렌즈, 스마트폰이 등장하면서 우리 몸이 기술과 결합함에 따라 문화가 바뀐다. 그리고 이런 발전으로 장수 사회가 도래하면서 사회도 근본적으로 바뀐다.

한 예로, 사회는 덜 진보적으로 변한다. 나이가 더 든 사람들일수록 부를 더 많이 축적해 사회적 불평이 더욱 심해지기 때문이다. 울프는 만약 1차 세계대전 세대와 남북전쟁 세대가 오늘날에도 여전히 살아 있다는 가정 아래 이렇게 물었다. "그러면 우리가 이 나라에서 시민권을 갖고 있을 거라고 정말 생각하세요? 그리고 동성결혼은요?"

고령화의 정치적 파장과 그 과정에서 생기는 격차는 지금의 권력자들조차 진정으로 우려한다. 2016년에 오바마 대통령은 내게 이렇게 말했다. "만약 일부 사람들이 더 큰 집이나 더 큰 차를 소유할 뿐만 아니라 돈이 없는 사람들보다 이삼십 년을 더 산다면 민주주의는 작동할 수 없습니다. 그런 사회는 건강하지도 않고 지속 가능하지도 않습니다."

사람들이 나이가 들면서 정치적으로 더 보수적인 경향을 띠게 된다는 사실은 시냅스 가지치기와 그에 따른 신경적 성향으로 요약될 수 있다. 뇌의 일반적인 노화에 따른 변화를 거치면서 우리는 자신에 관한 서사를 중심으로 살아가며 특정한 방식으로 사고하는 까다로운 사람이

| 올바른 앉은 자세* |

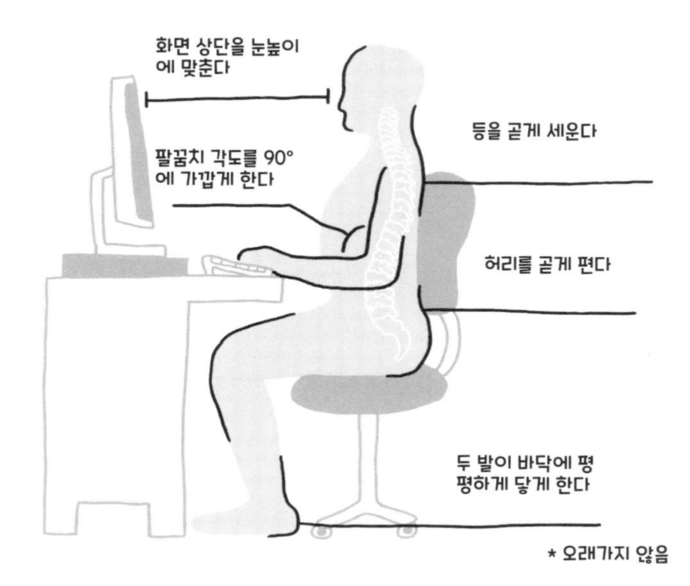

된다. 주변 세상은 변하는데 우리의 신경 경로는 잘 변하지 않게 되면서 삶은 그라운드의 말마따나 "센스메이킹 sense-making● 비즈니스"가 된다.

우리 가운데 일부 사람들의 삶은 이미 그렇게 돼버렸다. 심지어 국민 수명이 가장 짧은 나라들에서도 1800년도에 국민 수명이 가장 길었던 나라들보다 현재 국민 수명이 더 길다. 일본에서는 이미 인구의 40퍼센트가 65세 이상이다. 이런 현상은 일본 사회를 근본적으로 변화시켰다. 노동인구 부족의 위기가 닥치고, 의료비가 폭발적으로 증가하고 있다.

어찌어찌해서 기대 수명 증가세가 멈춘다 해도 다음 몇 세대는 자급자족할 식량을 생산하는 데 심각한 난관을 맞게 된다. 그 어느 때보다도 집약적인 농업, 특히 축산업은 지구 온난화만 더욱 가속할 것이다. 빌 게이츠는 우리 앞에 곧 닥칠 결정에 사람들을 적극적으로 끌어들이기 위해 많은 노력을 기울였다. 그 문제는 '계속 더 장수할 것인가, 아니면 번식을 덜 할 것인가'다. 다른 행성을 식민지로 만들지 않는 한 우리가 둘 다 할 수는 없다(내가 의대생이었을 때만 해도 인구 집단 건강 문제를 다루면서 다른 행성의 식민지화를 언급하는 글을 쓰게 될 줄은 꿈에도 몰랐다).

그날 밤 뉴욕에서 행성 간 이동 얘기는 나오지 않았다(하지만 드 그레이가 그것을 심각하게 생각해보지 않았다면 내게는 충격일 것이다). 드 그레이는 우리가 높은 출산율과 장수 사이에서 결정을 내려야 하리라는 점은 정말로 수긍한다. 그렇다면 10,000세까지 살아야 한다는 그의 주장은 가상적이다. 미래 세대가 계속 아이를 낳을 수 있기 위해 수명 연장 요

● 불확실하고 복잡한 상황을 이해하고 그에 따른 행동으로 나아가게 하는 인식 과정

법 개발을 포기하는 것은 우리가 내릴 수 있는 결정이 아니다.

당연히 지금의 사람들은 아이도 원하고 장수도 원한다. 그리고 결국 뉴욕의 청중은 인간의 수명이 충분하지 '않다'는 데 투표했다.

만약 불멸을 놓고 벌이는 백인 남성들의 토론을 재미로 듣는 부유하고 교육받은 맨해튼 사람들조차 인간 수명이 충분하다고 설득되지 않으면 과연 누가 설득될 수 있을까? 이 문제를 극복하는 한 가지 방법은 어쩌면 우리의 세포로 되돌아가 생각해보는 것이다. 우리는 자신을 개체로 생각할 때만 죽는 존재가 된다. 이 말은 그냥 상징적인 표현이 아니다. 우리의 생식세포는 실제로 무수한 후세대의 세포가 된다. 한 생물종으로서 우리는 더 많은 인간 세포를 (아기라는 형태로) 계속 무한정 생산하는 능력을 지니고 있다. 내 몸을 구성하는 세포들은 언젠가는 살아 있지 않을 테지만 (내가 성적 짝을 찾았다는 가정 아래) 그 관계에서 탄생한 다른 세포들은 살아 있을 것이다. 한 완전체로서 인간의 몸은 바닷가재나 어쩌면 오브리 드 그레이처럼 생물학적으로는 이미 불멸의 존재다. 우리가 해야 할 일은 오로지 몸을 엉망으로 만들지 않는 것이다.

코에 난 여드름을 짜다가 정말 죽을 수도 있나요?

그런 경우는 극히 드물다. 하지만 얼굴의 정맥 혈관이 뇌정맥 혈관이 있는 두개골의 한 부분에 감염을 확산하면(모든 여드름은 세균 감염의 독립적인 작은 온상이다) 혈전이 발생한다. 이를 일컬어 '해면 정맥동 혈전증CST, cavernous sinus thrombosis'이라고 한다. 이 병은 과거에는 어김없이 죽음으로 몰고 갔지만, 항생제가 등장한 이후로는 대략 세 명 중 두 명이 살아남는다. 그리고 그 원인은 대개 여드름뿐만 아니라 다른 더 심각한 감염이나 혈액 응고 장해이기도 하다. 그래도 일부 피부과 의사들은 코와 윗입술, 그리고 그 사이에 있는 피부를 가리켜 '안면 위험 삼각지대'라고 부른다. 사실 그 영역에 손을 댈 때 더 우려해야 할 감염은 독감이다. 독감은 보통 다른 사람이 재채기할 때 튀는 침을 직접 먹어서가 아니라 자기 눈을 비비거나, 코를 후비거나, 아니면 얼굴을 만져서 전염된다. 매년 독감 사망자 수가 약 50만 명인 것과 비교하면, 여드름을 짜다가 심각한 감염이 생기는 사람들의 수는 미미하다. 사람

| 코에 난 여드름을 짜다가 (아주 드물게) 죽음에 이르는 과정 |

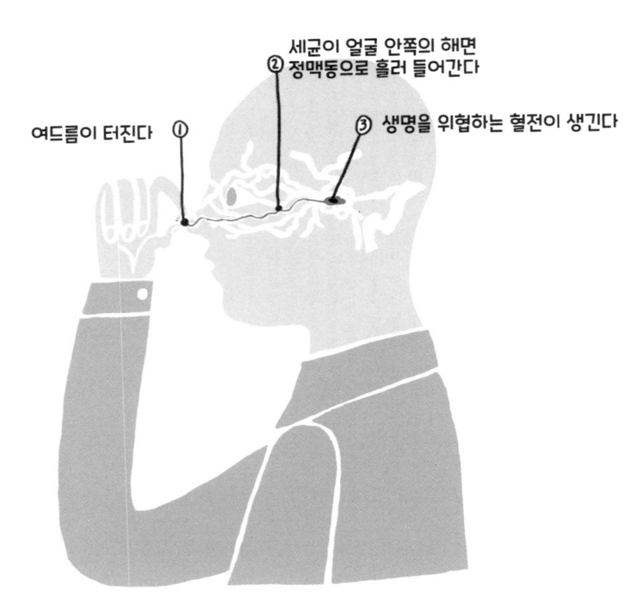

들은 대부분 한 시간에 네 번 정도 자기 얼굴을 만진다. 우리가 얼굴을 절대 만지지 않는다면 아예 손을 씻지 않아도 될 것이다. 이론적으로는 그렇다. 하지만 우리는 자기 얼굴에 손대는 걸 그만두지 못한다. 그래도 얼굴을 만지지 않도록 노력하자.

사후 경직이란 무엇인가요?

사람의 근육은 기본적으로 경직된 상태다. 다만, 살아 있을 때 근육이 유연한 까닭은 화학 에너지를 운동 에너지로 변환할 수 있어서다. 심지어 사후에도 중력의 영향력 안에서 어느 방향으로든 움직일 여지가 있는 관절과 달리, 살아 있는 사람의 근육 섬유가 움직이려면 언제나 에너지가 필요하다. 그런데 시체는 음식물을 아데노신삼인산ATP으로 변환하는 일을 더는 하지 않기 때문에 시체의 근육은 쉽게 조작되지 않는다. 근육이 계속 순순히 움직이게 하려면 에너지가 꼭 필요하므로 우리는 모두 최대한 가만히 앉아 있을 때조차 에너지를 소비하고 있다.

죽은 사람의 몸에서는 어떤 일이 일어나나요?

1757년 벤저민 프랭클린Benjamin Franklin•은 핼리 혜성의 위협에 대해

• 미국 건국의 아버지 중 한 명이자, 정치·외교·사상·과학·발명·저술 등 다양한 분야에서 성공하고 업적을 남긴 존경받는 위인

어떻게 생각하느냐는 질문을 받았을 때 '그게 뭐'라는 식의 무관심한 반응을 보였다. 당시 천문학자들은 핼리 혜성이 지구와 부딪치면 모든 생명체가 멸종할지도 모른다고 믿었지만, 프랭클린은 지구가 '신의 통치를 받는 무수한 세계' 중 하나에 불과하다고 대답했다. 이는 다중우주론multiverse 개념이 나오기 한 세기 전의 일이었다. 오늘날 많은 물리학자들은 이 우주 모형을 인정하며 물리적으로 가능한 모든 현실이 무한한 우주 전역에서 일어나고 있다는 견해를 제시한다.

만약 그게 사실이고 자유 의지가 착각이라면 나는 그 지점에서 모든 대답을 마칠 수 있을 것이다(사실 수많은 우주 가운데 이 책이 존재하는 우주가 하나 있으며, 모든 질문에 대한 답은 '아무것도 중요하지 않아요'다). 하지만 스탠퍼드대학교에서 아그노톨로지(무지에 관한 연구)를 강의하는 로버트 프록터 교수는 좀 더 고상한 표현을 써서 "단일우주에서의 우리의 중요성을 과장하기가 쉽습니다"라고 내게 말했다.

프록터는 자신의 학생들에게 왜 죽음을 두려워하면서도 그들이 태어나기 전의 시간은 두려워하지 않는지 곧잘 묻는다. 그는 그런 현상을 이렇게 말했다. "거기에는 동일한 물리적 법칙이 적용되는 완벽한 시간 대칭이 있습니다. 그런데도 1215년도를 두려워하는 사람은 아무도 없죠."

1215년도에 사는 것은 무서운 일이겠지만 그의 요점은 우리가 자신이 존재하지 않는 세상은 본래 두려워하지 않는다는 것이다. 우리가 두려워하는 것은 우리가 없어도 '계속' 돌아가는 세상이다.

죽는 과정에 대한 무지는 죽음을 더욱더 겁나게 만든다. 그리고 이것이야말로 무지를 일부러 만들고 자초하기 쉬운 또 다른 지점이다.

생각해보면 유용하고 위안이 되는 육체의 죽음에 대해 알릴 수 있는 내용이 많다. 형이상학적 관점은 구체적으로 시작된다. 물리학자들은 '다중우주론'만큼 미친 생각에 다다르기 위해 가장 기본적인 법칙들을 아주 작은 단위에서 고찰하는 일부터 시작해야 했다. 그런 똑같은 접근법은 단일우주(다중우주)에서의 우리의 위치와 우리 몸의 일시적인 특성을 제대로 인식하기 위해서도 사용할 수 있다. 죽는 것은 엄청나게 부당한 처사라기보다는 더 큰 규모의 질서와 조화의 예로 여겨질 수 있다.

그럼, 구체적으로 한번 시작해보자. 거의 사망 직후의 시체는 살아 있는 세균들로 바글거리기 시작한다. 살아 있는 우리는 주로 세균으로 구성돼 있다. 이 세상에 나오는 순간부터 세균으로 뒤덮이는 것이다. 하지만 일단 시체가 되면 조심해야 한다. '네크로바이옴necrobiome'이 증식하면서 급속히 '시체 냄새'가 나기 시작한다. 네크로바이옴은 마이크로바이옴에서 주로 발생해, 살아 있지 않은 육체라는 새로운 지형을 본거지로 변화하고 증식하는 미생물 군집이다. 아울러 그것은 자연에 남겨진 시체들을 신속하게 처리해 사라지게 한다.

하지만 꾸미지 않은 시체들의 갇힌 모습과 악취는 대부분의 미국인이 알게 된 죽음에 대한 인식이 아니다. 전 세계 어떤 나라도 따라오지 못할 수준으로 미국인들은 관을 열어놓고서 장례식을 치른다. 장례식장들은 시신이 완전히 개조돼 있지 않으면 관을 열어놓는 장례식에 합의하지 않을 것이다. 그 과정에는 시신 방부 처리가 포함되며, 방부 처리의 인기 현상은 미국인들에게 죽음과 관련해 생기기 쉬운 오해와 무지의 많은 부분을 깔끔하게 요약해 보여준다.

많은 이들이 버려진 육체의 운명을 놓고 '방부 처리' 아니면 '화장'이라는 깊이 뿌리내린 두 선택지 외에 다른 방안을 이야기하는 것을 금기시한다. 이는 마케팅 교수 수전 도브샤Susan Dobscha가 일컫는 수십억 달러 규모의 '장례 서비스 산업'이 만들어낸 편협한 시각이다. 소비자 행동을 공부하는 학생이었던 도브샤가 자신의 진로 중간에 장례 서비스 산업에 매료된 계기는 가까운 친구의 파트너가 세상을 떠났을 때였다. 그 두 사람은 장래를 약속하고 16년을 함께한 사이였지만 당시에는 동성결혼이 불법이었기 때문에 미혼인 상태였다. 그래서 장례식장 측은 고인의 파트너에게 시신을 내놓지 않을 터였고, 그 역시 그들이 '게이 장례식'을 진행하지 않겠다고 밀어낸다는 느낌을 받았다.

하지만 도브샤에게 무엇보다도 흥미로웠던 점은, 그녀의 친구가 화장터로 가는 고인의 시신과 동행하겠다고 요청하자 화장장 측에서 대응한 방식이었다. 그 남성 친구는 프랑스 출신이며 그곳에서는 고인을 사랑하는 사람들이 시신과 함께 화장터로 가는 게 기본이다. 화장하는 장면을 직접 보지는 않아도 그곳에 있는 것이다. 그런데 그것이 미국에서는 완전히 듣도 보도 못한 일이다. 화장장 측은 그에게 거기에 오면 안 된다고 주장했다. 바로 그 점이 장례 서비스 산업의 소비자 행동 측면에 대한 도브샤의 관심을 자극했다. 장례 서비스 산업은 누구나 거래를 하게 되지만 솔직하게 말하는 사람은 거의 없는 거대한 분야다.

미국에서 시신 방부 처리, 장례식, 매장에 드는 비용의 중간값은 8,508달러다.[34] 일부 은행에서는 장례 대출을 제공한다. 퍼스트 프랭클린 파이낸셜First Franklin Financial이라는 금융회사는 이렇게 제안한다. "사랑하는 사람을 잃은 것만으로도 무척 힘든데, 화장 비용이나 매장 비용까지 걱정해야 합니다. 장례 대출은 재정적 스트레스를 줄여줘 정말 중요한 일에 집중할 수 있도록 도와드립니다."[35]

그런데 정말 중요한 일이 한 개인의 삶에 경의를 표하기 위해 추가 빚을 내지 않는 것이라면? 벨벳 안감을 댄 관과 포름알데히드로 채운 시신이 없어도 그런 존경의 표시가 가능할까?

장례업계는 웅장한 관을 고인에 대한 존경과 사랑의 표시에 속하는 하나의 지위 상징물로서 영속화하는 데 성공했다. 그러나 그것은 더 최근에 장례 산업이 부상하기 전에 존재하던 어떤 주요 종교의 일부도, 어떤 문화적 전통의 일부도 아니다.

전국장의사협회National Funeral Directors Association에 따르면, 관을 담을 수 있도록 각 관에 맞춰 짜는 '외곽外槨' 비용만도 평균 1,327달러가 든다.[36] 관 비용은 그보다 훨씬 더 비싸다. 가격의 보루인 월마트조차 마호가니 관을 3,499달러에 판매한다.[37] 그 모델은 '바티칸천문재단Vatican Observatory Foundation 인가'를 받은 상위 가격대 제품 중 하나다. 스타레거시Star Legacy의 내추럴 오퓰런트 관(2,299달러)처럼 불필요한 특성을 뺀 단순한 형태의 제품은 이런 승인을 받지 않는다. '바티칸 관'의 제품 설명은 이렇다. "사랑하는 사람에게 경의를 표하고 신앙의 삶을 기리기 위한 훌륭한 헌정물로서 고광택으로 마감하고, 프리미엄 스윙바 손잡이가 달려 있으며, 고급스러운 벨벳 안감으로 장식된 관은 모두 수공예품이며 '정품 인증서'가 제공된다."(이런 설명은 벨벳 마호가니 관의 모조품을 만들어낼 만큼 수단이 좋아도 정품 인증서는 그럴싸하게 위조하지 못할 것이라는 가정인가? 이런 상황에서 과연 지옥에 가는 사람이 누가 될지는 모를 일이다.)

어떤 관들은 공기와 물기가 내부로 들어가지 못한다고 광고한다. 관 폭발에 관한 기사를 읽어보지 못한 사람이라면 그걸 업그레이드 제품으로 여길 것이다. 흔히 '관 폭발 신드롬'이라고 알려진 현상이 있는데, 이는 세균이 시체를 화학적으로 분해할 때 밀폐된 관 안에 가스를 방출하면서 일어난다. 그러면 내부 압력이 증가해 사실상 폭탄이 만들어지는 것이다.

누구든 재정적으로나 환경적으로 큰 비용을 들여 사후 매장되고 싶다고 제안했다가 나중에 시신이 폭발될 가능성은 드물지만, 이런 지속적인 관행은 장례서비스업계의 광고 메시지에 문제를 제기하지 못해 생기는 결과다. 도브샤의 설명대로, 우리의 아무 생각 없는 습관이 관 산업과 장례 산업, 시신 방부 처리 산업에 끌려가고 있다. "그들이 한 일은 이런 기능적인 제품들을 입수해 미와 지위의 대상으로 만든 거예요."

그럼, 이제 시신 방부 처리 과정을 살펴보자. 이때 장의사는 시신의 경직된 근육들을 마사지하는데, 팔다리가 생전에 그랬던 것처럼 위치를 바꿀 수 있을 만큼 유연해질 때까지 그것들을 주물러준다. 가끔 힘줄을 잘라야 할 때도 있다. 그리고 시신의 눈꺼풀을 닫아서 사람들이 시신을 보는 내내 두 눈이 완전히 감겨 있도록 확실히 해둔다. 눈꺼풀이 자꾸 열리려고 하면 접착제를 바를 수도 있다. 시신의 피지샘에서 기름 물질이 더는 분비되지 않으므로 시신에 크림도 넉넉히 발라줘야 한다. 목구멍에는 솜을 집어넣어 방부액이 코와 입으로 흘러나오지 못하도록 막는다. 항문과 질에 넣어둔 솜은 방부액 '누수'를 방지한다.[38] 누수라는 단어는 장례소비자연합Funeral Consumers Alliance에서 시신 방부 처리 과정을 설명하는 거의 모든 문장에 등장하는 것 같다. 또한 장

의사는 사타구니의 대퇴정맥(넙다리정맥) 같은 큰 정맥을 잘라 몸에서 모든 피를 빼낸 다음, 동맥에 큰 주삿바늘을 꽂아 한때 피가 흐르던 모든 혈관을 방부제 몇 리터로 가득 채운다. 아울러 배꼽에 구멍을 내고, 근육으로 된 벽으로 둘러싸인 위장의 통로에 진공청소기의 관을 삽입해 위장관 전체의 내용물을 빨아낸다. 똑같은 방법으로 폐도 붕괴시키고 흉강에 있는 것들을 완전히 빨아낸다. 그런 다음에는 특별히 농축된 방부액으로 흉강과 복강을 꽉 채운다. 이 시점에서 시신은 액체로 가득 찬 껍데기가 된다. 그리고 매우 무겁다. 이제 시신을 깨끗이 닦고, 머리도 빗겨주고, 얼굴도 화장해주며, 정장을 입힌다.

우리 할머니, 할아버지도 돌아가셨을 때 시신을 방부 처리했었는데, 나는 그 과정을 상상하지 않기로 마음먹었다. 도브샤는 더 예민하게 반응했다. 그녀는 할머니가 돌아가셨을 때를 떠올리며 이렇게 말했다. "관 안에 누워 계신 할머니의 화장한 모습이 마치 광대 같았어요. 그런 화장은 생전에 하신 적도 없는데 말이죠. 할머니도 끔찍해하셨을 거예요." 이슬람교도들과 정통 유대교인들은 시신 방부 처리를 육체에 대한 신성모독으로 여긴다. 반면, 기독교인들은 대체로 그래도 좋다고 생각한다. 어떤 사람들은 심지어 그것이 종교 경전이나 전통에 근거를 두었다고 잘못 믿고 있다. 이슬람교에는 장례에 대한 언명이 있다. 하지만 서구의 관습적인 방식에서 보이는 호화로움과는 정반대로, 시신을 수의로 감싸서 간소한 소나무 관에 넣어 48시간 안에 매장한다. 도브샤의 연구 결과를 보면, 주요 종교들의 매장 풍습 가운데 이 방식이 가장 지속 가능하다. 퇴폐주의와 방부 처리는 기독교의 어떤 기록이나 교리 어디에도 규정돼 있지 않다. 그런 방식은 새로운 번영 국가인 미국의 전통일 뿐이다.

따라서 그런 장례 방식은 종교로 정당화되는 게 아니라, 모든 주검의 타고난 신성함에 대한 믿음으로 정당화된다. 많은 이들에게 그것은 벨벳으로 내부를 둘러싼 무덤에 시신을 묻는 것뿐만 아니라 시신을 애지중지하는 마음 그리고 아마 포옹이나 키스까지도 의미한다. 하지만 우리가 살아 있는 사람에게 하듯이 시신에도 똑같은 존중을 표하려는 정도는 시신을 보기 위해 거쳐야 하는 끔찍한 준비 절차와 크게 상충한다.

"미국은 어떤 문화권보다도 주검과 가장 단절돼 있어요." 도브샤는 그런 현상이 생애 말년에 죽어가는 사람들을 계속 살리기 위해 보건 의료비의 80퍼센트를 쓰는 미국의 전통과 융합돼 있다고 믿는다. "그런 주검과의 단절은 우리가 일반적으로 배설물과 매우 단절돼 있다는 더 큰 문제로 귀착됩니다. 음식 찌꺼기, 소변 등 우리 몸에서 나오는 모든 물질 말이에요."

시신 방부 처리는 남북전쟁 이후로 미국의 전통이 됐다. 당시 가능하면 전사자들을 고향 땅에 묻어줄 수 있도록 이송하기 위해 시신 수천 구를 보존해야 하는 상황이었다. 이때 토마스 홈스라는 젊은 의사가 그 임무를 맡았다. 홈스는 전사자들의 혈액을 대체할 다양한 방부용 화학 물질을 실험한 끝에 본인 계산으로 4,000명이 넘는 전사자들을 마침내 방부 처리할 수 있었다. 이만하면 그에게 '현대 시신 방부 처리의 아버지'라는 별명을 붙여줘도 되지 싶다(여기서 '현대'라는 말은 화학적 시신 보존과 고대의 미라화 풍습을 구별 짓는다).

남북전쟁이 끝나고 5년 뒤, 독일의 화학자 아우구스트 빌헬름 폰 호프만August Wilhelm von Hofmann은 인체 조직의 보존에 대단히 효과적인 유기 화합물인 포름알데히드를 분리했다. 오늘날 시신에 주입되는 방부액은 많은 나라에서 금지된 포름알데히드를 기초로 한 석유화학 혼합물이다. 안타깝게도 포름알데히드는 1990년대까지 세계보건기구에서 발암 물질로 분류하지 않았고, 그전까지 미국의 시신들은 몇 세대에 걸쳐 그 물질로 가득 채워진 채 땅속에 묻혔다.

'복용량이 독성을 좌우한다'는 격언은 물 과다 복용만큼이나 포름알데히드에도 비판적이다. 우리 몸은 포름알데히드를 생산해 생명 유지에 필수적인 아미노산을 만드는 데 사용한다. 그런 수준에서 포름알데히드는 독소가 아니다. 그러나 싱가포르국립대학교의 생물학 연구소에서는 심지어 물 96퍼센트에 포름알데히드 4퍼센트를 희석한 용액만을 사용해 물고기 표본을 보존하는 기술 절차를 설명하면서 이렇게 써놓았다.[39] "이 방식은 틀림없이 그 동물에게 극심한 고통을 주지만 대개 죽음은 상당히 빠르게 진행된다."(과학자들은 어휘 사용 훈련을 더 받아야 한다.) 살아 있는 사람 또한 포름알데히드를 30밀리리터만 마셔도 그것을 몸 밖으로 배출하는 효소의 능력이 억제돼 시체로 변할 것이다.

포름알데히드는 섭취로 인한 독성을 넘어 사람의 코에 암을 유발하는 것으로 입증됐으며 백혈병과 천식뿐 아니라 자연 유산과도 밀접한 관련이 있다.[40] 장의사들은 시신을 방부 처리하는 동안에는 연방법에 따라 방호복과 방독면을 착용해야 한다. 그런데도 방부 처리 작업자들은 백혈병과 뇌종양 발병률이 높으며 그 원인은 포름알데히드 노출인 것으로 보인다.

설상가상으로 2014년에는 ABC 뉴스에서 "아이들이 방부액을 약물로 사용한다"는 보도가 나왔다.[41] 나는 '요즘 아이들'에 대해서는 전문가가 아니지만, 그 뉴스 제목에서 '방부액' 대신 거의 어떤 단어가 들어가도 그 제목을 의도에 맞게 활용할 수 있다고 믿는다. 하지만 이 경우에는 아이들이 담배를 방부액에 담가서 피운 것이었다. 이런 방식은 때때로 '웨트 wet'라고 불리며, 대마초나 담배를 방부액이나 PCP(펜시클리딘) phencyclidine•와 섞는 것을 가리키기도 한다. PCP는 1970년대 이후로 흔히 '방부액'으로도 알려져서 혼란을 준다. 웨트는 사실 전혀 새로운 것은 아니며, 워터 water, 프라이 fry, 일리 illy, 왝 wack과 같은 다양한 이름으로 통해왔다. 그런 상황을 제시하자면, 한 대마초 온라인 커뮤니티의 이용자가 이런 질문을 올린 것이다. "방부액을 어디서 살 수 있나요? 친구와 저는 소위 '왝'을 한번 해보고 싶었어요. 듣자 하니, 대마초에 그걸 묻혀서 피우면 기분이 너무 좋아져서 심지어 말도 안 나온대요."

정신약리학자이자 정신과 의사인 줄리 홀랜드 Julie Holland는 이들이 가진 동기의 핵심을 추출해보려고 했고, ABC 방송에서 그 견해를 이야기했다. "방부액은 죽음에 대해 사람들의 호기심을 발동시킵니다. 거기에는 어떤 고딕소설 같은 매력이 있습니다."

죽음과 관련해 확실히 더 건전한 방법들이 있어야 한다.

그러나 방부제는 대부분 대마초나 담배를 피울 때 사용되는 게 아니라 땅속에 묻힌 채 더 조용히 생태계로 유입된다. 우리가 호화로운

• 환각작용이 있는 약물로서, 향정신성 의약품으로 분류됨

관을 만들려고 파괴하는 어마어마한 면적의 삼림 지대 안에 매장돼 있는 것이다. 이 땅은 우리가 끊임없이 증가하는 인구를 먹여 살리고 가축을 먹일 농작물을 재배하려고 개간하기 위해 매일 매 순간 파괴하는 열대우림 농지와 더불어 언제라도 기근과 전쟁, 더 많은 죽음을 초래할 수 있는 기후 변화를 재촉한다. 나무는 우리가 공기 중에 쏟아내는 이산화탄소를 줄이는 데 매우 중요하다. 나무가 그 속도를 따라잡을 수는 없지만, 나무의 이산화탄소 저감 효과는 무의미하지 않다. 그런데 우리는 이미 죽은 몸들을 상자에 넣으려고 나무를 죽이고 있다.

… 제 주검으로 할 수 있는 뭔가 생산적인 일이 있나요?

노스캐롤라이나주 베어크리크 Bear Creek에 있는 '피드몬트 파인 코핀스 Piedmont Pine Coffins'의 돈 번 Don Byrne은 최대한 자연 분해되는 관을 몇백 달러에 주문 제작하는 일을 할 수 있어서 행복하다. 이 꾸미지 않은 관에는 개인들의 손길이 닿을 수 있다. 예를 들면, 사랑하는 사람들이 메시지를 쓰고, 아이들은 물감으로 핸드프린팅을 남긴다. 만약 흔히들 생각하는, 관을 열어놓는 장례식에서 하듯이 관을 닫는 의식이나 고인과 연결되는 의식을 바란다면, 유족들은 관에 마지막 몇 개의 나사못을 조이는 기회를 얻을 수 있다.

아니면 4.95달러를 내고 번에게서 'DIY 합판관 계획서'를 이메일로 받아 직접 관을 짤 수도 있다.[42] 어떤 관 업자들은 비슷한 제작 설명서를 무료로 공유한다(척 라킨 Chuck Lakin은 'lastthings.net'에 그 내용을 올려놓았고 우리가 이 책에서 그것을 재현해볼 수 있게 친절을 베풀었다).

관을 짜고 장례식을 계획할 시간이 필요하다면 시신은 방부 처리하지 않고 대부분의 병원 영안실 냉장고에 여러 날 보관하면 된다. "목공 초보라도 한번 용기를 내보세요." 번은 자신의 웹사이트에서 그런 격려의 말을 간절히 건네면서 안락의자 공예가라면 200달러 미만의 비용으로 그 프로젝트를 네 시간 만에 완료할 수 있다고 보장할 뿐만 아니라, '사랑하는 사람 또는 자기 자신의 장례를 치르는 데 직접 기여한다는 만족감이 매우 귀중하다'고 장담한다.

그 가치가 200달러 이상이라면 그런 노력을 들여서 실제로 이익을 볼 수 있다. 필요한 물건은 스크루드라이버, 톱, 줄자, 연필, 합판, 2×2 각목 두어 개, 그리고 5센티미터짜리 나사못들이 전부다. 전기 공구가 필요하지 않다는 점이 번에게는 중요한 사실이다. 번은 전기도 수도도 없고, 고작 3.6×3.6(제곱미터) 넓이의 건물 두 채(그는 대부분 시간을 바깥에서 보낸다)와 정원 그리고 동물 몇 마리가 있는 농장에 살면서 피드몬트 파인 코핀스를 운영한다. 그런 곳에서는 땅속에 묻힌 시신이 생태계에 순전히 득이 될 것이다.

화장은 아무짝에도 쓸모없는 비료를 남기지만, 그래도 묘지가 필요 없다는 점에서 이롭다. 화장 후 남은 재를 활용할 수 있는 새로운 감성적인 방법들이 있다. 예를 들면 재를 3D 프린터에 넣어서 재가 들어간 맞춤형 레코드판을 만드는 것이다. 어떤 회사는 재를 콘크리트 속에 섞어서는 그것을 바닷속으로 떨어뜨려 산호초의 부분이 되게 한다. 산호충들이 다른 산호충들에 달라붙는 것과 마찬가지로 재와 콘크리트의 혼합물에 달라붙는 것이다. 그 콘크리트 혼합물을 바닷속에 가라앉히기 전에 거기에 그림을 그리거나 손바닥을 찍어 꾸밀 수도 있다. 유족들은 고인의 재가 남아 있는 곳의 GPS 좌표를 받는다.

화장이 환경에 미치는 영향이 방부 처리에 비하면 아주 작다고 해도 모든 시체는 불에 탈 때 어김없이 연기가 나기 마련이다. 시신을 산꼭대기에 남겨두어 맹금류에게 뜯어먹히게 하는 하늘 매장에는 못 미치지만 많은 이들을 위해 가장 단순하고 최소한인 방안이 새로 나왔다. 아직은 많은 지역에서 불법이다.

'알칼리 가수분해alkaline hydrolysis' 또는 '녹색 화장green cremation'이라고 알려진 이 과정에서는 시신이 용해된다. 수산화칼륨이 함유된 강알칼리성 수용액은 시체를 12시간에 걸쳐 분해한다. 열과 압력을 받으면 그 과정이 더 빨라지기에 스틸 실린더 안에서 시행된다. 버지니아공과대학교의 '사회적 과학기술science and technology in society' 학부 교수인 필립 올슨Philip Olson에 따르면, 분해가 완료된 용액을 식히고 pH를 지역의 요구 사항에 맞게 조정하면 지역 하수도를 통해 '폐수' 처리할 수 있다. 이 방식은 화장보다 에너지는 훨씬 덜 소비하되 물을 더 많이 사용하므로 시체 한 구에 약 1,135리터의 물이 들어간다. 연구 시설에서 인체 조직 표본을 처리하기 위해 오랫동안 사용되던 이 방법은 최근에 와서야 인체 전체를 처리하는 과정으로 확대됐다.

2011년에 제프 에드워즈Jeff Edwards는 알칼리 가수분해를 최초로 제공한 장의사가 됐다. 그가 가수분해한 시신이 열아홉 구가 됐을 때 오하이오주 보건부에서는 그렇게 처리한 시신에 사망진단서를 발급하지 않겠다고 공언했다. 하지만 에드워즈가 보기에 정작 그들의 우려는 보건에 관한 것이 아니었다. 에드워즈는 주 보건부가 "그 지역에서 자신과 경쟁하는 일부 장의업자들의 협박과 위협에 굴복했다"며 행정

관 짜는 법

필요한 재료

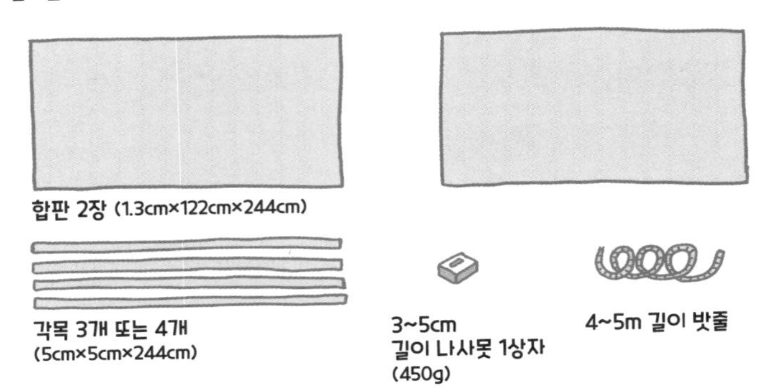

1단계: 합판을 자른다. (같은 크기로 2개)

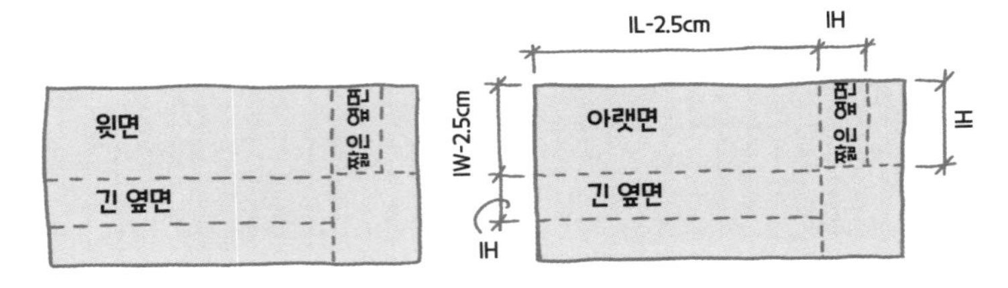

2단계: 구멍을 뚫는다. (나사못이 들어갈 구멍은 지름 3mm, 밧줄이 들어갈 구멍은 지름 13mm)

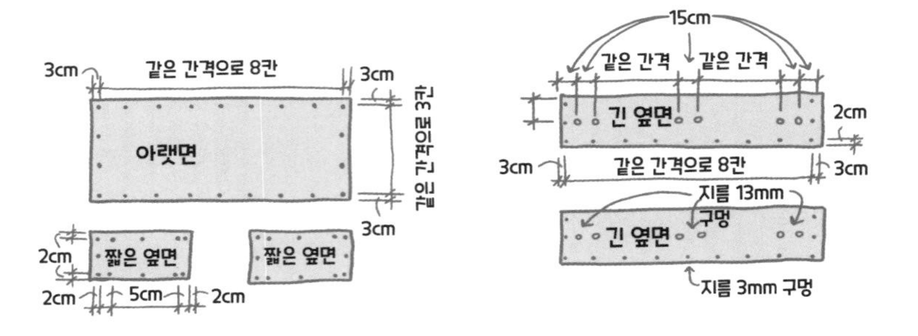

3단계: 각목을 자른다.

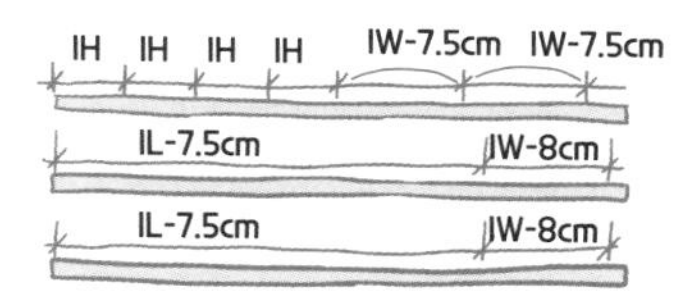

4단계: 짧은 옆면에 각목을 대고 나사못으로 고정한다.

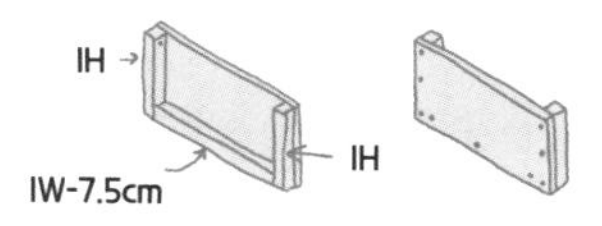

5단계: 긴 옆면에 짧은 옆면을 직각으로 이어붙여 나사못으로 고정한다.

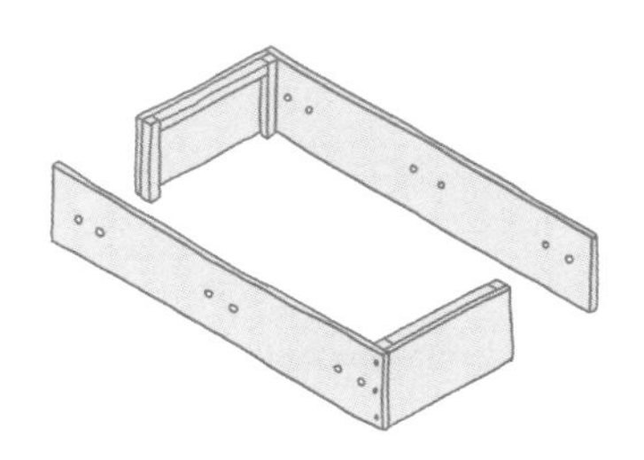

6단계: L자 모양의 두 판을 합쳐 직사각형이 되게 고정하고, 안쪽에 IL-7.5cm 각목 2개를 추가로 대어 고정한다.

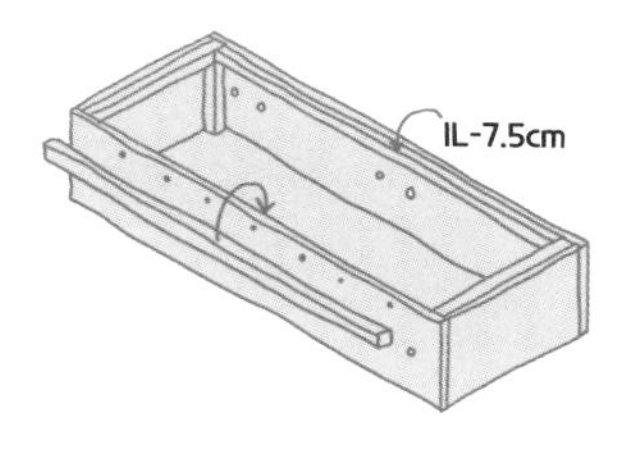

7단계: 아랫면을 붙여 나사로 고정한다.

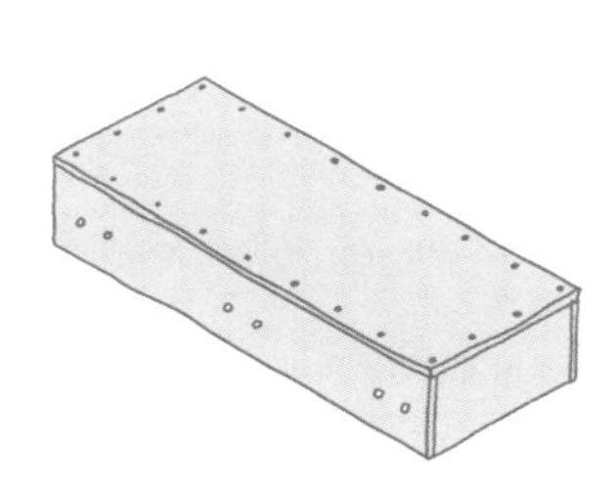

8단계: 관 뚜껑이 될 윗면에 구멍을 뚫어 미끄럼 방지용 각목을 대고 나사로 고정한다.

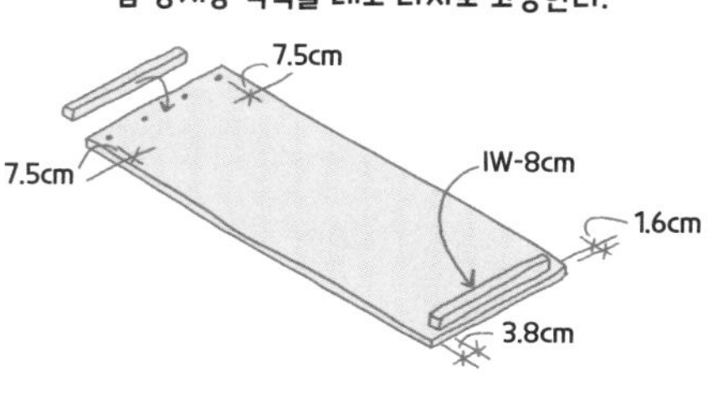

9단계: 밧줄을 같은 길이로 6개 자른다. 짧은 옆면에도 밧줄 손잡이를 달고 싶다면 8개가 나오게 자른다.

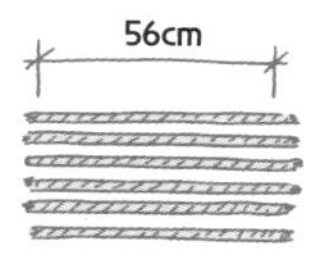

10단계: 밧줄 손잡이를 단다.

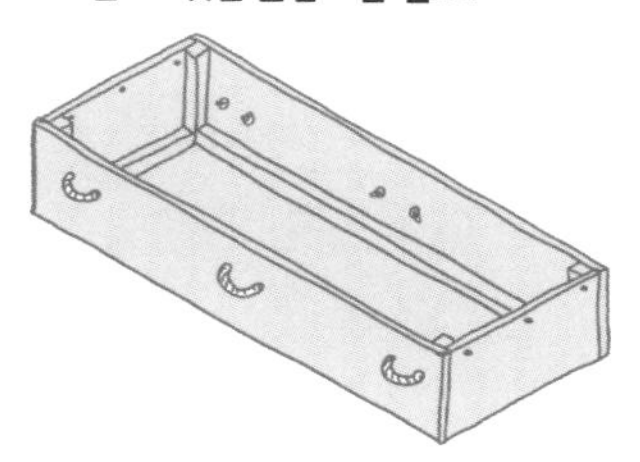

소송을 냈다.

이 영향 때문에 그런 장례 방식이 아직 미국의 아홉 개 주와 캐나다의 한 개 주에서만 합법인지도 모르겠다. 죽은 상태에 대한 이런 위협적인 상황은 20세기 중반 화장이 등장했을 때와 기괴하게 유사하다.

올슨은 장의사들이 수십 년 동안 화장을 "품위 없고, 비종교적이며, 심지어 미국적이지도 않다"고 표현했다고 회고한다. 그러나 장의업계가 드디어 화장의 수요를 활용하자고 결정하면서 그 흑색선전은 갑자기 종료됐다. 어떤 산업이든 혁신적인 기술에 적응하려면 시간이 걸리기 마련이지만, 그 산업이 자의적 인식을 유지하는 데 기반을 둘 때, 다시 말해 주검에 극단적인 경의를 표하는 이런 경우에는 특히 그렇다.

올슨은 논문에 이렇게 썼다. "알칼리 가수분해 반대자들은 흔히 신성한 인간의 유해가 일상의 신체 배설물처럼 배수구로 흘러나간다는 생각에, 그리고 그 유해가 살아 있는 사람들의 몸속으로 되돌아오는 길을 어떻게든 찾을 거라는 생각에 혐오감을 표한다." 하지만 다른 사람들의 삶을 종결해주는 생명의 순환 법칙은 알칼리 가수분해에도 똑같이 적용된다. 내가 수전 도브샤에게 의례적으로 방부 처리된 몸과 열린 관으로 삶을 종결한다는 생각에 대해 견해를 물었을 때도, 도브샤는 오히려 육체가 흙으로 돌아가 나무의 거름이 된다는 생각에서 종결의 의미를 더 찾을 수 있다고 논박했다.

아울러 순환 정신을 발휘해 '자기 몸을 과학에 사후 기증'하는 방안도 언제나 열려 있다. 만약 '[어떤 병의] 치료법을 찾길 바란다'고 말한 적이 있는 사람이 자신의 주검을 포름알데히드로 채워 땅속에 묻게 한다면 그는 겉과 속이 다른 사람이다.

미국에서 의대를 나온 사람이라면 누구나 경험했듯이, 나도 시신 한 구를 해부한 적이 있다. 당시 정중하고 임상적인 분위기였고, 그 교육적 가치는 실로 견줄 만한 것이 없었다.

하지만 그것은 과학에 기증된 시신의 많은 귀한 용도 가운데 하나일 뿐이다. 머지않아 세포 몇 개만 기증해도 그만큼의 가치가 있을 날이 올 것이다.

사후 개인의 신체 데이터에는 어떤 일이 생기나요?

수년 동안, 귄터 폰 하겐스의 〈인체의 신비전〉을 관람하고 나가는 사람들은 그 전시를 위한 시신 기증 의향서 작성을 권유받았다.

그런데 그 괴짜 의사의 전시와 결과적으로는 거의 동일하나 완전히 무관한 〈인체전Bodies: The Exhibition〉이라는 전시가 별개로 존재한다. 〈인체전〉은 〈인체의 신비전〉이 시작된 지 10년 후에 등장했는데 폰 하겐스가 발명한 플라스티네이션 기법을 똑같이 사용한다. 〈인체의 신비전〉 측은 모든 시신이 사용 동의를 한 사람들, 구체적으로는 그 전시용으로 동의한 사람들에게서 조달된다고 주장한다. 반면, 〈인체전〉 측은 자발적인 기증자들이 아니라, 신원을 알 수 없는 중국인들의 시신만 전적으로 사용한다고 공개적으로 인정한다.

혈액·장기 기증자에게 대가를 지불하는 관행을 둘러싸고서 그로 인한 암시장과 더불어 그런 구조에 내포된 강압 때문에 윤리적 딜레마에 빠진다면, 시신 암거래는 더욱 골치 아프기만 하다.[43] 하지만 어쨌거나 〈인체전〉은 10년 넘게 1,500만 명의 유료 관람객을 기록하면서 지금도 성황 중이다. 나는 최근에야 라스베이거스의 룩소르 호텔·카지노에서 그 전시를 볼 기회가 있었지만 지나쳤다. 거기서는 인권 상황이 열악한 국가에서 온 신원 미상의 시신들이, 마술사 크리스 앤젤, 스탠드업 코미디언 캐럿 톱 등의 연예인들이 나오는 '오락' 프로그램의 한 부분으로 등장하기 때문이다.

신체 소유권은 의학보다 앞서는 가장 복잡하고 중대한 문제들 가운데 하나이며, 동의 없이 판매되고 전시되는 시신의 사례에서 보듯이 그 답이 거의 그리 간단하지 않다.

오늘날 대부분의 국가 정부들은 장기들로 이루어진 신체 조직이 개인에게 물리적으로 계속 붙어 있는 한, 개인이 그 세포들을 소유하고 통제한다는 것을 확실히 인정한다. 이것은 좋은 소식처럼 들린다. 다만, 자궁경부암 검사, 약물 검사, 피부 조직검사를 받거나 머리를 잘라 본 사람이라면 신체 조직을 포기하는 일이 얼마나 쉬운지 안다. 더구나 그 조직은 누구나 동의 없이 어떤 용도로도 사용할 수 있다.

그러나 이런 일이 발생할 수 있다는 것은 물론이고, 자신의 신체 조직에 가해진 일의 결과로서 찾아오는 혁신에 대한 권리가 우리에게 없다는 사실을 깨닫는 사람은 거의 없다. 가장 유명한 예는 1951년에 자궁경부암으로 사망한 가난한 흑인 여성 헨리에타 랙스Henrietta Lacks의 사례다. 존스홉킨스병원의 의사들은 랙스에게 자궁경부 조직검사를 시행해 텔로머레이스를 생성하는 (불멸의) 암세포를 배양했고, 그 세포는 결국 수조 개로 증식돼 전 세계 연구자들에게 판매됐다. 랙스의 세포는 몸 안에서 산 기간보다 몸 밖에서 산 기간이 더 길다. 랙스의 가족은 그 세포 사용을 허락한 적이 없었고, 수천 개의 특허와 중요한 의학 발전에 이바지한 그 세포의 역할에 대해 아무 보상도 받지 못했다. 그 세포의 공로는 소아마비 백신부터 체외수정의 기초, 인간의 염색체가 46개임을 이해하게 된 것에 이르기까지 다양했다.

미국에서는 개인이 자기 신체에서 분리된 조직에 대한 통제권을 양도하는 규정을 '공통 규칙Common Rule'이라고 일컫는다. 1979년에 초안이 작성된 이 규정은 과학의 자유로운 기업 활동을 보장하기 위한 것이었지만 기술이 발전함에 따라 점점 간단한 문제가 아닌 것으로 판명됐다.

인체 조직으로 뭔가 할 수 있는 잠재력은 의생명과학에서 핵심적인 윤리 문제가 될 것이다. 의생명과학은 거의 아무도 상상하지 못한 속도의 DNA 지도의 완성이라는 진보로 추진되고 있다. 컴퓨터를 대상으로 한 무어의 법칙에 따르면, 용량은 18개월마다 두 배로 증가하고 비용은 그만큼 감소한다. 그러나 인간 DNA의 염기서열 분석 과정을 놓고서 처리량을 늘리는 동시에 비용을 줄인다는 측면에서 보면 무어의 법칙은 통하지 않았다. 미국 국립보건원의 프랜시스 콜린스와 동료들이 인간 게놈(유전체)의 염기서열을 최초로 해독했을 때 약 4억 달러의 비용이 들었다. 하지만 13년이 지난 지금은 그 비용이 1,000달러다.

"지금 우리가 어떤 물리 법칙을 따지고 있을 때가 아닙니다." 콜린스가 내게 말하면서 이런 말을 덧붙였다. "저는 우리가 이 내림세를 계속 보게 되리라 생각합니다. 제 추측으론, 앞으로 10년 안에 게놈 해독 비용이 100달러까지 떨어질 겁니다."

그때가 되면 나는 이 책에 '인체 데이터'라는 독립된 큰 주제를 포함시키기 위해 내용을 업데이트해야 한다. 하지만 지금 당장 누구나 생각을 시작해보기에 좋을 만한 문제들을 좀 다뤄보겠다.

신체 정보에 대한 이런 어마어마한 사태가 예상되는 가운데 과학자들 사이에서는 사람들이 자신의 신체 데이터, 게놈, 의료 기록, 건강·식이요법 기록, 그리고 앞으로는 마이크로바이옴, 대사체 metabolome●, 엑스포솜 exposome●●, 단백질체 proteome●●●를 비롯해 잠재적으로 '전체 ome'로서 정량화할 수 있는 모든 신체 작용의 운명 결정권을 보유해야 한다는 공감대가 이미 존재한다. 문제는 우리 몸에 대한 이 모든 정보가 정확히 어떻게 책임 있게, 안전하게, 생산적으로 관리될 수 있는가 하는 것이다.

오늘날 미국에서 동의 없이 사람을 실험하는 일은 불법이다. 그런데 공통 규칙 조항이 많은 생명을 구한 발견으로 이어졌어도 그 조항은 40년 전에 만들어진 윤리 원칙을 기초로 삼고 있다. 당시 DNA의 이중나선은 교과서에 막 등장하기 시작했고, 인간 게놈은 그로부터 30년 동안 해독되지 않았었다. 그러니 그 공통 규칙에는 '익명'의 조직 샘플이 DNA 염기서열 해독 단계를 거쳐 그 조직의 주인들을 역추적할 수 있다는 예상이 반영될 수 없었다. 하지만 최악의 시나리오를 가정하면, 이런 정보는 보험에 가입하려는 사람들이나 담보대출을 받으려는 사람들을 차별하는 데 이용될 수도 있고, 생사람에게 살인 누명을 씌우는 데도 사용될 수 있다.

● 세포 안에 존재하는 대사물질 전체
●● 개인의 건강에 영향을 미치는 노출환경인자
●●● 세포나 조직에 있는 단백질 전체

이런 시나리오는 어떤 이들에게는 이상하게 들리겠지만, 또 어떤 이들에게는 완전히 그럴듯하게 다가온다. 1930년대부터 '흑인 남성'을 대상으로 진행된 '터스키기 매독 연구'가 바로 그런 사례다. 당시 연방정부 기금을 지원받은 연구자들은 실험 대상자들의 매독을 치료하지 않은 채 생체실험을 해 대부분 가난하고 문맹인 흑인 남성 소작농 수백 명이 매독으로 고통받으며 죽게 했다. 실험 대상자들이 그렇게 죽어가는 동안 연구자들은 매독균 감염이 어떻게 성기에서 뇌와 척추로 퍼지는지, 그리고 그 과정에서 사람이 어떻게 마비되고 시력을 잃으며 광기를 일으키는지 관찰하고 배울 수 있었다. 1947년부터는 매우 효과적인 치료제인 페니실린을 사용할 수 있었지만, 연구자들에게 철저히 속아 그 치료를 꺼렸던 농부들은 1972년에 기자 진 헬러 Jean Heller가 이 사실을 기사로 폭로하기 전까지 계속 죽어갔다.[44]

이런 신체 데이터로 창의적인 연구를 할 수 있도록 과학적 자유를 보장하는 법은 의료계에 대한 불신을 악화시킨다. 미국의 수많은 아프리카계 미국인들과 마찬가지로 랙스 가족이 두려워하는 의료기관들은 흑인들을 진료하고 간호하기보다는 실험 대상자로 이용하는 데 더 관심이 많았기 때문이다.

이런 문제를 풀어가기 위해 2016년에 미국 보건복지부는 개인의 신체 조직에 무엇이든 행해지기 전에 동의서를 받아야 한다는 제안을 내놓았다. 창의적이고 제한 없는 세계적 협력을 위해서는 연구자들이 방대한 데이터 뱅크와 세포주 cell line●에 접근할 수 있게 하는 것이 매

● 세포 배양을 통해 계속 분열·증식해 대를 이을 수 있는 배양 세포의 클론

우 중요할 수도 있겠다. 하지만 사람들에게 그와 같은 무제한 사용 동의서에 서명하라고 요청하는 것은 어디에나 다 존재하지는 않는 믿음을 요구하는 행위다. 동의서는 잘해봐야 이렇게 해석될 수 있을 것이다. "우리는 당신의 신체 조직을 연구용으로 사용하고 싶습니다. 그런데 그 말은 무엇이든 할 수 있다는 뜻입니다. 괜찮으시죠?"

하지만 많은 똑똑한 사람들이 자신은 서명하겠다고 내게 말한다. 의사이자 하버드 의대 교수인 존 할람카John Halamka는 자신의 게놈을 해독한 두 번째 인물이었다. 그는 그 정보를 몽땅 인터넷에 올렸다. 그는 강박적으로 자신의 생체 정보를 핏빗Fitbit•과 아이폰 그리고 머릿속으로 추적하고, 조만간 그 정보의 어느 부분이 어떤 식으로든 의학 연구 발전에 도움이 될 때를 대비해 모든 기록을 클라우드에 저장해놓는다. 인터넷에 있는 할람카에 대한 생체 정보는 무려 9페타바이트petabyte••에 달한다. 원한다면, 소정의 사례금을 내고 심지어 그의 줄기세포를 얻을 수도 있다.

할람카의 결정은 보건 의료 서비스에 대한 신뢰와 불신의 역사적 맥락에서만 이해할 수 있다. 할람카는 보스턴 교외의 한 농가에 사는 백인 남성 채식주의자이자 의사과학자MD-PhD다. 그는 앱도 만들고, 아내의 유전자를 분석해 아내의 유방암을 근본적으로 치료한 박학다식한 사람이다. 자신의 생체 데이터를 공유하겠다는 그의 결정은 깊이 있는 지식에서 나온 것이며 순전히 본인의 선택이다. 그의 상황은 헨리에타 랙스와 하등 다를 바가 없다.

• 사용자의 건강 정보를 기록하는 스마트워치

•• 약 1,000테라바이트(또는 약 100만 기가바이트)에 해당하는 데이터 용량 단위

할람카는 자신의 신체에서 나오는 데이터를 사람들이 마구 사용해도 개의치 않는다. 그뿐만 아니라 그것으로 이익을 얻는 사람들도 신경 쓰지 않는 것 같다는 점에서 그는 과학자들 가운데서도 훨씬 이례적인 인물이다.

이상적인 세상에서는 누가 우리의 생각이나 우리가 얻으려고 노력했던 정보를 사용하고, 그 결과로 의학에 큰 발전이 이루어진다면 모두가 행복하다. 하지만 현실 세계에서는 누가 신용을 얻고, 누가 이익을 보며, 누가 안정된 직업과 위신, 그리고 미래 프로젝트에 대한 자금을 지원받는지를 두고 반감과 분노가 존재한다. 이처럼 자료 비축은 의학의 진보를 늦춰왔다.

그래서 국립보건원장인 프랜시스 콜린스는 과학자들에게 공유를 가르치려고 노력한다. 그는 내게 이런 얘기를 들려줬다. "사람들은 그런 시도가 고양이 떼를 몰고 가는 것이나 다름없어서 안 될 거라고 하더군요. 그런데 아시다시피 고양이 떼를 몰 수는 없지만 그들의 먹이는 옮길 수 있습니다. 우리 국립보건원은 고양이들에게 줄 먹이가 많거든요." 그는 그 기관에서 매년 과학자들에게 분배하는 320억 달러의 혈세를 언급하면서 이런 말을 덧붙였다. "우리는 그 돈을 이렇게 사용할 작정입니다. 그러니까 자신들의 자료를 이용할 수 있게 공개하는 사람들에게 실제로 인센티브를 제공하는 거죠."

2016년, 인간 게놈 100만 개를 공공 데이터베이스에 수집하는 것을 목표로 한 연방정부의 정밀의료 추진계획PMI을 처음 시행했을 때 백악관 과학기술정책실장인 존 홀드런John Holdren은 보안이 최우선이 될 거라며 나를 안심시키려 했다. 미국 정부만 해도, 인간의 생물학적 데이터가 (수십억 기가바이트에 해당하는) 엑소바이트exobyte 규모로 저장된 클라우드를 곧 관리하게 될 것이다.

물론 보안이 '최우선'이라면 우리는 어떤 데이터도 얻지 못할 것이다. 그렇다면 우리는 인터넷에 아무것도 올리지 않을 것이며, 혈액 검사도 절대 받지 않고 그 어디에도 머리카락 한 올 남기지 않을 것이다. 다시 말해, 아무것도 하지 않겠다는 뜻이다. 그런데 인생의 모든 게 그렇듯이, 행동하기로 선택하든 행동하지 않기로 선택하든, 선택에는 위험도 있고 얻는 것도 있다.

새로운 죽음과 더불어 이 모든 것과 화해하려면, 우주에서 우리의 위치가 중요하지 않다고 한 프랭클린의 평가를 잊지 않는 것은 물론이고, 더 나은 인류를 위해 할 수 있는 일을 하는 할람카의 접근방식을 계속 지켜봐야 할 것 같다. 할람카는 수천 살 먹은 사람들로 지구를 채우지 않는 방법으로, 자기 방식대로 불멸을 성취했다. 그가 죽어서 남기게 될 것은 클라우드에 존재하면서, 아직 몸을 가진 사람들이 자기 시간을 최대한 활용하도록 도울 것이다.

이 이야기들을 읽으면서 나와 끝까지 함께해줘서 감사하다. 대부분의 이야기가 질문에 대한 답으로서 이상적으로 보일 수 있는 것보다 간단하지 않다는 걸 나도 깨닫는다. 우리 인간은 한 생물종으로서 그리 간단한 존재가 아니다. 그러니 내 탓만큼이나 당신 탓도 있을 것이다. 나는 의대에 진학하면서 우리 몸의 작용에 대해 어느 정도 정통해지리라 기대했는데, 결국엔 의문만 더 많이 생기고 말았다. 배우면 배울수록 질문은 더 쌓여간다.

그러다 보니 나는 허무주의에 빠질 수 있었고 때로는 정말 그렇게 느낀 적도 있지만, 대개는 그런 허무감이 나의 공감 능력에 도움이 됐다. 내 생각엔, 우리 인간의 복잡성을 받아들이기 위한 시간을 갖는 게 단편적이고 잡다한 설명들을 암기하는 것보다는 유용하고 힘이 되는 것 같다. 우리는 몸에 관한 결정들에 직면하면서 정상과 건강의 정의에 끊임없이 문제의식을 느끼게 되고, 인생의 중요한 갈림길에서 어떻게 살다 죽고 싶은지 미리 생각해보게 되며, 우리의 결정들이 생태계 안의 한 종으로서의 더 큰 인체에 미치는 영향을 생각하게 된다.

2016년 여름, 애스펀에서 열린 스포트라이트 건강Spotlight Health 콘퍼런스에서 나는 저명한 과학자들로 구성된 패널의 이야기를 듣게 됐다. 거기에는 노벨상 수상자이자 유전자 편집이라는 오랜 신흥 분야의 핵심 인물인 데이비드 볼티모어David Baltimore도 있었다. 그들은 질병이 없는 인간을 만들기 위해 인간의 생식세포를 바꾸는 방법을 설명했다(예를 들면, 원론적으로 부모가 모두 겸상 적혈구 빈혈증sickle-cell anemia● 유전자를 갖고 있어도 그 질병에 걸리지 않도록 보장되는 아기가 태어나는 것이다). 청중들 가운데 FDA의 전 수장이었던 프랭크 영Frank Young이 있었는데, 나중에 영은 그런 기술이 사회적으로 어떻게 여겨질지 몰라서 난감하다고 말했다. 그것은 약물인가? 누구나 이용할 수 있게 되는가? 사람들이 남용하게 될까? 그것을 계속 추구하지 않을 이유가 있는가?

이는 우리 몸의 생태계뿐만 아니라, 지구 그리고 지구를 공유하는 사람들에게까지 확장되는 생태계에 영향을 미치는 질문들이다. 유전자 편집과 데이터 공유와 관련된 이 큰 질문들은 모두 내가 코플란 가족을 만나기 전까지는 자못 추상적으로 느끼던 것이었다. 라피의 아버지 브렛은 딸이 앓고 있는 이영양성 수포성 표피박리증DEB 치료를 여전히 조심스럽게 낙관하는 사람이지만 그 가능성을 이야기할 때는 흥분 상태가 된다. "어떤 일이 가능할지 생각하면 정말 놀라워요. 생물학 박사가 질병을 해결하게 될까요? 아니면 생물정보학bioinformatics●● 박

● 적혈구가 낫 모양이 되면서 빈혈을 유발하는 유전성 질환

●● 컴퓨터, 인공지능, 각종 빅데이터 등을 이용해 유전자, 단백체, 세포 등의 생체를 연구하는 새로운 학문 분야

사가 하게 될까요? 어쩌면 수학자가 할 수도 있겠죠."

데이터를 모으기 위한 정부의 정밀의료 추진계획PMI을 이끄는 존 홀드런은 '인류애가 있는' 사람들이 오랜 세월 자신의 장기와 신체를 기증해왔듯이 이런 대의명분에 생체 정보도 기부할 거라고 믿는다. 그는 내게 말했다. "누구에게나 다양한 질병으로 고통받고 있는 일가친척들이 있고, 누구나 자신이 결국엔 지긋지긋한 상황에 놓이리라는 걸 압니다. 그런 개인적인 현실이 강력한 힘이 되는 거죠."

그것은 매일매일의 모든 결정을 이끈다. 이를테면, 무엇을 먹고 마실지, 우리의 외면과 내면을 어떻게 고쳐볼지, 유두를 노출한 사람을 보면 경찰에 신고할지 말지, 누구와 섹스를 하고 어떻게 할지, 누구와 가깝게 지내고 누구를 멀리할지, 그리고 이 모든 결정을 어떻게 느낄 것인지 말이다. 우리는 자신을 바라보면서 맥스 팩터가 사람들에게 했던 것처럼 결점을 측정하고 계산해 죽을 때까지 무한정 그것을 수정·보완하려고 노력할 수도 있고, 유동적인 세상에서 유리하도록 자의적인 기준을 버릴 수도 있다.

기술이 의학을 너무나 빠르게 밀고 가다 보니 지금 의사들이 하는 많은 진료는 의대에서 배운 것들이 아니다. 소화기내과 의사, 신경과 의사, 피부과 의사, 영양사 들은 우리 몸의 거의 모든 기능과 분명히 관련된 수조 개의 미생물을 현재 고려하고 있지만, 그런 미생물들은 몇 년 전만 해도 거의 알려지지 않은 존재들이었다.

의사와 환자로서 우리가 할 수 있는 최선은 바로 다음에 닥칠 것들을 배울 수 있도록 스스로 준비하는 것이다. 그 대상들은 점진적이고 지속적인 과정에서 필연적으로 찾아올 것이기 때문이다. 나는 이 책이

의학 지식을 맥락 안에서 이해하는 데 도움이 되어, 사람들의 과도한 걱정을 최소화해주길, 아니 적어도 자신에 대한 걱정을 우선시하게 해주길 바란다. 아울러 인체의 운영과 유지에 관한 이 안내서가 어떤 규범적인 의미의 안내서도 아니라는 점이 지금쯤은 분명해졌길 바란다. 오히려 이 책은 자율성을 극대화하고 근본적인 길로만 안내하고 있다. 그래서 우리 주변의 문화적·상업적 메시지들에 의문을 제기하고, 정상이란 것에 문제의식을 느끼며, 지나치게 단순한 해결책은 계속 의심하도록 권하는 책이다.

당신의 뇌 속에 콘택트렌즈가 없는 한.

프롤로그

1 Yih-Chung Tham et al., "Global Prevalence of Glaucoma Projections of Glaucoma Burden Through 2040", *American Association of Ophthamology Journal* 121, no. 11 (November 2014): 2081-90.
2 Dobscha, Susan, 《*Death in Consumer Culture*》 (New York: Routledge, 2016).
3 Paul Rozin, Michele Ashmore, and Maureen Markwith, "Lay American Conceptions of Nutrition: Dose Insensitivity, Categorical Thinking, Contagion, and the Monotonic Mind," *Health Psychology* 15, no. 6 (November 1996): 438-47, doi:http://dx.doi.org/10.1037/0278-6133.15.6.438.

1장

1 Adrienne Crezo, "Dimple Machines, Glamour Bonnets, and Pinpointed Flaw Detection," *The Atlantic*, October 3, 2012.
2 Thomas J. Scheff, "Looking Glass Selves: The Cooley/Goffman Conjecture," August 2003, www.soc .ucsb.edu/faculty/scheff/19a.pdf.
3 "Genetic Traits: Dimples," Genetic Index, www.genetic.com.au/genetic-traits-dimples.html.
4 "Woman Invents Dimple Machine," *Modern Mechanix*, October 1936, http://blog.modernmechanix.com/woman-invents-dimple-machine/.
5 Morad Tavallali, "Cheek Dimples," Tavallali Plastic Surgery, www.tavmd.com/2012/06/30/cheek-dimples/.
6 "British Doctors Warn Against 'Designer Dimple' Cosmetic Surgery," *Herald Sun* (Australia), June 22, 2010, www.heraldsun.com.au//news/breaking-news/british-doctors-warn-against-designer-dimple-cosmetic-surgery/story-e6frf7jx-1225882980055.
7 "Amazing Facts About Your Skin, Hair, and Nails," American Academy of Dermatology, 2016, www.aad.org/public/kids/amazing-facts.
8 "Top 5 Reasons for Removing Tattoos," Fallen Ink Laser Tattoo Removal, www.falleninktattooremoval.com/2014/12/11/top-5-reasons-for-removing-tattoos/.
9 Quentin Fottrell, "Even Before Apple Watch Snafu, Tattoo Removal Business Was Up 440%," Market-Watch, May 2, 2015, www.marketwatch.com/story/tattoo-removal-surges-440-over-the-last-decade- 2014-07-15.
10 Katherine D. Zink and Daniel E. Lieberman, "Impact of Meat and Lower Palaeolithic Food Processing Techniques on Chewing in Humans," *Nature* 531 (March 24, 2016): 500-503, doi:10.1038/nature16990.
11 Aaron Blaisdell, Sudhindra Rao, and David Sloan Wilson, "How's Your An-

cestral Health?," *This View of Life*, Evolution Institute, March 24, 2016, https://evolution-institute.org/article/hows-your-ancestral-health/.

12 Salvador Hernandez, "Meet the Very Cute Baby Who Was Born Without a Nose," *Buzzfeed News*, March 31, 2015, www.buzzfeed.com/salvadorhernandez/meet-the-very-cute-baby-who-was-born-without-a-nose?utm_term=.kcWrVWNqJ#.dnWY8qorz.

13 Mao-mao Zhang et al., "Congenital Arhinia: A Rare Case," *American Journal of Case Reports* 15 (March 18, 2014): 115-18, doi:10.12659/AJCR.890072.

14 Soheila Rostami, "Distichiasis," Medscape, October 14, 2015, http://emedicine.medscape.com/article/1212908-overview.

15 "Lymphedema-Distichiasis Syndrome," Genetics Home Reference, February 2014, https://ghr.nlm.nih.gov//condition/lymphedema-distichiasis-syndrome.

16 "Causes of Blindness and Visual Impairment," World Health Organization, www.who.int/blindness/causes/en/.

17 Guillermo J. Amador et al., "Eyelashes Divert Airflow to Protect the Eye," *Journal of the Royal Society Interface*, February 25, 2015, http://rsif.royalsocietypublishing.org/content/12/105/20141294.

18 J. T. Miller et al., "Shapes of a Suspended Curly Hair," *Physical Review Letters* 112, no. 6 (February 14, 2014), http://dx.doi.org/10.1103/PhysRevLett.112.068103.

19 "Amazing Facts About Your Skin, Hair, and Nails," American Academy of Dermatology, https://www.aad.org/public/kids/amazing-facts.

20 "How to Grow 3-6 Inches Taller in 90 Days," YouTube, October 12, 2012, : http://tune.pk/video/4890970/how-to-grow-3-6-inches- taller-in-90-days-lance-story.

21 Hartmut Krahl et al., "Stimulation of Bone Growth Through Sports: A Radiologic Investigation of the Upper Extremities in Professional Tennis Players," *American Journal of Sports Medicine* 22, no. 6 (1994), doi:10.1177/036354659402200605.

22 Richard Knight, "Are North Koreans Really Three Inches Shorter Than South Koreans?," BBC News, April 23, 2012.

23 같은 출처.

24 "Hunger Statistics," www.wfp.org/hunger/stats.

25 Felix Gussone and Shelly Choo, "NASA's Scott Kelly Grew 2 Inches: The Body After a Year in Space," NBC News, March 3, 2016.

26 A. E. Davies et al., "Pharyngeal Sensation and Gag Reflex in Healthy Subjects," *Lancet* 345, no. 8948 (February 25, 1995): 487-88.

27 "Low-Voiced Men Love 'Em and Leave 'Em, Yet Still Attract More Women: Study," EurekaAlert!, October 16, 2013, www.eurekalert.org/pub_releases/2013-10/mu-lml101613.php.

28 Culley Carson III, "Testosterone Replacement Therapy for Management of

Age-Related Male Hypogonadism," Medscape, 2007, www.medscape.org/viewarticle/557247.

29 Cecilia Dhejne et al., "Long-Term Follow-Up of Transsexual Persons Undergoing Sex Reassignment Surgery: Cohort Study in Sweden," *PLoS ONE* 6, no. 2 (February 22, 2011), http://dx.doi.org/10.1371/journal.pone.0016885.

30 Lyndon Baines Johnson, "State of the Union Address," January 8, 1964, www.americanrhetoric.com/speeches/lbj1964stateoftheunion.htm.

31 Robert Rector and Rachel Sheffield, "The War on Poverty After 50 Years," Heritage Foundation, September 15, 2014, www.heritage.org/research/reports/2014/09/the-war-on-poverty-after-50-years.

32 "St. John's Well Child and Family Center," Southside Coalition of Community Health Centers, http://southsidecoalition.org/stjohns/.

33 "PFLAG National Glossary of Terms," PFLAG, www.pflag.org/glossary.

2장

1 S. M. Langan, "How Are Eczema 'Flares' Defined? A Systematic Review and Recommendation for Future Studies," *British Journal of Dermatology* 170, no. 3 (March 12, 2014): 548-56, doi:10.1111/bjd.12747.

2 V. Niemeier and U. Gieler, "Observations During Itch-Inducing Lecture," *Dermatology Psychosomatics* 1, no. 1 (June 1999): 15-18, doi:10.1159/000057993.

3 Atul Gawande, "The Itch," *The New Yorker*, June 30, 2008, www.newyorker.com/magazine/2008/06/30/the-itch.

4 Yan-Gang Sun and Zhou-Feng Chen, "A Gastrin-Releasing Peptide Receptor Mediates the Itch Sensation in the Spinal Cord," *Nature* 448 (July 25, 2007): 700-703, doi:10.1038/nature06029.

5 Marie McCullough, "Exploring Itching as a Disease," Philly.com, January 20, 2014, http://articles.philly.com/2014-01-20/news/46349734_1_itch-and-pain-pain-clinics-skin.

6 Matthew Herper, "Why Vitaminwater Is Bad for Public Health," *Forbes*, February 8, 2011.

7 Kenneth J. Carpenter, "The Discovery of Vitamin C," *Annals of Nutrition and Metabolism* 61, no. 3 (November 26, 2012): 259-64, doi:10.1159/000343121.

8 Aswin Sekar et al., "Figure 5: C4 Structures, C4A Expression, and Schizophrenia Risk" (chart), in "Schizophrenia Risk from Complex Variation of Complement Component 4," *Nature* 530 (February 11, 2016): 177-83, doi:10.1038/nature16549.

9 Soyon Hong et al., "Complement and Microglia Mediate Early Synapse Loss

in Alzheimer Mouse Models," *Science* 352, issue 6286 (March 31, 2016): 712-16, doi:10.1126/science.aad8373.

10 "Health Myths Debunked-with Dave Asprey LIVE at the Longevity Now® Conference 2014," YouTube, May 23, 2014, www.youtube.com/watch?v=sHq_Xvu03zk.

11 David Venata et al., "Caffeine Improves Sprint-Distance Performance Among Division II Collegiate Swimmers," *Sport Journal*, April 25, 2014.

12 Diane C. Mitchell et al., "Beverage Caffeine Intakes in the U.S.," *Food and Chemical Toxicology* 63 (January 2014): 136-42, www.sciencedirect.com/science/article/pii/S0278691513007175.

13 Keumhan Noh et al., "Effects of Rutaecarpine on the Metabolism and Urinary Excretion of Caffeine in Rats," *Archives of Pharmacal Research* 34, no. 1 (January 2011): 119-25, doi:10.1007/s12272-011-0114-3.

14 "Supplements and Safety," *Frontline*, PBS, January 2016.

15 Hochman, David, "Playboy Interview: Sanjay Gupta," *Playboy*, August 12, 2015, www.playboy.com/articles/playboy-interview-sanjay-gupta.

16 Russell Brandom, "The New York Times' Smartwatch Cancer Article Is Bad, and They Should Feel Bad," *The Verge*, March 15, 2015, www.theverge.com/2015/3/18/8252087/cell-phones-cancer-risk-tumor-bilton-new-york-times.

17 Truman Lewis, "Feds Draw Blinds on Mercola Tanning Beds: The Company Claimed Indoor Tanning Was Safe, Did Not Cause Skin Cancer and Could Delay Aging," *Consumer Affairs*, April 14, 2016, www.consumeraffairs.com/feds-draw-blinds-on-mercola-tanning-beds-041416.html.

18 Steven Silverman, "Inspections, Compliance, Enforcement, and Criminal Investigations," U.S. Food and Drug Administration, March 22, 2011.

19 같은 출처.

20 Paul Thibodeau et al., "An Exploratory Investigation of Word Aversion," https://mindmodeling.org/cogsci2014/papers/276/paper276.pdf.

21 Paul Thibodeau et al., "An Exploratory Investigation of Word Aversion," https://mindmodeling.org/cogsci2014/papers/276/paper276.pdf.

22 Mari Jones, "Tragic Dad 'Driven to Suicide Couldn't Face Another Day with the Unbearable Pain of Tinnitus,'" *Mirror* (UK), July 30, 2015.

23 "Rock Music Fan 'Stabbed Himself to Death in Despair' After Three Months of Tinnitus Made His Life Hell," *Daily Mail* (UK), November 19, 2011.

24 "Is Suicide the Only Cure for Tinnitus? It Was for Gaby Olthuis...," StoptheRinging.org, March 20, 2015, www.stoptheringing.org/is-suicide-the-only-cure-for-tinnitus-it-was-for-gaby-olthuis/.

25 Debbie Clason, "Tinnitus and Suicide: Why It's Happening, How to Stop It," Healthy Hearing, October 24, 2014, www.healthyhearing.com/report/52313-Tinnitus-and-suicide-why-it-s-happening-how-to-stop-it.

26 Institute of Medicine, Food and Nutrition Board, *Dietary Reference Intakes for Vitamin A, Vitamin K, Arsenic, Boron, Chromium, Copper, Iodine, Iron, Manganese, Molybdenum, Nickel, Silicon, Vanadium, and Zinc* (Washington, DC: National Academies Press, 2001).

27 Office of Dietary Supplements, National Institutes of Health, "Vitamin A: Fact Sheet for Health Professionals," February 11, 2016, https://ods.od.nih.gov/factsheets/VitaminA-Health Professional/.

28 Tea Lallukka et al., "Sleep and Sickness Absence: A Nationally Representative Register-Based Follow-Up Study," *Sleep* (September 1, 2014): 1413-25, doi:10.5665/sleep.3986.

29 Sanskrity Sinha, "Mita Diran, Indonesian Copywriter, Dies After Working for 30 Hours," *International Business Times*, December 19, 2013, www.ibtimes.co.uk/mita-diran-indonesian-copywriter-dies-after-working-30-hours-1429583.

30 "Monster Energy Drink Deaths and Hospitalizations," LawyersandSettlements.com, October 19, 2015, www.lawyersandsettlements.com/lawsuit/monster-energy-drink-deaths-hospitalizations.html?opt=b&utm_expid=3607522-13.Y4u1ixZNSt6o8v_5N8VGVA.1&utm_referrer=https%3A%2F%2Fwww.google.com.

31 H. P. Van Dongen et al., "The Cumulative Cost of Additional Wakefulness: Dose-Response Effects on Neurobehavioral Functions and Sleep Physiology from Chronic Sleep Restriction and Total Sleep Deprivation," *Sleep* 26, no. 2 (March 15, 2003): 117-26, http://www.ncbi.nlm.nih.gov/pubmed/12683469.

32 "Sleep-Deprivation Record-Holder Randy Gardner on 'To Tell the Truth' (May 11, 1964)," YouTube, April 21, 2013, www.youtube.com/watch?v=muWmOLqNxYQ.

33 Michael S. Duchowny, "Hemispherectomy and Epileptic Encephalopathy," *Epilepsy Currents* 4, no. 6 (2004): 233-35, doi:10.1111/j.1535-7597.2004.46007.x.

34 Seth Wohlberg and Debra Wohlberg, "www .gracewohlberg.blogspot.com: January 2009 to March 2010," http://www.rechildrens.org/images/stories/Graceblog.pdf

3장

1 Lynn Cinnamon, "Cobain's Disease & Kurt's Sick Guts," *Lynn Cinnamon* (blog), April 22, 2015, http://lynncinnamon.com/2015/04/cobains-disease-kurt-cobains-sick-guts/; "Kurt Cobain Talks Music Videos, His Stomach & Frances

Bean | MTV News," YouTube, www.youtube.com/watch?v=hJtm9HomKdE.

2 Emeran A. Mayer, "Gut Feelings: The Emerging Biology of Gut-Brain Communication," *Nature Reviews Neuroscience* 12, no. 8 (2011): 453-66, doi:10.1038/nrn3071.

3 Abhishek Sharma et al., "Intractable Positional Borborygmi-an Unusual Cause Diagnosed by Barium Contrast Study," *BMJ Case Reports* 2010 (2010), doi:10.1136/bcr.01.2010.2637.

4 A. M. Spaeth, "Effects of Experimental Sleep Restriction on Weight Gain, Caloric Intake, and Meal Timing in Healthy Adults," *Sleep* 36 (7): 981-90, www.ncbi.nlm.nih.gov/pubmed/23814334.

5 J. Ridley, "An Account of an Endemic Disease of Ceylon, entitled Berri Berri," in James Johnson, *The Influence of Tropical Climates on European Constitutions* (London: Thomas and James Underwood, 1827).

6 Kenneth J. Carpenter, "Studies in the Colonies: A Dutchman's Chickens, 1803-1896," chap. 3 in *Beriberi, White Rice, and Vitamin B: A Disease, a Cause, and a Cure*, (Berkeley: University of California Press, 2000), 26.

7 U.S. Food and Drug Administration, "FDA Warns Consumers About Health Risks with Healthy Life Chemistry Dietary Supplement: Laboratory Tests Indicate Presence of Anabolic Steroids," July 26, 2013.

8 U.S. Food and Drug Administration, "Purity First Health Products, Inc. Issues Nationwide Recall of Specific Lots of Healthy Life Chemistry B-50, Multi-Mineral and Vitamin C Products: Due to a Potential Health Risk," July 31, 2013.

9 "Hulk Hogan, on Witness Stand, Tells of Steroid Use in Wrestling," *The New York Times*, July 15, 1994, www.nytimes.com/1994/07/15/nyregion/hulk-hogan-on-witness-stand-tells-of-steroid-use-in-wrestling.html.

10 Office of Dietary Supplements, National Institutes of Health, "Multivitamin/Mineral Supplements: Fact Sheet for Health Professionals," July 8, 2015, https://ods.od.nih.gov/factsheets/MVMS-HealthProfessional/.

11 Vikas Kapil et al., "Physiological Role for Nitrate-reducing Oral Bacteria in Blood Pressure Control," *Free Radical Biology and Medicine* 55 (February 2013): 93-100, www.ncbi.nlm.nih.gov/pmc/articles/PMC3605573/.

12 Allison Aubrey, "The Average American Ate (Literally) a Ton This Year," *The Salt*, NPR, December 31, 2011, www.npr.org/sections/thesalt/2011/12/31/144478009/the-average-american-ate-literally-a-ton-this-year.

13 Cameron Scott, "Is Non-Celiac Gluten Sensitivity a Real Thing?," Healthline, April 16, 2015, www.healthline.com/health-news/is-non-celiac-gluten-sensitivity-a-real-thing-041615.

14 Catherine J. Andersen, "Bioactive Egg Components and Imflammation," *Nu-*

trients 7(9): 7889-7913, www.ncbi.nlm.nih.gov/pmc/articles/PMC4586567/.
15 I.-J. Wang and J.-I. Wang, "Children with Atopic Dermatitis Show Clinical Improvement After Lactobacillus Exposure," *Clinical and Experimental Allergy* 45, no. 4 (March 19, 2015): 779-87, doi:10.1111/cea.12489.
16 Jean-Philippe Bonjour et al., "Dairy in Adulthood: From Foods to Nutrient Interactions on Bone and Skeletal Muscle Health," *Journal of the American College of Nutrition* 32, no. 4 (August 2013): 251-63, doi:10.1080/07315724.2013.816604.
17 Michael F. Holick, "The Vitamin D Deficiency Pandemic: A Forgotten Hormone Important for Health," *Public Health Reviews* 32 (2010): 267-83, www.publichealthreviews.eu/upload/pdf_files/7/15_Vitamin_D.pdf.
18 "Dairy Farms in the US: Market Research Report," IBISWorld.com, February 2016, www.ibisworld.com/industry/default.aspx?indid=49.
19 Robert P. Heaney,"What Is Lactose Intolerance?," January 4, 2013, http://blogs.creighton.edu/heaney/2013/01/04/what-is-lactose-intolerance/.
20 *Scientific Report of the 2015 Dietary Guidelines Committee*, February 2015, http://health.gov/dietaryguidelines/2015-scientific-report/.
21 "History of Vegetarianism-Plutarch (c. AD 46-c.120)," International Vegetarian Union, www.ivu.org/history/greece_rome/plutarch.html.
22 Howard F. Lyman, *Mad Cowboy* (New York: Touchstone, 2001).

4장

1 "Her Debut (1900-1921)," Morton Salt, www.mortonsalt.com/heritage-era/her-first-appearance/.
2 Erika Fry, "There's a National Shortage of Saline Solution. Yeah, We're Talking Salt Water. Huh?," *Fortune*, February 5, 2015. http://fortune.com/2015/02/05/theres-a-national-shortage-of-saline/.
3 Nina Bernstein, "How to Charge $546 for a Bag of Saltwater," *New York Times*, August 24, 2013.
4 Mary Ann Boyd, "Polydipsia in the Chronically Mentally Ill: A Review," *Archives of Psychiatric Nursing* 4, issue 3 (June 1990): 166-75, www.psychiatricnursing.org/article/0883-9417(90)90005-6/abstract.
5 Melissa Gill and MacDara McCauley, "Psychogenic Polydipsia: The Result, or Cause of, Deteriorating Psychotic Symptoms? A Case Report of the Consequences of Water Intoxication," *Case Reports in Psychiatry* 2015 (2015), doi:10.1155/2015/846459.

6 Richard L. Guerrant, Benedito A Carneiro-Filho, and Rebecca A. Dillingham, "Diarrhea, and Oral Rehydration Therapy: Triumph and Indictment," *Clinical Infectious Disease* 37, no. 3 (2003): 398-405, doi:10.1086/376619.

7 Anthony Karabanow, MD, "Cholera in Haiti," Crudem Foundation, http://crudem.org/cholera-in-haiti-2/.

8 Joshua Ruxin, "Magic Bullet: The History of Oral Dehydration Therapy," *Medical History* 38 (1994): 363-97.

9 Mark O. Bevensee, ed., *Co-Transport Systems* (San Diego: Academic Press, 2012).

10 David Silbey, *A War of Frontier and Empire: The Philippine-American War*, 1899-1902 (New York: Hill & Wang, 2007).

11 Smartwater website, www.drinksmartwater.com.

12 Gwendolyn Bounds, "Move Over, Coke," *Wall Street Journal*, January 30, 2006.

13 International Bottled Water Association to Food and Drug Administration, December 23, 2003, www.fda.gov/ohrms/dockets/dailys/03/dec03/122403/02N-0278-C00271-vol21.pdf.

14 "Bottled Water Industry Statistics," Statistic Brain, April 2015, www.statisticbrain.com/bottled-water-statistics.

15 Theresa Howard, "50 Cent, Glaceau Forge Unique Bond," *USA Today*, December 17, 2007.

16 William Neuman, "Liquid Funds for a Penthouse," *New York Times*, April 23, 2006.,Tom Philpott, "Coke: Wait, People Thought Vitaminwater Was Good for You?," *Mother Jones*, January 18, 2013, www.motherjones.com/tom-philpott/2013/01/coca-cola-vitamin-water-obesity.

17 Susanna Kim, "Court Rules Vitaminwater Lawsuit Can Move Forward," ABC News, July 19, 2013.

18 Juan F. Thompson, *Stories I Tell Myself* (New York: Knopf, 2016).

5장

1 "The Genetics of Sex Determination: Rethinking Concepts and Theories." Gendered Innovations, Stanford University, http://genderedinnovations.stanford.edu/case-studies/genetics.html.

2 David J. Goodman, "See Topless Woman? Just Move On, Police Are Told," *New York Times*, May 15, 2015.

3 European College of Neuropsychopharmacology, "Research Shows Testosterone Changes Brain Structures in Female-to-male Transsexuals," August 31, 2015, www.ecnp.eu/~/media/Files/ecnp/About ECNP/Press/AMS2015/HahnPRFINAL.pdf?la=en.

4 Agnieszka M. Zelazniewicz and Boguslaw Pawlowski, "Female Breast Size Attractiveness for Men as a Function of Sociosexual Orientation (Restricted vs. Unrestricted)," *Archives of Sexual Behavior* 40, no. 6 (2011): 1129-35, doi:10.1007/s10508-011-9850-1.

5 Viren Swami and Martin J. Tovee, "Resource Security Impacts Men's Female Breast Size Preferences," *PLoS ONE* 8, no. 3 (2013): e57623, doi:10.1371/journal.pone.0057623.

6 M. Nadeau, et al., "Analysis of Satisfaction and Well-Being Following Breast Reduction Using a Validated Survey Instrument," *Plastic and Reconstructive Surgery*, 2013. "Breast Reduction Surgery Found to Improve Physical, Mental Well-Being" (news release), July 30, 2013, EurekAlert!, www.eurekalert.org/pub_releases/2013-07/wkh-brs073013.php.

7 Alan F. Dixson, *Sexual Selection and the Origins of Human Mating Systems* (Oxford: Oxford University Press, 2009).

8 같은 출처.

9 John Heidenry, *What Wild Ecstasy: The Rise and Fall of the Sexual Revolution* (New York: Simon & Schuster, 1997).

10 Robert Proctor and Londa L. Schiebinger, *Agnotology: The Making and Unmaking of Ignorance* (Stanford, CA: Stanford University Press, 2008).

11 Barry S. Verkauf et al., "Clitoral Size in Normal Women," *Obstetrics and Gynecology* 80, no. 1 (July 1992).

12 Bahar Gholipour, "Women's Orgasm Woes: Could 'C-Spot' Be the Culprit?," Live Science, February 20, 2014, www.livescience.com/43528-clitoris-size-orgasm.html.

13 Emmanuele Jannini et al., "Beyond the G-Spot: Clitourethrovaginal Complex Anatomy in Female Orgasm," *Nature Reviews Urology*, no. 11 (August 12, 2014): 531-38, doi:doi:10.1038/nrurol.2014.193.

14 Kenny Thapoung, "The Secret to Better Orgasms: The C-Spot?," *Women's Health*, February 25, 2014, www.womenshealthmag.com/sex-and-love/c-spot.

15 Jannini et al., "Beyond the G-Spot."

16 John Bancroft, *Human Sexuality and Its Problems* (Edinburgh: Churchill Livingstone, 1989).

17 Jennifer R. Berman et al., "Safety and Efficacy of Sildenafil Citrate for the Treatment of Female Sexual Arousal Disorder: A Double-Blind, Placebo Controlled Study," *Journal of Urology* 170, no. 6 (2003): 2333-38, doi:10.1097/01.ju.0000090966.74607.34; "Study Finds Viagra Works for Women," ABC News, April 28, 2016.

18 S. M. Stahl, "Mechanism of Action of Flibanserin, a Multifunctional Serotonin

Agonist and Antagonist (MSAA), in Hypoactive Sexual Desire Disorder," *CNS Spectrums* 20(1):1-6, www.ncbi.nlm.nih.gov/pubmed/25659981.
19 "Addyi Approval History," Drugs.com, www.drugs.com/history/addyi.html.
20 Diana Zuckerman and Judy Norsigian, "The Facts About Addyi, Its Side Effects and Women's Sex Drive," Our Bodies Ourselves, September 8, 2015, www.ourbodiesourselves.org/2015/09/addyi-side-effects-and-womens-sex-drive/.
21 같은 출처.
22 같은 출처.
23 Gardiner Harris, "Pfizer Gives Up Testing Viagra on Women," *New York Times*, February 28, 2008.
24 Karmen Wai et al., "Fashion Victim: Rhabdomyolysis and Bilateral Peroneal and Tibial Neuropathies as a Result of Squatting in 'Skinny Jeans,' " *Journal of Neurology, Neurosurgery and Psychiatry* 87, no. 7 (2015): 782, doi:10.1136/jnnp–2015-310628.
25 J. H. Scurr and P. Cutting, "Tight Jeans as a Compression Garment After Major Trauma," *BMJ* 288, no. 6420 (1984): 828, doi:10.1136/bmj.288.6420.828.
26 David Veale et al., "Psychosexual Outcome After Labiaplasty: A Prospective Case-Comparison Study," *International Urogynecology Journal* 25, no. 6 (2014): 831–39, doi:10 .1007/s00192-013-2297-2.
27 Elisabeth Rosenthal, "Ask Your Doctor If This Ad Is Right for You," *New York Times*, February 27, 2016.
28 Lisa Richards, "The Anti-Candida Diet," The Candida Diet, www.thecandidadiet.com/anti-candida-diet/.
29 Centers for Disease Control and Prevention, "Syphilis Statistics," www.cdc.gov/std/syphilis/stats.htm.
30 Centers for Disease Control and Prevention, "Table 1. Sexually Transmitted Diseases-Reported Cases and Rates of Reported Cases per 100,000 Population, United States, 1941-2013," www.cdc.gov/std/stats13/tables/1.htm.

6장

1 Cedars-Sinai Heart Institute, "World Health Organization Study: Atrial Fibrillation Is a Growing Global Health Concern," December 17, 2013, www.cedars-sinai.edu/About-Us/News/News-Releases-2013/World-Health-Organization-Study-Atrial-Fibrillation-is-a- Growing-Global-Health-Concern.aspx.
2 Karin S. Coyne et al., "Assessing the Direct Costs of Treating Nonvalvular Atrial Fibrillation in the United States," *Value in Health* 9, no. 5 (2006): 348-56,

doi:10.1111/j.1524-4733.2006.00124.x.

3 Cedars-Sinai Heart Institute, "World Health Organization Study: Atrial Fibrillation Is a Growing Global Health Concern."

4 World Health Organization, "The Top 10 Causes of Death," May 2014, www.who.int/mediacentre/factsheets/fs310/en/.

5 Madeleine Stix, "Un-extraordinary Measures: Stats Show CPR Often Falls Flat," CNN, July 10, 2013.

6 같은 출처.

7 Susan J. Diem, John D. Lantos, and James A. Tulsky, "Cardiopulmonary Resuscitation on Television-Miracles and Misinformation," *New England Journal of Medicine* 334, no. 24 (1996): 1578-82, doi:10.1056/nejm199606133342406.

8 Sirun Rath, "Is the 'CSI Effect' Influencing Courtrooms?," NPR, February 5, 2011.

9 J. Vedel, "[Permanent Intra-hisian Atrioventricular Block Induced During Right Intraventricular Exploration]," *Archives des Maladies du Coeur et des Vaisseaux* 72, no. 1 (January 1979).

10 J. P. Joseph and K. Rajappan, "Radiofrequency Ablation of Cardiac Arrhythmias: Past, Present and Future," *QJM* 105, no. 4 (2011): 303-14, doi:10.1093/qjmed/hcr189.

11 R. Gonzalez et al., "Closed-Chest Electrode-Catheter Technique for His Bundle Ablation in Dogs," *American Journal of Physiology-Heart and Circulatory Physiology* 241, no. 2 (August 1981).

12 Marcelle S. Fisher, "Doctor Serves as an Electrician for the Heart," *New York Times*, June 7, 1998.

13 Michel Haissaguerre et al., "Spontaneous Initiation of Atrial Fibrillation by Ectopic Beats Originating in the Pulmonary Veins," *New England Journal of Medicine* 339, no. 10 (1998): 659-66, doi:10.1056/nejm199809033391003.

14 Andrea Skelly et al., "Catheter Ablation for Treatment of Atrial Fibrillation," Agency for Healthcare Research and Quality, April 20, 2015.

15 Henry D. Huang et al., "Incidence and Risk Factors for Symptomatic Heart Failure After Catheter Ablation of Atrial Fibrillation and Atrial Flutter," *Europace* 18, no. 4 (2015): 521-30, doi:10.1093/europace/euv215.

16 "Summary," Early Treatment of Atrial Fibrillation for Stroke Prevention Trial, www.easttrial.org/summary.

17 H. S. Abed et al., "Effect of Weight Reduction and Cardiometabolic Risk Factor Management on Symptom Burden and Severity in Patients with Atrial Fibrillation: A Randomized Clinical Trial," *Journal of the American Medical Association* 310, no. 19 (2013): 2050-60, doi:10.1001/jama.2013.280521.

18 Rajeev K. Pathak et al., "Long-Term Effect of Goal-Directed Weight Management in an Atrial Fibrillation Cohort," *Journal of the American College of Cardiology* 65, no. 20 (2015): 2159-69, doi:10.1016/j.jacc.2015.03.002.

19 Rick A. Nishimura et al., "Dual-Chamber Pacing for Hypertrophic Cardiomyopathy: A Randomized, Double-Blind, Crossover Trial," *Journal of the American College of Cardiology* 29, no. 2 (1997): 435-41, doi:10.1016/s0735-1097(96)00473-1.

20 Michael Doumas and Stella Douma, "Interventional Management of Resistant Hypertension," *Lancet* 373, no. 9671 (2009): 1228-30, doi:10.1016/s0140-6736(09)60624-3.

21 World Health Organization, *A Global Brief on Hypertension* (2013), http://www.who.int/cardiovascular_diseases/publications/global_brief_hypertension/en/.

22 Centers for Disease Control and Prevention, "High Blood Pressure Facts," www.cdc.gov/bloodpressure/facts.htm.

23 Deepak L. Bhatt et al., "A Controlled Trial of Renal Denervation for Resistant Hypertension," *New England Journal of Medicine* 370 (April 10, 2014): 1393-401, doi:10.3410/f.718329296.793495177.

24 Chris Newmaker, "Medtronic Loses $236 Million After Renal Denervation Failure," QMed, February 18, 2014, www.qmed.com/news/medtronic-loses-236-million-after-renal-denervation-failure.

25 Larry Husten, "WSJ Attack on Sham Surgery Is About Healthy Profits, Not Patients," *Forbes*, February 20, 2014.

26 World Heart Federation, "World Heart Federation Introduces 'DIY Pulse Test' to Help Fight Against Atrial Fibrillation & Stroke" (news release), October 22, 2012, www.world-heart-federation.org/press/releases/detail/article/world-heart-federation-introduces-diy-pulse-test-to-help-fight-against-atrial-fibrillation-s/.

27 Fergus Walsh, "Superbugs to Kill 'More Than Cancer' by 2050," BBC News, December 11, 2014.

28 Fergus Walsh, "Antibiotic Resistance: Cameron Warns of Medical 'Dark Ages,' " BBC News, July 2, 2014.

29 "Hereditary Leiomyomatosis and Renal Cell Cancer," Genetics Home Reference, June 21, 2016, https://ghr.nlm.nih.gov/condition/hereditary-leiomyomatosis-and-renal-cell-cancer.

30 같은 출처.

31 Food and Drug Administration, "What Are Stem Cells? How Are They Regulated?," May 31, 2016, www.fda.gov/AboutFDA/Transparency/Basics/

ucm194655.htm.

32 David Cameron, "A New-and Reversible-Cause of Aging," Harvard Medical School, December 19, 2013, https://hms.harvard.edu/news/genetics/new-reversible-cause-aging-12-19-13.

33 Ed Yong, "Clearing the Body's Retired Cells Slows Aging and Extends Life," *The Atlantic*, February 13, 2016.

34 National Funeral Directors Association, "Trends in Funeral Service," www.nfda.org/newstrends-in-funeral-service.

35 "I Need a Loan," First Franklin Financial Corporation, www.1ffc.com/loans/#.V4gGoY54O8Y.

36 National Funeral Directors Association, "Trends in Funeral Service."

37 "The Official Vatican Observatory Foundation Mahogany Casket, Sacred Heart II," Walmart, www.walmart.com/ip/The-Official-Vatican-Observatory-Foundation-Mahogany-Casket-Sacred-Heart-II/38042564.

38 Funeral Consumers Alliance, "Embalming: What You Should Know," www.funerals.org/what-you-should-know-about-embalming/.

39 K. Kelvin, P. Lim, and N. Sivasothi, "A Guide to Methods of Preserving Animal Specimens in Liquid Preservatives," 1994, http://preserve.sivasothi.com.

40 "Formaldehyde: Toxicology," Carcinogenic Risk in Occupational Settings (CRIOS), www.crios.be.

41 Joann Loviglio, "Kids Use Embalming Fluid as Drug," ABC News, July 27, 2014, http://abcnews.go.com/US/story?id=92771.

42 "Coffin Plans to Make Your Own Plywood Coffin," Piedmont Pine Coffins, http://piedmontpinecoffins.com/diy-coffin-plans/., Eric Spitznagel, "The Greening of Death," *Bloomberg Businessweek*, November 3, 2011, www.bloomberg.com/news/articles/2011-11-03/the-greening-of-death.

43 David Barboza, "China Turns Out Mummified Bodies for Displays," *New York Times*, August 8, 2006.

44 "About the USPHS Syphilis Study," Tuskegee University, www.tuskegee.edu/about_us/centers_of_excellence/bioethics_center/about_the_usphs_syphilis_study.aspx.

추천 도서 목록

- 율라 비스Eula Biss, 《면역에 관하여On Immunity: An Inoculation》, 열린책들, 2016.
- 롭 드살레Rob DeSalle, 수전 L. 퍼킨스Susan L. Perkins, 《미생물군유전체는 내 몸을 어떻게 바꾸는가: 내 몸에 대해 더 잘 알 수 있게 돕는 미생물 세상 안내서Welcome to the Microbiome: Getting to Know the Trillions of Bacteria and Other Microbes In, On, and Around You》, 갈매나무, 2018.
- 수전 도브샤Dobscha Susan, 《소비문화에서의 죽음Death in a Consumer Culture》, Routledge, 뉴욕, 2016.
- 데이비드 J. 엡스타인David J. Epstein, 《스포츠 유전자The Sports Gene: Inside the Science of Extraordinary Athletic Performance》, Current, 뉴욕, 2013.
- 롭 나이트Rob Knight, 브렌던 불러Brendan Buhler. 《당신의 직감을 따르세요Follow Your Gut: The Enormous Impact of Tiny Microbes》, Simon & Schuster/TED, 뉴욕, 2015.
- 앨런 레비노비츠Alan Levinovitz, 《글루텐 거짓말The Gluten Lie: And Other Myths About What You Eat》, Regan Arts, 뉴욕, 2015.
- 싯다르타 무케르지Siddhartha Mukherjee, 《유전자의 내밀한 역사The Gene: An Intimate History》, 까치(까치글방), 2016.
- 마이클 폴란Michael Pollan, 《잡식동물 분투기: 리얼 푸드를 찾아서The Omnivore's Dilemma: A Natural History of Four Meals》, 다른세상, 2010.
- 캐서린 프라이스Catherine Price, 《비타마니아Vitamania: Our Obsessive Quest for Nutritional Perfection》, Penguin, 뉴욕, 2016.
- 레베카 스클루트Rebecca Skloot, 《헨리에타 랙스의 불멸의 삶The Immortal Life of Henrietta Lacks》, 문학동네, 2012.
- 해리엇 워싱턴Harriet Washington, 《전염성 정신질환Infectious Madness: The Surprising Science of How We "Catch" Mental Illness》, Little, Brown and Company, 뉴욕, 2015.

우리 몸이 말을 할 수 있다면

의학 전문 저널리스트의 유쾌하고 흥미로운 인간 탐구 보고서

1판 1쇄 발행 2021년 12월 31일
1판 3쇄 발행 2023년 1월 20일

지은이 제임스 햄블린
옮긴이 허윤정
펴낸이 고병욱

기획편집실장 윤현주 **기획편집** 김지수
마케팅 이일권, 김도연, 김재욱, 오정민, 복다은
디자인 공희, 진미나, 백은주 **외서기획** 김혜은
제작 김기창 **관리** 주동은 **총무** 노재경, 송민진

교정교열 김승규

펴낸곳 청림출판(주)
등록 제1989-000026호

본사 06048 서울시 강남구 도산대로 38길 11 청림출판(주)
제2사옥 10881 경기도 파주시 회동길 173 청림아트스페이스
전화 02-546-4341 **팩스** 02-546-8053

홈페이지 www.chungrim.com
이메일 life@chungrim.com
페이스북 https://www.facebook.com/chusubat

ISBN 979-11-5540-197-2 (03400)

• 추수밭은 청림출판(주)의 인문 교양도서 전문 브랜드입니다.